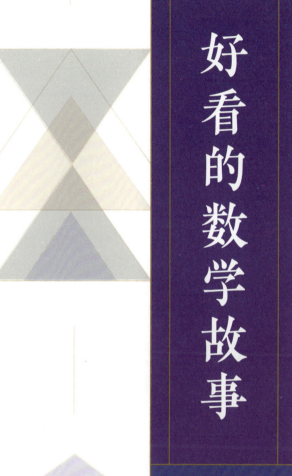

好看的数学故事

概率与统计卷

王雁斌◎著

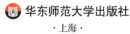

华东师范大学出版社

·上海·

图书在版编目（CIP）数据

好看的数学故事. 概率与统计卷 / 王雁斌著. —上海：华东师范大学出版社，2021
ISBN 978-7-5760-1683-3

Ⅰ.①好⋯ Ⅱ.①王⋯ Ⅲ.①概率论-普及读物 ②数理统计-普及读物 Ⅳ.①O1-49

中国版本图书馆CIP数据核字(2021)第146797号

好看的数学故事：概率与统计卷

著　　者　王雁斌
特约策划　吴　向
策划编辑　王　焰
责任编辑　朱华华
特约审读　王小双
责任校对　王丽平　时东明
装帧设计　卢晓红

出版发行　华东师范大学出版社
社　　址　上海市中山北路3663号　邮编 200062
网　　址　www.ecnupress.com.cn
电　　话　021-60821666　行政传真 021-62572105
客服电话　021-62865537　门市（邮购）电话 021-62869887
地　　址　上海市中山北路3663号华东师范大学校内先锋路口
网　　店　http://hdsdcbs.tmall.com/

印 刷 者　上海龙腾印务有限公司
开　　本　787毫米×1092毫米　1/16
印　　张　28.25
字　　数　484千字
版　　次　2021 年 9 月第 1 版
印　　次　2024 年 3 月第 2 次
书　　号　ISBN 978-7-5760-1683-3
定　　价　89.80元

出版人　王　焰

目录

前　言　————————————————————————————————

从早到晚，我们每天都需要面对可能发生的事情做出成千上万有意识或无意识的选择。在漫长的人生道路上，需要做抉择的事情更是层出不穷。在考虑和抉择的过程中，一个极为重要的概念就是概率。

什么是概率？这里先不谈定义什么的，看两个例子吧。一个立方形的骰子，它的六个面上分别有1到6这六个数字。把这个骰子投在桌面上，你觉得朝上的那一面会是奇数还是偶数？一位少年看上一个女孩，很想与她共度一生。他们俩成为眷侣的可能性会有几成呢？在第一个例子里，如果骰子的制作是完美无瑕的，那么任何一次投掷，各个面的出现具有相同的可能性，都是1/6。这种"可能性"就是各个面出现的概率。因为六个面上，3个是偶数，3个是奇数，所以投掷一次出现偶数和奇数的概率相等，都是3/6=1/2。在第二个例子里，多情而自信的男孩可能以为，有九成的把握能与女孩同作比翼鸟，共结连理枝；可实际上女孩正在暗恋校篮球队的队长，在她看来一成希望都没有；而在男孩的朋友看来，或许只有二三成。你要是问他们：这几成的估计是如何得来的？恐怕没人能给你一个确定的答复。这种可能性也是概率，但与骰子的概率不同。投骰子的问题可以称为客观概率，它是对一个特定事件，用过去（或者任何时间）在多次同样的情况下，该事件发生的相对次数（也就是频率）来估计下一次事件发生的概率。追女孩的问题是主观概率，那个男孩可能根据一些微小的迹象来说明那女孩对他有好感，或者他根本没怎么接触那女孩，只是莫名其妙地喜欢她。面对同样的观察和场景，不同的人做出不同的判定，给出不同的主观概率。

介于这二者之间的是经验概率。这是指根据经验估计的事件成功或失败的概率。例如，在n次试验中，事件A出现m次，那么比值m/n是事件A成功的相对频数。如果随着试验总次数的逐步增大，A成功的次数m和试验次数n之比（m/n）趋于某个常数，这个常数就是经验概率。比如中国男足在历届亚运会上对阵韩国队的战绩到目前为止是四战皆负。在有限的数据面前，似乎国足战胜韩国希望渺茫。但是很多因素在发生变化，用以前的表现来预测未来，准确性十分有限。再比如，2016年美国总统大选之前几个月，美国各大民意调查机构根据采集的数据，估计希拉里获胜的概率在80%—90%甚至更高。可是11月8日投票开始，民调人员问询投过票的人们的选择，希拉里的获胜概率急剧下跌。另外，虽然按照个人选择，希拉里获得选票较多，但是在边远落后、人口稀少的州，支持特朗普的人却占了微弱的多数。最后，尽管从个人选票的总数来看，希拉里占了优势，但美国的选举人制度却把总统的头衔给了特朗普。在所有民意调查机构中，最有名的，是一个名叫"538"的网站。2008年，"538"不仅准确地预测了奥巴马当选总统，而且正确地预测了美国50个州每个州的选举结果。这使得人们以为这个网站2016年的民意调查非常可靠。可也就是在2016年，90%以上的民调结果都和选举结果完全相反。面对一个具有许许多多变量的问题时，经验概率就需要小心对待。

概率问题在我们生活中无时不在，无处不在。从处理问题的方法来说，概率就是根据已知的条件对结果进行推测。正如著名的古罗马政治家西塞罗（Marcus Tullius Cicero，公元前106—公元前43）所说："概率是生活的真正指导（Probability is the very guide of life）。"

作为一门数学的分支，概率在每个科学领域都至关重要，不论是物理、化学、生物还是计算机科学。概率在社会科学甚至文学艺术的研究中也发挥着越来越重要的作用。生活中，懂得一些概率知识以后，你会发现很多所谓的直觉和常识其实都是错误的，比如，电梯第一次开门往上走和往下走的概率并不一定是50对50；一个有4个子女的家庭里，兄弟姐妹当中性别比例也不一定是2比2。

与概率紧密相关的是统计。如果说概率论是通过已知的全体事件的发生状况来估计下一个具体事件的可能结果（例如投骰子），那么统计学可以说是通过某些具体事件的结果来归纳出全体事件发生的规律。这种规律通常需要大量的观察才能得到，而得到的规律常常是无法用简单的数学公式来表达的。上面提到的男足和美国大选就是很好的例子。统计学需要概率论作为基础。

科学实验也是如此。实验者受到实验设备和时间的限制，数据不可能准确无误；要想评估从这些有限的实验数据推论而得到的法则或假说的可信度，这就更需要归纳和统计。科学理论都是相对真理，它们在有限的实验观测的范围里被证明是正确的，但与之相应的概率估算不可能是完全准确的。随着新的观测技术和资料的出现，概率估算不断被质疑和修正，依赖于原先观测数据得到的理论或假说也必然会相应地被补充或修正。

这么说，听上去干巴巴的，很抽象。还是讲故事吧。这里面有许多有趣的人，他们的一生有悲剧，有喜剧，还有惊悚剧。至于他们的故事，有的让人荡气回肠，有的却令人扼腕叹息。

引子：种豆子的修士

布尔诺(Brno)是捷克共和国第二大城市,位于首都布拉格东南大约二百公里,属于摩拉维亚(Moravia)地区。布尔诺的中心是一座美丽的老城,虽然方圆只有一公里,却已经有近千年的历史了。这里红瓦黄墙的老房子密密麻麻,铜绿斑斑的教堂尖顶高高低低,争先恐后地从红屋顶丛中伸出头来,点缀着盛夏的天空。老城的西南侧有一座小山,一片葱绿。山顶上,斯皮尔伯格(Spilberk)城堡昂然耸立。这座城堡建成于13世纪,相当于中国的南宋末年。它起先是摩拉维亚藩侯的行宫,后来被布尔诺城市连同小山一道买下,改造成为城市的防御工事。这个明智的举动使得弹丸小城在欧洲中世纪为数众多的战争中固若金汤,从未被人攻破过。到了奥匈帝国时期,城堡逐渐变成监狱,关满了信奉新教的所谓"犯人"。再后来,这监狱又被用来关押意大利和波兰造反的人们,并因此而声名狼藉。数百年来,它一直默默地、严酷地俯视着山下老城里的芸芸众生(图0.1)。

图0.1 从西北方向看斯皮尔伯格城堡(小山上)和现在的布尔诺城(城堡的上方)。照片左下角白箭头下类似h形的红屋顶就是圣托马斯修道院。

　　监狱城堡的西南，山脚下的平原上有一座古老的修道院。它建成于1352年，相当于中国的元朝末年。那一年，未来的明太祖朱元璋刚刚加入红巾军。修道院属于奥古斯丁教派（Augustinian），后来的马丁·路德（Martin Luther, 1483—1546）是这个教派最有名的成员。这个教派的修士们过着和出家隐居的修道士们不大相同的生活。他们在城市附近建筑修道院，注重于向附近的居民传道，生活则依靠施舍和自耕自种。修道院的建筑呈h形，规模相当可观。h的开口朝南，构成一个50米见方的花园，里面数百个花盆里盛开着康乃馨和吊钟花，也就是我们常说的吊挂金钟。康乃馨的花朵比拳头还大，五颜六色，争奇斗艳。吊钟花从粉色到深紫，荧光般耀人眼目，特别是那些双层花瓣的，有的外层花瓣浅粉，内层深紫，伸出长长的白色花蕊；有的正好反过来，外层花瓣深紫，内层雪白，花蕊则是粉色的。

　　在修道院和监狱城堡之间的平地上，有一菜园，约有两三个足球场大小（图0.2）。一排排的豌豆架整齐利落，豌豆叶又厚又大，郁郁葱葱。布尔诺气候相当温和，冬季很

图0.2　孟德尔工作过的园子。背景是修道院的建筑。

少结冰，夏天气温难得超过25摄氏度，而且雨水适中，很适合园艺。

　　一个30岁左右的修士抓着口袋，沿着田垄有条不紊地收集成熟的豌豆。天气虽然不怎么热，但他的额头上却汗珠滚滚，黑色的修士服也浸透了汗水。该修士名叫格雷格（Gregor）。这是德文的拼法，英文对应的名字是Gregory（格里高利）。这个名字来自拉丁文Gregiorius，而后者则源于希腊文"Γρηγόριος"，本来是警觉、留意的意思。由于拉丁文的字头greg有羊群的含意，在天主教世界里，格里高利就被赋予了"牧羊人"的寓意，因而在宗教社会的人群里变得非常流行。这就是为什么历史上出现了十八个名叫格里高利的教皇。当然修士不能跟教皇相比。进入修道院之前，他在俗家时的名字叫约翰（德文Johann）。布尔诺在19世纪隶属于奥地利帝国，居民多数讲德语。那时捷克还没有建国呢。约翰这个名字，在布尔诺城里喊一声可能会有千百个男人回头。

　　这位名叫约翰的汉子确实太平凡不过了。他祖上三四代都是农民，拥有一个小农场。他出生于1822年，从小在农场长大，跟着父亲种菜养蜂。18岁时进入离布尔诺不远的奥洛姆茨（Olomouc）的一所大学攻读哲学。家里经济窘迫，他经常付不起学费。为此，他的妹妹特雷西亚把自己的嫁妆份子拿出来供他读书。从小到大，他的身体一直不怎么好，休过两次学。手头拮据，身体羸弱，于是他在23岁时进入圣托马斯修道院，成为一名修士。这里衣食无忧，也使他得到了一个体面的法号格雷格。可是他似乎又不甘心终老于修道院，一边进行神父的修炼，一边在中学充当替补教员。1850年，他参加教员资格考试，结果在最后一轮口试中被淘汰。次年，修道院长纳普（Cyrill Napp）送他到维也纳大学去学习。在那里，教授他物理的是赫赫有名的多普勒教授（Christian Doppler, 1803—1853）。可是多普勒不久就去世了，纳普院长把约翰招回来，在修道院从事物理教学。1856年，约翰再次报考正式教员的职位，又在口试中失败。由此看来，他的运气很坏，口才似乎也有问题。

　　纳普院长一直有个长远的计划，想把圣托马斯修道院办成一个科学研究中心，所以约翰刚刚结束大学学业，就被他请到修道院来了。当时的布尔诺羊毛业十分发达，被称为"摩拉维亚的曼彻斯特"（曼彻斯特是英国著名的工业城市）。在这样一个地方，繁殖高品质的种羊以增加羊毛产量，同时减缓种羊后代的退化是一个相当重要的话题。纳普在约翰加入修道院之前已经在当地的种羊繁殖协会活跃了二十年了，对动物和植物的驯化都有极大的兴趣。

人类从起初的单纯依靠狩猎采集为生转变到以农耕为主，经历了上万年的时间。在这漫长的时间里，人类逐渐积累了物种驯化的经验。狗是人类最早从狼驯化而来的家畜。狼逐渐驯化成家犬，经过许多代的演变，分出狼狗、牧羊犬、哈巴狗、吉娃娃等几百种外形、毛色、个性全然不同的类别来。可是尽管千差万别，却都能追踪到一个始祖，就是已经绝迹的远古灰狼。我们可以想象，最初人们只是把捉到的灰狼关到笼子里，用它们来威吓其他来捣乱的小动物。那些脾气暴躁倔强不屈的狼很快就死掉了，而性情随遇而安的可以长期存活。经过不知多少代有意无意的选择和淘汰，野性凶残的狼便逐渐"变"成了驯服忠诚憨厚可爱的狗。它们的原始野性被引导到其他方面，比如看家护院，照顾羊群，追逐猎物等等。可这只是一个假说，怎样检验它是否真的成立呢？

小麦是另一个例子。野麦的麦穗在成熟以后马上爆裂，麦粒撒落地上，以便再生出麦苗来。采集麦粒取食的人们选择那些麦粒壳破裂较慢的野麦，有意把它们栽种下去，希望能收获更多的麦粒。这样年复一年，最后麦粒到成熟期时就不再爆裂了，成了现在的农作物小麦。类似的例子举不胜举，千变万化。从野生稻到水稻，分出籼稻和粳稻两个亚种，每个亚种里又分出早中稻和晚稻两个群，每个群再分成水稻和旱稻两个型，每个型还分黏稻和糯稻两个亚种，等等。从颜色上看，稻米有白色的，也有红色的，甚至黑色的。

为什么有些物种驯化很成功，而有些却不成功呢？为什么有些种羊的好的品质可以保留好几代，而有些到第二代就消失了呢？纳普并不满足于种羊培育的实际问题，他觉得应该把驯化作为一个科学问题来研究。这是他把约翰招回修道院的主要原因。纳普花钱为约翰建造了温室，并准许他不参加修士修行的活动，还配备了几位园丁，帮助他进行植物的驯化研究。

从1854年到1864年，约翰在圣托马斯修道院进行了整整10年的研究。起初，他的主要目标似乎是改良植物品种。他引进了新西兰的菠菜，把它们养得巨大，叶子把地面都盖满了。他的康乃馨和吊钟花吸引来众多的布尔诺市民，全市的人都知道他侍弄植物的神技。1861年布尔诺城市的一家报纸《新闻》上，专门有报道盛赞约翰的园艺。

从1856年起，约翰种得最多的是豌豆。因为他的豌豆，修道院经常喝豌豆汤。但这并不是他的本意。豌豆越种越多，因为他发现豌豆有一些特征和形质在不同种类的豌豆之间杂交的过程中会有不同的组合。这种特征和形质，后来被称为性状（Phenotypic trait，或者简单地称为 trait）。

许多植物需要授粉才能结出果实来。花粉是雄性配子，传到雌蕊的柱头，使雌性配子受精，才能结果。一株植物的花粉可以被昆虫、鸟类或者风传到另一株，这叫交互传粉。这样结出的果实可以兼有"父母"两方的性状。豌豆不仅交互传粉，还可以自身传粉，也就是一株豌豆上一朵花的花粉对同一株上的另一朵花授粉。自身传粉结出的果子当然只有本株所具有的性状了。这就使约翰可以有效地控制豌豆的性状。设想约翰先用两株不同的豌豆苗进行交互传粉，当得到具有他想要的性状的豌豆之后，再对这种豌豆苗进行自身传粉。那么，这种性状不就在这种豌豆苗的后代身上完全保留下来了吗？

约翰花了8年的时间，养殖杂交豌豆。他详细地记录了豌豆秧根部的长短和颜色，叶子的大小和形状，豌豆花的颜色、形状和位置，豆荚的颜色、形状和大小，豌豆粒的大小和形状，以及豆粒表皮和表皮下面胚乳的颜色。

逐渐地，他把注意力集中在那些仅仅有两种表现的单一性状上。比如豌豆花的颜色是一种性状。如果有两种豌豆，一种通过杂交之后只开紫色的花，另一种只开白色的花，那么把这两种豌豆再进行杂交之后，下一代豌豆开什么颜色的花？

为了进行这种实验，首先需要准备只开紫花和只开白花的豌豆。这必须是通过自花授粉的豌豆，因为只有这种方式才能保证花色的性状。由于豌豆每年只能种一季，这项工作至少需要一两年的时间。这是第零代豌豆。然后，他把紫花豌豆的雄蕊一个个剪掉，再用白花豌豆的花粉给紫花豌豆授粉。这些授粉的豌豆必须跟其他豌豆隔离，否则其他豌豆苗的花粉就会"污染"他的实验。这也需要一两年。这是第一代豌豆。他惊奇地发现，所有第一代豌豆都开紫花。这是偶然的吗？他开始寻找其他只有两种表现的性状，比如豌豆粒的外观（接近圆形、表面光滑的和不定形、表面皱皱的），豆荚的颜色（黄色和绿色）等等。他一共找到七对这样的性状。所有这些性状在第一代豌豆中都仅仅显示出一种性状来。他把这类性状称为显性性状，把与其对应的、没有表现出来的性状称为隐性性状。豌豆花的紫色是显性性状，白色是隐性性状。

下一步，他把第一代豌豆跟其他豌豆彻底隔离开来，只许它们自花授粉，生成第二代豌豆。他发现，在929株第二代豌豆中，705株开了紫花，其他224株开了白花。

约翰对七种性状都做了详细的研究,结果如表0.1所示。这个表格的最后一列给出不同性状的比值,你能看出什么规律来吗?

约翰通过杂交培育了至少一万株豌豆苗,并且仔细观察记录了四五万朵豌豆花和几十万粒豌豆粒。他得到了一套庞大的关于豌豆性状遗传的数据。可是,怎么解释这些数据呢? 特别是,从表0.1能得出什么样的科学结论呢?

表0.1　孟德尔进行豌豆杂交实验的记录数据

豌豆性状	显性性状		隐性性状		第二代的数目	数值比
豌豆粒						
豆粒形状	近于圆形		褶皱不规则		5 474 : 1 850	2.96 : 1
豆粒颜色	黄色		绿色		6 002 : 2 001	2.99 : 1
豌豆整株						
豆花的颜色	紫色		白色		705 : 224	3.15 : 1
豆花的位置	沿枝生长		在枝蔓顶端		651 : 207	3.14 : 1
整棵的高度	高		低		787 : 277	2.84 : 1
豆荚的形状	饱满平滑		高高低低		882 : 299	2.95 : 1
豆荚的颜色	绿色		黄色		428 : 152	2.82 : 1

两类数学方法在约翰处理数据中起到了决定性的作用。一类是排列组合(准确地讲,叫组合数学),另一类是概率统计。约翰首先选择一种性状进行分析,比如花的颜色。他把显性(紫色)和隐性(白色)性状分别用字母A和a来表示。通过前面的描述我们知道,约翰的第一代豌豆同时带有A(紫色)和a(白色)。第二代豌豆是从第一代自花授粉得到的,也就是说,两株同时带有A和a的第一代豌豆把自己身上的性状同等地传到它们的第二代身上。

如果每一种性状都是以等价的机会在第二代豌豆中出现,那么有多少种可能性呢? 我们不妨做一张简单的表格来看看。在表0.2里,最左面一列是第一株第一代豌豆所携带的性状，最上面一行是另一株第一代豌豆的性状。它们之间，每两种性状搭配，一共能构成几种组合呢？

表0.2　杂交豌豆携带性状的不同组合

	A_2	a_2
A_1	A_1A_2	A_1a_2
a_1	a_1A_2	a_1a_2

在这四种组合里面，具有A_1A_2性状的豌豆显然都开紫花。具有A_1a_2和a_1A_2性状的也都开紫花，因为a_1和a_2是隐性性状，只有显性性状A_1、A_2表现出来。最后，只有具有a_1a_2性状的那些豌豆开白花，因为它们不具有显性性状。换句话说，在四种可能性里面，只有一种是开白花的。

如果所有第一代的豌豆都把自己身上的性状同等地传给下一代，那么在第二代出现这四种情况的机会就是同等的。于是根据概率的理论，约翰得出结论说，开紫花和开白花的第二代豌豆的数目出现的机会应该是3∶1。

类似的分析可以用在表0.1列出的所有七种性状上面。而且我们发现，约翰七种性状的实验，最后的比值真的都接近于3∶1。

从这个比值，约翰得到了一个非常重要的结论：物种的性状是通过遗传从父母传给下一代的。这个结论震动了整个生物界，开创了遗传学这个崭新的领域。约翰也就以格雷格·孟德尔（Gregor Mendel, 1822—1884）的名字而彪炳青史。可惜，孟德尔自己并没有看到那一天。1865年，孟德尔在布尔诺自然博物学会上做了两次报告，介绍自己的工作。在场的有40多位听众，没有一个人能听得懂。第二年，他根据报告整理的德文文章《论植物的杂交》发表在一本不起眼的杂志上，也没有引起人们的重视。他多次跟著名的瑞士植物学家奈格里（Carl Wilhelm von Nägeli, 1817—1891）通讯，报告实验的结果，并阐述自己的理论。但奈格里不仅不相信他的理论，甚至还劝告他不要再继续这种"毫无意义的"实验了。

"我的时间会到来的"，孟德尔说。

1884年，格雷格·孟德尔因心脏和肾脏疾病去世，享年62岁。

孟德尔的故事到此还远远没有结束。从1900年起，直到1960年代，一个传言在

图0.3　孟德尔（M）和其他修道院修士的合影（照片大约摄于1862年）。带N标记的是纳普（Cyrill Napp）。L是约翰的助手林登塔尔（Joseph Lindenthal）。孟德尔手里拿了一束吊钟花，应该是他杂交实验的新品种。

生物学界蔓延：孟德尔的豌豆数据是捏造的！于是孟德尔的名字刚刚得到人们的认识，便罩上了阴影。这些故事，我们要等到本书的后面再继续。

　　我们注意到，表0.1中的那些比值没有一个是准确的3∶1，有的大于、有的小于这个比值。这种观测和理论的差别，是理论的错误，还是实验的缺陷造成的？孟德尔的实验是不是数目太少了？如果从上万株扩展到几百万株，结果会不会很不一样？这些问题，单靠实验是无法回答的。无限地扩展和重复实验也是不现实的。

　　孟德尔以及后来的生物学家们都面临这些问题。不仅仅是生物学家，任何一个实验科学家，无论是物理、化学、生物、天文还是材料，在分析处理观测数据的时候都不可避免地要面对类似的问题。如何从有限的、不完美的数据中得到相对可靠的信息？还有另外一类问题，数据庞大芜杂，信号被噪声掩盖了，如何从这样复杂的数据中提取有用的信息？人们在反复观察研究和不断相互争论的同时，逐步发展了概率统计学的方法。而概率统计理论的发展，又使科学、人类学、社会学、心理学、经济学等学科有了飞速的进展。今天，概率统计已经成为一种思维方式，变成我们生活的重要部分了。我们用GDP来估计国家经济发展的规模和速度，用出生率和死亡率来考察社会的年龄结构，用存活率来评价对疾病疗法的效果，等等。

　　不过，你也许不相信，概率统计的起源很早，而且受益于对游戏和赌博的认识。

上篇　古典概率的故事

所有的知识均可并入概率论。

——大卫·休谟（苏格兰哲学家）

All knowledge degenerates into probability.

— David Hume（1711—1776）

概率论不过是简化成为计算的常识而已。

——皮埃尔-西蒙·拉普拉斯（法国数学家）

Probability theory is nothing but common sense reduced to calculation.

— Pierre-Simon Laplace（1749—1827）

第一章　一枚硬币的多张面孔

　　硬币在人类历史上曾经是非常重要的。中国是最早使用硬币的地区之一,早在殷商的晚期(大约公元前11世纪),人们就开始使用硬币了。这种硬币是用青铜仿照天然贝壳的形状铸造的(图1.1),所以又叫铜贝,它们显然是从更早时期以天然贝壳作为钱币的方式发展而来的。中国的古钱采用很多非常有趣的形状,比如刀形的和耒形的。耒是古代用来挖地的铲子。到了战国时期,秦国和魏国开始使用环形硬币。再后来秦始皇统一了中国,开始统一使用圆形方孔的硬币。在古希腊,人们大约从公元前7世纪开始使用接近圆形的金币和银币。扁圆形逐渐成为最主要的硬币形状。在中世纪的欧洲,有钱人的标志是他们随身携带的钱袋,里面沉甸甸地装满了硬币。

　　硬币不仅仅被用于购物。以投掷硬币来决定输赢是最古老的游戏之一。通常是两个人玩,每人事先给出自己的猜测,是正面还是反面,然后由一个人把硬币丢到空中。硬币在空中必须是翻转的,以增加不确定性。硬币落下的时候,或者用手抓住,或者让它落到地上,等到停止滚动以后,检查是正面还是反面。猜中者为赢。但是,只说"我赢了"不过瘾,于是就押赌注。古罗马人把扔硬币的游戏叫做"船或头",因为古罗马硬币通常一面是一艘大船,一面是皇帝的头像。在古代英国,硬币通常一面是十字架,另一面是国王的头像。那时候,英国人把这个游戏叫做"十字架和背面"。美国

图1.1　东周时期的青铜贝形钱币。最著名的铜贝应该是出土于山西省保德县林遮峪村的商代铜贝。而保德铜贝又是仿照更古老的贝壳货币的形状铸造的。

故事外的故事

从18世纪起到20世纪初，决斗是欧美绅士们解决争端的普遍方式。这种决斗是违法的，所以一般都在天亮前举行。如果由于某种原因决斗不能在日出之前进行，法国的规定是双方靠扔硬币来选择背对阳光的方向。这对瞄准射击来讲当然是比较有利的位置。1804年7月11日凌晨，前美国财政部长汉密尔顿（Alexander Hamilton, 1755—1804）与时任副总统伯尔（Aaron Burr, 1756—1836）在哈德逊河畔离曼哈顿不远的一个峭壁下举行决斗，汉密尔顿中枪，并于次日死亡。

1837年1月27日，俄国著名诗人普希金（Alexander Pushkin, 1799—1837）在黑河河畔与旅居俄国的法国人丹特斯男爵（Georges d'Anthes, 1812—1895）决斗，双方均受了伤，普希金因伤重于两天后死亡。

的说法，Heads and Tails，就是正面和反面的意思。

直到今天，在一场球赛开始之前，还是用扔硬币来决定哪一方先开球，或者选择场地。你可能想不到吧，有时候科研文献的作者顺序也是靠扔硬币来决定的。随着科学研究的日益复杂化，合作变得越来越重要，科研文献的作者名单也越来越长。为众多的合作者确定合理的作者顺序是一件很头疼的事，因为合作者的贡献在很多情况下无法定量确定。于是我们有时会在科学杂志的文章末尾看到类似这样的脚注："作者顺序是根据扔掷硬币的结果确定的。"

还有呢？许多人都听过汪峰的《硬币》吧？

你有没有看见手上那条单纯的命运线？

你有没有听见自己被抛弃后的呼喊？

你有没有感到也许永远只能视而不见？

你有没有扔过一枚硬币选择正反面？

我们都有感到孤立无助、无可奈何的时候，命运似乎掌握在一个看不见摸不着却又无所不在、无所不知的神秘力量手中。遇到这样的情况,在需要做决定的时候,我们感到无所适从。怎么办呢?

现代心理学的开创者弗洛伊德(Sigmund Freud, 1856—1939)建议人们扔一枚硬币。为什么呢? 他说:"我并不是说你应该盲目地遵从硬币的结果。我只是想让你注意硬币给出的结果的指向,然后询问自己:我是高兴呢,还是失望? 这可以帮助你捕捉自己内心深处的感觉和期望。由此出发,你就可以朝着正确方向做出决定。"

为什么扔硬币呢? 因为硬币有两面,扔出一枚迅速旋转的硬币,落到地面或捉到手里时,结果只有两个可能,要么正面,要么反面。直觉告诉我们,出现正面和反面的机会应该是相同的,一半对一半。

但是,是什么原因使得硬币的两面出现的机会相同? 故意造假的情况我们不去考虑,即使是规规矩矩地制币,正面和反面出现的机会就一定是一样的吗?

法国著名博物学家布封伯爵(Georges Louis Leclerc, Comte de Buffon, 1707—1788)可能是第一位亲手检验这个直觉的人。布封出生在一个富有而富有影响力的家庭,是个名副其实的富二代。应该说,一般人能想象到的荣华富贵他都享受到了,可是他最大的爱好却是读书和写作。写作对他来说跟参加宫廷宴会一样令人兴奋,一丝一毫不能懈怠。每天早上,在开始写作之前,他一定要穿上最讲究的绅士盛装。长长的假发编满了精致的卷花,身上的丝绸外套是当时法国最时髦的,里面的衬衫绣满花边,领子高高立起,一直顶住下巴。这是当时法国上流社会最为时尚的男人打扮。他觉得只有如此,写作的灵感才能源源不断地涌出。他就这样坐在书桌前,写啊写啊,从早写到晚,写了40年,写出了洋洋洒洒整整36卷的巨著《自然史》,还有许多难以计数的小文章。

《自然史》是一套百科全书,它涉及那个时代所谓"自然科学"的全部内容:生物、化学、物理、材料科学、地质学、工程技术,等等。在这套鸿篇巨著里,布封首次提出一种假说,认为地球上的动物和植物是通过自然演变而成为现在的样子的。这个假说对达尔文的进化论有深刻的影响。

身穿盛装,正襟危坐的布封把一枚法国硬币扔了4 040次,其中2 048次是正面,占总数的50.69%。也就是说,对布封手里的硬币来说,出现正面的机会比反面稍稍多一点。

一天到晚忙于写书的布封为什么对扔硬币这么感兴趣呢?

大约150年后,又有一位学者坐在桌前扔硬币了。

▼

故事外的故事

1903年12月14日，著名的莱特兄弟（Wilbur Wright, 1867—1912; Orville Wright, 1871—1948）在北卡罗来纳州的小鹰镇北边6公里的沙丘上首次试飞他们经过多年才研制成功的飞行者一号。由于飞行结果莫测，兄弟俩采用扔硬币的方式来决定谁去试飞。结果哥哥威尔伯（Wilbur）赢得了机会。可是由于天气不好，飞行者一号仅仅飞行了三秒钟就栽到地面上。12月17日，他们再次试飞。这一回，弟弟奥维尔（Orville）赢得了机会。在时速43公里的刺骨寒风中，飞行者一号终于成功起飞。奥维尔在空中仅飞了12秒，以每小时10.9公里的速度航行了36.5米。这个速度远不如百米赛跑的速度，但却是一个历史性的时刻。从此，人类进入航空时代。

这位英国学者名叫皮尔逊（Karl Pearson, 1857—1936），当时在欧洲非常有名。他在20多岁的时候（1880年前后）就成为历史学和德国文化专家，写了很多关于哥德、德国宗教和戏剧方面的专著。剑桥大学（Cambridge University）聘请他为德国学教授，可他又同时能够为数学系代课。不久，他干脆跑到伦敦大学学院（University College London）去，并成为那里应用数学与力学系的系主任。

皮尔逊也是著作等身的大家。他一共写了将近40本专著，内容从宗教剧到社会主义，从物理到进化论，从肺结核治愈率到白化病，从酗酒后遗症到优生学，影响非常广泛。1902年，23岁的爱因斯坦（Albert Einstein, 1879—1955）召集几个朋友在他的公寓里定期讨论物理和哲学问题，并给他的学习小组取名为奥林匹亚学院。他给大家推荐的第一本书就是皮尔逊的《科学的法则》（*The Grammar of Science*）。在这本书里，皮尔逊宣称自然规律的不可逆性只是一个相对的概念。如果一个观测者丝毫不差地按照光速运动，那么他看到的将是永恒，世界的一切将毫无运动的迹象。他还揣测说，假如观测者能以超过光速的速度运动，那么世界的运动就都是向后退的，如同把电影胶片从结尾向开头演放。他甚至还讨论了反物质、第四维度和时间的褶曲。这些讨论当然都只是纯粹的想象,但它们对爱因斯坦的影响十分巨大而深远。

整天忙于写作的皮尔逊竟然把一枚英国硬币扔了 24 000 次,其中 12 012 次是正面,占总数的 50.05%。

我们不免再问一句,为什么这些整天忙于思索和研究的学者要花大量的时间来研究扔硬币这个看上去挺无聊的事情呢?

在数学上,我们用概率的概念来描述一个事件出现的可能性。概率是一个介于 0 和 1 之间的实数。扔硬币属于最简单的概率问题,因为它只有两种可能。在扔起一枚硬币之前,我们无法预测即将得到的是正面还是反面。我们把这种现象叫做随机过程。硬币出现正面和反面的可能性是一样的,也就是说正面和反面的机会各有 50%。在这种情况下,我们就说出现正反面的概率相等,都是 0.5。

在古代,人们把这类无法预测的可能性归结于天意,觉得猜对的一方有神明相助。因此,在不值得用武力解决争端的时候,扔硬币是一种双方比较能够接受的方式。也正因为它的不确定性,扔硬币成为最古老的游戏之一。后来学者们扔硬币,是因为它是最简单的概率问题。几个世纪的时间里,人们从研究这个问题入手,逐渐完善了概率和统计的理论。

布封和皮尔逊实验的结果里面有不少细节,我们后面还会再讨论,不过从实用的角度来说,在扔出一枚硬币之前,对于即将出现的结果,正面和反面的机会应该是均等的。这种随机性则被很"公平地"用来处理一些问题。比如,在一场球赛开始之前,通常就用扔硬币来决定哪一方先开球。

那么,怎样才能正确地评估一枚硬币是"公正"的呢?

这就需要概率和统计学的知识了。

二次大战期间,另一位英国统计学家克里奇(John Edmund Kerrich, 1903—1985)又重复了扔硬币的实验。克里奇的实验是在无可奈何的情况下进行的。他本来是一名大学的数学讲师。1940 年 4 月,他和妻子到丹麦首都哥本哈根去拜访岳父岳母,正好遇到纳粹德国入侵。作为敌国英国的公民,他被德国人拘留,关押在丹麦中部维堡地区的一座小城的监狱里。看守这里的是依附纳粹的丹麦部队,生活环境比纳粹集中营宽松多了。可是长期被关押,不知何时是尽头,心理上仍然是很艰难的。为了消磨时间,克里奇找到一名难友,两人一起进行概率和统计学实验。他们把一枚丹麦克朗

1968年，在欧洲杯足球半决赛当中意大利队与苏联队在加时赛后以零比零踢成平局。于是胜负由掷硬币来决定，结果判意大利队为胜。意大利队后来成为那一年的欧洲足球冠军。这个结果当然令许多人不满意。后来国际足联才改为用点球来决定胜负。

扔了10 000次，并作了详细记录。他们发现，正面出现了5 067次，占50.67%。这个结果同布封的结果非常相近。

1945年，二次大战结束不久，克里奇把在押期间实验的结果写成一本书《概率理论的实验引论》（*An Experimental Introduction to the Theory of Probability*），讨论统计学理论在实验中的应用，其中投硬币的结果占了相当大的篇幅。图1.2是这本书中的第一张表格，它列出连续2 000次投掷那枚克朗的结果。为了读者阅读方便，我们把图1.2中的前100个投掷结果列在表1.1中。

怎样才能正确地评估一枚硬币是"公正"的呢？直觉告诉我们，投的次数越多，最终的平均概率值就越接近于一个稳定值。如果硬币是"公正"的，那么这个稳定值就是0.5；如果硬币是被人做了手脚的，那么这个稳定值就明显大于或小于0.5。

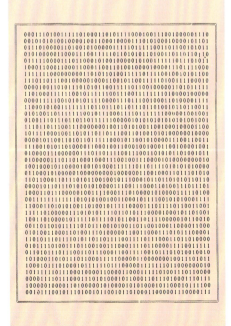

图1.2　克里奇在书中记载的投掷丹麦克朗前2 000次的实验结果。1代表硬币的正面，0代表反面。

表 1.1　克里奇硬币实验的前 100 投硬币出现正面(1)和反面(0)的结果

编号	结果	编号	结果	编号	结果	编号	结果	编号	结果
1	0	21	1	41	1	61	0	81	0
2	0	22	1	42	0	62	1	82	1
3	0	23	0	43	0	63	0	83	0
4	1	24	1	44	0	64	0	84	0
5	1	25	0	45	0	65	0	85	0
6	1	26	1	46	0	66	0	86	0
7	0	27	1	47	1	67	1	87	1
8	1	28	1	48	1	68	0	88	0
9	0	29	1	49	1	69	0	89	0
10	0	30	0	50	0	70	1	90	1
11	1	31	0	51	0	71	1	91	1
12	1	32	0	52	0	72	0	92	0
13	1	33	1	53	1	73	0	93	0
14	1	34	0	54	0	74	0	94	0
15	1	35	0	55	1	75	1	95	1
16	0	36	1	56	0	76	0	96	0
17	1	37	1	57	1	77	0	97	0
18	0	38	0	58	0	78	0	98	0
19	0	39	0	59	1	79	0	99	0
20	0	40	0	60	0	80	1	100	1

　　克里奇的数据使我们可以仔细研究投掷硬币的过程。首先让我们看看,在他的实验里,出现正面的比例是如何随着投币次数来变化的。我们把出现正面(也就是数值为 1)的情况按照投币次数的编号累计起来,再除以累计次数,就得到在某个累计次数时出现正面的平均比值。比如,从图 1.2 我们看到,前三次的结果都是 0,所以出现 1 的平均比值都是 0。第四次出现了 1,那么投到第四次时出现正面的累计平均比值是 $(0+0+0+1)/4=0.25$。

　　图 1.3 显示,对于图 1.2 给出的实验数据,出现正面的平均比值并不是平滑或者单向地趋向于最终的 0.506 7。这个比值在第 15 次时冲到 0.6,可到了第 94 次时又落到

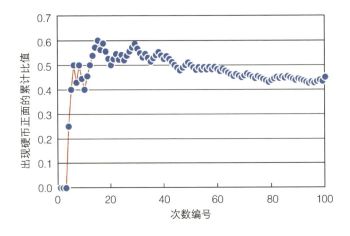

图 1.3 克里奇投币实验的前 100 个结果。我们看到，出现正面的累计比值是"震荡"式的，它并不随着投币次数的增加而单向地趋向于理想值 0.5。

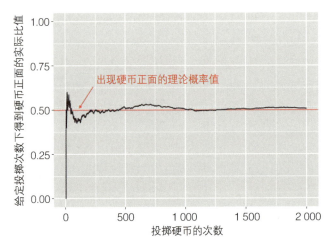

图 1.4 克里奇实验连续 2 000 次投掷硬币出现正面的结果。

0.425 5。如果我们把 2 000 个数据点都拿来计算累计平均值，我们就得到图 1.4 所示的结果。我们看到，累计平均比值随着投币次数的增加呈波动状变化，不过波动的幅度越来越小，逐渐趋向于 0.5。

那么，需要投掷多少次才能有把握地评估一枚硬币是否"公正"呢？图 1.4 似乎是说，要投 1 000 次以上。可是，图 1.4 的结果可靠吗？

现在，让我们设想身着皇家晚宴盛装的布封伯爵坐在铺着雪白桌布的镶金雕银的大桌子面前，手里握着一枚金币。他把旋转的金币抛到空中一米左右的高度，眼盯着它落到桌面上。金币停稳之后，他叫道："正面！"然后用一支鹅毛笔把结果记录到一张巨大的白纸上面。我们假定布封用阿拉伯数字 1 代表正面，0 代表反面。

他又扔了一次。"正面!"

白纸上又出现了一个1。

第三次。"正面!"

布封的脸上开始出现惊奇的表情。

第四次。"又是正面! 多么的不可思议啊!"他大声叫道。

为什么呢?

我们前面说过,每投一次,硬币出现正反面的概率都是一样的,都是1/2。每一次在布封扔出手里的金币之后,他都不能预测将要出现的是哪一面。那么为什么连续出现四个正面会让他惊讶呢? 下一投一定会是反面吗?

首先让我们看看,连掷四次硬币会有几种可能性。还是用1代表正面,0代表反面,我们把各种情况都考虑进去,一共16种:

1111, 1110, 1101, 1011, 0111, 1100, 0011, 1010, 0101, 0110, 1001, 1000, 0100, 0010, 0001, 0000。

由于每一次1和0的出现都是随机的,那么这16种情况出现的概率就都是等同的。所以,连续投掷硬币四次,出现1111的概率是$1/16 = 1/(2 \times 2 \times 2 \times 2) = 1/2^4$。

连续掷五次硬币,出现11111的概率是多少?

我们可以像上面连掷四次硬币的情况那样,把所有的可能性都列出来,

故事外的故事

2010年前后,伯克利大学教授阿尔多斯(David Aldous)请两位本科生在课余进行扔硬币的研究,结果每人扔了两万次。按照他的估计,每人每天扔一个小时,恰恰是一个学期的工作。其中一个学生发现正面占50.11%,另一个学生发现反面占50.07%。

但是随着投掷次数的增加，数目越来越多，很容易出错。更简单的方法是先考虑第五次投掷硬币的可能性。这当然只有两个（1和0）。这两个可能性，每一个都可以跟投掷四次的16个可能性结合，所以，一共有2×16个可能性。这种考虑方式可以一直应用到任何一个投掷次数 n。所以，对于 n 次投掷来说，连续出现 n 个正面的概率是 $1/(n$ 个2连乘$)=1/2^n$。

捷克出生的英国剧作家斯托帕尔德（Tom Stoppard, 1937— ）写过一部从莎士比亚的名剧《哈姆雷特》衍生出来的荒诞剧，里面讲到哈姆雷特的两个大学同学在接到国王克劳迪（Claudius）的命令之前利用硬币来打赌。其中一个连续扔了92次，每次都是正面。他们觉得有点儿不对劲。

不是"有点儿"不对劲，而是非常不对劲。任何一个计算器都可以告诉我们，连续得到92个正面的概率是4,951,760,157,141,521,099,596,496,896分之一！ 为了比较起见，美国的彩票（Lottery）在积累到16亿美元时，一张彩票中奖的概率大约是300,000,000分之一。

现在让我们回过头来再看图1.4。仅仅依靠这张图，我们并不能对投掷2 000次硬币做出一个确定的描述，因为图1.2给出的数据只是一种实验结果。根据上面的分析，2 000个数据的排列方式应该有 $2^{2\,000}$ 种。我们已经看到，2^{92} 是一个28位数，$2^{2\,000}$ 则要大得太多了。对这么多的可能性逐一进行分析是绝对不可能的。

那么，是否投掷很多次硬币就能确定它是否"公正"呢？

这个问题，雅各布·伯努利（Jakob Bernoulli, 1654—1705）花了20年时间才想明白。在他的名著《猜度术》（*The Art of Conjecture*）里，伯努利第一次发现，在 n 趋于无限大的时候，一枚公正的硬币出现正反面的概率都是0.5。伯努利的这本著作被公认为是概率论作为一门数学科学诞生的标志。

关于概率论发展的故事我们在本书的后面会接着讲。但是在讲这些故事之前，需要一些准备知识，包括排列组合、无穷数列及其极值等等。它们的故事我们接下来慢慢讲。

本章主要参考文献

Kerrich, J. E. An experimental introduction to the theory of probability. Copenhagen: Belgisk Import Compagni, 1950: 98.

第二章 神秘的八卦图

不知道是多久以前了，一位老人站在山顶，俯视着山下浑浑噩噩的人群。那时候，人们只知有母，不知有父。他们居无定所，生活极其艰难。捉到一只野兽，就剥去兽皮，男女老幼蜂拥而上，你一口我一口，吃那鲜红的生肉，喝那腥热的鲜血。偶尔打到太多的野兽，一时吃不完，也不懂得保存，任凭猎物烂掉。他们用兽皮和苇草来遮挡风寒，衣不遮体，饥一顿饱一顿，生老病死全靠运气。

为什么这么痛苦？人生的意义在哪里？老人苦苦思索着。日复一日，年复一年，他仰望天空，环顾四周，见日月星辰，升沉有序；花开叶落，周而复始。终于有一天，老人幡然而悟，根据看到的自然规律画出一幅神秘的图，用它来界定人们生活的法则。这套法则使人类走出洪荒时代，进入有规矩、有道德、有礼节的社会。

这张神秘的图就是八卦图。

这当然只是一个传说。关于八卦来源的理论五花八门，其中不少充满迷信荒诞和神秘主义的元素。但凡是看到八卦图的人，都会被它的简洁和深奥所吸引。现在就让我们再仔细地看看它（图2.1）。

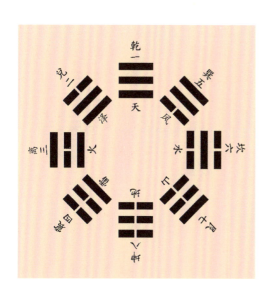

八卦是由两种线段构成的八组符号，断开的线段代表"阴"，连续的代表"阳"。在古代，每个单独的线段被称为"爻"。八组符号都由三只爻构成。只是由于年代久远，时代变迁，要想找到八卦的真正起源恐怕已经不那么容易了。

不管怎么样，任何试图破解这个神秘图案的企图都必须从了解符

图2.1 伏羲八卦图。注意图中标记的卦象顺序（一到八）。

史苑撷英

"古之时未有三纲、六纪，民人但知其母，不知其父，能覆前而不能覆后，卧之詓詓，起之吁吁，饥即求食，饱即弃余，茹毛饮血而衣皮革。于是伏羲仰观象于天，俯察法于地，因夫妇正五行，始定人道，画八卦以治下。"

——（汉）班固：《白虎通义》

表2.1　八个基本卦象和它们对应的二进制数码编号

坤	艮	坎	巽
000	001	010	011
震	离	兑	乾
100	101	110	111

号的规律入手。首先，我们可以想象，这种线段构成的符号在使用刻痕作为记录手段的时代是最为方便的。使用任何其他符号记录都比之更费力、更麻烦。可是这类符号现在看上去不那么一目了然。让我们用一个偷懒的办法，把阴爻和阳爻用阿拉伯数字0和1来代替。于是坤卦变成000，乾卦成为111。我们假设最左边的阿拉伯数字对应的是卦象的最底下那一爻。现在让我们把坤卦的三个0从上到下逐次变成1，成为乾。这一共有多少种变化呢？

从表2.1我们看到，由0和1构成的三位数组一共只有这八种可能。有趣的是，在二进制的数值系统中（也就是现代计算机所使用的系统中），从坤到乾的变化恰恰对应了十进位数值从0到7（也就是二进制的000到111）这八个数字。不仅如此，如果你注意到图2.1当中每一卦的编号，就会发现，利用二进制得到的卦象的顺序和图2.1中的正好相反。当然，我们完全可以把阳爻看成0，阴爻看成是1。那样的话，我们得到的卦象的顺序就跟图2.1里给出的从一到八的顺序一模一样了。

这些有趣的特征是德国著名数学家莱布尼茨（Gottfried Wilhelm Leibniz，1646—1716）最早发现的。他从1679年起开始思考二进制数的问题。大约在17世纪接近尾声的时候,他的朋友、法国耶稣会传教士白晋(Joachim Bouvet, 1656—1730)从中国回到欧洲,并带来了《易经》。我们可以想象,当莱布尼茨看到《易经》中的八卦图时该有多么惊奇。几年以后(1703年),他发表了著名的关于二进制数值算法的书,题目很长,大致可以翻译成《仅仅使用1和0的二进制数的算法,兼论它的用途以及对理解古代中国伏羲八卦的启示》(*Explanation of Binary Arithmetic, which uses only the characters 1 and 0, with some remarks on its usefulness, and on the light it throws on the ancient Chinese figures of Fu Xi*)。莱布尼茨坚信,中国人在几千年前就考虑过二进制了。

我们知道,在真正使用八卦的时候,八卦图里的三爻卦象是成对出现的。爻的顺序是从下到上,最底下的一爻叫"初爻",然后依次是二爻、三爻等等。那么从8个三爻卦象里面任意取出两个,构成一个六爻卦象,能有多少种可能性?

这是最早的排列组合问题之一。最直接的方法是列表,把8个三爻卦象按照行和列写下来,然后在表中按照行数和列数出现的卦象组合起来,如表2.2所示。

还有一个更简单的办法。这个问题实际上是在问:用一只阴爻和一只阳爻来组成六爻卦象,一共能有多少个不同的排列?于是就变成了一个二进制的问题:从000000到111111,一共有多少个数?二进制的111111相当于十进制的63,所以一共有64卦。读者可以按照表2.3给出的方式检查这个结果。

表2.2 以排列组合方式构成的六十四卦图(红色为上卦,黑色为下卦)

	A坤	B艮	C坎	D巽	E震	F离	G兑	H乾
A坤	AA坤	AB剥	AC比	AD观	AE豫	AF晋	AG萃	AH否
B艮	BA谦	BB艮	BC蹇	BD渐	BE小过	BF旅	BG咸	BH遁
C坎	CA师	CB蒙	CC坎	CD涣	CE解	CF未济	CG困	CH讼
D巽	DA升	DB蛊	DC井	DD巽	DE恒	DF鼎	DG大过	DH姤
E震	EA复	EB颐	EC屯	ED益	EE震	EF噬嗑	EG随	EH无妄
F离	FA明夷	FB贲	FC既济	FD家人	FE丰	FF离	FG革	FH同人
G兑	GA临	GB损	GC节	GD中孚	GE归妹	GF睽	GG兑	GH履
H乾	HA泰	HB大畜	HC需	HD小畜	HE大壮	HF大有	HG夬	HH乾

表2.3 朱熹的伏羲六十四卦次序图

坤（地）	艮（山）	坎（水）	巽（风）	震（雷）	离（火）	兑（泽）	乾（天）	←上卦 ↓下卦
(1) 2. 坤为地	(2) 23. 山地剥	(3) 8. 水地比	(4) 20. 风地观	(5) 16. 雷地豫	(6) 35. 火地晋	(7) 45. 泽地萃	(8) 12. 天地否	坤（地）
(9) 15. 地山谦	(10) 52. 艮为山	(11) 39. 水山蹇	(12) 53. 风山渐	(13) 62. 雷山小过	(14) 56. 火山旅	(15) 31. 泽山咸	(16) 33. 天山遁	艮（山）
(17) 7. 地水师	(18) 4. 山水蒙	(19) 29. 坎为水	(20) 59. 风水涣	(21) 40. 雷水解	(22) 64. 火水未济	(23) 47. 泽水困	(24) 6. 天水讼	坎（水）
(25) 46. 地风升	(26) 18. 山风蛊	(27) 48. 水风井	(28) 57. 巽为风	(29) 32. 雷风恒	(30) 50. 火风鼎	(31) 28. 泽风大过	(32) 44. 天风姤	巽（风）
(33) 24. 地雷复	(34) 27. 山雷颐	(35) 3. 水雷屯	(36) 42. 风雷益	(37) 51. 震为雷	(38) 21. 火雷噬嗑	(39) 17. 泽雷随	(40) 25. 天雷无妄	震（雷）
(41) 36. 地火明夷	(42) 22. 山火贲	(43) 63. 水火既济	(44) 37. 风火家人	(45) 55. 雷火丰	(46) 30. 离为火	(47) 49. 泽火革	(48) 13. 天火同人	离（火）
(49) 19. 地泽临	(50) 41. 山泽损	(51) 60. 水泽节	(52) 61. 风泽中孚	(53) 54. 雷泽归妹	(54) 38. 火泽睽	(55) 58. 兑为泽	(56) 10. 天泽履	兑（泽）
(57) 11. 地天泰	(58) 26. 山天大畜	(59) 5. 水天需	(60) 9. 风天小畜	(61) 34. 雷天大壮	(62) 14. 火天大有	(63) 43. 泽天夬	(64) 1. 乾为天	乾（天）

　　有意思的是，从左上角开始一行一行向下排列的卦象的顺序恰恰就是朱熹在《周易本义》里面排列的所谓"伏羲六十四卦次序图"（见表2.3）。这应该不是一个巧合。很可能，在朱熹的时代，人们对排列组合已经很熟悉了。

　　表2.3的次序图还有一些有趣之处。比如，从表格的中心——也就是在那个红色十字的地方——画对角线，那么对角线相对于中心一侧和另一侧的卦象相对于中心成反对称，也就是说两侧的卦象都可以通过把阴爻和阳爻置换以后得到。比如中心处的巽和震、益和恒。这种反对称的卦象叫做"错卦"。从二进制数值的角度来看，一对错卦之间的关系就是把0和1相互置换。

　　这些错卦还有相互对应的意义。在左上右下的对角线上，巽（风）对震（雷），坎（水）对离（火），艮（山）对兑（泽），坤（地）对乾（天）。在左下右上的对角线上，恒（不动）对益（增加），既济（事已成）对未济（事未成），损（减少）对咸（和谐），泰对否。

　　难怪从古至今，人们对八卦总是这么好奇。

传统的占卜方式是使用蓍草。蓍草是多年生的草，生长时间长，茎秆直而且硬，古人以为可以通灵。占卜时，仪式感很重要。取50根蓍草，先把一根放在一边不用，这是象征天地奥秘大衍之数，名为"挂一"。把其余49根随意分成两份，分别握于左右手，名为"分二"。左手为天，右手为地。从右手中取出一根，夹在左手小指与无名指之间，象征人。把右手中的蓍草放在一边，用右手数左手中的蓍草，每4根一组，象征四季，名为"揲四"。最后余下4根或不足4根的蓍草，夹在左手无名指与中指之间，象征闰月。再用左手数刚才右手放下的蓍草，也是每4根一数，最后余下的4根或4根以下，夹在左手中指与食指之间，名为"归奇"。占卜到这里，夹在左手手指中间的三组蓍草合起来必定是9根或者5根。以上是第一变。

把第一变之后左手剩下的9根或5根蓍草除去，剩下40或44根蓍草。按照第一变的方法，重复"分二、揲四、归奇"三个步骤，最后左手的蓍草总数必定是8根或4根。以上是第二变。再将左手的8根或4根蓍草除去，把余下的32或36根蓍草再次"分二、揲四、归奇"，最后左手余下的蓍草总数，必定也是8或4。这是第三变。

史苑撷英

大衍之数五十，其用四十有九。分而为二以象两，挂一以象三，揲之以四以象四时，归奇于扐以象闰。五岁再闰，故再扐而后挂。乾之策二百一十有六，坤之策百四十有四，凡三百有六十，当期之日。二篇之策，万有一千五百二十，当万物之数也。是故四营而成易，十有八变而成卦。八卦而小成，引而伸之，触类而长之，天下之能事毕矣。

——《周易·系辞上》

经过以上三变，得到八卦位置在最下方，也就是第一爻的结果。第一变余下的是9或5根蓍草，第二和第三变余下的是8或4根蓍草。9与8是多数，5与4是少数。如果三变中有两次是多数，一次是少数，就是"少阳"爻，简称为"单"。如果三变中有两次是少数，一次是多数，就是"少阴"爻，简称为"拆"。如果三变都是少数，即5、4、4时，就是所谓"老阳"爻，简称为"重"。如果三变都是多数，就是"老阴"爻，简称为"交"。

"老阴"和"老阳"有可能变化，是"变爻"，在"变卦"中使用。在变卦中，原来为阳的爻需变成阴，原来为阴的爻需变成阳。"少阴"和"少阳"不变化，属于"不变爻"。在经过三变得到第一爻之后，按照同样的方法，再做五次，一共15变，得到其他五爻。按"初爻"、"二爻"、"三爻"、"四爻"、"五爻"、"上爻"的顺序，由下而上按顺序排成卦象。

分析三变中每一爻出现的概率，"树形图"是极有用的方法。这个方法在后来的概率分析中还会重复出现。图2.2就是这样一种树形图。其中，被框起来的数字是蓍草的数目，红括号里的分数是从上一步到下一步蓍草数出现的概率。比如从"挂一"的49根蓍草到第一变的40根蓍草的概率是1/4，而从49到44根的概率是3/4。圆括号里面红色概率的数值只限于每个框起来的蓍草数下面的两条分支。每一变当中的概率单独计算，我们称之为局部概率。完成第三变以后，一共有八种结果。借助树形图，每种结果的概率可以很容易地计算出来。比如，左下角"老阴"爻的真正概率是从"挂一"处开始，三个局部概率的乘积，也就是$1/4 \times 1/2 \times 1/2 = 1/16$（方括号里的数值）。相应地，右下角"老阳"爻的概率是$3/4 \times 1/2 \times 1/2 = 3/16$。在老阴和老阳之间有三只少阴爻、三只少阳爻，把所有少阳爻出现的概率加起来之和是$1/16 + 1/16 + 3/16 = 5/16$。同理，所有少阴爻出现的概率之和是$1/16 + 3/16 + 3/16 = 7/16$。

从图2.2我们看到，第三变完成以后剩下的所有蓍草数目都是4的倍数。除以4之后，得到的结果是6、7、8或9。6对应"老阴"，9对应"老阳"。7是"少阳"，8是"少阴"。6、7、8、9这四个数在占卜术中很重要，叫做四营数。每一卦需要18变，通过四营数得到卦象。所以说是"四营而成易，十有八变而成卦"。

这些神秘的数字关系相当复杂。《周易·系辞上》还计算了其他一些数字，比如乾卦，如果每一爻都是"老阳"，对应着36根蓍草（图2.2），那么6只"老阳"爻构成的乾卦一共需要216根蓍草。而如果坤卦每一爻都是"老阴"，那么6只"老阴"爻需要

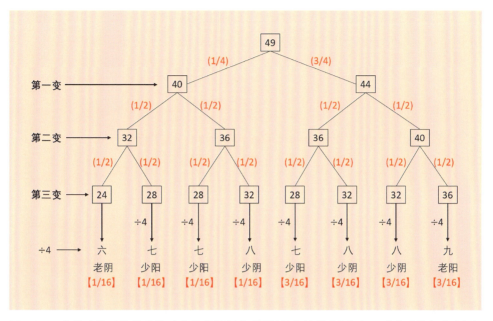

图2.2　三变的全部可能性及其对应的局部概率(圆括号中的数值)和每一爻出现的概率(底部方括号中的数值)。

用144根蓍草,二者加起来等于360,对应着古代一年中的天数。整体64卦,阴爻与阳爻合起来使用的蓍草总数为11 520,这相当于万物之数。

图2.2还告诉我们,按照这个古老的占卜规则,老阴、老阳、少阴、少阳出现的概率各不相同。少阴出现的概率最高,达7/16;其次是少阳,等于5/16;再次为老阳,等于3/16;老阴最低,仅为1/16。即便是改良后的铜钱占卜方法,四营数出现的概率仍不相同,其中老阴和老阳的概率是1/8,少阴和少阳的概率是3/8。不过,如果我们不考虑变爻和不变爻的区别(也就是说不考虑变卦),那么老阳与少阳的概率总和(5/16+3/16)等于老阴与少阴的概率总和(7/16+1/16),也就是说阴爻和阳爻出现的概率都是0.5。

2019年高考数学全国理科卷有一道跟八卦相关的题,内容是这样的:

> 我国古代典籍《周易》用"卦"描述万物的变化,每一"重卦"由从下到上排列的6个爻组成。……在所有重卦中随机取一重卦,则该重卦恰有3个阳爻的概率是,A: 5/16; B: 11/32; C: 21/32; D: 11/16。

如果知道如何产生64卦图表（如表2.3），就很容易算出恰好有三个阳爻的卦象是20个，它们在64个卦象中出现的概率就是20/64＝5/16。所以正确的答案是A。

本章主要参考文献

Biggs, N. L. The roots of combinatorics. Historia Mathematica, 1979,6: 109－136.

第三章 《吠陀经》的韵律

　　古印度文化对数字非常敏感,人们在很早的时候就谈论巨大的数字。比如印度教的《往世书》提到的一个时间概念叫做"劫"(kalpa),1劫等于1 000个大纪(mahayuga),1大纪包含4个小纪(yuga),1小纪等于3 000天年,1天年等于360个太阳年,也就是我们人类生活中的年。由此算来,1劫相当于43亿2 000万年,而这仅仅是梵天神(Brahma)生活的一个白天。梵天神的一天一夜等于人间86亿4 000万年。如此算起来,梵天的一年(360个日夜)相当于人间3兆1 104万年(1兆等于1万亿)。而梵天的一个世纪叫做一个大劫,相当于人间311兆零400万年! 这些数字真是大得让人发懵。不过由于大劫之后世界注定毁灭,对于我们凡人来说,显然一个大劫的数越大越好。

　　妙闻仙人(Sushruta,音译名为苏胥如塔,生卒年不详)是古印度的一名著名外科医师,生活在公元前6世纪。他曾经断言,如果有6种不同的味道,那么选择任何一种味道,或者把两种味道、三种味道等组合起来,可以构成63种相异的味道(也就是2^6-1种组合)。从古代起,印度人对香料就十分着迷,而且越来越着迷。20世纪出现的唐多力(Tandoori)烤鸡,其调料里就含有芫荽籽、辣椒粉、孜然、姜黄、香茅蓿、胡椒、姜粉、月桂、丁香、肉豆蔻、葛缕子、肉桂、小豆蔻等十多种香料。6种香料的组合显然不够用。

　　到公元前2、3世纪的时候,在印度出了一位著名的学者名叫宾伽罗(Piṅgala,生卒年不详)。他的名著《诗律经》(*Chandaḥsūtra*)是一本有关诗歌格律的重要著述,主要研究的是古代婆罗门教的经典《吠陀经》的韵律。《吠陀经》是用诗的语言写成的,宾伽罗把诗歌的节奏分解为两个基本元素,一个元素叫"啦咕"(laghu),另一个叫"咕噜"(guru),前者是长音、重音的意思,后者是短音、轻音的意思。在梵语里,重音的长度一般是轻音长度的一倍左右。你看,这是不是跟"阳爻"(长)和"阴爻"(短)有点相似?

　　在任何一种语言里,语音的轻重缓急,也就是韵律节奏,是诗歌的重要部分。中文诗歌里,这种韵律是隐含在汉字里的。虽然看起来每个汉字都占据同一个音节,但是吟读起来却也是有长有短,有轻有重的,比如:

白日依山尽，黄河入海流。

如果用L代表长音（重音），G代表短音（轻音），这句诗吟诵起来的一种可能是：

GLLLG，GLLGL.

当然也可以有其他不同的变化，但不能每个字都按照完全相同的音量和音长。GGGGG或者LLLLL，都很难听，没有诗的韵味。

英语诗歌里很多使用抑扬格或扬抑格。比如著名诗人丁尼生（Alfred Tennyson，1809—1892）的名诗《尤利西斯》（Ulysses）里有这么一句：

To **strive**, to **seek**, to **find**, and **not** to **yield**.

这是五步抑扬格，就是GL，GL，GL，GLGL（粗体代表重音，其音比轻音要长）。这句诗可以翻译成："前行，探究，寻觅，切莫气馁。"吟诵起来，也是GL，GL，GL，GLGL。

描述和分析长音、短音在梵语诗歌中的排列规律是《诗律经》的主要内容。宾伽罗列出了给定音节的数目，各种长短音的分布方式，并给它们一一取了名字。这是世界上最早的语言分析著作。对于一段有n个音节的诗句，宾伽罗给出分析长音和短音分布可能性的规则，以及这些可能性的总数。这种分析，就像我们在第一章里提到的问题：扔n次硬币，有多少种出现正面和反面的可能性？这里的长音和短音就对应着硬币的正面和反面。

《诗律经》一共有八章。第八章里含有35段契经，这在佛教里称为修多罗（Sutra），就是一段散文式的经文。第八章第20到35段专门讨论长短音分布的排列组合算法，这包括好几个步骤，我们只看其中的两个。

第一个步骤是计算有n个音节的一段诗文里面长短音所有可能的组合，然后把这些组合列成一个音素方阵。由于长音（L）和短音（G）在n个音节里的排列有2^n个组合方式，把这些组合方式按照n个音节排列起来，每个音节作为一个元素，一共有$2^n \times n$个元素，构成一个$2^n \times n$的方阵。这个方阵给出了长短音的所有可能性。让我们看看几个简单的例子。

我们从最简单的诗文开始，假设它只有一个音节，这个音节可能是L或是G，于是我们得到一个小表格，它有$2^1 \times 1 = 2$（个）元素，也就是一个2×1的小方阵：

对于一段有两个音节的诗文来说,我们可以得到一个 $2^2 \times 2 = 8$ (个)元素的表格(也就是一个 4×2 个元素的方阵):

这个表格是根据一个音节的2元素表格加上第二个音节的各种分布可能得到的。

举一反三,三个音节的诗文可以从8元素表格加上第三个音节的分布可能性得到,它一共有 $2^3 \times 3 = 24$ (个)元素:

这是一个 8×3 方阵。推而广之,对于一段有 n 个音节的诗文来说,发音元素(L和G)出现的可能性一共有 $2^n \times n$ 种,构成一个 $2^n \times n$ 方阵。

这种从简单到复杂逐步推进的分析方法在数学上叫做递归法(Recursion;又叫

Recursive method），它不仅在排列组合与概率统计学中有重要作用，在其他数学、计算机科学，甚至艺术当中，使用也非常广泛。

那么，在一段拥有 n 个音节的诗文里，只用一个 L，或者两个 L，或者三个 L 等的可能性有多少种？类似的问题也可以用到 G 上，结果应该和 L 是一样的，因为只有这两种选择，选择了一种音节以后，余下的就是另一个。

宾伽罗给出的方法值得我们仔细谈谈。假设我们考虑 n 个音节，那么就做一个有 $n+1$ 行的表。首先在第一行中间写下一个 1，然后在第二行写下两个 1，这两个 1 在第一行的 1 的两侧格子的下方。第三行，在第二行两个 1 的下面的外侧格子里写下 1，等等，延续到任何一个 n，如表 3.1 中的数字所示。

表 3.1　宾伽罗解决音节分布问题的第一步

$n=0$								1							
1							1		1						
2						1				1					
3					1						1				
4				1								1			
5			1										1		
6		1												1	
7	1														1

然后，在 $n=2$ 那一行，计算位于两个 1 中间的格子里的数字。这个格子正对于 $n=0$ 那一行的 1。计算方法是把这个格子两个"肩膀"上的数字加起来。对应于 $n=2$ 的上一行是 $n=1$，两个"肩膀"上的数字都是 1，所以，$n=2$ 这一行中间的数字是 2。

下一步，计算 $n=3$ 那一行的数字。这一行在两头的 1 之间对应于 $n=1$ 有两个格子，所以这一行除了两个 1 以外还有两个数字。计算方法和 $n=2$ 的情况相同，把每个格子上方两个"肩膀"处的数字加起来。这两个数字都等于 3。

就这样，用类似的方法计算 $n=4$，$n=5$，…，一直做下去，于是我们得到表 3.2。

表3.2　$n=7$ 的宾伽罗山形图

$n=0$					1				
1				1		1			
2			1		2		1		
3		1		3		3		1	
4	1		4		6		4		1
5	1	5		10		10		5	1
6	1	6	15		20		15	6	1
7	1	7	21	35		35	21	7	1

　　这个表格，在印度叫做"美庐"（meru），就是小山的意思。因此我们不妨把它叫做山形图。

　　这张图是什么意思呢？别忘了我们一开始提到的宾伽罗打算分析的问题：在一段拥有 n 个音节的诗文里，只用一个L，或者两个L，或者三个L等的可能性各有多少种？

　　让我们从最简单的情况入手，也就是 $n=1$，这相当于山形图中 $n=1$ 那一行。这里，我们显然只有1种选择，L，这相当于左边那个1。不过我们也可以选择G，那也只有1种选择，这相当于 $n=1$ 那一行右边的1。

　　对于 $n=2$，如果使用2个L的话，只有一种可能。同样，使用2个G也只有1种可能。我们不妨把左边的1设定为对应两个L，那么右边的1对应的就是两个G的情况。如果使用1个L，那么就有两种可能，LG或者GL。LG和GL也是使用1个G的可能，但这种可能其实已经被使用1个L给限定了，所以在两个1之间是一个2。

　　对于 $n=3$，如果使用3个L，那么也只有一种可能，对应的是山形图里 $n=3$ 那一行最左边的那个1。如果使用两个L，从前面的 8×3 方阵图，我们已经知道，有3种可能；如果只用一个L，也是3种可能；而右边的1对应有3个G的情况。

　　对于 $n=4$，4个L和4个G的可能性当然都是1，使用3个L有4种可能，使用2个L有6种可能，使用1个L的可能性也是4。如果把L换成G，结果还是相同的。读者可以自己去验证。

到这里，我们看到，宾伽罗用山形图的方式给出了他的答案，而且这个答案对任何一个整数n都适用，也就是在一段具有n个音节的诗文里面，含有1个、2个、3个、……，直到n个L音（或者G）的可能性。所有这些可能性相对于L和G都是对称的，因为没有第三个音，一旦确定了L出现的数目，G出现的数目也就确定了。

现在，让我们花点时间，再仔细看看这张山形图。

除了所有数字构成的"山"以外，山形图里还隐藏了无数大大小小的"山"。如果你仔细看看表3.2，就会发现，每一行的数字都是中间大，两头小。对于第n行来说，里面有n+1个数字。先让我们从左边为它们编号，从1到n+1。然后把这些数值按照编号画出来，如图3.1所示。可以明显看出，每一行的数字都是一座山，而且左右对称。而随着n的增加，"山"的形状逐渐变得陡峭，也更加平滑。

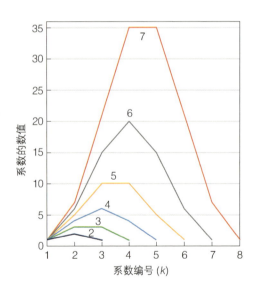

图3.1　山形图里第2行到第7行数字从左到右排列的山形分布图。注意这些"山"都是左右对称的。

宾伽罗的分析是针对诗文的韵律进行的，但他的结果却具有普遍性，可以用在很多实际问题上。让我们回过头来看看前面讲过的扔硬币的例子。我们还是用1来代表正面，0代表反面。假设你把一枚硬币连续投了三次，我们已经知道，可能出现的结果有$2^3=8$（种），它们是000、001、010、100、011、101、110、111。这里面，全是正面和全是反面的情况都只能出现一次，出现两个正面和出现两个反面的情况相等，都是3。所以，出现只有0、两个0、一个0和没有0的次数分别是1、3、3、1。你看，这不就是山形图里n=3那一行的数列吗？把这几个数字都加起来，$1+3+3+1=8=2^3$是投掷3次硬币出现的全部可能性,而1、3、3、1这四个数字代表的是在所有8种可能性当中出现全是0、两个0、一个0、没有0(也就是全是1)的数目。

由此,我们就知道出现全是0的概率是1/8=0.125,出现两个0的概率是3/8=0.375,等等。现在,请读者计算一下把一枚硬币投掷4次,其中出现两个0的概率。

由于n可以无限地增加,山形图里出现的数字可以有无穷多个。用现代组合数学(Combinatorics)的语言,所有这些数字都可以用一个统一的符号来表达,那就是$C_n^k = \dfrac{n!}{k! \times (n-k)!}$。

别被这个符号的复杂性给吓着,其实它非常简单。字母C代表组合(Combination)。C的两个角标代表从某个数(n)里面取出另一个数,这里我们规定$0 \leqslant k \leqslant n$。C的表达式里唯一奇怪的符号是那个惊叹号。它并不代表愤怒或者惊奇,它只是一个阶乘的符号:$n! = n \times (n-1) \times (n-2) \times \cdots \times 2 \times 1$。对于$n=0$,我们规定$0! = 1$。符号$C_n^k$代表从$n$个不同的东西里面取出$k$个东西的可能性,读作"$n$中取$k$"。也有人使用$\binom{k}{n}$。在西方使用这两种符号的时候,$n$和$k$的位置和这里给出的正好相反。不过没有关系,只要标明了$0 \leqslant k \leqslant n$,这两个角标的位置就不会引起歧义。

我们再看看$n=4$的例子。拥有$n=4$个音节的诗句,里面含有$k=4$个L音的可能性是$C_4^4 = \dfrac{4!}{4! \times 0!} = 1$。拥有$n=4$个音节的诗句,里面含有$k=3$个L音的可能性是$C_4^3 = \dfrac{4!}{3! \times 1!} = 4$。……读者有兴趣的话,不妨多验证几个$n$。

验证之后,让我们再来看看图3.1中的"山"。"山顶"位于系数的正中,不论我们从"山顶"向左右任何一个方向走,系数都迅速降低,直到达到1为止。这是为什么?

不要忘记,系数等于1和$n+1$对应的是单单出现正面和反面的可能性。从上面的分析我们看到,对于一个只有两种结局的随机过程(也就是说每一次过程的重复都和它的历史无关),比如硬币出现的正面和反面、诗文里出现的长音和短音,山形图告诉我们,如果我们不断地重复这个随机过程(比如不断地扔硬币或不断地增加诗文的长度),正面和反面(或长音和短音)出现的次数就越来越接近。换句话说,我们就越来越趋近于图3.1里系数编号的正中间;在这里出现正面和反面的概率越来越接近于相等,而最终它们的概率都趋于0.5。

史苑撷英

"忌（指田忌）数与齐诸公子驰逐重射。孙子见其马足不甚相远，马有上、中、下三辈。于是孙子谓田忌曰："君弟重射，臣能令君胜。"田忌信然之，与王及诸公子逐射千金。及临质，孙子曰："今以君之下驷与彼上驷，取君上驷与彼中驷，取君中驷与彼下驷。"既驰三辈毕，而田忌一不胜而再胜，卒得王千金。"

——（汉）司马迁《史记·卷六十五·孙子吴起列传》

还有一个跟 C_n^k 类似的符号，P_k^n。在这个符号里，P 代表排列（Permutation）。既然是排列，那么 abc 和 bac 就是不一样的，因为顺序不同。这是排列和组合的主要区别，在组合里，只要 a、b、c 都在一起，那么，a、b、c 和 b、a、c 以及 c、b、a 等都是一回事。比如三种香料，混合在一起构成一种味道，三种香料谁在前谁在后对味道没有影响。而排列在许多情况下是很重要的。田忌赛马的故事就是一个古老的例子。

拿三个字母 a、b、c 来作例子，很容易看出一共有6种排列，它们是：abc、acb、bac、bca、cab、cba。

这里面，有三类是 a、b、c 分别打头的，每一类当中的第二个字母有两个选择，第三个字母只有一个选择，所以从3个字母中给出全部字母的总的排列可能性有 $3!=6$（个）。

采用递归法，很容易证明，n 个字母全部给出的排列的可能性有 $n!$ 个。

那么，如果从 n 个字母里拿出 k 个字母（$k<n$）来排列，会有多少种可能呢？答案是 $P_k^n=\dfrac{n!}{(n-k)!}$。读者不妨自己去试着解决这个问题。P_k^n 的读法是"n 个数中取 k 个数的排列"。

也许明眼读者早已注意到了：那个所谓的山形图不就是贾宪三角形吗？

正是!

北宋人贾宪(11世纪中叶;具体生卒年不详)写过一本著作《释锁算书》,把那个山形图称为三角形(图3.2)。不过这本书由于战乱失传了。后来南宋人杨辉(约1238—约1298)在他的著作《详解九章算法》里提到了它,并详细讨论了这个三角形在二项式乘方和开方中的应用。用现代的代数语言,把一个n次二项式$(a+b)^n$展开,含有a和b的各项的系数就是表3.2里列出的数字。

宾伽罗的山形图出现在公元前2世纪,可是他在《诗律经》中语焉不详。真正清晰地给出上面处理过程的人是公元10世纪的印度数学家赫珞瑜陀(Halayudha,生卒年不详)。所以,山形图出现的比较可信的年代应该是公元10世纪,这跟贾宪生活的时代差不太远。

一个是计算长音和短音在诗句中的分布可能,一个是展开二项式,为什么会得到相同的结果呢?是巧合吗?当然不是。

让我们先看看一个有趣的现象,数字11的n次方,也就是11^n。根据幂指数的定义,我们知道,$11^0=1$。现在让我们把n从0到4的结果在表3.3中列出来。从表格的第二列我们看到,从$n=0$到$n=4$,11的n次幂的数字和山形图(贾宪三角形)里列出的一模一样。请

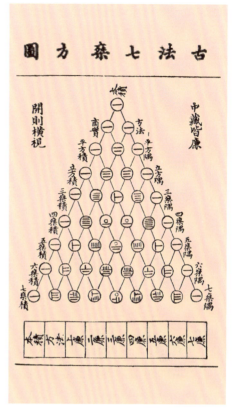

图3.2 元朝数学家朱世杰(1249—1314)所著《四元玉鉴》中介绍的贾宪三角形(古法七乘方图)。

表3.3 11^n的结果

$n=0$	1
1	11
2	121
3	1331
4	14641

读者想一想,为什么会是这样? 难道也是巧合吗?

当然不是。我们知道$11^n=(10+1)^n$,如果我们把这个二项式按照贾宪三角形给出的系数展开,就会看出苗头来了(表3.4)。

表3.4　11^n按照$(10+1)^n$二项式展开

$n=0$	1
1	$10+1$
2	$10^2+2\times10\times1+1^2$
3	$10^3+3\times10\times10\times1+3\times10\times1^2+1^3$
4	$10^4+4\times10^3\times1+6\times10^2\times1^2+4\times10\times1^3+1^4$
5	$10^5+5\times10^4\times1+10\times10^3\times1^2+10\times10^2\times1^3+5\times10\times1^4+1^5$
6	$10^6+6\times10^5\times1+15\times10^4\times1^2+20\times10^3\times1^3+15\times10^2\times1^4+6\times10\times1^5+1^6$
7	$10^7+7\times10^6\times1+21\times10^5\times1^2+35\times10^4\times1^3+35\times10^3\times1^4+21\times10^2\times1^5+7\times10\times1^6+1^7$

从表3.4,联系到前面的讨论,我们可以看出山形图和贾宪三角形的一致性了。从山形图的角度来看表3.4,它实际上是说,$(10+1)^n$是所有可能的乘积$10^l\times1^m$的总和,其中l和m是整数,而且$l+m=n$。而这个总和当中的每一个乘积都可以表示成$C_n^k\times10^{n-k}\times1^k,k=0,1,2,\cdots$,一直到$n$。

广而言之,任何一个二项式$(a+b)^n$都可以看成a和b所有可能的乘积之和,其中每一个乘积都可以表示成$C_n^k\times a^{n-k}\times b^k,k=0,1,\cdots$,一直到$n$。这和我们投掷硬币时分析各种出现正面和反面的可能性的组合分析实际上是一回事。

本章主要参考文献

Bag, A. K. Binomial theorem in ancient India. Indian Journal for History of Science, 1966, 1: 68−74.

Biggs, N. L. The roots of combinatorics. Historia Mathematica, 1979, 6: 109−136.

Kulkarni, A. Recursion and combinatorial mathematics in Chandashastra. 2008, arXiv: math/0703658v2.

Van Nooten, B. Binary numbers in Indian antiquity. Journal of Indian Philosophy, 1993, 21: 31−50.

第四章 从羊拐到骰子

卢比孔河（Rubicone）是意大利北部一条小得可怜的河流，只有29公里长。它发源于亚平宁山脉（The Apennines），流经艾米利亚-罗马涅（Emilia–Romagna）大区的南部，最终进入亚德里亚海。在罗马共和国时期（公元前509—公元前27），卢比孔河非常有名，因为它是国家北部的边界，越过这条河就进入山南高卢地区，那里的高卢人（Gaul）一直以罗马为敌。所谓"山南"指的是阿尔卑斯山以南。高卢人占有山北的大片土地，也就是今天的法国大部地区。公元前60年，恺撒（Gaius Julius Caesar，公元前100—公元前44）当选为共和国执政官。不久，他发动了高卢战争，历时9年，终于吞并了那里所有的土地，并把自己任命为高卢总督。留在罗马治理共和国的庞培（Gnaeus Pompeius Magnus，公元前106—公元前48）对恺撒势如中天的声望深感不安，促使罗马元老院发出召还令，命恺撒回罗马。恺撒表示希望延长高卢总督的任期，元老院不但拒绝，还发出最终通告，表示如果恺撒不立刻返回罗马，元老院将宣布他为国家的敌人。于是在公元前45年1月10日，恺撒带领他的第13军团来到卢比孔河畔。当时的罗马法律规定，没有元老院的命令，任何指挥官皆不得私自带领军队渡过卢比孔河，否则以叛国罪处理。阳光下铠甲闪烁，寒风中旌旗猎猎，战马跃跃欲奔，官兵鼓噪喧哗。马背上的恺撒身披紫袍，说出了一句流传后世的名言："Alea iacta est"。从字面上，这句拉丁文是说"骰子已被掷下"，它的真正意思是木已成舟，没有反悔的机会了。庞培和元老院都没有想到恺撒竟敢冒"叛国罪"的恶名而进军，事到临头，完全没有能力抵挡，庞培只能带着家眷逃离意大利半岛。于是，恺撒兵不血刃进入罗马，马上要求元老院议员"选举"他为独裁官。23年后，他的养子屋大维（Gaius Octavius Augustus，公元前63—公元14）正式成为罗马皇帝，结束了罗马共和国将近500年的历史。

这个故事告诉我们，早在古罗马时期，骰子就已经相当普遍了。图4.1是一套出土的古罗马铅制骰子。我们知道，罗马人使用很多铅制品，因为铅的熔点低，而且较软，容易铸造成各种形状。但对普通老百姓来说，这种骰子是很奢侈的，普通大众也喜欢赌博游戏，但他们用的是羊拐。

图4.1 在英格兰中部的莱斯特郡 （Leicestershire）出土的古罗马铅制 骰子。

我小的时候，羊拐是北京女孩子们非常普遍的游戏。所谓羊拐，是羊的距骨，也就是后腿踝部与小腿骨关节处的一块骨头，位于足跟骨的上方。距骨不附着在任何肌肉上，所以在饭馆买个羊蹄儿，啃完了皮肉之后，羊拐很容易就剥离下来了。羊拐的形状很有意思（如图4.2）。两个较大的面，一面中心凸起，北京孩子们称为"肚儿"；一面中心凹下，叫做"坑儿"。两个较长的侧面也比较平整，一面有点像耳朵，所以叫"耳儿"（也叫"轮儿"）；另一面则叫做"针儿"（或者"真儿"）。另外两个侧面相对短而且圆滑，很难站立得住。所以，把羊拐投到平地上，可以有四种不同的着地方式。没有羊拐的时候，猪拐也可以凑合，但是形状没有羊拐那么规整。

北京女孩儿们玩的游戏，需要一套羊拐四只，外加沙包一个。玩的时候，一个人先用一只手把羊拐撒到桌面或者平整的石头台阶上，然后用同一只手扔起沙包，趁沙包还在空中的时候，用同一只手把羊拐翻成"耳儿"朝上，然后接住沙包。等到四只羊拐都是"耳儿"朝上了，再把它们用同样的方法都翻成"针儿"，然后是"坑儿"和"肚儿"。四种位置都完成以后，扔起沙包，一次把四只羊拐全都抓在手里，然后接住沙

图4.2 羊拐的四个面，从左到右，朝上的面分别是耳儿、针儿、肚儿、坑儿。

包。整个过程只能用同一只手完成，中间出现失误，比如羊拐没翻过来或者没接住沙包，就必须把机会转给下一家。谁第一个完成全部过程，谁就算赢。

还有一种玩法是计分。把四只羊拐撒到平面上，看出现哪些"面儿"。不同的面儿对应不同的分儿，谁的分儿高谁就算赢。具体分儿是怎么算的，我已经记不得了。

在北京，这个游戏叫做欻（chuɑ，3声）羊拐，欻大概是急促抓的意思吧。这是锻炼孩子眼手配合、动作灵敏性的游戏。那时候，北京的女孩子都以拥有一套摸得光滑明亮的羊拐为傲，有点像今天拥有一部高级的手机。

据说很多地方都有这样的游戏。在河北省，羊拐叫做骨头子儿。在东北，叫做"嘎拉哈"，可能是满语吧。新疆也有这种游戏，叫"阿斯克"。

后来我才知道，羊拐是人类最早的游戏骰子，早在公元前3500年的古巴比伦和古埃及时代，人们就以"欻"羊拐作为游戏，甚至用来赌博了。这类赌博游戏一直流传到古希腊和古罗马。图4.3是一尊古罗马雕塑的照片，一个女孩在玩投羊拐的游戏。

在古希腊文里，羊拐被称为tessera（对应的希腊字母是τεσσερα），它的字根是数字四，很可能指的就是羊拐的四个面。在古希腊时期（公元前5世纪到公元前3世纪），古希腊人热衷于一种名叫博来斯多博林达（Pleistobolinda）的游戏。一般认为，对应羊拐四个面的得分数是这样安排的："肚儿"——4；"坑儿"——3；"针儿"——1；"耳儿"——6。分数2和5不用，估计是对应了剩下的两个最不平坦的面，而羊拐一般在这两个面上是站不住的。这很有点像北京女孩儿的计分游戏。

罗马征服希腊以后，羊拐游戏开始在欧洲变得非常流行。无论男女老幼，上至王公大臣，下至贩夫走卒

图4.3　玩羊拐的女孩。古罗马雕塑（约作于公元130—150年），现存德国柏林著名的佩加蒙博物馆。

农神节（Saturnalia）是古罗马在年底为祭祀农神萨图尔努斯（Saturnus）的大型节日。这个名字后来被用来命名土星（Saturn）。农神节一般在12月17日至12月24日之间举办。主要的活动是在古罗马广场的农神庙里由罗马皇帝主持隆重的祭祀活动。其他活动包括农神庙的兽祭，广场上举行大型公共宴会及游乐，互相馈赠礼品。一些历史学家认为罗马帝国基督化以后，农神节的许多习俗被转用于圣诞节。例如圣诞树可能来自农神节的丰收树。

甚至奴隶，无人不玩。它太流行了，以至于罗马皇帝颁布法令，除了农神节以外，其他时间禁止羊拐游戏。但是这个禁令显然没有什么效果，因为从历史文献来看，禁令每隔几年就颁布一次，显然没人把它当回事。

禁而不止的最主要原因恐怕是因为皇宫里的人们太喜欢这游戏了。罗马历史学家苏埃托尼乌斯（Gaius Suetonius Tranquillus，约75—135）在《罗马十二帝王传》里记载了当时罗马皇帝沉迷于羊拐游戏的情况。比如关于罗马帝国的开国君主屋大维，苏埃托尼乌斯是这样描述被称为奥古斯都（神圣、至圣）的罗马大帝是如何迷恋羊拐游戏的：

他（指奥古斯都）一点也不在乎落下嗜赌的名声。即使是在晚年，他仍然在公开场合用赌博自娱。不单是在十二月份（指农神节期间），其他节日甚至工作日，他都无所禁忌。这是毫无疑问的，因为在一封他的亲笔信里，他曾经这样写道："亲爱的提贝里乌斯，我和一群人宴饮；从昨天到今天，我们边吃喝边赌博，就像老头儿们一样。无论是谁，要是扔出的羊拐显示出'狗'或者六，就必须把一枚罗马银币放到那只羊拐前面的硬币堆里。谁要是扔出一个'维纳斯',谁就把那堆银币全赢走。"

奥古斯都这封信是写给他的皇位继承人提贝里乌斯·尼禄(Tiberius Claudius Nero,公元前42—公元37)的,后者以残虐和好色而著名。在同一封信中,奥古斯都还说,他随信送给提贝里乌斯250枚罗马银币,以供他在消遣和宴饮的时候赌博用。

苏埃托尼乌斯还提到另一位提贝里乌斯,也就是罗马皇帝克劳狄(Tiberius Claudius Caesar Augustus Germanicus,公元前10—公元54),说他对羊拐赌博甚为精通,甚至写了一本书论述赌博的"艺术"。他对羊拐游戏如此痴迷,以至于让人在他的马车里安装了投掷羊拐的板子。这样,即使是在行军打仗的途中,他照样可以玩赌博的游戏。

羊拐也被用来求神问卜。在小亚细亚的一些古希腊城邦的神庙里,人们利用五只羊拐来问卜。每只羊拐的四个面同样被赋予1、3、4、6四个点数,占卜的时候,祭司先走进神庙,把想求的事情大声对神明宣讲出来,然后把五只羊拐同时丢到石头祭坛的桌面上。羊拐出现的点数的总和决定了由哪一位神来回复祭司的祈求。《游戏、上帝、赌博》(*Games, God, and Gambling*)的作者、女统计学家戴维(Florence Nightingale David, 1909—1993)告诉我们,总点数与古希腊的众多神祇有明确的关系,通过这些关系,祭司们试图预测未来。比如表4.1给出了四个神祇所对应的点数。

表4.1 小亚细亚神庙用羊拐占卜的四个结果及其对应的神祇

五只羊拐分别的点数	点数的总和	对应的神祇
1、3、3、4、4	15	宙斯(Zeus)
6、3、3、3、3	18	柯罗诺斯(Chronos)
6、4、4、4、4	22	波塞冬(Poseidon)
4、4、4、6、6	24	克洛努斯(Cronus)

与每一位神祇对应的,还有一段签语,使得整个过程有点像中国寺庙里的抽签。通过签语我们可以看到不同结果的好与坏。

对应宇宙之神宙斯的签语是:"你所祈祷的事情,勇敢地去做吧。神祝福你,邪恶

图4.4　克洛努斯是古希腊神话中第一代泰坦十二神的领袖，也是其中最年轻的。他是天空之神乌拉诺斯和大地之神盖娅的儿子。他推翻了父亲乌拉诺斯的残暴统治并且领导了西卡神话中的黄金时代。克洛努斯和盖娅结婚后，他怕权力被后代所取代，竟然把自己的孩子都吞食了，只有宙斯得以幸免。后来，宙斯推翻了克洛努斯，并把第一代泰坦神关押在地底的塔耳塔罗斯之中，可是克洛努斯却逃走了。这幅油画是比利时著名画家彼得·保罗·鲁本斯（Peter Paul Rubens, 1577—1640）的作品。

不会降临到你头上。"这是上签。

对应时间之神柯罗诺斯的签语是："神反对急躁。等待你的时间。静静地展开你的方案，它们将会成功。"这是中签。

对应海神波塞冬的签语是："把种子丢进海里，写下文字，这些都是空忙。你是个凡人，对神施暴只会损伤自身。"这也是中签。

对应宙斯的父亲、吞食自己亲生骨肉的克洛努斯（图4.4）的签语是："躲在你的屋子里，不要去任何地方，否则一只凶猛伤人的野兽会接近你。我看不到安全。耐心等你的时间吧。"这显然是下签了。

可是，为什么赋予这些神祇如此的点数呢？古希腊、古罗马人从来没有问过这样的问题：羊拐的四个面出现的概率是怎样的？但表4.1中的点数似乎也不是胡乱送给每一位神祇的。也许是通过长时间的观察，经过不断调整，最终才确定下来的。

利用概率知识，我们可以自己做一个分析。

由于羊拐的特殊形状，出现1、3、4、6四个面的概率不会相等。这就给分析投掷的概率带来困难。仿照第一章里大量投掷观察的办法，我们可以估计出现每个面的概率。大致来说，每投10次，出现3和4的机会是4，出现1和6的机会1。换句话说，出现3和4的概率是4/10＝0.4，出现1和6的概率是1/10＝0.1。

我们先从四只羊拐的情况入手，因为这是古罗马游戏经常使用的数目。如果四只羊拐完全相同，通过上面四个点数的出现概率，很容易给出不同分数出现的概率（见表4.2）。

表4.2　投掷四只羊拐可能出现的分数以及相应的概率

(A) 具有相等概率的投掷结果	(B) 每个结果所对应的概率	(C) 重复率	最终概率=(B)×(C)
$(1)^4,(6)^4$	$(1/10)^4$	1	0.000 1
$(3)^4,(4)^4$	$(4/10)^4$	1	0.025 6
$(1)^3(3)^1,(1)^3(4)^1,$ $(6)^3(3)^1,(6)^3(4)^1$	$(1/10)^3\times(4/10)$	4	0.001 6
$(3)^3(1)^1,(3)^3(6)^1,$ $(4)^3(1)^1,(4)^3(6)^1$	$(4/10)^3\times(1/10)$	4	0.025 6
$(1)^3(6)^1,(6)^3(1)^1$	$(1/10)^4$	$P_4^1=4$	0.000 4
$(3)^3(4)^1,(4)^3(3)^1$	$(4/10)^3\times(4/10)$	$P_4^1=4$	0.102 4
$(1)^2(3)^2,(1)^2(4)^2,$ $(6)^2(3)^2,(6)^2(4)^2$	$(1/10)^2\times(4/10)^2$	$P_4^2/2=6$	0.009 6
$(3)^2(4)^2$	$(4/10)^4$	$P_4^2/2=6$	0.153 6
$(1)^2(6)^2$	$(1/10)^4$	$P_4^2/2=6$	0.000 6
$(1)^2(3)(4),(6)^2(3)(4)$	$(1/10)^2\times(4/10)\times(4/10)$	$P_4/2=12$	0.019 2
$(3)^2(1)(6),(4)^2(1)(6)$	$(4/10)^2\times(1/10)\times(1/10)$	$P_4/2=12$	0.019 2
$(3)^2(1)(4),(3)^2(6)(4),$ $(4)^2(1)(3),(4)^2(6)(3)$	$(4/10)^2\times(1/10)\times(4/10)$	$P_4^3/2=12$	0.076 8
$(1)^2(6)(3),(1)^2(6)(4),$ $(6)^2(1)(3),(6)^2(1)(4)$	$(1/10)^2\times(1/10)\times(4/10)$	$P_4^3/2=12$	0.004 8
$(1)(6)(3)(4)$	$(1/10)\times(1/10)\times(4/10)\times(4/10)$	$P_4^4=24$	0.038 4

这张表格看上去复杂，实际上很简单，而且值得花几分钟时间仔细看一下，因为这对了解概率分析会有帮助。

在分析古典概率的时候，要做的第一件事情是把问题当中将会出现的情况的所有可能性都找到。这需要组合数学，也就是排列和组合的知识。在表4.2里，(A)列就是组合分析的结果。这里括号内的数字是投一次羊拐得到的点数，括号外面的幂指数表示得到该点数的次数。一旦我们确定所有的可能性都找到了，那么计算不同结果的概率就是简单的算术问题。

从第一章我们已经知道，如果一次投掷硬币的概率是1/2，那么连续投掷硬币出现同一个面的概率就是$(1/2)^n$。同理，投一次羊拐出现3或4的概率是4/10，连续投n次总是出现3或4的概率就是$(4/10)^n$，而连续投n次出现1或6的概率就是$(1/10)^n$。这里，与投掷硬币不同的仅仅是3、4和1、6出现的概率不一样，所以必须把它们分开来考虑。

表4.2中的(B)列给出对应于每种可能性的概率。(C)列给出相对于给定的概率的所有可能的数目，这需要使用排列的知识。比如，投掷4次出现4个相同分数的可能性是唯一的，所以可能的数目等于1。出现3个相同分数的排列数和1个不同的数的可能性则有4个，这是因为那个不同的数可以有4个不同的顺序出现，比如3、1、1、1；1、3、1、1；1、1、3、1；1、1、1、3。其余的照同理推断。

表4.2中的4个1的结果就是奥古斯都在信里提到的"狗"。这是一个很不幸运的数，不过幸亏它出现的概率只有0.000 1。而"维纳斯"对应的是1、6、3、4，其概率0.038 4比"狗"要高得多了。

现在再看五只羊拐的问题，也就是古希腊人求神问卜的羊拐数目。概率的计算方法和四只羊拐的情况相同，只是这里又多了一只羊拐，计算起来更麻烦一点而已。结果在表4.3的最右面一列。上签(宙斯)的概率最高，将近8%；下签(克洛努斯)最低，0.6%；中签(波塞冬和柯罗诺斯)的概率相等(1.3%)，在中间。

表4.3　小亚细亚神庙用羊拐占卜的四个结果及其对应的神祇

五只羊拐分别的点数	点数的总和	对应的神祇	相应的概率
1、3、3、4、4	15	宙斯	0.077
6、3、3、3、3	18	柯罗诺斯	0.013
6、4、4、4、4	22	波塞冬	0.013
4、4、4、6、6	24	克洛努斯	0.006

我们不妨猜测，祭司们通过大量投掷骰子，对不同的点数组合出现的机会有了一个经验的了解。虽然他们不懂概率，但他们知道，总是要给人一点希望。以求神问卜

为职业的祭司们当然不愿意把下签送给多数来求签的人群——老是没有希望，大伙儿就不来了。

随着人们对几何形状认识的提高，赌博的工具从羊拐发展到立方体的骰子。早期的骰子是用动物骨头磨制的。目前考古学研究出土的最早的骰子是在伊朗东南部，距今已有差不多5 000年了。立方体的骰子有六个面，每个面上标上数目不同的点子，通常是从1到6。玩游戏者把它投到一块平板上，等到骰子静止后，朝上那一面上的点数就对应于该投掷者的得分。由于立方体的对称性，每个面出现的概率至少从理论上说是一样的，都是1/6，所以计算概率比羊拐要方便很多。

骰子一直到现在仍然被广泛地用在求神问卜上面。一个典型的西方问卜过程大致是这样的：算卜人在桌面或地面上画一个圆，大致有20厘米的直径。有的算卜人有一块事先准备好的方巾，上面已经画好了圆，把它铺在地面即可。问卜者把想要占卜的事情告诉算卜人，算卜人把三枚骰子同时投入圆圈。如果有一枚骰子落到圈外，这意味着对于问卜的事情，未来有很多困难。两枚落到圈外，意味着事情将有很多争论和口角。如果三枚都落到圈外，意味着事情的进展将很顺利，不必继续占卜了。

然后，计算落在圈内的骰子所显示的点数。如果总点数在1和2之间，这意味着没有答案，最好过两天再来问卜。3点，情况即将发生变化。4点，争论、误解、不快的事情将会发生。5点，预料不到的惊喜，你的计划和希望会得到满足。6点，可能会有钱财、物件或者人际关系上的损失。7点，可能有困境，如谣言诽谤，但它们最终会得到解决。8点，不要急于行动，盲目行动会造成不幸。9点，感情上有结合的可能，或事业上有合作的可能；在爱情和赌博上会成功。10点，新的开始；可能是新生婴儿，或是新的工作，或者提职。11点，可能失去亲人，短期病痛；也可能是离开的亲人即将返回。12点，重要的信息即将到来；如果跟法律有关最好咨询专业人士，有可能发一大笔财。13点，按照目前的方向继续会导致困境。14点，你的朋友或亲人会伸出援手；也许会有桃花运。15点，小心前行，避免开始新的项目；不要卷入流言和小道消息。16点，一次小小旅行会带来缓解、娱乐和可能的收获。17点，前景有变，需要调整计划；注意聆听他人的劝告，即使是陌生人。18点，运气来了！你会达到目的，圆满结束。

还有一些禁忌。比如星期一和星期三不能占卜；同一个人在一天之内不能占卜超过三次等等。

这些故事显示，人们对投骰子得到的无法预测的结果感到畏惧和好奇。似乎骰子后面有一种神秘的力量，在利用这些结果向我们预示着什么。几千年来，人们一直抱着这样的心态，所以对骰子的本质的了解没有什么进展，直到16世纪。那么，是什么促成了对骰子游戏的概率论的理解呢？我们后面再谈。

本章主要参考文献

David, F. N. Games, Gods, and Gambling, The origins and history of probability and statistical ideas from the earliest times to the Newtonian era. New York: Hafner Publishing Company, 1962: 275.

第五章 希伯来文的魔力

组合数学在古典概率里有极为关键的作用。现在让我们专门来谈谈有关组合数学发展的故事。

我们从另一个古老的文明——希伯来文明开始。犹太民族是具有高度宗教感的民族。他们虽然仅占世界人口0.5%还不到,可他们所信奉的上帝却深入到超过50%的世界人口的信仰当中,包括基督教和伊斯兰教,绵延数千年。伴随着古老的犹太教一直流传下来的,还有犹太神秘主义流派,其中一个最主要的分支叫做卡巴拉(Kabbalah),他们修习的经典是《创世书》(*Sefer Yetzirah*)。这本经典的中文名字和《圣经》里面的《创世纪》(*Genesis*)很接近,但它们是完全不同的两本书。

我们前边讲过,中国的八卦有64个卦象。这64个卦象被用来解释和预测人世间的一切事件。《创世书》则宣称,"以色列的神"用32个符号创造了整个世界。这些符号包括古希伯来文(Hebrew)的22个字母和希伯来数字1到10(如图5.1)。但由于希伯来数字是由字母来代替的,所以实际上真正的符号只有22个。这22个字母中,代表1到10的10个字母被单独分出来,用来代表神性,每一个称之为"源质"(英文:Sephirot)。

图5.1 希伯来文的22个字母。每个字母还对应一个数值。在古代犹太人的世界里,数字是用这些字母及其组合来表达的。

字母	发音	数值	字母	发音	数值
א	Alef	1	ל	Lamed	30
ב	Beit	2	מ	Mem	40
ג	Ghimel	3	נ	Nun	50
ד	Dalet	4	ס	Samekh	60
ה	Hey	5	ע	Ain	70
ו	Vav	6	פ	Peh	80
ז	Zain	7	צ	Tzadde	90
ח	Cheit	8	ק	Quf	100
ט	Tet	9	ר	Resh	200
י	Yud	10	ש	Shin	300
כ	Khaf	20	ת	Tav	400

"虚无的十位源质，既非九，亦非十一。"十个源质有点像古代中国用来计数的"天干"。不过，犹太人具有更深层的神学和哲学思考。他们说，无限（也就是自我显现之前的上帝）通过这些源质彰显自身，又接连不断地创造一连串更高的形而上学领域以及下面的物质领域的一切。犹太哲人们把这种演化顺序称为链状进程。第一个源质描述神的意志，第二个源质描述意识中神的智慧，第三个源质描述主次意识中神的感情。第一个源质属于阳性，第二、三个源质属于阴性，它们在卡巴拉中被描绘为一个接受外部阳性之光的容器，继而在内部培育诞生下一级的源质。所有的创造之物都可以看成是源质当中生命之源的反映。因此源质也描绘人的心灵活动，并构成卡巴拉中理解万物的概念范式。

22个字母又被分成三组，用来描述和解释凡世间的万物。第一组3个字母，第二组7个，第三组12个。这对应着神的名（均由3个字母组成），每周的7天、肉眼可见的7颗古典"行星"（日、月、木、土、水、火、金）、人的面部的7窍、一年中的12个月、以色列人的12分支，等等。这里我们对"行星"加上引号，因为这个当时的称呼是不准确的。月亮是地球的卫星，而太阳则是恒星。

希伯来文属于辅音音素文字，也就是说，22个字母都是辅音。熟悉希伯来语的人看到辅音的前后关系就知道正确的元音应该是什么，不熟悉希伯来语的人则需要依靠注音符号来决定正确的元音才能理解文义。这种被称为尼库德（Niqqud）的注音符号是由一些细小的点子和横竖杠组成的，以形状和相对于字母的位置来决定发音。犹太古代经典里面没有发音符号，所以行文当中辅音之间的相对位置非常重要。中文里称以色列的上帝之名为"耶和华"，这其实是中文翻译者的创造。在希伯来文中，上帝的名字是由四个字母组成的，相当于英文的YHWH，也就是所谓的"四字神名"（Tetragrammaton）。至于它的来源，有人认为是来自《圣经·出埃及记》中上帝对犹太人的祖先亚伯拉罕（Abraham）的自称："我是自有永有的。"（英文翻译：I am that I am）这是很深奥的一句话。既然上帝是无限的，就不会被一个名字所规限。这很像老子所说的："道可道，非常道；名可名，非常名。无名天地之始，有名万物之母。"可是人又必须给上帝一个称呼，于是就采用这句话的希伯来文缩写字母YHWH。这个"名字"看似有名，实则无名；无名之中现有名。正所谓，"名可名，非常名"。这显示了以色列民族的智慧之处。YHWH的发音至今也搞不清楚，因为以色列人总是避免把它读出声来，免得亵渎神明。这好比中国古代的避讳传统。在读经的时候，每逢遇到这个名字，人们总是用其他的名词来代替,如"我主"、"至高无上的",等等,久而久之,已经没人知道这个名字的发音了。

在古代犹太人的世界,数字没有特殊的符号,它们是靠希伯来字母和它们的组合来表示的。22个希伯来字母,每一个都对应一个特定的数字(见图5.1)。比如代表耶和华的希伯来字母是יהוה(希伯来文从右向左读),对应的数值是10+5+6+5=26。18一直被认为是个吉祥的数字,因为"生命"这个词对应的两个希伯来字母的数值是8和10,所以当人们送礼时,如果是现金,那么通常都是18的整数倍。当然今天犹太人也使用阿拉伯数字了。

辅音音素文字,加上字母赋值,使得希伯来文有很多制造文字谜的可能性。

罗马帝国的扩张使犹太人丧失了祖国,四处飘散到世界各地。随着基督教的蔓延,信奉犹太教受到歧视、压迫甚至虐待。整个中世纪,犹太人的生活被强加上种种限制。在很多国家,犹太人不能拥有土地,故而没有从事农业活动的机会,所以,手工业、医生和银行是犹太人最常见的谋生手段。由于缺乏接受犹太圈子以外的教育的机会,很少犹太人能够从事学术研究。只有在穆斯林统治的西班牙、落入法国控制之前的普罗旺斯(15世纪以前),以及零星的意大利城邦国家里,犹太人对知识的追求得到准许。犹太人对数学的兴趣主要来自于他们对《圣经》和其他犹太神学内容进行深入理解的追求。从事研究的主要人物大多是拉比(Rabbi),因为他们有犹太社区的财务支持而不必为吃穿发愁。

我们前面讲到古印度宾伽罗对《吠陀经》韵律的研究导致出现了山形图。犹太人也热心研究自己的语言和《圣经》里的文字。希伯来神话认为,上帝创造了世间万物,并给它们都命了名。这些名字当然都是希伯来语。于是犹太人就研究希伯来语的22个字母到底能为多少样事物命名,希望能从这个数字得知世界上最多能存在多少种不同的事物。《创世书》在进行这类分析时,有这么一段话:

> 二石筑二屋,三石筑六屋,四石二十四屋,五石一百二十屋,六石七百二十屋,七石五千四十屋。由此类推,可知多少口尚不能达,耳尚不能闻。

这里,"石"代表字母,"屋"代表词汇。2个字母可以构成2个双字母词汇,3个字母可以构成6个3字母词汇,等等。显然这是因为字母的顺序不同,词汇也就不同。

这段话说明，《创世书》的作者已经知道 n 个字母的排列方式有 $n!$ 种：$3!=6$，$4!=24$，$5!=120$，等等。

修习卡巴拉的人创造了许多从上帝的名字派生出来的"秘语"，在冥想修炼时心里默诵。这有点像佛教净土宗的佛号、密宗的六字真经。所不同的是，卡巴拉教徒利用希伯来文书写没有元音的特色，对字母进行排列组合，可以得出千变万化的含义。其中一种就是把 YHWH 的四个字母按照不同顺序排列出来。另外还有八字、十二字、二十二字、四十二字神名，等等。最复杂的七十二字神名，是 13 世纪西班牙一位著名的卡巴拉派拉比阿布拉菲亚（Abraham Abulafia, 1240—1291）发明的。他发现，《出埃及记》中的第十四章第 19 到 21 节，每一节都正好由 72 个希伯来字母构成。希伯来文是从右向左书写的，把第 19 节的第一个字母和第 20 节的最后一个字母连同第 21 节的第一个字母放在一起，就构成七十二神名中的第一个名字。按照相同的规则一直做下去，就构成 72 个神名。据说这是最有力的神名，不论多么强大的魔鬼，听到七十二神名都会望风而逃。另据说，当初摩西在西奈山从上帝那里得到七十二神名；后来他依靠默诵七十二神名，求上帝分开了红海，使以色列人得以摆脱埃及人的追击。

现存最早的关于希伯来字母排列的分析来自一位生活在意大利南部的犹太裔医生兼学者多诺罗（Shabbethai Donnolo, 913—982）。他出生在古城奥里亚（Oria），12 岁时，全家被阿拉伯人掳去，他单独被亲戚赎出，不幸家人都被押到北非去了。长大以后，他研习医学和星象学，并从希腊人、阿拉伯人、巴比伦人和印度人那里寻求科学知识。由于当时没有犹太人从事这方面的工作，他便在意大利各处游荡，寻找有知识的非犹太人。据说，他还有一位特殊的老师在巴格达，后来他成为拜占庭罗马帝国的宫廷医师。

作为犹太人研究星象学，多诺罗免不了在卡巴拉的《创世书》里寻求神秘信息。为此，他曾仔细研究了希伯来神学经文里可能暗藏的秘密。在对《创世书》的评论里，他首先研究了 5 个希伯来字母的排列问题。图 5.2 是 1884 年华沙复印的多诺罗手稿的一部分。图中的希伯来文跟图 5.1 有所不同，是传统上专门用来为经文作评论时使用的。

下一步，多诺罗考虑 $n=6$ 的问题。他首先考虑以字母 shin 打头的可能性，他注意到一共有 120 种可能性。考虑到其他 5 个字母打头，每一个打头的字母都对应 120 种可能，所以应该总共有 720 种。可是在列出所有这些可能性的时候，他没有一个系统的方法，所以总是出错，尽管他已经知道一共有多少种。

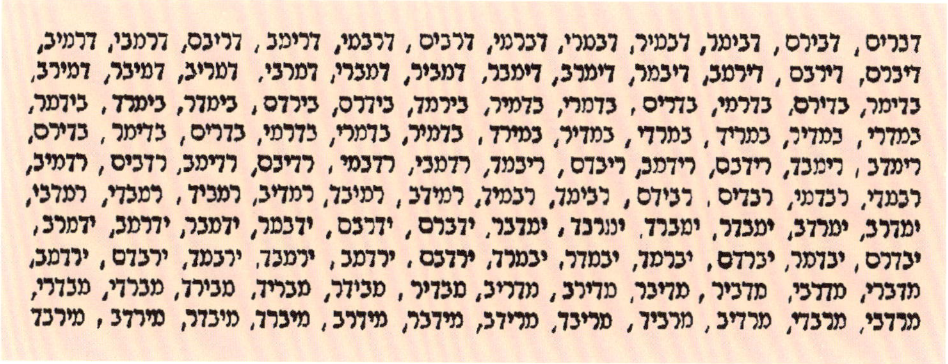

图5.2　多诺罗医生列出的5个希伯来字母的120种可能的排列。注意希伯来文是从右向左读的，每组5个字母后面类似顿号（、）的符号是逗号。

公元1140年前后，一位西班牙的犹太拉比埃茨拉（Abraham ibn Ezra, 1089—1167）研究了从七大古典"行星"当中取出任何几个所构成的不同组合。埃茨拉认为这些"行星"的组合对人生有重大影响。他发现，从七颗"行星"里取出2、3、4、5、6、7个，构成组合的可能值分别是21、35、35、21、7和1，总数是120。表5.1给出了他分析从七颗"行星"中取出三颗的组合分析方法。他还注意到，所有这些结果，除了1以外，都可以被7整除。

埃茨拉已经知道 $1 + 2 + \cdots + n = \dfrac{1}{2}n(n+1)$，并在计算中熟练自如地使用这个结果。另外，虽然他没有使用我们现在熟悉的表达符号，但他已经知道，$C_7^4 = C_6^3 + C_5^3 + C_4^3 + C_3^3 = 20 + 10 + 4 + 1 = 35$，这是 $C_n^k = C_{n-1}^{k-1} + C_{n-2}^{k-1} + \cdots + C_{k-1}^{k-1}$ 的特例。

表5.1　埃茨拉分析从七颗"行星"当中选取三颗的所有35种可能的组合

可能的组合	5, 6, 7	4, 6, 7	3, 6, 7	2, 6, 7	1, 6, 7
		4, 5, 6	3, 5, 6	2, 5, 6	1, 5, 6
		4, 5, 7	3, 5, 7	2, 5, 7	1, 5, 7
			3, 4, 5	2, 4, 5	1, 4, 5
			3, 4, 6	2, 4, 6	1, 4, 6
			3, 4, 7	2, 4, 7	1, 4, 7
				2, 3, 4	1, 3, 4
				2, 3, 5	1, 3, 5

（续表）

				2, 3, 6	1, 3, 6
				2, 3, 7	1, 3, 7
					1, 2, 3
					1, 2, 4
					1, 2, 5
					1, 2, 6
					1, 2, 7
每一列的组合总数	1	3	6	10	15

巴恰拉比（Bachya ben Asher, 1255—1340）是13世纪西班牙最有名的犹太学者之一。他在《圣经·创世纪》里面发现了一个著名的密码。他说，这个四字母的密码埋藏在经文里，从《创世纪》第一节里的第一次出现的字母tau开始，跳过42个字母，下一个字母是heh；再跳过42个，是字母resh；再跳过42个，是字母daleth。他说，这个词代表了新月，指的是世界的创生。这个意思正好同《创世纪》吻合。巴恰发现的等距离跳动的采读方式后来变得极为流行，致使许多人相信，《圣经》中隐藏着无穷的信息量和预测，比中国的《推背图》厉害多了。尤其是在计算机发达的今天，人们从各种著作当中发现五花八门的隐藏"密码"，许多故事精彩纷呈。不过那都是题外话了。

在13世纪即将结束的时候，年富力强的法国国王"美男子"腓力四世（法语：Philippe IV le Bel, 1268—1314）正在同年老力衰的教皇朋尼菲斯八世（拉丁语：Bonifacius PP. VIII，约1235—1303）争夺统治权和教会财产。当时法国竭力扩张，正在国内横征暴敛，用来补充国库。1296年，朋尼菲斯八世削去了世俗君主对神职人员的权力，成为二人争端的导火线。1303年，法军攻入朋尼菲斯八世的住所，将其羁押了三天。被释放后不久，老教皇激愤而死。1305年，在腓力四世的压力下，原本为法国律师的波尔多大主教当选为教皇，也就是克雷芒五世（拉丁语：Clemens PP. V, 1264—1314）。几年以后，克雷芒五世在腓力四世的压力下把教廷从罗马梵蒂冈迁到亚维农（Avignon）。亚维农当时属于阿尔勒王国（Kingdom of Arles），紧挨着法国南部的边界。自此之后，先后七任教皇成为法国国王的人质，历时达69年之久，史称"亚维农之囚"。1312年，克雷芒五世又下令解散圣殿骑士团，许多骑士团成员被腓力四世活活烧死，财产充公。圣殿骑士团是当时世界上最为富有的宗教团体之一，但腓力四世还不满意，他开始驱赶犹太人，没收他们的财产，以充实国库。

处在普罗旺斯的亚维农，犹太人的生活相对自由平稳。距离亚维农20公里有一座小城名叫奥朗日（Orange），14世纪重要的犹太思想家利未·本·哲尔颂（Levi ben Gerson, 1288—1344）就生活在这里。这个名字的意思应该是哲尔颂家的利未。读过旧约《圣经》的人应该能猜到这个名字在犹太人当中的地位。利未是雅各的第三子，而雅各是亚伯拉罕的孙子。雅各用"一碗红豆汤"从哥哥以扫那里换来了长子的名分，又因与天使角斗而改名叫以色列，故而是犹太人的祖宗。而利未的长子就是哲尔颂，利未的后代成为以色列人的十二部落之一，被称为利未人，他们是被拣选出来专门服侍上帝的部落，负责协助祭司进行宗教仪式。

这样的家庭世世代代受到良好的希伯来教育，基本上都从事与宗教活动有关的职业，所以这位利未应该生来就是拉比的材料。但他似乎一生也没有得到一个真正的拉比职位。原因很简单，这个利未思想过于开放，被人视为离经叛道。他常用常识来解释《圣经》里的神迹，属于大逆不道。他那些对神学文献的评论经常遭到正统犹太教人士的激烈抨击，他的神学著作几乎都成为禁书。在利未33岁的时候（1321年），他写了一本书名叫《计算的艺术》（*The Art of Calculating*）。书名的希伯来原文，罗马字化以后是Maasei Hoshev。这个语句有多重含义。直接翻译是"计算的艺术"，但它实际上来自《出埃及记》里耶和华指示摩西制作燔祭圣所时所要求的技艺。在中文的《圣经》翻译里，这个短语被译成"巧匠的手工"。

在《计算的艺术》这本书里，利未研究的主要是排列组合问题。为什么研究这个问题呢？我猜测，还是和22个希伯来字母所能产生的单词数目有关。《创世书》里"二石筑二屋"的思路显然是不完整的。从22个字母中应该考虑任意选出2个、3个……以至22个字母来，看一共有多少种可能，这是更进一步的组合问题。然后再考虑每一种组合当中，改变字母的位置和顺序，一共有多少种可能。为此，必须解决排列问题，利未的目标很可能就是这个。为了达到这个目的，利未在人类历史上首次对排列组合问题进行了完整的理论证明。他在前言里是这么说的：

> "一项实际工作的圆满完成不仅需要了解需要完成它的实际行动，而且需要做出解释，如为什么要采用某种方式来完成它。计算的艺术是一项实际工作，所

以也必须考虑计算的理论。在计算的领域需要理论，还有一个理由，那就是这个领域包括许许多多的计算，每一种计算可能是针对多种不同的对象来进行的；这些对象不可能被归到同一类事物当中去。如果不懂得理论，一个人就会在计算中面临极大的困难。而一旦有了理论知识，掌握计算方法就变得非常容易。有理论知识的人懂得如何处理属于同一基本类型的不同的问题。不懂理论的则把每一种计算单独分析处理，搞不清它们实际上是一回事。"

这在当时是相当超前的看法。这种追求严谨性的抽象思维方式很可能得自于欧几里得的《几何原本》的启发，因为哲尔颂对这本书做过详细的研究和评论。虽然12—13世纪的阿拉伯文献中提及过波斯数学家卡拉基（Abū Bakr Muḥammad ibn al Ḥasan al-Karajī，约 953—约 1029），说他早在 10—11 世纪就找到了二项式展开系数的关系，也就是 $C_n^k = C_n^{k-1} + C_{n-1}^k$，但他的著作已经失传了。

前人用列表的方式把每一个排列组合的可能性一个个列出来，利未则采用数学归纳法来证明排列与组合的一般结果。比如，《计算的艺术》中的命题 63：如果对于 n 个不同元素来说，有 $P(n)$ 种排列，那么，对于 $n+1$ 个元素就应该有 $(n+1) \times P(n)$ 种排列方式。换句话说，就有 $P(n+1) = (n+1) \times P(n)$。

我们在上述描述中采用的是现代的数学符号，这只是为了表述简洁。当时没有这类代数表达方法，利未完全用文字（希伯来文）来描述他的思路。接下来，他对这个命题做了非常详细的证明。

利未是从希伯来文的前 5 个字母开始分析的，不过我们这里用 a、b、c、d、e 来代替。他第一步的分析逻辑和多诺罗很相似，不必先计算这 5 个字母可以有多少种排列，暂且用 $P(5)$ 来表示。如果，现在引入第六个字母 f，那么把 f 放在 $P(5)$ 种 a、b、c、d、e 的排列方式的最前边，就有了 $P(5)$ 种六个字母的不同排列方式。下面，把 a、b、c、d、e 当中的一个字母比如 e 换成 f，a、b、c、d、f 这 5 个字母也有 $P(5)$ 种排列方式。这些排列显然都跟 a、b、c、d、e 的排列不同，属于新的排列方式。再把字母 e 放到 a、b、c、d、f 的排列方式的最前边，又得到 $P(5)$ 种不同的排列方式。既然对 a、b、c、d、e、f 当中的任何一个字母我们都可以这样做，我们就证明了 $P(5+1) = (5+1) \times P(5)$。以上的证明方式跟起始的具体字母数目（$n=5$）没有关系，它适用于任何一个非零的正整数 n，所以就得到 $P(n+1) = (n+1) \times P(n)$。

▼

故事外的故事

不少国家的学者们都利用排列组合来研究语言和诗文。有一句著名的歌颂圣女玛利亚的拉丁文诗句：

Tot tibi sunt dotes, Virgo, quot sidera calo.

（如此众多的美德啊，贞女，如天空之众星。）

按照六步韵的规则（每句六步，每步包含两个长音，或一长两短），重新排列诗句里的字母，不能加也不能减，可以构成多少诗句？

鲁汶大学教授普提阿努（Erycius Puteanus, 1574—1646）找到 1 022 种。这里面，贞女（Virgo）这个词是不能变的，因为要保留诗句对贞女歌颂的内容。他知道还有更多。之所以停在 1 022，是因为古希腊天文学家托勒密的星图上有 1 022 颗星星。

从那以后，许多数学家都试图彻底解开这个谜。法国人普勒斯特（Jean Prestet, 1648—1690）说，符合拉丁语法的排列有 3 276 种。英国人沃利斯（John Wallis, 1616—1703）说有 3 096 种。伯努利（Jakob Bernoulli, 1654—1705）说有 3 312 种。到底谁对呢？

1902 年，当所有的排列组合理论都已完备，两位数学家同时但各自独立分析这个问题并得到一致的结果：2 880。

可是最终还是伯努利是对的。这是因为他在分析的时候，采用了严格而且系统的步骤。他说："即使最聪明最小心的人也会犯错。逻辑学家称这种错误为对事件列举不足。"

排列和组合是概率分析的基础的基础，而在分析事件的排列组合时最容易犯错误，即便是著名的数学家也不能幸免。第一步迈错了，后面全错，所以必须小心。

之后，利未总结说：1个元素的排列总数是1；2个元素的排列总数等于2×1；3个元素的排列总数等于$3 \times 2 \times 1$，等等。因此我们证明了这个结果可以一直无限地延续下去。

就这样，利未在讨论了最初始的步骤以后，采用归纳的方法一步步达到最后的证明。

接着，利未考虑从n个元素里取出k个元素的排列问题。他先提供一个计算$P_n^2 = n \times (n-1)$的步骤，然后利用归纳法证明$P_n^k = n \times (n-1) \times \cdots \times (n-k+1)$。跟前面一样，他把归纳步骤表述为一个命题：

命题65：n个不同的元素，如果选取其中k个所组成的排列总数是P_n^k，那么，对$n+1$个元素来说，$P_n^{k+1} = (n-k) P_n^k$。

利未对这个命题的证明同上面介绍的类似。他首先分析$k+1$个元素的排列如何从k个元素的排列中得到。他的起始点是$n=7$，$k=2$，$P_7^2 = 7 \times 6$。从这里，他得到$P_7^3 = 7 \times 6 \times 5 = P_7^2 \times (7-2)$。

然后给出完整的结果。为了澄清他的文字描述，他把起初采用的具体例子推广到"任何一个数"n。有兴趣的读者不妨自己证明一下他的命题65。

《计算的艺术》用最后三个命题完成了对排列和组合的所有公式的推导和证明。命题66证明$P_n^k = C_n^k \times P_k^k$，命题67把命题66的结果简单地调过来，写成$C_n^k = P_n^k / P_k^k$。由于利未已经给出了计算最后这个表达式中分母和分子的公式，他得到

$$C_n^k = \frac{n \times (n-1) \times \cdots \times (n-k+1)}{k!}.$$

最后，命题68证明$C_n^k = C_n^{n-k}$。

所以，早在14世纪20年代，排列与组合的基本结果就在奥朗日这个地方完成了。然而利未的工作对数学的发展没有产生很大的影响。这是为什么呢？利未自己完全生活在犹太人的圈子里。很可能，他生活的犹太群体没人对他的工作感兴趣。这很自然，因为当时的欧洲反犹情绪极为强烈。《计算的艺术》完成的当年（1321年），有一个谣言正在法国迅速地传播着：占领西班牙的阿拉伯人收买了法国犹太人，让他们在整个基督教欧洲散布麻风病，在井水河水中下毒，以此消灭整个基督教世界。很快，法国和周围国家边远地区的年轻男女暴徒便开始袭击犹太社区和麻风病患者。次年，法国

的犹太人第三次被驱逐，整个欧洲面临饥荒。在这样的背景下，有几个人能够像利未那么幸运，还可以在象牙塔里研究数学呢?

本章主要参考文献

Nash, J. N. Abraham Abulafia and the Ecstatic Kabbalah. The Esoteric Quarterly, Fall, 2008, 51-64.

Simonson, S. The Mathematics of Levi ben Gershon. Mathematics Teachers, 2000, 93: 659-663.

Simonson, S. The Missing Problems of Gersonides — A Critical Edition, II. Historia Mathematica, 2000, 27: 384-431.

第六章　嗜赌的意大利怪才

　　我在另外一本书《数学现场——另类数学史》里讲过一个名叫杰罗拉莫·卡当诺（Gerolamo Cardano, 1501—1576）（图6.1）的意大利数学家的故事。他因为赌牌而大打出手，甚至动刀刺伤了对手。这个故事发生在威尼斯，结局对卡当诺来说并不那么光彩。刺伤对手后，他抓了赌桌上的钱逃进狭窄曲折、宛如迷宫的威尼斯街道，后面好几个暴徒紧紧追赶，情况十分危急。黑暗之中，慌乱之下，卡当诺一脚踩空，掉进了污浊的运河。这就更加糟糕了，因为卡当诺不会游泳，他在水里拼命挣扎，眼看就要沉没，幸亏有一只贡多拉小船经过，他抓住船帮，总算保住了一条性命。攀上小船，他面对的却是另一张熟悉而令人恐惧的脸——这是他在白天骗过的另一个赌徒。也许这家伙刚赢了一大笔钱，心情很好；也许是惧怕威尼斯以强悍出名的水上警察，不知什么原因，这家伙不但没有动手报复，反倒送给卡当诺一身干衣服，放他走路。

　　卡当诺的一生大起大落，喜剧悲剧不断，极富传奇色彩，很像小说中的人物。这是一个充满矛盾的人，著名德国数学家莱布尼茨曾经这样评价他："卡当诺是一个拥有所有缺点的伟人。假如没有这些缺点，他将是无与伦比、独一无二的伟人。"

　　卡当诺出生在意大利北部的帕维亚（Pavia），这个小城距离名城米兰只有35公里。他的父亲法西奥·卡当诺（Fazio Cardano）是个律师，但酷爱数学而且颇有建树，曾经在米兰大学讲授几何学，还是达·芬奇（Leonardo da Vinci, 1452—1519）的好友，为达·芬奇解释几何问题。法西奥天性放荡不羁，所到之地，处处遗爱。50多岁的时候，他认识了一个30岁出头、社会地位低下的寡妇，使她怀上了

图6.1　杰罗拉莫·卡当诺。

杰罗拉莫·卡当诺。卡当诺在自传中说，母亲怀他的时候，米兰正在闹黑死病，为逃避灾难，法西奥把她送到帕维亚，托一个朋友照看。母亲试了各种打胎药，企图使胎儿流产，但这个不受欢迎的私生子还是在1501年9月24日出生了。可怜的母亲花了三天时间才把他生下来，为此受尽了痛苦。在此之前，这个可怜的母亲同前夫还生过三个孩子，都在大疫灾期间死掉了。

体弱多病、无人求助、令人抑郁的童年，粗暴无情的父亲，加上别人的白眼，养成了卡当诺玩世不恭的个性，而且易怒好斗。18岁的时候，他违背父亲的意愿，拒绝成为一名律师，进入帕维亚大学攻读哲学和科学。可是在1521年，意大利战争爆发。法国与威尼斯共和国的军队在法王弗朗索瓦一世（法语：François Ier, 1494—1547）的亲自率领下攻下米兰，进军帕维亚。神圣罗马帝国和英国的联军派兵支援，双方激战四五个月，最后以法军兵败，国王弗朗索瓦一世被俘而结束。这场战争使卡当诺的学业中断，不得不逃到帕都亚（Padua）另起炉灶，在帕都亚大学攻读医学。学生期间，他对理论知识的洞察力和对旁人的傲慢不羁都明白无误地彰显出来。他常常在课堂上当着所有学生的面跟教授争论，大声纠正他们的错误，让他们尊严扫地。这时他的父亲去世了，他失去了生活来源，于是赌博成为他赚钱的方式。

1525年，卡当诺得到医学博士学位。刚刚毕业，他就跑到威尼斯去赌钱，发生了本章开头的故事。回到帕维亚以后，他多次申请进入米兰的医学院，都遭到拒绝。他早就得罪了很多名教授，赌钱的陋习更让他名声扫地。除此之外，当时在意大利，私生子的身份也不能获得行医的资格。他只好搬到帕都亚边上的一个乡镇，在那里无照行医。1531年，他结了婚，据说妻子是一个小旅店店主的女儿。两个人没什么感情可言，但还是在几年里连生了三个孩子。无照行医，找不到几个病人，他的生活相当拮据。在一段时间里，他基本靠赌博为生。输钱的时候，不得不变卖家里的家具甚至妻子的首饰。

卡当诺父亲去世以后，米兰皮亚提基金会（Piatti Foundation）的数学讲师位置一直空缺，卡当诺不知怎么得到了这个职位。他的工作不多，就利用空闲时间给人看病，这是非法的，因为他仍然没有行医执照。但他的知识和判断力都超乎寻常，治好了几例疑难病症以后，很快就在米兰名声大噪。不久，就连大学里的校董们也来找他看病了，这使他终于得到了行医执照。医学和数学并行，他在其中如鱼得水，其乐陶陶。他的医术越来越有名，许多贵族都找他看病。他第一个正确地指出，先天耳聋的人不需要先学讲话也可以学习，而且第一次正确描述了伤寒病。在意大利，人们把他等同于著名的荷兰医师、历史上第一位解剖学家维萨里（拉丁文：Andreas Vesalius, 1514—1564）。他号称曾经拒绝过丹麦国王、法国国王，还有苏格兰女王的邀请。

后来回忆起来，他说这是他一生最幸福的时代，这也是他最为多产的时代。他和塔塔利亚（Tartaglia, 1499—1557）在代数上的竞争就发生在这个时代，他的绝大多数数学工作都是在这个时代完成的。他在数学上的成就使人们称他为意大利的韦达（François Viète, 1540—1603，法国著名数学家）。

到了40岁的时候，中年危机来临，他放弃了所有工作，在整整两年的时间里，毫无节制地赌博，有时整天整天地下棋。或许这是他研究游戏概率的方式？我们无从确认。1542年底，那个战败被俘的法国国王弗朗索瓦一世卷土重来，想要把米兰地区据为法国所有。这一次，他跟信奉伊斯兰教的奥斯曼帝国联手来对付神圣罗马帝国。战争迫使帕维亚大学再次关门。意大利需要医生，卡当诺被请到米兰和帕都亚讲授医学。

1546年他的妻子去世了，卡当诺并不怎么悲伤。他刚刚发表了具有里程碑意义的数学名著《伟艺》（拉丁文：Ars Magna），还有很多书要写，许多题目要研究。他在数学和医学界的名望如日中天，随之而来的是大量的财富，他不再为没钱花而发愁了。1552年年初，圣安德鲁教区大主教汉密尔顿（John Hamilton, 1512—1571）花重金邀请他务必到苏格兰来。汉密尔顿长期哮喘，症状越来越严重，发病越来越频繁，法国国王和德意志皇帝的医师都来看过，但一筹莫展。卡当诺6月底到达爱丁堡，9月初离开的时候，大主教的病情已经明显见好。卡当诺发现，主教的哮喘主要来自过敏，而过敏源就是他的羽毛枕头。于是，他有了医治的"秘方"。在苏格兰，无论到哪里，卡当诺都被人以医学和数学天才来对待，整天泡在赞美和恭维之中。最终，卡当诺谢绝了苏格兰宫廷的终身职位，带着两千枚金币返回米兰。据说，汉密尔顿的哮喘两年后彻底好了。这在当时医学知识有限的时代被看成是一件神奇的事情。

可是不久，悲剧就不断在卡当诺身上发生。他的大儿子于1557年拿到医生执照，本来前程光明。不幸的是他娶了一个女人，照卡当诺的话说，是一文不值，毫无廉耻。这女人的全家以挤榨卡当诺的财富为目的，而她自己还经常红杏出墙。最后，大儿子发现几个子女都非自己亲生，一怒之下，在蛋糕里投下砒霜把这女人毒死了。卡当诺虽然请了最好的律师，但法庭坚持认为，杀人必须偿命，除非得到被害人家属的谅解。

被害人家属要了一个天文数字的赔偿金，即使卡当诺非常富有，仍然达不到要求。儿子在监狱里受尽了虐待，最后还是被砍头。大儿子继承了父亲的聪明和学识，是卡当诺唯一的骄傲。将近60岁的时候丧失爱子，卡当诺痛心疾首，再也没能从悲痛中恢复过来。他的个性本来就不受人喜欢，从此更是变本加厉，越发尖酸刻薄，令人痛恨，赌博就更加不可收拾了。为了赢钱，他仔细研究了各种赌博游戏的规则，分析不同手法获胜的可能性。60岁那年，他写了一本书，专门讨论赌博游戏获胜的机会，是世界上第一本研究概率论的著作。

我们在第四章里讲道，几千年来，人们一直对投骰子的不确定性感到困惑莫测，但却从未对其中的奥秘进行深入的分析。这是为什么呢？

古希腊和古罗马的骰子游戏是一个集体活动。比如古希腊的博来斯多博林达游戏，是若干名赌客事先约定好，羊拐四个面上的每个点值多少钱，然后轮流投掷。假定一点值一个希腊德拉克马（Drachma，古希腊钱币单位），而且游戏同时使用两只羊拐。如果赌客甲得到8个点，而赌客乙得到11个点，那么赌客乙或者赢3枚德拉克马（11−8＝3），或者赢得19枚（11+8＝19），最终结果取决于游戏规则。这样的游戏可以有许许多多人同时参加，不需要每个人独立思考如何下注，输赢全靠运气。这样的游戏规则，只要事先大家同意了，就一直玩下去，中间没有思考的必要。后来有许多微小的改变，羊拐进化成立方体的骰子，但无需个人单独下注的特征没有变。类似的游戏规则一直延续到11世纪。

第一次十字军东征以后，一种新的游戏规则从阿拉伯世界传到了欧洲。这个规则的名字以法文Hazart和西班牙文Azar传入英国，变成了Hazard。我们先叫它"涸砸"好了。规则大致是这样的：两名赌客，三枚骰子。先丢骰子来决定由谁来作"投手"，点数高者为胜。投手选择一个点数作为"涸砸"，下首注。这时非投手可以下注。投手如果输了，必须付给非投手相应的赌值。当然投手必须接受对方的赌注，赌局才可以继续。赌局中，投手若投出"涸砸"的点数，他就赢得所有赌金，对方还要附上首注的赌金。如果得到的点数不等于"涸砸"，则有一套预定的复杂规矩，把其他点数分为三类：赢、输或继续投骰子来确定输赢。

这种阿拉伯规则与古老的欧洲规则非常不同。赌客必须事先考虑到不同点数出现的概率，因为这关系着他的成败。比如，9个点和10个点，哪个出现的机会稍微多一些？对一个每天要赌上几十次上百次的赌客来说，微小的区别积累起来，意味着成功或失败。这也就是为什么涸砸（hazard）在英语里慢慢获得了"风险"的含义。

想要了解骰子里面的奥秘，唯一的办法似乎就是花大量的时间投骰子，也许能从中看出些门道来。卡当诺是历史上第一位利用数学方法研究骰子的人。在他的著作里，卡当诺首次采用分析的方法来处理骰子的不确定性。

这本书的名字大致可以翻译为《博弈游戏之书》，不过博弈这个词过于文雅，而且容易同"博弈论"发生混淆。在卡当诺的原文里，是凭机会取胜的游戏（games of chance）之书。

这是一本薄薄的小册子，一共只有15页，却分出32个章节，但这是一本非常重要的书。卡当诺在书里第一次指出随机事件发生概率的计算准则。

假定在一种游戏中存在 t 种概率相等的事件。在投掷一个骰子的游戏里，t 就是骰子表示的点数的数目（$t=6$）。再假定在 t 种事件中，对玩游戏的人有利的事件（点数）是 r。在投掷一个骰子的游戏里，每次只能出现一个点数，所以 $r=1$。卡当诺得到的重要的概率乘法法则是：对于一个"公正"的骰子（也就是，制造精确而且没有被人做过手脚的骰子）来说，如果一个事件在一次测试中出现的概率是 $p=r/t$，那么在 n 次相同测试中，该事件出现的概率就是 p^n。这个表述当然是现代代数语言。在卡当诺生活的16世纪，距离用符号来表示变量、用算符来进行计算的时代还差二百多年呢。卡当诺利用逻辑推理和极端情况的检验对投骰子的游戏得到这个结论，虽然还没有严格的数学证明，但已经相当不简单了。

作为例子，我们看看卡当诺如何分析一个骰子游戏。这个游戏使用两个骰子，每投一次，把两个骰子显示的点数加起来，得分最高者得胜。通过组合分析，表6.1列出了两个骰子出现不同点数的所有可能性。很明显，12点只有一种可能性，那就是（6，

表6.1　双骰子游戏所有可能的点数

点数	12	11	10	9	8	7	6	5	4	3	2
	6,6 1	5,6 2	5,5 1	4,5 2	4,4 1	3,4 2	3,3 1	1,4 2	1,3 2	1,2 2	1,1 1
			4,6 2	3,6 2	3,5 2	2,5 2	2,4 2	2,3 2	2,2 1		
					2,6 2	1,6 2	1,5 2				
总数	1	2	3	4	5	6	5	4	3	2	1
概率	1/36	2/36	3/36	4/36	5/36	6/36	5/36	4/36	3/36	2/36	1/36

6)，即两个骰子都给出6；11点有两种可能，分别是(5,6)和(6,5)；10点有三种可能，(5,5)、(4,6)、(6,4)；其余类推。既然每一个骰子出现1到6点数的概率都是1/6，根据概率的乘法规则，两个骰子同时使用时($r=2$)，任何一对点数出现的概率就都是$p=1/36$。

由于每一对点数出现的概率都是1/36，所以出现12点的概率是1/36，出现11点的概率是2/36，出现10点的概率是3/36，等等，如表6.1所示。我们看到，概率的分布对应于中间数7是对称的。

搞清楚概率的分布以后，卡当诺问：如果想得胜，也就是在游戏中得到一个12（也就是双6），最少需要投多少次？卡当诺的答案是25次。

卡当诺得到这个答案的过程十分繁复。按照我们知道的概率理论，他的结果相当于这样一个陈述：把两个骰子掷一次，得到12的概率是1/36，得不到的概率是35/36。如果掷n次，那么得不到12的概率是$(35/36)^n$。换句话说，第n次投掷后，能够得到12的概率是$1-(35/36)^n$。这个概率至少要大于1/2（50%）才有得到12的真实可能性。解$1-(35/36)^n>1/2$，得到$n>24.6$，也就是说，至少要掷25次。

卡当诺虽然得到了不少正确的结论，但他的数学分析方法是不完善的，这怨不得他。在他的年代，概率统计的数学手段还没有诞生呢。卡当诺专门用了几章的篇幅论述运气的重要性，这说明他分析赌博游戏的思路还不完全是遵从数学和逻辑的。他的书中还包括若干赌博中行骗的具体手段，以及如何识别赌场工作人员的骗术，因为他的本意就是要不择手段地赢钱。这本书要等到他死后数十年才被出版。

卡当诺的后半生充满了悲剧。大儿子死后不久，女儿因卖淫染上梅毒而死，几年以后，小儿子又出事了。这个小儿子一直不成器，从小就偷偷摸摸，吃喝嫖赌。卡当诺已经记不清有多少次付款把他从监狱里赎出来了。这一次，他输光了自己的全部财产，包括衣服，还有一大笔父亲的钱，然后跑到父亲家里，偷走大量现金和珠宝。卡当诺忍无可忍，只能报警，结果小儿子被博洛尼亚警方驱逐。

紧接着，69岁的卡当诺自己也进了监狱。卡当诺入狱的原因并不是赌博或打架，而是因为他写了一本书，利用占星术中的天宫图来描述耶稣基督，并称赞曾经迫害过基督徒的罗马皇帝尼禄。这些属于异端的行为使基督教会的上层人士们愤怒异常，把他送上宗教审判所，进了监狱。他的小儿子在此时落井下石，揭发批判，使他的"罪行"更加严重。后人认为，其实他之所以写出这些离经叛道的文字，只是为了在历史上留名，即所谓"如不流芳百世，亦当遗臭万年"。所以一经审判，他马上忏悔，不久就被释放了。不过这一闹使他失去了教授的职位。后来他搬到罗马，靠教皇格里高利十三世（Gregori XIII, 1502—1585）发放的年金写完了自传。

卡当诺后来死在自己早些时候根据天象学预测的一个日子里。很多人相信他是自杀，认为他的目的是要证明自己先前预测的准确性。

卡当诺去世大约一百年后，意大利的图斯堪（Tuscan）地区处在美第奇家族（House of Medici）的统治之下。图斯堪大公科西莫二世（Cosimo II, 1590—1621）去世以后，把爵位留给10岁的儿子斐迪南二世（Ferdinando II, 1610—1670）。由于年少，国家大事由母亲和祖母掌管，一直到他成年。在那段游手好闲的日子里，年轻的大公变得痴迷于骰子游戏。有一天，他问被他父亲任职为皇家数学家的伽利略（Galileo Galilei, 1564—1642）："在同时投掷三个骰子的游戏里，为什么总分10或11会比其他得分出现得多一些？"

能问出这种问题的人，一定投过许许多多次骰子。

伽利略毕竟是伽利略，他把这个问题变成数学问题，经过深思熟虑给出了答案。可是他那时还不知道，实际上，卡当诺早在一个世纪之前就已经解决了这个问题，解决的思路跟投掷两个骰子的问题（表6.1）是一样的。只不过，增加了第三个骰子以后，排列组合问题变得复杂了些，一共有$6 \times 6 \times 6$，也就是216种可能。把它们都列出来就太长了，我们只看其中的一部分，见表6.2。

表6.2　同时投掷三个骰子获得点数的部分可能性（9—12点的部分）

点数	...	12		11		10		9		...
	...	6, 5, 1	6	6, 4, 1	6	6, 3, 1	6	6, 2, 1	6	...
	...	6, 4, 2	6	6, 3, 2	6	6, 2, 2	3	5, 3, 1	6	...
	...	6, 3, 3	3	5, 5, 1	3	5, 4, 1	6	5, 2, 2	3	...
	...	5, 5, 2	3	5, 4, 2	6	5, 3, 2	6	4, 4, 1	3	...
	...	5, 4, 3	6	5, 3, 3	3	4, 4, 2	3	4, 3, 2	6	...
	...	4, 4, 4	1	4, 4, 3	3	4, 3, 3	3	3, 3, 3	1	...
总数		25		27		27		25		
概率		25/216		27/216		27/216		25/216		

从表6.1和表6.2我们看出,在两个骰子和三个骰子的游戏当中,都是得到中间点数的机会最大。在两个骰子的游戏中,这个点数是7;而在三个骰子的游戏中,10和11出现的机会最多。这就解释了斐迪南二世的观察。

卡当诺的研究开创了概率论和统计学的先河。他一生中出版了131种著作,还有111种尚未完成,他自己还号称烧掉了170种手稿。他发明了密码锁、卡丹驱动轴(Cardan shafts;卡当诺在法语世界中以Jerome Cardan杰罗姆·卡丹的名字广为人知),还有万向接头。这后两种发明在现代汽车、火车、机床等各种机械上都能看得到。在几何学里,他发现了圆内螺线,也就是卡丹螺线,后来在高速印刷机上被广为应用。他在水力学上也有重要贡献,并且正确指出永动机是不可能的。他独自一个人出版过两部自然科学百科全书,其中涉及大量的发明创造、科学的事实,也包括各种不可思议的迷信。他还发明了一种叫做卡丹格(Cardan grilles)的东西,专门用来把文字变成难以破译的密码。他的著作内容极其广泛,涵括医学、算法、代数、几何、音乐、机械、炼金术、自然现象,外加一本自传,不愧为那个时代的大师。

卡当诺对自己有很清楚的评价。他用来描绘自己的形容词,可以编成一部咒人的词典。他说:"我是个巫师兼魔术师,性情急躁、爱钻牛角尖、容易被女人利用、狡猾、诡计多端、讥讽挖苦、无礼、奸诈、可怜、悲哀、充满恨意、淫荡猥亵、说谎、下三滥,还喜欢听老头们胡扯。"他对自己只用了一个正面的形容词,那就是勤奋。

本章主要参考文献

Bellhouse, D. Decoding Cardano's Liber de Ludo Aleae. Historia Mathematica, 2005, 32: 180−202.

Ekert, A. Complex and unpredictable Cardano. 2008, arXiv: 0806.0485v1.

Gorroochurn, P. Some laws and problems of classical probability and how Cardano anticipated them. Chance, 2012, 25: 13−20.

Kidd, S. Why Mathematical Probability Failed to Emerge from Ancient Gambling. Asperion, 2019, 53: 0045(25).

第七章   牌戏的魅力

夜已经很深了，天色漆黑如墨，可喧闹的大厅里却是灯光如昼。一位年轻美丽的公主和她的驸马正盘腿坐在座榻上，由几个奴婢陪着玩一种纸牌游戏。他们嘻哈调笑，毫无顾忌。大厅的中央直挺挺地站着一位和尚，双手托红彤彤的琉璃盘，一动不动。琉璃盘中，滚动着鸽子蛋大小的珍珠，每一颗都闪着耀眼的光芒。原来，如昼的灯光竟是从这些夜明珠里发出来的。

这是唐懿宗（李漼，833—873）咸通十年（869）的一个晚上，年轻的新妇是有名的同昌公主（849—869）。她是李漼和妾室郭淑妃的女儿，生性温柔，乖巧宜人，特别得到父亲的宠爱。一年前，她下嫁给新科进士韦保衡。这韦保衡出自有名的京兆韦氏家族，祖上曾经出过二十几位宰相。为了这段姻缘，疼爱的父亲倾尽国库，为女儿准备了非同寻常的嫁妆，其中有许多世间罕见的珍宝。比如水晶云母和琉璃玳瑁制造的床榻，用切成薄片的犀角和象牙编制的榻席，珍珠和真丝织就的连珠帐，采用却寒鸟的骨骼做成的保暖驱寒的却寒帘。此外还有神丝绣被，那是用罕见的蚕丝织就的锦被，上面绣有三千只鸳鸯穿梭于精巧华丽无比的奇花异草当中。这还不算，锦被上还缀满了粟粒大小的珍珠，五色辉映。至于翡翠宝石更是不计其数，更有金龟、银鹿、金表、银粟、如意枕、鹤鹊枕、龙凤帐、九玉钦、琴瑟幕、文布巾、火蚕衣等，至于金银钱币、绫罗绸缎和豪华家具器皿，那就不计其数了。这还不算，另外还赐钱五百万贯。

如此得宠的公主，却在新婚后不久便香消玉殒，年仅21岁。李漼痛不欲生，埋葬了女儿以后，他诛杀了所有和医治女儿有关的医官二十余名，之后便倾心向佛，把法门寺的佛骨请入宫中，顶礼膜拜，三年以后竟也呜呼哀哉了。

国色天香的同昌公主的不幸命运成了一千多年来许多人茶余饭后的谈资，各种阴谋论应运而生。不过，我们这里想要谈的是她曾经玩过的游戏。

上面的故事来自唐人苏鹗在《杜阳杂编》里的《同昌公主传》。书中说，同昌公主和韦驸马特别喜欢玩"叶子戏"。由于年代久远，历经战乱，唐代的"叶子戏"到底是什么样子已经无法考证了。有两种说法，一种认为"叶子戏"是一种图版游戏，比如说丢骰子。他们认为，所谓"叶子"指的是打印出格子和图画的纸页图版，游戏时把骰子丢在图版上，根据格子的位置或分数决定输赢。另一种则认为"叶子戏"就是纸牌的前身。

中国是最早使用纸张和木版印刷术的国家，自然也最可能是这类游戏的发源地。但是一般认为，西方的纸牌最初是大约14世纪从一个名叫马木留克（Mamluk）的国家引入的。这个国家大致在今天的埃及，而马木留克人的祖先则是突厥人。从阿尤布王朝的开国苏丹萨拉丁（An-Nasir Salah ad-Din Yusuf ibn Ayyub, 1137—1193；在西方以Saladin的名字闻名）开始，阿拉伯的苏丹和贵族们大量接收突厥人，并用他们来替代法蒂玛王朝（Fatimids，古代中国称他们为绿衣大食）的非洲裔黑人军队。几乎每一位阿尤布苏丹和高等贵族的家庭都拥有马木留克私人武装（如图7.1）。马木留克人在服役或进入一个贵族家庭之前，必须先皈依伊斯兰教并学习阿拉伯语。马木留克必须效忠主人，尊主人为"父亲"，而他们也被主人视为家族的一员。从某种意义上说，马木留克人是奴隶，但他们同一般阿拉伯家庭拥有的奴隶不一样。他们在经过武术、马术或伊斯兰科技训练以后成为自由人，为主人看家护院，打架斗殴。马木留克的职业军人曾经为历代阿拉伯苏丹立下汗马功劳。

到了1240年，新登基的阿尤布苏丹萨利赫（as-Salih Ayyub, 1205—1249）提升了一大批自己手下的马木留克人，并建立了一支同阿拉伯军队平行的忠于自己的马木留克军队。但是随着马木留克人的政治力量的增强和法国国王路易九世（Louis IX, 1214—1270）统率的第七次十字军东征的到来，萨利赫同马木留克人之间的裂隙也逐渐增大。萨利赫在与十字军的战争期间去世，他的儿子图兰沙赫（al-Muazzam Turanshah, ?—1250）即位。新上任的苏丹企图用自己手

图7.1 全身戎装的马木留克武士。作者乔治·莫利兹·埃伯斯（Georg Moritz Ebers, 1837—1898）。

下的库尔德裔的随从来取代萨利赫的马木留克（萨利赫一支的苏丹属于库尔德人）。不久，苏丹的埃及军队打败十字军，结束了西方的第七次东征。这时，图兰沙赫又企图用自己的亲信来取代父亲萨利赫的马木留克。权力斗争愈发激烈，马木留克人干脆把年轻的苏丹暗杀了。又经过几年的战乱，马木留克人最终夺得了苏丹的王位，建立马木留克苏丹国（Mamluk Sultanate）。这是一个很有趣的国家。它的军队不允许当地人加入，完全依靠雇佣军。军队的主要成分来自库曼人（Cumans）、钦察人（Kipchaks）、切尔克斯人（Circassians）和乌古斯突厥人（Oghuz Turks），总之都是突厥系的人，偶尔也有希腊人、斯拉夫人、库尔德人，甚至有些西欧的拉丁人。这些人很多连阿拉伯语都不会，但雇佣军队非常骁勇善战。在蒙古侵入阿拉伯半岛的时候，他们曾经重挫旭烈兀大汗（Hulagu，1217—1265）的铁骑，并夺回被蒙古人占领的巴格达。马木留克王朝统治埃及地区长达3个世纪，它的建立比乌古斯突厥人建立的著名的奥斯曼帝国要早大约半个世纪。

这些有趣的马木留克人爱玩纸牌。世界上最古老的纸牌现存达拉斯艺术博物馆的凯尔收藏馆（Keir Collection），就是马木留克人的游戏牌。土耳其伊斯坦布尔的托普卡帕王宫（Topkapi Palace）里也存有古老的马木留克纸牌。马木留克纸牌和中国明朝的马吊牌（如图7.2）有不少有趣的相似之处，现在让我们仔细看一下。

中国马吊牌的花色主要是按照钱币的方式设计的，称为门。最初的马吊牌有四种门，也就是文钱门（文），索子门（索），万字门（万），十字门（十）。文钱门的牌包括有半文、一文等直到九文。索子门里面有一索、二索等直到八索。索是用来串铜钱的，一千文铜钱为一贯。万字门里的货币以万贯为单位，

图7.2 上排：中国明代马吊牌的四种花色（现存大英博物馆）。从左至右，花色分别为文、索、万、十。下排：马木留克纸牌的四种花色。从左至右，花色依次是答拉希姆、遥康、图曼、苏尤幅。

从一万贯到八万贯。十字门里的货币以十万贯为单位,从二十万贯到九十万贯,不过还包括百万贯、千万贯。

马木留克纸牌也有四种花色。第一种花色称为答拉希姆(Daráhim),它们是以硬币的形状出现的。实际上,答拉希姆这个词就是硬币或钱币的意思。第二种叫做遥康(Jawkán),意思是马球棍。有人认为,马木留克人的祖先、酷爱马球的突厥人从中国得到纸牌,误把索的图像当成了马球棍。第三种叫图曼(Tuman),这个词是突厥语,不属于马木留克苏丹国所使用的阿拉伯语,它的意思就是一万。在蒙古语和满语中,一万叫做拖曼(Toman)或者图门(Tümen),跟突厥语很相近,因为它们属于同一个语系。有一种1240年制造的波斯硬币,价值一万第纳尔(Dinar),名字也叫拖曼。这个词也不是波斯语,而是蒙古入侵波斯后引入的。更有趣的是,在马木留克纸牌里面,对应于一万的花色是酒杯。有一种理论认为,突厥人最初看到中国纸牌的时候,误把"萬"字的俗体字"万"当成了酒杯——如果把万字倒过来,它确实有点像个酒杯。第四种叫做苏尤幅(Suyúf),意思是马刀。据说这是把中文的"十"字误认为是刀剑的符号了。

这种误读汉字的假说固然有趣,但无法考证。不过突厥人同中国有过密切的交往应该是无可置疑的。公元552年,在柔然统治下的阿史那氏部族开创古代突厥汗国,一度占据漠北、中亚等柔然故地。唐代初年撰写的《周书》里最早出现突厥这个名字。《周书·异域传》说,突厥"居金山(即阿尔泰山)之阳……金山形似兜鍪,其俗谓兜鍪为'突厥',遂因以为号焉"。突厥人可能具有匈奴的血统。唐人李延寿所撰《北史》里提出突厥人三个可能的起源。一说,"突厥者,其先居西海之右,独为部落,盖匈奴之别种也"。又一说,"或云突厥本平凉杂胡,姓阿史那氏。魏太武皇帝灭沮渠氏,阿史那以五百家奔蠕蠕(也就是柔然)。世居金山之阳,为蠕铁工"。三说,"突厥之先,出于索国,在匈奴之北"。突厥汗国后来分裂成东突厥和西突厥两个汗国,7世纪时先后被唐朝所灭。东突厥勉强复国(后突厥汗国),又在8世纪被回纥吞并。

萨利赫的马木留克主要是钦察突厥人,他们的祖先肯定同中国有过相当密切的联系。隋唐时期,中国的影响远达中北亚。到了唐朝末年,国力衰竭,附属国纷纷趁机独立。契丹族首领耶律阿保机(872—926)统一了契丹各个部落,于916年称帝,建国"契丹"。946年,耶律阿保机的儿子耶律德光(902—947)吞并后晋并改国号为大辽。契丹人受唐人的影响,也玩叶子戏。耶律德光的儿子耶律璟(931—969)也就是辽穆宗极喜欢喝酒打牌。他在位期间经常连着几天不停地喝酒,不理国事,还经常硬拉着大臣们一起玩纸牌。这个贪图享乐的皇帝又是个残酷的暴君,动辄杀人取乐,最后被服侍他的人给干掉了。

辽国全盛时期的疆域西至阿尔泰山,北到大兴安岭,军事力量与影响力涵盖西域地区。因此在唐朝灭亡后,中亚、西亚与东欧等地区常将契丹族的辽国当作中国(契丹,英语叫Cathay或Khitan,俄语叫Китай)。既然如此,中国纸牌传入突厥人当中应该是很自然的事情。也许突厥人对马球、马奶酒、马刀和钱财都感兴趣,所以纸牌的花色逐渐也就相应地改变了。

马木留克纸牌大约在14世纪传入欧洲,最早进入南欧的意大利和西班牙,逐渐遍布欧洲。塔罗牌(Tarot)和各国不同的游戏牌都是受到马木留克纸牌的启发而产生的。塔罗牌集合了神秘学、基督教、犹太教、埃及神话、星相学、数字符号、象征学等复杂的占卜体系,从15世纪中期起在欧洲广为流传。直到今天,全世界许多地方都可以找到塔罗牌的踪迹。欧洲各国的游戏牌各有特色,逐渐演变成今天的扑克牌。

在15世纪的西班牙,纸牌有40张一副的,也有48张一副的,其中可以包含两张鬼牌。在瑞士,人们玩36张一副的牌。德国则有24、32、36张等不同的纸牌。当时一般是把K当成最大的牌,A(Ace)则是最小的。现在把A当成最大,把2当成最小的规矩可能是从18世纪晚期法国大革命以后才开始的。

有一个关于哥伦布(Christopher Columbus, 1452—1506)和他的水手的传说故事,说长达数月的枯燥乏味的海上生活使这些水手都爱上了用牌戏赌博。赌博是违反基督教规矩的,所以,在苍茫莫测的大海上遭遇风暴袭击的时候,他们以为遭到上帝惩罚了,便把纸牌全部扔进了大海。后来到达了目的地之后,他们又为失去纸牌而后悔。于是就在新的国度里用树叶重新制作了"纸"牌,这些牌引起了印第安人极大的兴趣。

还有一个传说,在16世纪上半叶征服美洲的西班牙远征军,随身带了皮制的游戏牌。征服者在1521年消灭墨西哥的阿兹特克(Aztek)文明,建立了所谓的"新西班牙"。之后,他们开始向南部的印加(Inca)帝国进攻。1533年,征服者攻陷印加帝国的首都库斯科(Cuzco),不久便铲灭了南美的印加文明。西班牙人带来的战争和传染病毁灭了大量美洲印第安人和印加人的生命,也给幸存者带来了游戏牌。墨西哥人很早就有了牌戏,当时的墨西哥人称之为Amapa-tolli,其中amapa的意思是纸片,而tolli的意思就是游戏。

当今最盛行的游戏牌是从52张牌的法国式塔罗牌衍生出来的,后来美国商人又增加了德国尤克牌的2张鬼牌，构成了54张的英美牌（Anglo-American playing card）。这种类型的纸牌引入中国，因为最常见的是拿来玩扑克，所以惯称为扑克牌。其实扑克（poker）只是纸牌的一种玩法，严格说来，它并不代表这种纸牌。

　　图7.3是大不列颠百科全书中总结的扑克牌演化过程。从右到左，我们可以看到，纸牌的花色从酒财兵刃渐渐演变成平和抽象的符号。其中，中国称为梅花或草花的是三叶草，它在西方被认为是幸运的符号。黑桃原本是长矛的矛头，也有些国家称之为铲子。红桃是心形。只有"方片"的翻译更接近最初的含义：在法语里，carreau这个名字来自拉丁文quadrum，也就是正方形；而英语称方片为钻石，大概是因为形状经过演变，已经不是正方形了。

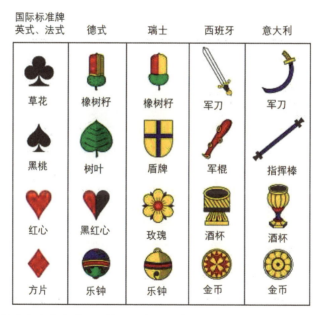

图7.3　欧洲纸牌花色的演变过程。按照从中国经中亚和非洲再到欧洲的传播方式，这张图应该从右向左来看，也就是从南欧到北欧。刀剑经由橡树果而成为草花（clover clubs）；马球棍由盾牌、树叶而成为黑桃（pike spades）；酒杯变成心而成为红桃（hearts）；金币由铃铛而成为方片（tiles diamonds）。

　　在中国，古老的纸牌朝着与西方完全不同的方向发展。早期的四花色慢慢变成了三花色。这从中文的角度比较好理解，因为"万"和"十"实际上都是万（一万和十万）。于是"文"转化为"饼"，"索"转化为"条"，"万"依然保留，"十"则不见了。

史苑撷英

你知道吗？在20世纪上半叶的美国，麻将在华裔和犹太裔群体中间都很风行。在二三十年代的唐人街，麻将是社区活动的主要部分。那时候，华人在美国不受欢迎，许多美国人从来都认为华人不属于美国，是"永恒的外国人"。麻将使来自不同地区、讲不同方言的华人坐在一起，最终成为朋友或合作伙伴。

二次大战期间和战后，犹太人大量进入美国。麻将也成为犹太妇女互相结识、建立友谊的桥梁。特别是当犹太家庭搬离拥挤的大城市，进入郊区以后，没有工作的犹太妇女感到隔离的压力，她们经常聚在一起打麻将。所以20世纪60年代以后，"打麻将的犹太女人"成为一种美国人对犹太妇女的刻板印象。

早期的纸牌很容易损毁，而中国又是最先发明骨牌的国度，于是纸牌变成了骨牌或竹牌，成为麻将的前身，现代麻将牌的真正风行要到19世纪了。根据宁波一带的传说，麻将最初是那里渔民的牌戏，船航行到深海去捕鱼，来回要花十几天的时间，航行当中无事可做，就在船上搓麻将，据说麻将的实际称呼应该是"麻雀"。在宁波话里，麻雀和麻将发音极为相似。麻雀是陆鸟，在海上航行，看到麻雀就意味着离家不远了，所以渔民们就把这种牌戏叫"麻雀"。在日本，麻将馆至今仍然以"麻雀"作为招牌。

牌戏通常都与赌博相关，有些人整天深陷其中，以至万事皆废、倾家荡产而不能自拔。这样的事情，数百年间层出不穷。清代学者、山东人王士禛（1634—1711）在《分甘余话》里就这样描述在他的家乡人们对马吊牌的痴迷："余尝不解吴俗好尚有三：斗马吊牌，吃河豚鱼，敬畏五道邪神，虽士大夫不能免。近马吊渐及北方，又加以混江、游湖种种游戏，吾里缙绅子弟，多废学竞为之。不数年而赀产荡完。至有父母之殡在堂，而第宅已鬻他姓者，终不悔也。始作俑者，安得上方斩马剑诛之，以正人心、以绝恶俗乎！"

其实如果正确使用，牌戏是培养思

考和分析能力极为有效的手段。骰子游戏完全取决于点数出现的随机概率。在多数人看来,点数在某种无形力量的控制之下或者说看一个人的运气(手气)。而牌戏就不一样了,手里握着几张看得见的牌,其他牌是如何分布在几个对手之间,我们无从得知。只能根据自己和对手出牌的情况来判断那些牌可能是如何分布的,争取最终控制局面,取得胜利。这和人生很有点类似:我们所知道的总很有限,而我们所处的世界又是如此的庞杂无序,难以预料;必须在实践当中不断地观察、学习、判断、揣度、调整,才能掌握部分主动权。这大概就是为什么越来越多的人热衷于牌戏的原因吧。

比如桥牌,这是一种对智力要求很高的牌戏。许多有成就的政治家和企业家都热爱桥牌,如中国前国家领导人邓小平,美国总统艾森豪威尔,英国首相丘吉尔、撒切尔夫人,美国企业家比尔·盖茨和沃伦·巴菲特等,甚至还有"圣雄"之称的印度宗教领袖甘地。目前世界桥牌联盟有123个国家的桥牌组织入盟,桥牌比赛遍布全世界。

为了促进人类智力的发展,世界桥牌联盟在2005年提出创办世界智力运动会的设想。2008年,首届世界智力运动会在北京举行,比赛项目有桥牌、国际象棋、国际跳棋、围棋和中国象棋五类。2017年,国际麻将联盟加入世界智力运动会,麻将成为第六类比赛项目。世界智力运动会每四年举办一次,和国际奥林匹克运动会一样。

"争上游"和"斗地主"是中国两种非常流行的扑克牌游戏,都是"文化大革命"留下的遗产。我们可以大致看一下这种牌戏中,出现对子(如两张K)、三联(如三张A)、四联(如四张2)、五张同色连牌(如10、J、Q、K、A)的大致概率。从54张牌里随机取出2张牌的可能性的总和是$C_{54}^2 = 1\,431$。类似地,随机取出3、4、5张牌的可能性的总和分别是$C_{54}^3 = 24\,804$, $C_{54}^4 = 316\,251$, $C_{54}^5 = 3\,162\,510$。从这些数字,我们看到,每增加一张牌,对应的套牌出现的可能性的总和就增加10倍或者以上。出现同样花色五张连牌(如10、J、Q、K、A)的可能有4个(因为一共只有四种花色),而每种花色一共可能有9种五连张(2—6,3—7,4—8,…,10—A)。因此,在一套扑克牌里,出现五张同色连牌的可能性的总数是36。把它们都算进来,五张同色连牌出现的概率的总和就是$\frac{36}{3\,162\,510} \approx 0.000\,011\,383\,4$,也就是百万分之十一。每一种牌值(如2、3,等等)出现四联张(如四个2,四个3等)的频率是1,其相应的概率是$\frac{1}{316\,251} \approx 0.000\,003\,162\,05$。由于每种花色从2到A一共有13张牌,所以从2到A所有的四联张出现的概率的总和是

0.000 003 162 05×13≈0.000 041 1。类似地，对同一种牌值出现三联张的频率是C_4^3=4，所以每一种牌值出现三联张的概率是$\dfrac{4}{24\ 804}$≈0.000 161 264，而所有三联张出现的概率的总和是0.000 161 264×13≈0.002 096。读者可以自己算一下，同一种牌值出现对子的概率是多少？

本章主要参考文献

［唐］苏鹗.同昌公主传.

第八章 打败赌场的书生

既然讲到纸牌,就讲一个打牌的故事吧。

1992年和1993年之间,美国、加拿大,甚至加勒比各岛国的大赌场里异乎寻常地涌进一批年轻学生。他们男女都有,只玩一种称为21点的纸牌赌博游戏,几乎每赌必赢。赌场开始注意这些年轻人,把那些豪赌狂赢的赌客列入黑名单,禁止他们进入赌场。可是,一些人刚遭到禁止,另一些人又出现了,仍然豪赌狂赢。赌场损失巨大,开始雇佣侦探打探这些年轻人的来路。花了将近两年的时间,侦探们最终发现,绝大多数进入黑名单的人都住在美国马萨诸塞州的剑桥市。这里毗邻波士顿,是几所著名大学聚集的地方,包括哈佛大学和麻省理工学院(MIT)。进一步的分析确认,这些年轻人属于一个组织起来的团队,来自麻省理工学院,他们系统地进入赌场,互相配合,利用概率和数学计算来战胜赌场。侦探们找到了MIT最近几年的毕业纪念册,把上面的学生照片全部存入数据库,这样,即使是以前没有到过赌场的MIT新赌客也可以马上被指认出来。赌场终于把大流血止住了。

这些学生从属于有名的麻省理工学院黑杰克团队(MIT Blackjack Team),他们的故事被几次拍成故事片上映。

21点是一个相当古老的扑克牌游戏。它的最早的文字记录来自西班牙著名作家塞万提斯(Miguel de Cervantes, 1547—1616),也就是《堂·吉诃德》的作者。他在短篇小说《角落与剪刀手》(西班牙文: Rinconete y Cortadillo)里,讲述了两个名叫"角落"和"剪刀手"的贫苦少年在西班牙南部城市塞尔维亚靠玩21点作弊赚钱的故事。这篇小说写于1601—1602年,也就是说,最迟在16世纪末,西班牙人就在玩21点了。

在中世纪,赌牌被宗教人士视为罪孽。荷兰画家博斯(Hieronymus Bosch, 约1450—1516)在他的名画《人间乐园》里把玩赌牌的人放入地狱,让造型奇异、半人半兽的狱卒对他们施以酷刑(如图8.1)。

21点的基本规则很简单。拥有最高点数的玩家得胜,但点数必须低于或等于21点,否则算输,俗称爆牌(Bust)。至于点数的计算,2至10的数字牌以牌面的点数计算,J、Q、K每张算10点。A有两个点数选择,既可以记为1点,也可以记为11点,视情

图8.1　博斯在三联画《人间乐园》中地狱部分描述的赌牌者所得到的惩罚。博斯的画作构图复杂、造型奇特、含义晦涩，极具原创性，被认为是20世纪超现实主义绘画最早的启发者。

况而定。如果把A算为11点时会爆牌，那就算为1点。在赌场玩21点，赌场永远是庄家，每位玩家（赌客）的目的是取得比庄家更接近于21点的牌来击败庄家，同时避免自己爆牌。

21点在美国又称为黑杰克（Blackjack），这个叫法跟21点游戏在美国的发展历史有关。起初21点并不流行，赌场采取提供各种额外奖金的方式吸引赌客。其中之一是当玩家同时持有黑桃A和黑色的J（黑桃或梅花都行）的时候，奖金会翻成十倍。这样一手牌就叫做黑杰克，它逐渐成为美国版21点游戏的名称。尽管后来额外奖金取消，黑杰克的叫法却一直持续下来。规则发展到今天，只要得到A和价值10分的牌就叫黑杰克，不一定包含J和黑色的牌。

赌场的牌桌上通常印有最小和最大赌注的数目，每间赌场的各个牌桌的限额都可能不同。赌客下第一笔注后，庄家开始发牌。最常见的是同时用四副牌混在一起发，有时甚至会多到八副，每副牌52张，大小鬼剔除。庄家发给每位玩家和自己各两张牌，庄家的两张牌里有一张是点数朝上的"明牌"，所有玩家都可以看见，另一张是点数朝下的"暗牌"，只有庄家自己能看到。如果庄家的明牌是A或任何价值为10的牌，庄家需要确认他的暗牌是否与明牌形成21点。这种确认是在所有玩家做出选择之前进行的，而在进行之前庄家会询问玩家是否需要"保险金"（Insurance）。所谓保险金是玩家用来赌庄家的两张牌总数是不是21点。如果不是21点，玩家的保险金就输给庄家；反之玩家可获得相当于保险金额2倍的赔偿。如果玩家自己也是21点，则构成平局（Push），双方平分赌注。

玩家在游戏中有以下几种选择：

1. 加牌（Hit）。玩家摸另一张牌（实际上是庄家为玩家摸牌）。玩家可以任意加牌，但如果手中所有牌的点数之和超过21，就算输了。

2. 站定（Stand）。玩家保持手中的牌不动。

3. 加倍（Double down）。玩家把最初的赌注加倍，同时得到一张新牌。这个选择只可用于手中有两张牌的情况。

4. 分牌（Split）。如果第一手牌中的两张具有相同点数，玩家可以把一手牌分成两手牌，在另外一个下注区里放入相同价值的赌注。庄家把这两张牌分开，分别在每一张上加一张牌。此后，玩家同时打两手牌。两手牌相互无关，如同两个玩家。但玩家如果平分两张A，在他得到一张点数为10的牌的时候，这手牌算是21点，但不算黑杰克。

5. 投降（Surrender）。玩家半路认输，庄家收去玩家赌注的一半，把另一半还给玩家。

总的来说，赌局可能的结局有下述几种：

1. 玩家持有一张A和一张面值为10的牌（黑杰克）。玩家获胜，通常还得到一定数目的奖金。

2. 玩家手中的牌的总点数是21，但不是黑杰克。玩家获胜。黑杰克高于任何其他21点。

3. 玩家的点数高于庄家，没有爆牌，玩家获胜。

4. 玩家爆牌：玩家点数超过21。玩家输，即使庄家也爆牌。

5. 庄家爆牌，玩家没有爆牌，玩家获胜。

6. 玩家与庄家得到同样的点数，没有爆牌，平局。

不同赌场的规矩稍有不同，21点一共有超过100种规则的变化。根据前几章的知识，我们可以简单计算一下摸到两张牌时出现21点的概率。这种玩法使用52张一副的扑克牌，大小鬼剔除不用。虽然赌场经常同时使用六副甚至八副牌，但每一副牌的花色和张数是一样的，所以我们只考虑一副牌里的一套花色就可以了。在每一套花色的13张牌里，随机摸到任何一张的概率是1/13。摸到面值为10分的牌（包括10、J、Q、K四张）的总概率就是4/13。在这种情况下，如果第二张牌摸到A，就达到21点。而随机摸到A的概率也是1/13，所以摸到21点的概率是(4/13) ×(1/13)≈0.023 66≈2.36%。这是在牌局刚刚开始的时候，随着牌局的发展，如果可以使用的牌越来越少，在游戏过程中概率会不断地改变，情况极为复杂。

第一次采用数学概率的方法来优化21点游戏战术的努力开始于1953年。当时在马里兰州有一个美国历史最悠久的兵器试验中心，名叫阿伯丁试验场（Aberdeen Proving Ground），其主要功能是检测陆军的常规武器。负责检测的军人住在试验场，晚上的生活相当枯燥，主要靠在军营里打牌来消磨时间。有一位二等兵名叫鲍德温（Roger Baldwin）开始考虑如何系统地打败对手。碰巧军营里有一位名叫坎泰（Wilbert Cantey）的中士也对此感兴趣。事实上，坎泰对打牌太有兴趣了，以至于被人从神学院撵了出来，后来在参军前得到了一个数学硕士的学位。鲍德温自己则拥有哥伦比亚大学的数学硕士学位。两人一拍即合，很快又找到另外两个二等兵，一个是鲍德温的哥伦比亚校友麦克德摩特（James McDermott），另一个是梅泽尔（Herbert Maisel）。这几个人头衔虽然不高，但都是工程师一级的人物。

四个人花了三年的时间，仔细分析了21点游戏的规则，考虑了游戏可能出现的各种状况，计算每种状况赌客和庄家获胜的概率，把它们列成表格。这是一项很大的工程，而他们手头仅有的工具据说是当时陆军提供的机械计算器，士兵们称之为"加数机"（Adding machine）。但后来我们知道，这个试验场也在测试刚刚问世的电子计算机。当然那时的电子计算机功能也相当有限。

他们的研究结果发表在1956年的美国统计学会杂志上（R. Baldwin, W. Cantey, H. Maisel and J. McDermott. The Optimum Strategy in Blackjack. Journal of the American Statistical Association）。21点是赌场里唯一的一种赌客可以靠智慧战胜赌场的游戏。这篇文章开启了采用概率统计的科学手段分析研究赢得21点游戏的先河，促使无数幻想打败赌场的人跃跃欲试。这四个人因此被人开玩笑地称为"《启示录》四骑士"，所谓"四骑士"原本指的是《新约圣经》里最后一部书《启示录》中讲到的四位骑士，他们身跨白、红、黑、灰四种颜色的战马，分别给众生带来瘟疫、战争、饥荒和死亡。实际上，这篇文章在实际赌博中的应用价值相当有限，因为没人能够记住文章中列举的概率数字。

也是在1956年，贝尔实验室的期刊《贝尔系统技术杂志》(*Bell System Technical Journal*)上出现了一篇文章，题为《信息传递速率新解》(A New Interpretation of Information Rate)。乍看上去，这个标题跟赌博游戏风马牛不相及，但文章实际是考察信息论在赌博游戏中的应用。文章的作者名叫凯利(John Larry Kelly, Jr., 1923—1965)，是贝尔实验室著名科学家、信息论之父香农(Claude Elwood Shannon, 1916—2001)的同事。凯利最初给文章取名为《信息论与赌博》(Information Theory and Gambling)，把贝尔实验室的官员们吓坏了。官员们不想把实验室同赌博联系起来，尤其不喜欢文章里提到"私人电报"，因为当时贝尔实验室的母公司美国电话与电报公司(American Telephone and Telegraph, Corporation, AT&T)曾经把电缆租赁给有组织的犯罪集团，而后者在赛车场利用电报联系进行大规模赌博活动。凯利那时刚刚进入贝尔实验室不久，他的工作是研究如何为电视传播提供有效的数据压缩(data compression)方式。是的，早在1950年代，贝尔实验室就开始研究利用数值系统为媒体传播服务了。凯利的工作使他同香农走得很近，因为他必须先掌握信息论的基本知识。

当时美国电视上正在播出一个极受观众喜爱的猜谜节目，名叫《六万四千美元的问题》(The 64 Thousand Dollar Question)，据说每一集上演的时候，全美高达85%的电视观众都在观看。这个节目变得如此流行，以至人们开始下注赌哪个参赛者最可能获胜。节目在纽约摄制，美国东部上映之后，再转到西部上映。由于西部与东部有三个小时的时差，东部就有人把节目的结果通过电话通知西部，一些西部的赌客在节目放映之前下注以便赢得赌博。

这种情况让凯利马上想到，如果有了"内部信息"，赌客可以利用香农的信息理论在任何一种赌博中得到最高的回报。这是一篇不同寻常的科学文章，它讨论的是一个得到"内部信息"的赌客在事先知道结果的情况下如何下注。一般人在这种情况下倾向于把所有赌注都押下去。但如果信息不准确，第一注就把全部资产都输光了，反过来，赌客要是过于谨慎，每次只下最少的赌注，那么这个"内部信息"就不起什么作用。利用香农的高噪声频道通讯理论，凯利证明，赌客的最佳选择是把财富期望值的对数极大化。一提到对数，很多赌客可能就吓退了。简单地说，赌客的赌注可以按照期望赢得的平均数(E=expectation)与公众估计的获胜比(O=odds)的比值E/O来估算。

以赛马为例子，如果一匹马在赛马场的公示牌上显示有5比1的获胜比(O=5/1=5)，这是参加赛马赌博的赌客们公认的获胜比，而"内部信息"说，这匹马估计只有1/3

的可能性获胜。在公示牌显示5比1的情况下，一个100美元的赌注意味着一个运气好的赌客可以拿回600美元，但1比3的"内部信息"说明，更可能得到的回报是600/3＝200美元。那么，估计的净赢数目是200–100＝100美元（回报减去赌资）。由此得到$E=100/100=1$（估计的净赢数/赌客的全部赌资）。这样，我们得到在这种情况下的凯利判据或凯利公式的结果是$E/O=1/5$。这意味着，赌客应该每次用他全部赌资的1/5下注。

这个简单的计算方法不考虑该赌客参赌对获胜比的影响，好处是便于记忆和计算。使用这种凯利下注方式，盈利的速度比其他方法都要快。但是赌客仍然需要有大起大落的精神准备。在团队参战的黑杰克赌局中，每个人可以采用小赌注的方式减损，而单人参赌下注的时候，可以把凯利注的数目减半，这样总盈利虽不如下全凯利注那么高（大约是它的3/4），但损失的概率也小。

大概由于标题的原因，凯利的文章发表后几乎没人注意。同年，香农离开了贝尔实验室，回到MIT去做教授。到了1960年代初，MIT新来的数学讲师索普（Edward Oakley Thorp, 1932— ）在一次闲聊中对香农讲述他在玩21点时采用的算牌策略。香农把凯利的研究结果告诉了索普。索普决定利用FORTRAN语言编程，计算21点获胜的概率。此外他还有自己的算牌技术，依靠这个技术，他可以估计出剩下的牌是高分牌多还是低分牌多。索普的计算表明，利用这个方法赌客对赌场有百分之二的优势，这些都是他的"内部信息"。如果再按照凯利判据下注，不就可以放心赢钱了吗？

索普找到一个富有的职业赌客，他愿意出一万美元，到赌场测试索普的方法。两人先在雷诺（Reno）和太浩湖（Lake Tahoe）的小赌场的21点牌桌上小试牛刀。确认可行之后，他们去了拉斯维加斯，一个周末净赢一万一千美元。后来索普赢得太多，引起赌场的注意，不得不化了妆去赌。有传闻说，香农带着太太也跟索普到拉斯维加斯赌场，利用凯利判据赢了很多钱。索普和香农甚至还发明了可佩戴式计算器，以帮助他们在现场提高轮盘赌的获胜率。十几年后，各州通过法律，禁止在赌场使用计算装置。赌场在每次21点赌局之后用机器彻底洗牌，也是为了对付索普之类的记牌的赌客。索普后来利用凯利的理论管理对冲基金，斩获就更大了。

1963年，MIT校报《技术》（*The Tech*）发表专文介绍索普的工作，标题就是《索普和IBM电脑704打败黑杰克》。索普把自己的研究和实践写成一本书《打败庄家》（*Beat The Dealer*）。这本书在1966年出版，很快就卖出70万册，登上了《纽约时报》最佳书目名单。赌客们带着这本书,采用书中的算牌技术去赌21点。这样的消息,MIT的学生们怎么可能错过呢? 美国大学的费用奇高,能赢钱的机会对穷学生们来说太有吸引力了。从那时起,经常有学生开始琢磨21点,到赌场去碰运气。

一个名叫布劳恩(Julian Braun, 1929—2000)的人读到了索普的《打败庄家》,觉得非常有趣。当时布劳恩正在芝加哥的IBM研究所工作,可以使用当时最先进的计算机,他写信给索普,希望能得到索普编写的计算程序。索普爽快地把程序寄给了他。布劳恩仔细研读了程序以后,编写了自己的程序,把所有翻牌的可能都找了出来,计算每种情况可能爆牌的概率。

从前几章的知识我们已经知道,从52张牌里随机取出两张牌,共有$C_{52}^2 = 1\,326$种组合、$P_{52}^2 = 2\,652$种排列(考虑到两张牌的先后顺序)。可是在真实的黑杰克牌戏过程中,通常有多达六个人同时参加,第一个人得到一张牌以后,后面的人便不应该再考虑那张牌出现的情况了。就算是把牌戏限制在两个人,已经相当复杂。摸到第一张牌有13种可能(不考虑花色),第二张牌也近似有13种可能(忽略第一张牌的影响),所以粗略计算共有$2\,652 \times 13 \times 13 = 448\,188$手牌需要考虑。布劳恩的程序考虑到数百万种可能性,把它们列成表格,然后根据赌场牌局的规则计算赌客输赢的概率和庄家爆牌的概率(见表8.1)。

表8.1　布劳恩计算的黑杰克概率

如果庄家亮出的牌是:	赌客输(−)赢(+)的概率,%	庄家爆牌的概率,%
2	+9.8	35.30
3	+13.4	37.56
4	+18.0	40.28
5	+23.2	42.89
6	+23.9	42.08
7	+14.3	25.99
8	+5.4	23.86
9	−4.3	23.34
10	−16.9	21.43
J	−16.9	21.43

（续表）

如果庄家亮出的牌是：	赌客输(−)赢(+)的概率,%	庄家爆牌的概率,%
Q	−16.9	21.43
K	−16.9	21.43
A	−36.0	11.65

这里,我们把注意力放在庄家爆牌的概率上。将13种情况的爆牌概率做算术平均,得到28.36%。这是庄家在摸到第三张牌时爆牌的平均概率。可是黑杰克的规矩是客人先摸牌,而客人爆牌的概率跟庄家是相同的。换句话说,超过1/4(或将近1/3)的客人在摸到第三张牌时便爆牌输掉了。客人与庄家同在第三张牌时爆牌的概率是28.36%×28.36%=8.04%。但既然赌客爆牌在先,这一局牌戏按规矩已经结束,庄家即使爆牌也不算了。单单这一条规矩,就使庄家占了8%的先机。所以,赌客要想战胜庄家,必须想办法克服这8%的先天不利因素。

布劳恩分析了这些概率以后,想出一个办法:算牌。

算牌的道理很简单。21点只注意每张牌的点数,不考虑花色。每人手里一般只有两张牌,要想接近21点,两张牌的点数必须足够大,太小的没用。布劳恩的算牌方法是把不同点数的牌赋予一定的分数。比如,每张2到6点的牌都值1分,10、J、Q、K、A都值负1分(−1),7到9点的牌属于中性,值0分。每张牌出现后,记住它的分数,所有分数相加。一副牌都算进来,总分数应该是0。如果接近尾声时算牌的总分数高于0,说明小牌差不多出光了,剩下的以大牌居多,得分接近21点的可能性就增加了,赌客应该提高赌注。

布劳恩跑到内华达州的赌城雷诺,在内华达俱乐部赌场验证自己的理论。他对赌钱实际上没有兴趣,赌注都在十元以下。我们不知道他赢了多少钱,只知道一周以后,当他再次来到内华达俱乐部门口时,管理人员客客气气地对他说:"先生,我们老板说,不欢迎您再来了。"布劳恩也客客气气地跟他们告别,从此再没有踏进任何赌场的大门。

1980年,布劳恩出版了《如何赢得黑杰克》(*How to Play Winning Blackjack*)一书,一下子成为了经典。算牌的人越来越多,一些赌场改变规矩,在牌局进行当中把用过的牌放入自动洗牌机,洗牌后马上送回到"鞋"里面(赌场把放备用牌的盒子称为鞋

（shoes）。但如果职业赌客看到洗牌机都走开，赌场还是赚不到钱，所以自动洗牌机至今仍然不能普及。

1982年的一天，一位华裔学生走过MIT著名的无尽长廊（Infinite Corridor），看到一张广告："春假去打牌，净赚三百块！"这个学生名叫John Chang。从他的姓来看，这大概是一位台湾或香港人，很多姓张的都用Chang来作英文姓，但"章"也是可能的，甚至"常"也不能排除。他的中间名是Han，这对应着许多可能的中文名，如涵、汉、寒、翰，等等，我们暂且叫他张约翰吧。张约翰是个懒懒散散的学生，虽然进入了极难考入的电子工程与计算机科学系，但不知道自己将来想干什么。他连修了五六年本科生的课程，还是毕不了业。"我父母还以为我进研究生院了"，他后来回忆说。

张约翰看到的是MIT学生自发组织的21点牌社（这个牌社创建于1980年）的招人广告，校方认为不妥，张贴出来不到半天就被撕掉了。尽管如此，当张约翰赶到召集会议的房间时，已经有30多人在那里了。一个偶然的机会，MIT的学生马萨尔（J. P. Massar）在中餐馆吃饭时听到邻桌有人谈论21点游戏，听着像个专业赌徒。马萨尔也对玩牌有兴趣，就走过去自我介绍。谈论的人名叫卡普兰（Bill Kaplan），哈佛大学1977年毕业，并考入哈佛商学院。不过他选择停学一年，利用这一年时间跑到拉斯维加斯，找了几个人一块儿去赌21点，九个月里把本钱翻了35倍，这足够他读商学院的学费了。在就读商学院期间，他仍然利用业余时间带着小团队到赌场去赌21点，不过到了1980年，大伙儿都累得不行了，决定散伙。马萨尔听了卡普兰的故事，邀请他看一下MIT牌社的活动，于是众人找了一个周末，到大西洋城（Atlantic City）去打牌。1978年，新泽西州刚刚通过法律，允许在大西洋城开设赌场。从剑桥开车到大西洋城，只需一天时间。卡普兰观看了牌社成员的实战以后，建议他们不要各显神通，要使用统一的算牌方法，要有集体意识，互相沟通，还要记录所有赌局的结果。

张约翰对打牌本来不感兴趣，但为了能赚300美元，还是接受了牌社的训练。由于他记性好，很容易就通过了测试，被允许参加真枪实弹的赌博。没想到一进入大西洋赌城的赌场，张约翰突然感到兴奋异常。他发现，赢钱固然不错，但打败赌场的感觉太爽了，从此乐此不疲。这么一来，学业更加荒废了。直到入校的第十年（1985年），他才本科毕业，写了篇学士论文讨论分析21点游戏获胜的概率，并提供了一套计算概率的计算机程序。凭借这篇论文，他竟然很快就在MIT附近一家软件公司找到了程序员的工作，每周五天上班，周末继续跟黑杰克团队的学生到赌场去打21点。他总是不习惯早九晚五的职员生活，最后干脆辞去工作，以打牌为生。一开始，他的华人外表对他的帮助很大。用他的话说，在80年代的美国，两个地方华人最多：常青藤大学和赌场。不过很快他还是被赌场盯上了，必须不断地改换容貌，有几次甚至男扮女装。后来他就把主要精力花在召集组织和训练MIT黑杰克团队上面。

张约翰强调团队的纪律性，每次去赌场，每个团员必须按照事先规定的角色去打牌。角色分四种，第一种是观测员（Spotter），装成一般的赌客，不下大注，免得引人注意，给人的印象是喜欢赌牌，不计输赢，其实主要任务是算牌。第二种是控制员（Controller），通常扮成不懂牌艺的赌客，只下小注，还故意出错牌，其任务是检查观测员算的牌是否正确。牌桌上四副或六副牌混在一起，要打很长时间，其间有人进来，有人离去。观测员发现剩下的牌"变热"，也就是大牌数量积累多的时候，通知控制员。两人达成一致以后，发信号给第三、第四种角色。第三种叫"大猩猩"，他在得到信息以后上桌，只下大赌注，不论输赢，也不算牌，给人一个傻瓜大款的印象。但实际上因为观测员和控制员早已判定这张牌桌上获胜的概率大大增加，所以从统计学上说，他总会赢钱。第四种叫大玩家（Big Player），大玩家一直在牌桌附近闲逛瞎聊，有时装成喝醉的样子，似乎对打牌根本不感兴趣。但一接到信号，他便上桌，下极大的赌注，同时算牌，根据具体情况的变化随时改变战术。大玩家是团队赢钱的主力，但一旦失手，还是要损失一大笔赌资，所以心理素质很重要。

不久，在张约翰指导的牌社里，又出了一个华裔学生，是机械工程系的，叫马杰夫（Jeff Ma），主要负责扮演大玩家的角色。马杰夫极有天赋，通过复杂的训练和考试以后，第一次"出征"，一个周末就为团队拿回十万美元。他们在赌场使用假证件、假名字入住。马杰夫常用的假名叫凯文·路易斯，这是个西班牙裔的名字，比较适合黑头发黑眼睛的华裔男孩。他们在赌城过着天堂一般的生活，返回波士顿机场的时候，把一捆一捆的100美元大钞绑在身体各个部位，通过机场安检，希望不被抓住。许多人相信，马杰夫在三四年的时间里赢了几百万美元。

对这一类的活动，MIT学生有两种截然不同的看法。一种认为，这是有组织的犯罪行为，离得越远越好。另一种认为，算牌并不违法，为什么只能赌场赢赌客的钱，而赌客不能反过来赚钱？马杰夫的父母对儿子的活动有所耳闻，但问他时，总是得不到全面的回答。直到有一天，一本关于MIT黑杰克团队的书《扳倒赌场》(*Bringing Down the House*)出版，马杰夫送给父母一本，对他们说："这里边都是我的故事。其中不好的情节都是作者瞎编的。"

绝大多数黑杰克的成员很快就发现，赌博是没有前途的。他们后来大都成为企业家和实业家。马杰夫建立过好几个公司，分别被雅虎和推特收购，做过推特的数据科学与分析副总裁。他说，通过黑杰克他学会了任何时刻都能够控制自己的情绪，这对他后来在事业上的发展起了重要作用。

只有张约翰和他的女友最后还是自由职业者。他们经常使用假护照到世界各地赌场玩21点，经常被识破，受到羞辱。张约翰的记性出奇的好。2005年在一场比赛中，他在33秒内记住了混在一起的两副牌，明确无误地指出哪几张牌事先被抽出了，不在其中。很可惜，他的组织才能和超人的记忆力都没有用在适当的地方。现在他和妻子（也就是他当初玩21点的女友）已经退休了。

2008年，《扳倒赌场》被改编成故事片《决胜21点》（英文片名：*21*），其中的主角就是以马杰夫为原型的，但却是个白人。这在北美亚裔当中引起巨大反响，认为有明显的歧视倾向。马杰夫也因为参与电影制作而受到责难，他的反应是：如果我不参与，这个电影就不会开拍。至少电影开映之后，我有机会站出来告诉大众说，这个故事，本来是亚裔美国人的故事。否则谁会知道呢？这话说得挺让北美亚裔心酸。

十年以后，《疯狂亚洲富豪》（*Crazy Rich Asians*）公演，100%的亚裔演员，得到空前的成功。时代毕竟还是前进了。

本章主要参考文献

Baldwin, R. R., W. E. Cantey, H. Maisel, J. P. McDermott. The optimum strategy in Blackjack. Journal of the American Statistical Association, 1956, 51: 429−439.

Kelly, J. L. Jr. A new interpretation of information rate. The Bell System Technical Journal, 1956, July: 917−926.

Thorp, E.O. The Blackjack systems. Paper presented at the Second Annual Conference on Gambling. South Lake Tahoe, Nevada, 1975, June: 15−18.

第九章 病痛缠身的短命天才

现在让我们再回到16世纪。卡当诺活跃的年代，正是沙龙在意大利开始风行的时代。

我们这里讲的沙龙可不是做头发的那种。16世纪之前的意大利，不少学者和艺术家与王公们保持着密切的联系。他们当中的佼佼者被请到王宫里，把新知识和看法介绍给高官贵胄。一些知名学者干脆住在王爷府内，以便王爷们随时请他们过来谈天论地。谈论的范围十分广泛，从艺术到新科学发现，从宗教到哲学，有时也会针砭时事。著名艺术家们也会住在府内作画雕塑，谱曲弹琴。我们只要看看达·芬奇就行了。刚刚从师傅委罗基奥（Andrea del Verrocchio, 1435—1488）那里出道不久，26岁的达·芬奇就接受了美第奇家族的邀请，住进佛罗伦萨豪华的庄园。美第奇是15世纪至18世纪中期在欧洲拥有强大势力的名门望族。30岁的时候，达·芬奇又被米兰公爵斯福尔扎（Ludovico Maria Sforza, 1452—1508）聘请到米兰，并在那里招学徒开设工作室。达·芬奇一生的最后三年住在法国的昂布瓦斯（Amboise），他受到法国国王弗朗索瓦一世的邀请，并得到了一座城堡作为居所，就是有名的克洛·吕斯城堡（Château du Clos Lucé）。

位于意大利中部的佛罗伦萨是中世纪末期所谓文艺复兴运动的发祥地。到了15世纪末期，文艺复兴运动已经遍及整个欧洲，学者文人们要求人格独立，不再满足于仅仅利用著作和艺术来表达自己独立的观点，并开始对王公贵胄的小圈子嗤之以鼻。于是沙龙文化应运而生，而最早出现的沙龙还是在意大利。"沙龙"这个词来源于意大利语的"萨拉"（Sala），是指大庄园里招待客人的大厅。这个词变成"萨罗内"（Salone），专指谈天说地、针砭时政的沙龙。最初的沙龙是女眷们碰头会面聊天的地方，通常是闺房和卧室。后来有教养的女士们开始邀请绅士学者艺术家来参加讨论，地点就变为客厅。进入法国后，"萨罗内"变成了法语的沙龙（Salon）（如图9.1）。

随着启蒙时代（Age of Enlightenment）的来临，沙龙传遍欧洲各国，其中以法国最为流行。这时沙龙的规模已经变得很大，有点聚会的意思了，而且常常是专题讨论，题目当然是五花八门。

图9.1　18世纪巴黎著名的乔福兰夫人（Madame Geoffrin, 1699—1777）的沙龙。当时外国宾客到巴黎，都以能有幸访她举办的沙龙为荣。

话说在巴黎市中心塞纳河北岸的马莱区（Le Marais），有一座古老的广场叫做孚日广场（Place des Vosges），这是亨利四世（法语：Henri IV, 1553—1610）下令建造的，一共花了7年的时间（1605—1612），当时叫做皇家广场（Place Royale）。广场的四周被正方形的豪华公寓包围着，四个边长都是140米，中间是花园。这是亨利四世建设巴黎的宏伟计划的一部分。在那7年的时间里，他还监督建造了卢浮宫、西提岛（Île de la Cité）上的太子广场（Place Dauphine），以及通往西提岛的新桥。可是，亨利四世没能看到皇家广场的竣工。1610年，他被一个狂热的天主教徒刺杀身亡。皇家广场建成的那一年，继承亨利四世王位、年仅11岁的路易十三（Louis XIII, 1601—1643）与和他同岁的奥地利的安娜（Anne of Austria, 1601—1666）在这里举行订婚礼。为了庆祝这两个孩童的盛典，广场中心还安装了一座巨大的旋转木马。

这位安娜是西班牙哈布斯堡（Habsburg）王朝国王腓力三世（Felipe III, 1578—1621）的女儿。哈布斯堡王朝是欧洲历史上最为显赫、统治地域最广的王室之一。从鲁道夫·冯·哈布斯堡（Rudolf von Habsburg, 1218—1291）登上神圣罗马帝国的王位起,哈布斯堡王朝崭露头角并逐渐强大。在其最为显赫的时期,它的君主、神圣罗马帝国皇帝查理五世(英语:Charles V;德语:Karl V, 1500—1558)一人身兼数不清的头衔,其中包括西班牙国王卡洛斯一世、罗马人民的国王卡尔五世、奥地利大公卡尔一世、卡斯蒂利亚-莱昂(Castile and León)国王卡洛斯一世、西西里国王卡洛二世、那不勒斯国王卡洛四世、低地国家(荷兰、比利时、卢森堡以及今天的法国北部)至高无上的君主,等等。他一手创建了西班牙"日不落帝国",国土从欧洲扩展到美洲。16世纪中叶查理五世退位以后,哈布斯堡家族分为奥地利与西班牙两个分支,前者占据神圣罗马帝国的帝位,称奥地利哈布斯堡皇朝,后者则为西班牙国王,统治西班牙、西属尼德兰(今天的比利时、卢森堡,以及法国和德国的北部)、意大利南部的那不勒斯王国、撒丁王国(Kingdom of Sardinia)以及美洲新世界的广袤领土,称西班牙哈布斯堡王朝。但由于多代近支联姻,在累代基因缺陷的影响下,王位继承人不断出现身心健康问题。西班牙和奥地利分支分别在1700年和1740年相继断绝男嗣。

法国是哈布斯堡王朝的宿敌。在哈布斯堡家族日渐衰落的时候,年轻的路易十三在枢密院主任大臣、著名的"红衣大主教"黎塞留(Cardinal Richelieu, 1585—1642)的协助下把法国变成了一个君主专制国家,并开始向美洲、非洲和亚洲扩张。路易十三和黎塞留为艺术家们提供了很多素材,产生了不少有名的故事,包括《三个火枪手》和《铁面人》。有人说,这个神秘的铁面人是路易十三的私生子,也有人说他是路易十三的儿子路易十四的孪生兄弟。

1619年,一位名叫马兰·梅森(Marin Mersenne, 1588—1648)的米尼玛派(Minim)天主教教士住进了皇家广场的一栋公寓。作为天主教教士,梅森一直对自然科学和数学表现出极大的兴趣。巴黎的知识阶层对他自然有很大的吸引力,不过在巴黎的最初几年,他的主要精力似乎是在研究《圣经》上面。从1623年到1625年,梅森连续发表了三部上千页的鸿篇巨著,详细分析《圣经·创世纪》中前六章的内容,不过经常跑题进入科学和哲学的领域,同时对无神论和其他宗教教派进行激烈的批判和攻击。他的这些创作活动很可能受到天主教会的资助,不然的话,他怎么能支付得起豪华公寓的费用呢? 他的观点也颇有意思。他把自然界的事物分成两部分,一部分只有上帝知道,另一部分是人可以通过观测知道。他不同意世界全然不可知的观点,赞成人类的知识可通过实验和观测自由地发展。从1626年起,他把注意力完全集中在数学和科学上,态度也逐渐趋于平和,这大概跟他与巴黎知识精英阶层的交往日益频繁和深入有关。梅森变成了伽利略(Galileo Galilei, 1564—1642)和笛卡尔(René Descartes, 1596—1650)的坚定支持者。

几年以后(1636年),梅森成立了巴黎科学院(Académie Parisienne)。这实际上是一个沙龙。梅森显示出超人的组织能力,他从来不怕争论,相反,他鼓励争论,因为他认为争论是辨明真理的最有效的方式。他不断地给加入沙龙的人们提供学术上的挑战,把沙龙办得生气勃勃。在最兴旺的时候,有140多名领衔的数学家和科学家经常在这里交流研究心得。这些人里,包括业余数学爱好者艾蒂安·帕斯卡(Étienne Pascal, 1588—1651),皮埃尔·费马(Pierre de Fermat, 1601—1665),米多日(Claude Mydorge, 1585—1647)和专业数学家罗贝瓦尔(Gile de Roberval, 1602—1675)。这个私人组织后来演变成为官方的法国科学院。

1639年的一天,梅森收到一份手稿。手稿讨论的是一个几何光学问题,这在当时是许多数学家都感兴趣的。这篇手稿指出,在任意一条圆锥曲线(圆、椭圆、抛物线、双曲线等等)之内作一个任意的内接六边形,那么该六边形

▼ 故事外的故事

梅森对音乐理论做过深入的研究。通过对音符的分析,他讨论了排列组合中四种基本运算中的三种:无重复的排列,有重复的排列,无重复的组合。下图是梅森列出的四个音符的24种排列。

梅森在他的著作中印出一系列音符排列数目的表格,最多达到64个音符,也就是64!种排列。这是一个90位的大数,是当时最大的排列数字。不过他的表格里有不少错误。

图9.2 布莱斯·帕斯卡肖像。作者：弗朗索瓦二世·凯内尔（François II Quesnel, 1637—1699）。

的三条对边的延长线的交点共线。这是射影几何中的一个重要定理。我们在代数、几何的讨论中知道，这些圆锥曲线都具有某种聚焦的光学性质。梅森看不大懂手稿，但作者的名字引起了他的注意：布莱斯·帕斯卡（Blaise Pascal, 1623—1662）（图9.2）。这不是艾蒂安·帕斯卡的儿子吗？艾蒂安经常带他到沙龙来，可是，他才多大呀？也就十五六岁吧？梅森把手稿拿给好朋友笛卡尔看，笛卡尔看了以后大吃一惊。沉思许久之后，笛卡尔说："这手稿不可能是布莱斯写的，一定是他爸爸搞的鬼！"艾蒂安·帕斯卡确定这是儿子的独立作品以后，笛卡尔仍然不能相信。他说："当爸爸的把这个问题给了儿子，他能解出来，这也不奇怪。但我不相信一个16岁的孩子能独自想出这类问题来。"

艾蒂安出身于一个所谓"长袍贵族"的家庭，他的父亲曾经是法国国库的司库。这类家族不同于公爵、伯爵之类的血缘贵族，他们是依靠在法律或政治上对国家的贡献而晋升的。类似于长袍贵族还有刀剑贵族，那是靠打仗赢得的。这类贵族可以继承前辈的政府职位，生活自然也相当富裕。艾蒂安在巴黎得到律师资格之后，回到老家克莱蒙（Clermont），买了一个参赞的官衔，负责奥佛涅（Auvergne）地区的税务事务。布莱斯3岁的时候，艾蒂安失去了妻子。布莱斯具有超常的智力，但总是病病殃殃，于是父亲艾蒂安决定自己培养这个孩子。当时的法国，长袍贵族的官职是可以出卖的。艾蒂安卖掉了克莱蒙法庭助理主席的位子，把得到的一大笔钱全部购买了国债券，依靠国债券的收入过着相对舒适的生活。他自己对数学非常感兴趣，便举家搬到巴黎，一边做研究，一边照顾教育儿子，日子过得津津有味。可是，始于1517年的马丁·路德宗教改革运动使欧洲分裂为天主教和新教两大阵营，形同水火，互不相容。1618年，双方展开全面的战争，为时30年，史称三十年战争，给欧洲带来重大的灾难。1635

年,法国站到了新教阵营一边,公开向西班牙宣战。而法国的经济状况越来越糟,赤字猛增,以至于1638年黎塞留大主教宣布增税同时将国债违约。

艾蒂安的收入一下子缩水90%,这给帕斯卡家庭带来重大灾难。艾蒂安因公开站出来反对黎塞留的经济政策而受到威胁,只身逃出巴黎,把布莱斯和他的姐姐妹妹托付给邻居。同年,法国的农民、贫穷市民和下层神父在各处造反,自称"赤脚人"(法语:Va–Nu–Pieds)。在诺曼底(Normandie),赤脚人控制了整个地区,他们焚毁富人府邸,废除税收,甚至处决了收税官。暴乱过去以后,艾蒂安被派往诺曼底的首府鲁昂(Rouen)担任税务官,收拾烂摊子,他的三个孩子不久也就去了鲁昂。艾蒂安整天被淹没在无穷无尽的账目里,不断地加减乘除,他恨死了这个职位。当时不到19岁的布莱斯看到父亲的辛劳,便动起脑筋来,不久,他设计制造出历史上第一部机械计算机。

从20岁起到30岁,布莱斯·帕斯卡的主要目标是科学。他证明了真空的存在,并设计了测量大气气压的实验,可是自己身体太差,无法实行。后来他说服了姐夫,按照自己的指导在克莱蒙城里和附近的山顶上测量了大气的压强随海拔高度的变化,证明地球的大气层是有重量的,而且厚度是有限的。从此布莱斯的名字成为压强的国际制单位(Pascal)。

在布莱斯·帕斯卡31岁的时候(1654年),梅森沙龙的一位朋友带着两个问题来寻求帮助。龚伯(Antoine Gombaud, 1607—1684)自号"梅耶的骑士"(Chevalier de Méré)是一位作家,写作之余,他也研习数学。不过对他来说,搞懂骰子的数学问题跟利用骰子赢钱具有同等重要性。他分析了投骰子的数学问题,设计了自己的游戏,可总是输多赢少,于是他同时求教于布莱斯和费马。

第一个问题与赌博直接相关。在一种17世纪法国的赌博游戏里,每人丢四次骰子,如果得到一个1点,那么就算赢了。梅耶的骑士想出另一种赌法:同时丢两个骰子,得到两个1点(双1)的算赢。他是这么盘算的:既然每个骰子出现一个1的概率是1/6,那么两个骰子连续丢两次,出现双1的概率也是1/6,因为把两个骰子丢六次,每个骰子都有一次机会得到1点。而四六二十四,那么,把两个骰子丢24次,就应该肯定可以得到双1了。可是,在这种游戏中他总是输。为什么?

梅耶的骑士的第二个问题要复杂多了。政客、贵族等要人玩赌博游戏的时候,经常被重要事情所打断。赌戏中断,赌注很大,不能丢下了事。梅耶的骑士问,如果两个赌客在一场赌博中半途中断,两个人放在一起的赌注应该怎么分呢?

这个问题其实由来已久。塔塔利亚和卡当诺都曾经试图解决,但都失败了。

布莱斯比费马小22岁,但两个人是忘年交。他们俩一个住在克莱蒙,另一个住在图卢兹(Toulouse),相距很远。不能参加沙龙聚会的时候,两个人就靠书信来往,他们的书信后来构成了概率论发展的重要基础。费马对布莱斯的评价极高,在一封给朋友的信里,费马是这么评价布莱斯的:

> "我非常高兴自己能够和帕斯卡先生有相同的想法。我对他的天才极为欣赏,相信他能解决任何数学问题。他的友谊对我来说既亲切又珍贵……"

尽管只能在业余时间研究数学,费马是当时最有名的数学家。他经常把自己的发现寄给同好,但不提供证明。后人发现,他的结果有些可以证明,有些无法证明。费马的很多猜想让后人费尽了脑汁。

1654年7月28日,布莱斯收到费马的来信,其中包含了他对这两个问题的解答。

对第一个问题,费马的分析大致是这样的:每个骰子有六个面,投四次一共有6^4种可能的结果。每投一次的6种可能性当中,有5种肯定不是1点,那么所有的没有1点的可能性是$(6-1)^4 = 5^4$。因此得到至少一个1点的概率是$\frac{6^4 - 5^4}{6^4} = \frac{671}{1\,296} \approx 0.517\,7$。这个概率大于不赢不输的概率0.5,所以在丢很多次骰子以后,应该是赢钱的。

改成使用两个骰子以后,每次同时投出两个骰子,一共有$6^2 = 36$种可能,其中只有一个是双1。类似于前面的分析,连投24次,一共有36^{24}种可能,其中35^{24}种不含有双1。所以,得到双1的概率就是$\frac{36^{24} - 35^{24}}{36^{24}} \approx 0.491\,4$。这个概率小于0.5,所以,梅耶的骑士当然是输多赢少。

对于梅耶的骑士的第二个问题,费马的思路是把赌博停止后可能发生的所有情况用排列组合分析都列出来,然后按照每个情况的后果来决定赌注的分配。比如,甲和乙一开始放入相等的赌注,他们赌看谁首先赢得三个点。在甲赢了一个点、乙赢了两个点的时候,他们必须中止这个游戏。那么他们的赌注应该怎么分?显然,乙应该得到比甲要多的赌注。可是,多多少呢?

如果还有两投就可以结束这场赌博,那么就有4种可能性:

1. 乙赢得这两投。

2. 乙赢得第一投,甲赢得第二投。

3. 甲赢得第一投,乙赢得第二投。

4. 甲赢得这两投。

在前3种情况下,乙是最终获胜者。对于第1和第2种情况,甲已经没有必要再投了。只有第4种情况甲可以赢。也就是说,乙有3/4获胜的概率,而甲只有1/4。如果游戏的规则是赢者把赌注全拿走,那么两人赌注的公平的分配应该就按照他们获胜的概率,乙得到3/4的赌注,甲得到1/4的赌注。

把上面的分析思路扩展到一般情况,如果乙方和甲方分别需要投 r 次和 s 次最终获胜,那么两个人最多一共还需要投 $r+s-1$ 次肯定就可以结束这场赌博了。两个人投骰子,一共有 2^{r+s-1} 种可能的结果。当然在很多情况下,赌博可能不到 $r+s-1$ 次就结束了,但是在分析时需要把所有可能性都考虑进去,而且每种可能性都具有同样的发生概率。费马说,把 2^{r+s-1} 种可能的结果列成表格,计算出两个对手获胜概率的比例,就可以按比例分配赌注了。

布莱斯·帕斯卡同意费马的结论。上面的例子中,只要这个游戏是公正的,甲和乙赢得下一投的可能性应该是相等的。如果乙赢得下一投,他就赢了整个赌局,也得到所有的赌注。所以,在中断的地方乙应该得到一半的赌注。但如果甲赢得了下一投,他和乙就平了,他可以和乙平分赌注。所以,乙应该得到3/4的赌注。然而布莱斯不满足于费马的分析方法。那个方法,当 $r+s-1$ 很大的时候,列表计算在当时几乎是不可能的。他发现,采用递归原理,可以把分析延展到还有三投、四投以至无限投的情况。

于是在1654年7月29日,也就是收到费马来信的第二天,布莱斯给费马写了一封很长的信。他在信的开头说:

"您的方法是正确的,也是我最先想到的解决问题的途径,但寻找所有不同结果组合的工作量太大了。我找到了一个捷径,一个不同的方法。这个方法简洁明了,请让我简明地描述给您。"

布莱斯的思路大致是这样的:

让我们假定在赌局中止的时候，乙方得到的点数至少跟甲方一样多。对 $r+s-1=1$，显然乙方和甲方在赌局中止的地方两人都只需要一投便可得胜，那么他们两人应该得到的赌注是一样的。对 $r+s-1=2$，甲方需要比乙方多投一次才能得胜。按照前面的分析，我们考虑两人各投两次的 $2^2=4$ 种可能性：

1. 乙赢得这两投；记作乙 ^{2}。

2. 乙赢得第一投，甲赢得第二投；记作乙 × 甲。

3. 甲赢得第一投，乙赢得第二投；记作甲 × 乙。

4. 甲赢得这两投；记作甲 ^{2}。

其中第2、第3种可能性，不论哪一种先出现，结果是一样的，所以总的结果可以表示为：乙 $^2+2×$ 乙 × 甲 + 甲 ^{2}。在这4种情况里，乙获胜的机会占了3个。

现在再看 $r+s-1=3$ 的问题，这时甲和乙各需再投三次，所有的 $2^3=8$ 种可能性如下：

1. 乙赢得三投；记作乙 ^{3}。

2. 乙赢得前两投，甲赢得第三投；记作乙 $^2×$ 甲。

3. 乙赢得第一投，甲赢得第二投，乙赢得第三投；记作乙 × 甲 × 乙。

4. 甲赢得第一投，乙赢得第二第三投；记作甲 × 乙 ^{2}。

5. 乙赢得第一投，甲赢得第二第三投；记作乙 × 甲 ^{2}。

6. 甲赢得前两投，乙赢得第三投；记作甲 $^2×$ 乙。

7. 甲赢得第一投，乙赢得第二投，甲赢得第三投；记作甲 × 乙 × 甲。

8. 甲赢得三投；记作甲 ^{3}。

在这8种可能性当中，第2、3、4种是等价的，第5、6、7种也是等价的。所有的可能性可以放在一起，表达成：乙 $^3+3×$ 乙 $^2×$ 甲 $+3×$ 乙 × 甲 $^2+$ 甲 ^{3}。如果中止的时候，甲乙得分相同，那么，甲和乙各有4种获胜的可能性。他们需要平分赌注。可是如果中止的时候乙已经领先甲两投了，那么，乙应该得到 $1+3+3=7$ 份赌注，而甲只能得到1份。换句话说，乙应该得到7/8，甲得到1/8。

这样的分析可以一直继续下去，于是布莱斯得到一张著名的图（图9.3）。在这张图里，左边的纵列和上面的横排的编号都是从1到10，对应的是甲方和乙方在赌局中断时还需要投掷骰子的次数。左边第二纵列都是1，上面第二横排也都是1。用斜线把纵列与横排相同编号的格子连接起来，这个三角形看着是不是有点眼熟？

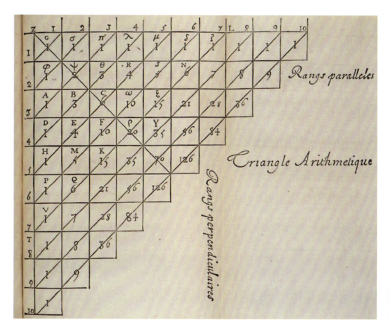

图9.3　帕斯卡手稿
中的三角形。

对了！这正是宾伽罗的"山形图"和贾宪三角形，只不过三角形转了45°而已。布莱斯第一次明确地指出，对于任何只有正、反两个结局（比如赢或输）的问题，如果赢的理论概率值是p，那么输的概率就是$1-p$。在n次相互之间毫无关联的重复过程中，就会出现2^n种可能的结果，其中

赢得n次的概率是p^n；

赢得$n-1$次的概率是$\binom{1}{n} p^{n-1}(1-p)$；

赢得$n-2$次的概率是$\binom{2}{n} p^{n-2}(1-p)^2$；

……

赢得$n-k$次的概率是$\binom{k}{n} p^{n-k}(1-p)^k$；

……

赢得2次的概率是$\binom{n-2}{n} p^2(1-p)^{n-2}$；

赢得1次的概率是$\binom{n-1}{n} p^1(1-p)^{n-1}$；

赢得0次的概率是$(1-p)^n$。

因为 $\binom{n}{n} = \binom{0}{n} = 1$，$p^0 = (1-p)^0 = 1$，上面列出的所有表达式可以用一个统一的式子来表达，就是

$$\binom{k}{n} p^{n-k} (1-p)^k。 \tag{9.1}$$

这是在 n 次游戏中获得 k 次胜利的概率，其中 $k = 0, 1, 2, \cdots, n$。对于概率"对称"的游戏，也就是胜负概率相等的游戏来说，$p = 1-p = 1/2$，表达式（9.1）就简单地变成了 $\binom{k}{n} \left(\dfrac{1}{2}\right)^n$。

到了这里，读者不妨自己证实一下：如果甲方和乙方在赌局中止时还需要各投 5 次才能决出胜负，而且乙还需两投即可赢得整个游戏，而甲还需四投，那么在分赌注的时候，乙应该得到 1+5+10+10 份，甲得到 5+1 份；也就是说，乙分得的赌注应该占总赌注的 13/16，而甲占 3/16。提示：甲方赢就意味着乙方输，所以整个问题只需要考虑乙方（或者甲方）。另外，这个问题对应 $r+s-1=5$。如果 $r=s=3$，那么在赌局中止时，甲和乙可能拥有相同的点数，在那种情况下二人就平分赌注。我们这里感兴趣的是 $r=4$，$s=2$ 的情况。

布莱斯和费马的信件没能完全保留下来。不过有理由相信，布莱斯首先给费马写信，提出梅耶的骑士的赌客问题。布莱斯能够在接到费马来信的第二天就长篇大论地在回信里讨论如此复杂的问题说明，他对这个问题已经思考很久了。

32 岁的时候（1655 年），布莱斯完成了《算法三角形的性征》(Traits of the Arithmetical Triangle)。这个三角形虽然就是我们在前面提到的"山形图"和贾宪三角形，但帕斯卡第一次全面系统地分析了这个三角形的十几种特征，并明确指出它同 n 阶二项式和重复 n 次具有两种结果的随机事件发生规律之间的关系。这是古典概率的理论基础。所以在欧洲，这个三角形被称为帕斯卡三角形。

布莱斯从小接受父亲的教育，从未接受过学校的系统教育，但他处理数学问题的方式却是划时代的，对数学发展的影响十分重要。他从小就身体羸弱，病不离身。他姐姐说，布莱斯从 18 岁以后没有一天没有病痛，后来连固体食物都不能下咽，只能靠别人喂流食，生活完全依赖于父亲、姐姐和妹妹。1651 年，他的父亲去世了，姐姐早已嫁人，照顾布莱斯的重任就落在妹妹杰奎琳（Jacqueline）瘦弱的肩膀上。1653 年夏

天,杰奎琳决定进入修道院当修女,布莱斯突然发现自己形只影单,无法生活。肉体的痛苦让他无法再进行数学和科学上的研究,他勉强支撑着,完成了《算法三角形的性征》。但这本著作直到1665年才付诸于世。

1656年,帕斯卡给费马提出了自己的最后一个数学挑战。问题是这样的:

甲乙两位赌客同时投三枚骰子,甲投出11点可得1分,乙投出14点可得1分。只有在对手没有投出他的得分点数,而自己投出得分点数时才能增加一分;而当对手投出他的得分点数时,自己则要减1分。先得到12分者为赢。两个人获胜的概率各是多少?

布莱斯在信里说,这个问题非常复杂,他怀疑费马是否有能力解决。

这确实是一个相当复杂的问题。首先用三枚"公正"的骰子投出11点和14点的概率不同。从卡当诺的时代起,人们就知道,使用三枚骰子投得11点和14点的概率不一样。根据表6.2,得到11点的概率是27/216。读者如果有兴趣可以按照表6.2的思路算一下得到14点的概率,它应该是15/216。因此,投出11点与14点的相对概率是27比15,也就是9比5。再往下进行,计算就很复杂了。但费马毕竟是费马,他给布莱斯的回复说,甲对乙最终获胜的概率应该在1 156比1和1 157比1之间。

布莱斯的计算结果是惊人的,他说准确地讲,二人获胜的概率比值应该是150,094,635,296,999,121比129,746,337,890,625,这个比值相当于1 156.831 381 42…比1。这说明两个人的结果相符,但他们都没有给出任何分析的细节,这让后来的数学家们伤透了脑筋。英国统计学者爱德华兹(A.W.F. Edwards, 1935—)专门著文揣测布莱斯和费马采用的解决方法,结论是,帕斯卡那两个巨大的数字的比值其实很简单。也就是说,每一次投骰子,得到11点和14点的概率之比是27/216比15/216,亦即9/5。显然,每次投骰子,甲得到11点的概率比乙得到14点的概率要大将近一倍。而在最简单的情况下,两位赌客各投12次骰子(甲每次都赢,因为他获胜的概率高),游戏便可见分晓。这对应着两人获胜的概率比为27/216比15/216的12次方。帕斯卡在计算时削去了两边分母的216,却没有把27/15简化成9/5,于是得到 $\left(\dfrac{27}{15}\right)^{12} = \dfrac{150,094,635,296,999,121}{129,746,337,890,625}$,简化后的解应该是 $\dfrac{282,429,536,481}{244,140,625}$。至于具体方法,爱德华兹猜测,帕斯卡根据自己的神奇三角逐步计算概率,然后用他熟悉的数学方法求解一个含有25个方程的方程组,得到最终的结果。而费马是根据概率的基本概念从逻辑上导出他的结果。此外，帕斯卡的方法可以应用到任何类似的概率问题上，费马的方法则仅限于这个问题本身。

布莱斯·帕斯卡的数学生涯仅有七八年的时间，宛若昙花，陡然怒放，之后迅速凋零，直至枯萎，但他短暂的人生给后人留下了无价的遗产。别的发现暂且不提，帕斯卡三角形到今天仍然是人们研究的对象。

本章主要参考文献

Edwards, A. W. F. Pascal's Arithmetical Triangle: The story of a mathematical idea. New York: Dover Publications, Inc., 2019: 202.

Edwards, A. W. F. Pascal's Problem: The "Gambler's Ruin". International Statistical Review, 1983, 51: 73−79.

第十章　无法完成的名著

疾病缠身的布莱斯·帕斯卡在1654年11月23日夜里做了一个梦,里面充满了神秘的迹象。他马上起身记录下梦境,之后便潜心修习神学,一代数学天才从此逐渐凋零。

帕斯卡神秘之梦之后不到两个月,一个男婴出生在瑞士巴塞尔(Basel)一个富有的香料商人的家里。雅各布·伯努利(Jakob Bernoulli, 1654—1705)(图10.1)是家里的老大。对于他的童年时代我们几乎一无所知,很可能,他是个平凡的孩子。长大以后,他顺从父亲的愿望,进入巴塞尔大学修习神学和哲学,准备成为神职人员。可是在大学里,他意外地发现了数学和天文学。这些知识让他着迷,于是就瞒着父母选修这些课程。22岁的时候(1676年),雅各布获得了神学执照,可以做牧师了。可是这一次,他公然违抗了父亲的意愿,坚决不继续神学,可以想象他的父母是多么的震惊和失望。

此后,他花了六年时间在欧洲各国漫游,结识科学和数学领域的名人,学习新发现。他先到意大利的热那亚(Genoa),在那里为人补习功课;然后到法国,追从法国笛卡尔派数学家马勒勃朗士(Nicolas Malebranche, 1638—1715);再转到尼德兰,跟数学家胡德(Johannes van Waveren Hudde, 1628—1704)学习;最后到英国,结识了波伊尔(Robert Boyle, 1627—1691)和胡克(Robert Hooke, 1635—1703)。从此,他一直跟这些人保持联系。28岁的时候,他在巴塞尔大学得

图10.1　雅各布·伯努利。这幅画像是雅各布的弟弟尼古拉(Nicolaus Bernoulli, 1662—1716)在1686年完成的。当时雅各布31岁。

到一个教授固体和流体力学的教席，同时攻读博士学位。待到博士论文付印，他已经三十二三岁了。

在此期间，雅各布仔细研习了许多当时前沿数学家的工作，其中包括笛卡尔的《几何学》，沃利斯（John Wallis, 1616—1703）和巴罗（Isaac Barrow, 1630—1677）关于微积分的早期思想。他对这些领域都非常感兴趣，打算深入研究。可是在1682年，他访问莱顿（Leiden）的时候，在书店里买到一部荷兰数学家舒腾（Frans van Schooten, 1615—1660）的著作。这本书主要讨论笛卡尔几何学，但在书末的附录里放了一篇《关于赌博游戏的计算》（拉丁文：De Ratiociniis in Ludo Aleae）。这是舒腾的学生惠更斯（Christiaan Huygens, 1629—1695）用荷兰文写的论文，由老师翻译成拉丁文。这篇仅仅14页的论文，提出一系列命题，建立了一些简单的规则，用来计算博弈游戏中所谓的"期望值"。所谓期望值是按照游戏的概率分布可能赢得的平均数，它是所有可能的回报与对应于该回报的概率的乘积的总和。举个简单例子。设想一个骰子游戏，如果你投出1点就赢一块钱，投出两点赢两块钱，等等，以此类推。每一投的概率都是1/6，那么这个游戏的期望值就是

$$E = \frac{1}{6} \times (1\,元) + \frac{1}{6} \times (2\,元) + \frac{1}{6} \times (3\,元) + \frac{1}{6} \times (4\,元) + \frac{1}{6} \times (5\,元) + \frac{1}{6} \times (6\,元) = \frac{21}{6}\,元 = 3.5\,元.$$

一般来说，在你下赌注之前，必须先计算一下你的期望值。假设庄家要求的价码是3元钱投一次，由于平均来说每投一次可能得到3.5元的回报，那么这个游戏就有赢的可能。如果庄家要4元钱，你就不必参加了。这是个很有用的参数，我们在后面还会用到它。

惠更斯在书的结尾处还列出五个深具挑战性的习题。雅各布读了以后，兴奋异常，马上把兴趣转到这方面来了。

在五个挑战性习题里，惠更斯占用了相当的篇幅专门讨论布莱斯·帕斯卡给费马提出的最后一个挑战。不过在解决这个问题的时候，他把游戏的规则稍微改变了一下，让甲乙两人从拥有相等的12分开局，投出赢分点数的一方从另一方的12分里夺得1分，输光所有12分者出局。这就是后来有名的"赌客破产问题"（Gambler's ruin）。惠更斯给出了问题的答案，但却让读者自己去寻找解决途径。他的答案是

282,429,536,481 比 244,140,625。这个比值正是上一章里面帕斯卡的比值经过化简之后的结果。

自从决定投身于科学开始，雅各布就开始记日记，不过他所记的不是日常琐事，而是对科学问题的思考、证明和推论，这些"日记"在他身后才得以《冥想集》（拉丁文：Meditationes）的名字出版。从《冥想集》我们知道，正当大多数的数学家殚精竭虑地解决具有精确定义的数学问题时，雅各布却对含有大量生活中充满不确定因素的问题深感兴趣，并努力想把这些问题用数学方法表达出来，加以解决。我们这里只举一个例子：婚约。如果将来新婚夫妇二人的父母之一去世，双方应该如何分配留下的遗产？这是婚约中很关键的内容，但也是最难以解决的问题。

如果假定新婚夫妇和他们的父母有相同的死亡可能性，这显然是不合理的。常识告诉我们，新郎和新娘通常比他们的父母离开这个世界的时间要晚一些。雅各布试图引入一个描述疾病的变量，考虑哪种疾病更可能造成谁的死亡，但他对这种处理方法满怀疑虑。最后，他无奈地说："不可能用定义变量的办法给出通解。"他意识到，对意外死亡作任何假定都是没有根据的，更不可能用科学的方法准确地计算出来。他说，对于这类"社会与道德"的问题，未来的真正状态永远不可能被精确地确定，只能限定在某种可能的范围内；不可能依靠理论"先验地"（a priori）确定，而只能从已经产生的结果反推回去，也就是说"后验地"（a posteriori）来确定。而"后验"就意味着要对大量类似的情况事先做出观察、统计和归纳，之后才能做出估计性的推论。

《冥想集》里的第77条冥想是雅各布在1685年到1686年之间得到的。研究数学史的人把它看成是现代概率统计论诞生的标志。

雅各布还考虑了许多其他问题，比如，一年之内在一个城市里会有多少婴儿出生，多少人去世？某种传染病重新泛滥的机会有多少？法庭里证人作证词的可信性是否可以根据该证人以前的对证记录来估判？他还指出，保险契约、选举、测量、失踪人口、农作物未来收成的预测、拘留待审问题、药物的有效性等等，都可以通过类似的分析方法来解决。直到20世纪之前，这类问题只有极少数得到了解决，可是这些问题都在他的《冥想集》里提出了解决的建议。从这个意义上，可以说雅各布的想法比他的时代至少超前了两个世纪。

不久之后，雅各布在笔记本的第77条"冥想"的空白处加了一句话："的确，我的观察点越多，我预测的偏差就越小。我把证明放在附录里了。"

进行理论证明之前，他初始的大致思路是这样的：假设有一种赌法，比如投硬币，赢的理论概率值是1/2。我们想考察一下，在什么情况下能够达到赢的概率超过2/3，输的概率少于1/3。换句话说，在0.5±0.167的概率范围以外的概率是如何随着赌局的次数增加而变化的？这里，让我们把1/3到2/3这个范围叫做"允许概率范围"。雅各布计算把游戏重复3次、6次、9次、12次以后获胜的概率值，想看看对应于允许概率范围内的获胜率，也就是赢得赌局的实际概率值是如何变化的，跟理论概率值是什么关系。

如果连赌3次（$n=3$），那么就有$2^3=8$种可能的结果。根据公式（9.1），3局全胜的概率是$\binom{3}{3}\left(\dfrac{1}{2}\right)^3=\dfrac{1}{8}$。同理，3局全输的概率也是$\dfrac{1}{8}$。这两种情况都在考虑的概率范围$[1/3,2/3]$之外。高于2/3的情况属于概率区间$[7/8,1]=[0.875,1]$，低于1/3的情况属于概率区间$[0,1/8]=[0,0.125]$。对应于给定的允许概率范围，实际获胜率的区间是$[0.125,0.875]$。

对于$n=6$，总共有$2^6=64$种可能的结果。获胜率高于2/3的情况有两类：6局里面赢5局（一共有$\binom{5}{6}=6$种可能）和全赢（1种可能），总共7种可能。也就是说，高于2/3的赢的概率在$\left(1-\dfrac{7}{64}\right)\approx0.891$和1之间；其概率区间为$[0.891,1]$。获胜率小于1/3的情况也有两类：6局里面输5局（一共有$\binom{1}{6}=6$种可能）和全输（1种可能），总共也是7种可能，所以获胜率低于1/3的概率区间是$[0,0.109]$。对应于给定的允许概率范围，实际获胜率的区间是$[0.109,0.891]$。同$n=3$的情况相比，处于允许概率$[1/3,2/3]$之内的实际获胜率范围从0.75增加到了0.782。

对于$n=12$，按照类似的分析，获胜率高于2/3的情况有4类：12局里赢9局、10局、11局和12局。获胜率小于1/3的情况也有四类：赢3局、2局、1局，全输。读者可以自己验证，获胜率高于2/3的概率区间是$[0.927,1]$，而获胜率低于1/3的概率区间是$[0,0.073]$。对应于给定的允许概率范围，实际获胜率的区间是$[0.073,0.927]$。处于允许概率$[1/3,2/3]$之内的获胜率范围现在达到了0.854。

我们在图10.2中把这些结果直观地表达出来。给定一个允许概率的变化范围，随着赌局数目n的增加，获胜率的范围也随之增加。反过来看，对于一个确定的获胜率范围来说，是否可以说，只要n足够大，允许概率范围就可以足够小呢？换句话说，对一个任意给定的理论概率值p_t，是否能找到足够大的n，使得获胜率处在概率区间

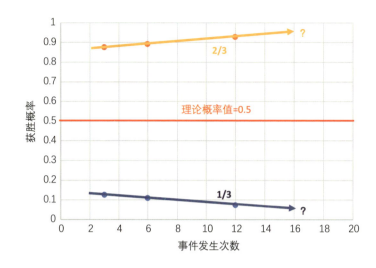

图10.2　雅各布的简单计算结果。随着赌局数量(事件发生)的增加,界定在1/3和2/3之间的概率范围(也就是橘黄和深蓝两条线之间的范围)随之增加。

$[p_t-\varepsilon,p_t+\varepsilon]$内呢? 如果答案是肯定的,那么我们就可以用大量的重复次数来确定理论概率值,这里 ε 是一个很小的正数,而且当n趋于无穷大时,ε 趋于0。

　　雅各布在第77条"冥想"的空白处所做的"证明",就是著名的"伯努利大数定律"。这是个描述大量重复同一个随机过程的结果的定律。根据这个定律,一个随机过程重复次数越多,其结果的算术平均值就越接近于这个过程的理论概率值。

　　这个定律非常重要,因为它阐明,很多随机事件的平均值具有长期稳定性。比如我们在第一章里看到的,向上抛一枚硬币,每一次硬币落下,哪一面朝上是无法预测的。但当我们抛硬币的次数达到几千次、上万次甚至几十万次以后,我们就会发现,硬币出现两个面的次数越来越接近于相等,大约占总次数的二分之一。换句话说,虽然每次抛硬币的结果看上去是偶然的,但我们可以确定,两个面朝上的平均概率相等。在第一章的图1.4里,我们可以明确地看到,大量抛同一枚硬币的概率的趋势逼近于0.5,抛的次数越多,距离0.5就越近。

　　雅各布在《冥想集》附录里的证明,用细小的字体写满了整整6页纸。他考虑一个装满小球的罐子,小球的大小相同,但是被漆成红、黑两种颜色,红色球有r个,黑色球有b个,蒙上眼睛从罐子里每次取一个球出来。从前面几章的讨论我们知道,取得红色球的理论概率值是 $p=\dfrac{r}{r+b}$。如果红色和黑色小球的数目一样多,即r=b,那么p=0.5。如果不断地从罐子里取出小球来,取尽之后,把所有小球装回罐子再取,这样重复n遍,也就是说,一共取N=n×(r+b)次小球,在n变得非常大的时候,取到红色小球的机会是怎样的呢？

在严重缺乏高等数学理论的17世纪，要解决这个问题是相当困难的，因为这里面牵涉不少没有上限的无穷数列：n个元素的数列在n趋于无穷大的时候，对应于n的元素的值也趋于无穷大。雅各布需要分析这样的数列的比值才能得到对概率的估计，然而他做到了，但是过程非常复杂。

完成证明以后，他写道："我对这个发现感到非常自豪。即使假如我能发现化圆为方的方法，也不会如此骄傲，因为我这个发现有用多了。"

化圆为方是古希腊三大几何难题之一，具体故事在《几何与代数卷》里讲。

雅各布的证明在1687年到1689年之间就已经完成了。他计划写一本书，连书名都想好了，叫《猜度术》（拉丁文：Ars Conjectandi；英文：The Art of Conjecture）。他甚至给自己的分析过程取了一个极富哲学思辨底蕴的名字：随机过程。"随机"（英文：stochastic）这个词来自古希腊著名哲学家柏拉图（Plato，公元前约427—公元前347）的《斐莱布篇》（Philebus）。其中有一段话，希腊文原文的大意是：

如果把计算、测量、测重从任何艺术中抽走，那么所剩下的就很有限了……所剩下的要靠实践经验的猜测和对感觉的改进，采用某种技艺击中目标（στοχαστική）：许多人认为这本身也是一种艺术，它可以靠练习和努力来加强。

如果用罗马字母把στοχαστική这个希腊文的词一一对应地写出来，就是stochastich。其字根的本意是瞄准或者猜度。现代概率论里用stochastic来描述一些现象或过程，中文翻译成"随机"过程。在英文里，stochastic和random经常混用，但如果仔细品味，后者有"随意"的含义，所以不是很确切。

不妨以射箭作为例子。朝向靶子射箭，尽管射手可能很糟糕，但箭发射出去的总方向是有限度的。这种情况下，箭的落点就可以说是随机的。假如射手朝四面八方乱射，包括朝与靶子成90°的方向甚至朝背后射出，那就不是随机而是随意了。前者也许可以找到规律，预测箭的落点，而后者则是无法预测的。

如此一部充满新思想的著作，却被雅各布压在手里迟迟不肯发表，历史学家对此猜测纷纭。雅各布可能想对"大数"到底需要多大有个可靠的估计，因为这涉及他的定律能否在实际生活中得到应用。为此，他对无穷数列做了很深入的研究，留下数篇很重要的论文。不过更可能的是,雅各布找不到实际生活中的数据来检验他的理论。他曾在一篇综述文章里看到,有个名叫格朗特(John Graunt, 1620—1674)的英国人发表过一篇讨论出生率和死亡率的文章,可是他找不到原文。他还知道,荷兰共和国(也叫尼德兰七省共和国)有个大议长名叫德维特(Johan de Witt, 1625—1672)曾经发表过一本备忘录,列出那个国家一些城市的出生和死亡人口数据。雅各布是个完美主义者,没有实际数据,他的理论无法得到检验,他心里没有底。

在这期间,他的生活也发生了一些变化。1683年,他开始在巴塞尔大学任教,负责教授实验物理。第二年他结了婚,不久又成为数学系主任,那是个令人艳羡的位置,但研究之外的杂事也随之剧增。更重要的是,小他13岁的弟弟长大了。

约翰(Johann Bernoulli, 1667—1748)是伯努利家10个兄弟姐妹中的老幺。父母想让他继承父业,所以在他15岁的时候,就让他试着做香料生意,可是他一点也不喜欢。1683年,父母在百般犹豫之后,送他进入巴塞尔大学学习医学。可是在课余时间,约翰却偷偷跟着哥哥学数学(图10.3)。后来这几乎成了伯努利的家庭"传统";在雅各布的影响下,伯努利一家连续三代出现了十几位有名的数学家和物理学家。

图10.3　科学发现总是搅在一起的伯努利兄弟。1870年版刻画。

　　教书的雅各布发现了德国数学家莱布尼茨关于微积分的著作，他一边研究，一边给约翰上课。弟弟天分极高，两年以后，就基本上可以跟哥哥并驾齐驱了。当时在欧洲很少有人能读懂莱布尼茨的理论，伯努利兄弟在推广莱布尼茨理论方面做出了引人注目的贡献。

　　1691年，约翰受邀到意大利的热那亚讲授微积分，不久又到了巴黎，在那里认识了数学家洛必达（Guillaume de L'Hôpital, 1661—1704）。富有的洛必达请约翰住进他在巴黎郊区的豪宅，为他教授莱布尼茨的微积分学，并付给约翰极为丰厚的薪金，每年300金法郎。也许是金钱的诱惑，约翰同洛必达签了一个后人议论纷纷的协议：洛必达有权无偿使用所有约翰讲授的材料。

　　雅各布对约翰这个近乎卖身的决定显然非常不满，甚至怀疑自己的想法也会被弟弟"卖"给洛必达。后来洛必达发表了《曲线的无穷小分析》，其中第一次出现了微分分析中著名的"洛必达法则"。洛必达只是在书的结尾处象征性地感谢了一下伯努利兄弟，但约翰后来声称，这个法则是他发现的，这就是历史上有名的洛必达纷争。

　　雅各布和弟弟之间的裂隙也越来越大。约翰拿钱做事的风格让雅各布疑虑重重，同时弟弟在数学界的声望飞速升高，似乎也让哥哥心理不平衡。约翰到处吹嘘自己，贬低哥哥，而雅各布的反应是公开宣称约翰拿了兄长的发现来提高自己。于是两个人互相攻击，严重损害了自己和家庭的名誉。为了争出个高下，他们在学术杂志上出难题互相挑战，挑战的方式相当奇特。开始是争先在当时世界唯一的科学杂志《博学之行》（拉丁文：Acta Eruditorum）上发表自己的发现，后来发展到一位把密封的挑战题寄给位于莱比锡的杂志社，再由主编转给另一位。等到另一位解决了问题以后，再把两人的解决方法同时公布于众。这种挑战极具杀伤力，以至17世纪的最后几年，兄弟俩不仅互不通信，连话都不说了。这些争论耗费了雅各布相当多的精力，而他的健康状况也越来越糟糕了。

　　雅各布在写一本关于概率的书，这消息还是泄露出来了。洛必达和莱布尼茨都找约翰询问此事，而约翰只能说，他知道哥哥很早就动笔了，至于目前状况他一无所知。莱布尼茨于是直接写信给雅各布。

　　莱布尼茨与伯努利兄弟的关系非同一般。两兄弟最早搞懂了莱布尼茨的微积分并将其思想发扬光大，在欧洲传播，对此莱布尼茨深怀感激。后来，当牛顿（Isaac Newton, 1643—1727）在英国皇家科学院状告莱布尼茨，说他抄袭自己的微积分的想法时,伯努利兄弟坚决站在莱布尼茨一边,否定抄袭的指控。这个故事,在《函数与分析卷》有详细的介绍。

可能雅各布感觉弟弟同莱布尼茨的关系过于亲密,他在回复莱布尼茨的询问时尽量避免数学证明的细节,而只是谈他解决问题的原则。这使两人的信函充满了哲学的味道,但是对概率的门外汉来说,这种讨论可能更有启发。下面是伯努利在1703年10月3日给莱布尼茨的信中对自己思路的描述:

"我们知道,任何事件的概率取决于事件的所有可能的结局,无论它们是否发生。比如,我们知道投掷两枚骰子时,得到7点的概率比得到8点多多少。可是我们不可能知道,一个20岁的年轻人活过一个60岁的老人比反过来的情况多多少。这是因为,我们知道投两枚骰子的所有可能的结果,但我们不知道年轻人早死于老年人的所有案例的数目。由此,我开始考虑,先验的不能预知的信息能否从后验的、许许多多类似的案例的观察中估计出来。比如,如果我做一个实验,观察许许多多对的年轻人和老人,观察到其中年轻人活过老人的情况有1 000个,而老人活过年轻人的情况有500个,那么我就可能比较安全地推论,年轻人活过老人比老人活过年轻人的可能性要高一倍。……随着观察数目的增加,推论的可靠性也会连续地增加。也就是说,真正的概率比值或者存在于我所观察到的比值和某个不同的观测比值之间,或者最终对可能性的估计达到一个程度,但不能更精确了。如果是后一种情况,我们的努力就到此为止了。然而如果是前一种情况,我们后验找到的比值的可信程度跟先验确定的比值没有不同。"

雅各布·伯努利在这里所描述的,其实已经进入统计概率和归纳概率的领域。不过后人指出他的一个逻辑上的跳跃:在大数定律中,他证明了如果已知理论概率值,那么当随机事件数目足够大时,观测到的实际概率的数学平均值可以逼近理论概率值。但是,如果理论概率值完全是未知的,能够通过大量随机事件来反演这个概率值吗? 从雅各布上面的话来看,他相信是可以的,但是他的数学证明并没有涉及反演问题。他在图10.2中显示的思维方式还是从已知概率开始的。后来数学家证明,使用他的方法,普遍的反演结果是做不到的。这个问题需要最大似然估计原理的发现,而那要等到雅各布死后100年了。而最大似然估计原理说明,雅各布的想法是可以实现的。

故事讲到这里，我们可以进入下一章了。不过我们还需要交代几句《猜度术》的最终结局。

雅各布曾经写信给莱布尼茨，请他帮助寻找德维特的人口生死统计表。不知为什么，通常对回信如钟表一般准确的莱布尼茨却没有回复他的请求。雅各布一直试图解决惠更斯的赌客破产问题，但对自己的解答总不满意。1705年8月16日，雅各布·伯努利因肺结核在巴塞尔去世，享年50岁。

雅各布的去世在欧洲数学界引起对他的数学遗产的强烈兴趣。抢救《猜度术》的呼声越来越高，不明兄弟龃龉内情的人们呼吁约翰·伯努利伸出援手。约翰明白自己的处境，明智地推却了。实际上，雅各布的遗孀朱迪斯（Judith）是一位很有生意头脑的女性，她小心谨慎地守护着丈夫的手稿，没有丝毫的怠慢。

雅各布还有个弟弟，在三兄弟中排行第二，是位画家。老二的儿子名叫尼古拉，为了避免和伯努利家好几位同名的人混淆，习惯上称他为尼古拉一世（Nicolaus I Bernoulli, 1687—1759），不过在这里我们就称他为尼古拉好了。尼古拉曾经就学于雅各布，并得到硕士学位。他硕士论文的一部分是研究无穷数列，那是雅各布概率理论中的一部分。大概在雅各布去世之后，他去了德国，在约翰那里继续学习，可是不久又回到巴塞尔，并于1709年获得博士学位。约翰与尼古拉那时同法国数学家德蒙莫尔（Pierre Rémond de Montmort, 1678—1719）有频繁的书信往来。德蒙莫尔在1708年刚刚出版了《博弈分析》（*Analysis of Games of Chance*）一书，这本书主要是受到惠更斯的《关于赌博游戏的计算》的启发，计算一些当时流行的博弈游戏的概率。有人认为，德蒙莫尔已经听说雅各布有一部《猜度术》，既然雅各布已经驾鹤西去，他试图按照自己的想法，把雅各布的书"重造"出来。

德蒙莫尔也有一个阔爸爸，他违背了父意，不去学法律，而是在欧洲到处旅行。回到法国时，父亲去世，留给他一笔巨额遗产，他买下一片庄园，从此衣食无忧，开始研究数学，特别是概率，对雅各布的工作极感兴趣。1710年，他对约翰表示，愿意自己出资出版《猜度术》，或者至少能获准看一看其中的第四部分。他想从中获得一些灵感，在再版《博弈分析》时对其中的内容做些补充。

尼古拉找到雅各布以前的学生、正在意大利古城帕多瓦（Padua）任教的赫尔曼（Jakob Hermann, 1678—1733），两人一起对雅各布的大儿子仔细解释了事情的紧迫性：再不出书，父亲几十年的努力就要付诸东流了！

雅各布的家庭最终同意把书稿付印，但仍然不许约翰和尼古拉接近原稿。他们先是找到一位律师负责出版事务，后来又换成一位失去工作的神职人员，这两个人都对书稿的内容一无所知。

1713年5月，法国数学家法里农（Pierre Varignon, 1654—1722）再次向约翰和尼古拉呼吁：在《猜度术》即将出版之前帮一把吧！尼古拉犹犹豫豫地答应了，列出一长串勘误，并写了前言，其中解释了《猜度术》之所以一误再误的原因。这本不朽之作终于出版了（见图10.4）。

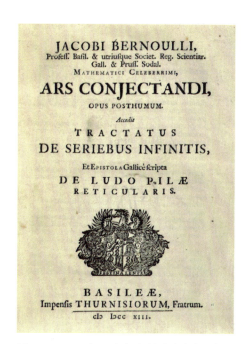

德蒙莫尔想把自己的《博弈分析》的补充版尽量赶在《猜度术》面世之前出版，但没有成功。1714年，当他的补充版出版时，比第一版厚了一倍，不过书的内容还是各种游戏。德蒙莫尔似乎没有看到概率理论对社会的各种复杂事物的应用前景。

当然，真正能把这类理论应用到雅各布考虑的广泛领域里，还需要统计概率和归纳概率理论的进一步发展。不过这是后面的故事了。

图10.4 1713年巴塞尔出版的《猜度术》的封面。

本章主要参考文献

Mattmuller, M. The difficult birth of stochastics: Jacob Bernoulli's Ars Conjectandi（1713）. Hisoria Mathematica, 2014, 41: 277−290.

Peiffer, J. Jacob Bernoulli, teacher and rival of his brother Johann. Electronic Journal for History of Probability and Statistics, 2016, 2: 1−22.

Rivadulla Rodríguez, A. On the relevance of Bernoulli's theorem for the theory of statistical inference. English version of the original "El significado del teorema de Bernoulli para la teoría de la inferencia estadística". Revista de Filosofía, 1997, 17: 69−82.

第十一章　学以致用：为什么不值得去赌场？

前面讲的故事，主要是关于人们如何发现概率规律的。那么，概率到底有什么实际用处呢？咱们还是讲故事。

1981年1月25日，在新奥尔良举行的第15届美式橄榄球超级碗（Super Bowl）大赛的中场休息期间，各大电视台放送了一个非同寻常、争议巨大的广告节目。100名普通人出现在屏幕上，他们坐在巨大舞台的三排长长的会议桌后面，每人面前摆着两个没有标志、颜色不同的啤酒杯。主持这场"伟大的美国啤酒品尝"节目的是一位身穿比赛制服的国家橄榄球联盟专业裁判员。他告诉品尝者，这两杯啤酒，一杯是安海斯-布希（Anheiser-Busch）啤酒酿造公司的米凯罗（Michelob），一杯是施利茨啤酒酿造公司（Joseph Schlitz Brewing Company）的施利茨。目的是要看看哪种啤酒更受人喜爱。

施利茨是位于威斯康星州最大的城市密尔瓦基的啤酒酿造公司，它是美国啤酒的发祥地，也曾经业绩辉煌。1902年，它是美国最大的啤酒制造商，50年代，它同安海斯-布希并驾齐驱，可是到了70年代，一系列经营决策和公关的重大失误使得施利茨啤酒销量大幅降低，公司的名誉也遭到严重损害。同是位于密尔瓦基的米勒啤酒公司（Miller Beer）崛起，一项调查显示，在米勒与施利茨啤酒之间，只有三分之一的人选择施利茨。生死存亡的关头，怎样才能从这种困境中摆脱出来呢？施利茨找到芝加哥一家著名的广告代理商智威汤逊（J. Walter Thompson），它是世界上第一家广告公司，历史悠久，名声显赫。智威汤逊为施利茨设计了上面的广告活动。

裁判员一声哨响，100名"忠实的米凯罗啤酒爱好者"喝下两杯啤酒，按下桌面上的按钮，选择自己喜爱的啤酒。屏幕显示，米凯罗对施利茨的选择是50对50。

按照当时价格，在超级碗期间播放电视广告的费用是每30秒二十七万五千美元。一分钟的广告，施利茨花费了五十五万美元，大约合今天一百七十万美元，这还不算交付智威汤逊的咨询费、在新奥尔良球场附近建造舞台、聘请裁判员以及邀请100名啤酒爱好者参加品尝的费用。值得吗？智威汤逊为什么建议施利茨做这样的广告？

先看是否值得。观众在中场休息上厕所回来的时候发现，原来人们对施利茨跟米凯罗啤酒的喜爱度是一比一,这正是施利茨希望人们得到的信息。这个信息可能足以打破先前那个"只有三分之一的人选择施利茨"的糟糕印象,施利茨啤酒的销量很可能因此增加。

那么,智威汤逊为什么设计这样的广告呢?这是一个巧妙利用概率的例子。百年老店施利茨的啤酒当然跟米凯罗的质量不相上下,只是在经营决策和公关问题上给顾客留下了坏印象。我们可以相对安全地假定每个品尝者选择米凯罗或施利茨啤酒的概率都是50%,而且任何一个品尝者的选择都与其他品尝者无关,那么选择米凯罗或是施利茨就跟投一枚硬币得到正面和反面在概率上是一样的。

施利茨希望打破那个"三分之一"的观念。假定他们期待的这场品尝比赛得到的最坏结果是施利茨对米凯罗等于40对60。投100次硬币,得到40次正面的概率是多少呢?从式(9.1),我们知道

$$P\binom{k}{n} = \binom{k}{n} p^{n-k} (1-p)^k, \tag{11.1}$$

其中$p = 1/2$。对$n = 100$,根据第九章的知识,我们可以画出在不同k值下的概率,如图11.1中的橙色曲线。对$k = 40$,我们得到概率$P\binom{40}{100} = \binom{40}{100}\left(\frac{1}{2}\right)^{100} \approx 0.010\ 84$。这是得到"40对60"这个特定结果的概率。但是,对施利茨来讲,"41对59"、"42对58"等比"40对60"更好。当然"100对0"最好,不过出现这种情况的概率微乎其微,它等于$\left(\frac{1}{2}\right)^{100} = 1/1,267,650,600,228,229,401,496,703,205,376$。得到"40对60"以及比它更好的结果的概率是从"40对60"到"100对0"所有这些概率的总和,这叫累计概率(Cumulative probability)。$k \geqslant 40$的累计概率相当于把图11.1中橙色曲线从$k = 40$到$k = 100$的橙色曲线值求和(图11.1中的蓝色曲线),也就是

$$P(k \geqslant 40) = \sum_{k=40}^{100} \binom{k}{100}\left(\frac{1}{2}\right)^{100}. \tag{11.2}$$

这个式子看起来有点吓人,实际上很简单。我们知道橙色曲线关于$k = 50$左右对称(理由见第三章和第九章),所以,式(11.2)相当于把橙色曲线从$k = 0$到$k = 60$的概率值都加起来。这个累计概率对应的是图11.1中蓝色曲线在$k = 60$的值,大致等于

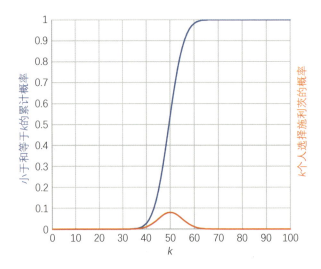

图11.1 橙色曲线是式(11.1)在不同k值情况下的概率分布曲线。这条曲线下面的面积对应总概率（=1）。蓝色曲线是从$k=0$到任意一个给定k值（＞0）的累计概率，它在$k=50$处取值0.5。相对于这个点，这条曲线呈反对称性。

98%。可以想象，智威汤逊把这个分析拿给施利茨的总裁看，说："放心吧！我们有将近100%的把握，100个人品尝的结果会是50对50。"虽然不是严格意义上的万无一失，但达到目标的把握是相当大的。

为什么选择100个人？为什么不是10个人？还记得伯努利的大数原理吗？如果对$n=10$重复上面的计算，你会发现4个人（也就是40%）选择施利茨啤酒的概率下降到83%。这个概率虽然也算是挺高的，但是不确定因素大大增加了。考虑到广告花费之高，危险系数有点大。伯努利大数定律告诉我们，n值越大，概率预测的结果就越确定。如果招1 000人做品尝比赛，40%选择施利茨的概率将达到99.999 999 99%，也就是万无一失。不过这么一来花销可就大多了。

任何随机事件都具有不可预测性。概率能告诉我们在大量的重复事件中最可能发生的结果是什么，但不能告诉我们每一次事件会是什么样的结果。一个人投了100次硬币，得到的都是正面，第101次投硬币得到反面的概率会增加吗？ 这里必须搞清几个概念。首先投硬币作为随机事件，不论之前发生了什么情况，下一次出现正反面的概率是不变的，因为下一次发生的概率与之前事件无关。

其次，连续出现100个正面是几乎不可能的情况，但在几十亿人的世界，随着时间的流逝，几乎不可能的事件总是有发生的可能性。概率告诉我们什么可能发生，但不能告诉我们为什么一个具体的事件会发生。

可是直觉告诉我们，这个人在得到100个正面以后，肯定会得到一些反面。为什么？还是因为大数原理。回忆一下第一章里的图 1.3 和图 1.4，虽然克里奇每一次投掷硬币，出现正面和反面的概率都是 1/2，但是在投掷的过程中，总会有连续出现好几个正面或反面的时候（事件的随机性）。图 1.3 和图 1.4 中的曲线在 0.5 附近上上下下来回震荡，但随着投币次数的增加，震荡幅度越来越低，最终会越来越接近 0.5。所以在连续出现很多次正面以后，出现反面的可能性肯定会增加。这种现象还有一个颇为唬人的名字，叫做"向均值回归"，这个概念我们在下篇里会详细讨论。不过你要是和这个人打赌，在他得到 100 个正面以后，千万不要把全部赌注都押在第 101 次是反面上，因为从概率上说，你仍然只有 50% 得到反面的机会！

这三个要素：不同类事件之间的相关性，同一类事件出现的概率，每次出现某类事件的随机性，是每一个概率分析中都必须考虑的。

再讲个故事吧。

20 世纪最后十年，英国出现了若干引人注目的婴儿猝死事件。不满周岁，特别是四五个月以内的婴儿在毫无征兆的情况下在睡眠中突然死亡，通常没有任何挣扎和哭喊的迹象，解剖也找不到死亡的原因。而且类似的悲剧经常在同一个家庭多次发生。英国最著名的儿科专家麦多（Roy Meadow, 1933— ）坚信，是婴儿的父母尤其是母亲蓄意杀害婴儿，其潜在动机是为了寻求旁人对自己的同情和关心。作为专家，他多次出庭作证，利用概率原理论证：在同一家庭里，一个婴儿猝死是悲剧，两个死亡很可疑，三个死亡肯定是谋杀。麦多利用概率精确地表达自己的观点：根据当时英国的统计数据，大约每 8 500 个婴儿当中会发生一例猝死事件。换句话说，每个初生婴儿可能猝死的概率是 1/8 500。麦多论证说，根据这个概率，在同一个家庭出现第二个婴儿猝死的概率等于 $\left(\dfrac{1}{8\ 500}\right)^2 = \dfrac{1}{72,250,000}$。1995 年，英格兰的人口总数只有 4 800 万。按照麦多的计算，两个婴儿在同一个家庭猝死的概率是 7 200 万比一。他的计算震惊了英国法院，于是在没有其他旁证的情况下引用这个所谓的"麦多法则"（Meadow's law）直接对嫌疑人判决，致使数百名年轻父母入狱。1998 年，英国皇家还授予麦多骑士头衔，以表彰他对儿童健康做出的杰出贡献。

可是，英国皇家统计学会对"麦多法则"大声叫停。一个家庭出现两次婴儿猝死的概率根本不能跟丢一个有 8 500 个面的骰子得到两次相同号码的概率等同。对后者来说，每次丢骰子得到的结果都是相互无关的；而对前者来说，每个家庭的婴儿猝死则很可能是相关的。比如由于遗传因素，同一个家庭的婴儿都有天生柔弱的臂膀。在西方，传统上婴儿都趴着睡觉。婴儿压住了口鼻，需要翻身，但没有力量，只能窒息。后来的调查发现，确实有不少家庭连续几代都出现过婴儿猝死。真正致死的原因至今不明，不过后来的专家建议，把婴儿翻过来仰面朝天入睡。有统计数字显示，这么一个简单的改变可以使婴儿猝死率减少大约一半。这正是中国传统上采用的婴儿睡姿。

2004年，英国政府宣布对258个婴儿猝死案重新评估。一个儿科专家对概率相关性的错误理解，造成对许多家庭的重大伤害。很多父母终生都无法从丧子、受审、判刑、入狱的重重打击中走出来。后来麦多自己也不得不放弃行医。

现在可以讨论本书前言里关于电梯上行和下行的概率问题了。在不同的楼层，电梯的上行与下行并不完全是随机的。显然，对底层来说，电梯下行的概率等于零。同理，对顶层来说，上行的概率也等于零。在这两层，上行与下行不是随机而且是无关的。其他各层，上行与下行的概率取决于控制电梯的程序设计，只有在一幢楼里存在无数电梯的情况下，上行和下行的概率才会相等。

那么，一对夫妻四个子女最可能的性别比应该是什么？母亲每次生孩子，男孩和女孩的比例大致是1比1，这跟硬币的正反面相同，所以四个子女最可能的比例应该是两男两女。你觉得对吗？

我们不妨把所有的可能性，包括顺序，都列出来，一共有16种（见表11.1）。

表11.1　兄弟姐妹4人所有可能的性别分布

老大	老二	老三	老四	四女	三女一男	二男二女	三男一女	四男
女	女	女	女	√				
女	女	女	男		√			
女	女	男	女		√			
女	男	女	女		√			
男	女	女	女		√			
女	女	男	男			√		
女	男	男	女			√		
男	女	女	男			√		

（续表）

老大	老二	老三	老四	四女	三女一男	二男二女	三男一女	四男
男	女	男	女			√		
女	男	女	男			√		
男	男	女	女			√		
女	男	男	男				√	
男	女	男	男				√	
男	男	女	男				√	
男	男	男	女				√	
男	男	男	男					√
				1	4	6	4	1

我们看到,确实2:2的概率最高,等于6/16=3/8。看来你的猜测是对的。

但是且慢!我们的问题是什么?是性别比,不是男比女或女比男的比例。再回头看看表11.1,3男比1女占了4/16,3女比1男也占了4/16,加起来,性别比为3比1的总概率就是8/16=1/2,大于2比2的概率3/8。

这个例子告诉我们,计算概率之前要想清楚每一个事件的准确定义是什么。概率是个极为有用的工具,但如果起点出了问题,结果会谬误百出。其实这个计算跟投硬币还是一样的,只不过现在你需要同时投四枚硬币,来考察每一次四枚硬币可能出现的情况是怎样的。读者有兴趣,可以找四枚硬币试试看,正面与反面代表男或女,看看是否会得到相同的结果。

最后讲讲为什么从概率角度来看不值得去赌场。

第八章的故事告诉我们,从概率上讲,在正常的21点游戏中,庄家占有8%的优势。根据伯努利大数原理,赌21点的人越多,庄家的这个优势就越确定,所以对庄家来说,赚钱是肯定的。也许偶尔会有一位赌客赢一大笔钱,但那只是偶然的机会,绝大多数赌客都会输。对于一个赌客来说,哪怕赌得没日没夜昏天黑地,你的赌局数量比起成千上万的赌客来说仍然微不足道,所以你的赌局结果都是随机的。没有人指望说,我去年来赌时,10局当中赢了8局,所以今年我肯定也会如此。除非你会算牌,就像麻省理工学院的那些年轻人。这也就是为什么赌场禁止算牌:大家都算牌,赌场的优势就不见了。赌场要想尽办法抓出算牌者，或者从一进门就让有这种能力和意愿的人望而却步。于是赌场总要抓到算牌者并给他们难堪，想出各种不违法的手段侮辱他们，让这些人打消算牌的愿望。其他赌场游戏也是如此，庄家早就计算好了他们的优势，只等赌客们自投罗网，把辛辛苦苦挣来的钱投入庄家的钱袋。既然输的概率远远高于赢，又有那么多令人不快的结局，为什么要去赌它呢？

彩票之类的也不例外。根据本篇的知识，读者可以独立分析赢彩票的概率。以美国的强力球（Powerball）彩票作为例子。每张强力球彩票售价2美元，玩家购买之后，从69个带有1到69数字的白球中选择5个号码，称为普通号码；然后再从26个带有1到26数字的红球中选择1个号码，称为特别号码。美国东部时间每周三和每周六晚10：59开奖，由主持人通过摇奖机抽出中奖号码。猜对所有6个号码者获得大奖，奖额一般从4 000万美元起价。如果抽奖没有赢家，大奖金额就累积到下一次抽奖，最高时曾达到过15.86亿美元。这么大的金额当然极有吸引力，那么赢得强力球大奖的概率是多少呢？

我们已经知道，从69个数字里选出5个来，一共有 $\dfrac{69!}{5!\,(69-5)!} = 11,238,513$ 种可能的选法。在强力球抽奖时，所有这些选法都以相同的概率可能出现，所以猜中5个号码的概率是1比11,238,513。在猜中这5个号码之后，你还必须猜中那个特别号码。从26个号码中选出任何一个的概率是1比26。综合起来，获得大奖的概率就是 $\dfrac{1}{11,238,513} \times \dfrac{1}{26} = \dfrac{1}{292,201,338}$。也就是说，差不多是3亿分之一。根据美国国家气象局的统计，美国平均每年受到雷击受伤和死亡的人数是270，美国的人口大约是3亿3 000万，由此，我们可以估计一个人在一年里可能遭到雷击的概率是 $\dfrac{270}{330,000,000} \approx \dfrac{1}{1,222,000}$。换句话说，一个人在一年里遭到雷击的概率比中奖的概率要高将近240倍。如果你猜中5个普通号码，但没有猜到特别号码，你可以得二等奖，奖额大约100万美元。赢得二等奖的概率（1比11,238,513）大约是遭雷击概率的十分之一。

前爱德华州乐透奖委员会主席琼斯（Roger Jones, 1938—2013）说过一句名言："我觉着啊，彩票就是从不懂数学的人身上收税。"（I guess I think of lotteries as a tax on the mathematically challenged.）

本章主要参考文献

Wheelan, C. Naked Statistics: Stripping the dread from the data. New York: W.W. Norton and Company, 2013: 282.

Royal Statistical Society. Royal Statistical Society concerned by issues in Sally Clark case. The Royal Statistical Society. http://www.therss.org/uk/archive/evidence/sclark.html (8/24/2004).

中篇

统计概率的故事

通过一小片样品,我们可以判断全部。

　　　　　　　　　　——摘自西班牙大文豪塞万提斯的小说《唐·吉诃德》

By a small sample, we may judge of the whole piece.

　　　　　　— Miguel de Cervantes（1547—1616）from his novel "Don Quixote"

没有什么能比一个人的生命更不确定了,而一千个人的平均寿命却比什么都更确定。

　　　　　　　　　　——以利蓿·莱特（美国统计学家,人寿保险之父）

While nothing is more uncertain than a single life, nothing is more certain than the average duration of a thousand lives.

　　— Elizur Wright（1804—1885）(American mathematician, "father of life insurance")

统计学的知识如同外语或代数的知识;它在任何时间任何情况下都会有用处。

　　　　　　　　　　——阿瑟·波里（英国统计学家、经济学家）

A knowledge of statistics is like a knowledge of foreign languages or of algebra; it may prove of use at any time under any circumstances.

　　　　　　— A.L. Bowley（1869—1957）(English statistician and economist)

第十二章　暗杀女王的奇案

1587年2月8日，英格兰中部阴云密布，一望无际枯黄的野草在冷风中摇曳挣扎，孤零零的法瑟林盖城堡（Fotheringhay）像冬眠的巨兽，一动不动地伫立在荒野之中。

城堡内部有个巨大的大厅，正中临时搭建了一个半人高的台子，全部用漆黑的幔布包裹着，看上去阴森可怖。一方巨大的木墩和一个坐垫摆在台子正中，旁边还有三把椅子，赤膊的刽子手站在木墩旁边，两个助手分站两侧，一人提刀，一人提斧。台子周围站满了英格兰的王侯贵胄，个个面带惧容，双唇紧闭，等待着一场前所未有的死刑处决。

正午时分，将要处决的犯人出现在大厅入口。这是一个美艳异常的女人，身材高挑，身披黑袍，举止雍容安详，满头金发整理得一丝不苟，嘴唇用唇膏染得猩红。她一步一步登上行刑台，走到木墩旁，坐在正中间的椅子上。两个监斩的伯爵身穿黑丝绒长袍，也随之登上台子，分别坐在女人的两侧。

刽子手和助手同时转身，跪倒在女人面前，大声说："尊敬的阁下，我们就要行刑了，请您饶恕我们吧！"女人伸出双手，露出袖口处用银线刺绣的一串字来："我死即我生"（In my end is my beginning）。她微笑着说："我真心地饶恕你们。现在，就请把我这困扰的一生结束了吧。"

两个侍女走上台来，为女主人脱下外套。人们发现，外套下面，女人身穿一件淡紫色的衬裙，两条袖子是猩红色的，这是天主教教堂绘画中描绘殉教圣徒的服色。两位伯爵走过来，用绣有金色图案的白围巾蒙住女人的双眼。女人跪在坐垫上，慢慢地把头放到木墩上。木墩正中有一个凹槽，女人的脸正好放在里面，她优美地展开双臂。屠刀斩落之前，她用拉丁文留下最后一句话："主啊，我把灵魂交付在你手中。"

也许刽子手喝醉了，也许他被这女人震住了，犯了几个错误才砍下女人的头颅。他抓住女人满头的金发，把头颅高高举到空中，"上帝保佑女王！"

可是头颅突然掉到台子上。原来，女人戴的是假发。她的真发剪得很短，而且已经花白了。

这个残忍的场面永远留在英国的历史记忆中（图12.1），而那个不幸的女人就是

图 12.1　19世纪英国版画所绘玛丽被处决时的场景。

苏格兰女王玛丽一世（Mary I of Scotland, 1542—1587），那一年，她45岁。

　　玛丽（图12.2）是苏格兰国王詹姆斯五世（James V of Scotland, 1512—1542）最后一个，也是唯一幸存下来的孩子。她是个早产儿，而且出生的第6天詹姆斯五世就去世了。苏格兰王室贵族们为她准备了镶满金银和宝石的女王婴儿装，在詹姆斯去世的当天，将满身珠宝的婴儿抱上宝座，把沉重的权杖放在她手边，草草登基。5岁的时候，她的母

图 12.2　16岁时的法国王后玛丽。法国画家弗朗索瓦·克卢埃（François Clouet, 1522—1572）作。

亲德吉斯的玛丽（Mary de Guise, 1515—1560）将她许给了法国国王亨利二世的太子弗朗索瓦。德吉斯的玛丽是法国人，法国权臣吉斯公爵的妹妹。15岁时，玛丽正式嫁给了比自己小将近两岁的弗朗索瓦。这个婚姻可以使弗朗索瓦将来得到苏格兰的王位，同时由于玛丽与英格兰王室的血缘关系，弗朗索瓦也有了要求得到英格兰王冠的资格。苏格兰贵族们对于德吉斯的玛丽同法国达成的协议深表痛恨。第二年亨利二世病故，弗朗索瓦登基成为法国皇帝，也就是弗朗索瓦二世（François II, 1544—1560）。一切似乎都在按照德吉斯家族的计划进行，可是没想到，结婚第二年，从小体弱多病的弗朗索瓦二世就去世了。玛丽拥有法国王后的身份仅只一年的时间，17岁便成了寡妇，没有留下任何子女。

18岁时，玛丽回到苏格兰，开始接手国务。当时宗教改革在苏格兰方兴未艾，天主教与新教的纷争使全国矛盾重重。法国刚刚发生了圣巴托罗米日大屠杀，以皇太后美第奇（Catherine de' Medici, 1519—1589）为首的天主教势力在法国全境镇压新教徒。信奉天主教的玛丽闻讯，在皇宫举办盛大规模的庆祝活动，这个举措遭到苏格兰贵族们的强烈谴责。不久，玛丽派遣使节到英格兰，提交了玛丽有可能作为英格兰储君的议案，这个议案遭到英格兰女王伊丽莎白一世（Elizabeth I, 1533—1603）的拒绝。

这时的英格兰，以"血腥玛丽"闻名的英国女王玛丽一世（Mary I of England, 1516—1558）刚刚去世，她的异母妹妹伊丽莎白一世即位不久。行刑时刽子手呼喊"上帝保佑女王"时，指的就是伊丽莎白一世。伊丽莎白信奉新教，在英国的宗教改革中，感觉势单力孤，加上在她两岁八个月的时候，生母被父亲处死，并宣布婚姻无效，伊丽莎白在事实上已被剥夺了王室成员的资格。相比之下，伊丽莎白的表侄女、苏格兰的玛丽显得"根红苗壮"。玛丽的父亲是英格兰国王亨利七世长女的儿子，所以玛丽具有正统的英格兰血统，同时她信奉天主教，受到欧洲天主教国家如法国和西班牙的支持。在这种情况下，伊丽莎白对玛丽始终抱有极大的戒心，恐怕她觊觎自己的王位。

1565年，玛丽嫁给了表弟亨利·斯图亚特（Henry Stuart, 1545—1567），并生了一个男婴，取名詹姆斯（James Stuart, 1566—1625）。不久，斯图亚特被人谋杀，而玛丽却嫁给了被广泛怀疑是杀害斯图亚特的凶手的伯斯维尔伯爵。这时的玛丽已经彻底失去了苏格兰的民心。新教人士利用她的任意而为和行为不检点作为突破口，成功地迫使她退位，把王位转给只有一岁的詹姆斯。

1568年夏天，在几次逃亡举兵失败之后，玛丽亡命英格兰。伊丽莎白女王马上命令把她囚禁起来，也就是在囚禁期间，她说了那句名言："我死即我生。"从那以后，她一直把这句话绣在衣服的袖口上。

玛丽被囚禁了18年，再没见过儿子詹姆斯的面。詹姆斯由苏格兰几位加尔文教派（Calvinists）的贵族家庭养大，成为坚定的新教徒，同母亲的隔膜再也没能消除。玛丽曾经提出回到老家，同儿子一起管理苏格兰。伊丽莎白似乎同意，但都被詹姆斯无情地回绝了——他对这个母亲一点好感也没有。詹姆斯后来成为苏格兰（苏格兰国王詹姆斯六世）以及英格兰和爱尔兰的国王（詹姆斯一世），那是后话了。

1570年，天主教教皇庇护五世（Sanctus Pius PP. V, 1504—1572）发布诏书，谴责"冒牌的英格兰女王，罪孽的仆人伊丽莎白"在英伦三岛对天主教徒的残酷迫害，宣布对她实行破门律（也就是逐出教会），这等于是向英伦三岛的天主教徒发出了推翻伊丽莎白王位的进军令。一边，反对女王的天主教徒在暗处招兵买马，准备策动政变，另一边，拥护女王的新教徒小心查处，防患于未然，于是，双方展开了一场惊心动魄的间谍战。

这时玛丽已经被转移到沙特利城堡（Chartley Castle），那里城墙高大，护城河又宽又深，难以逃脱。天主教耶稣会的约翰·巴拉德（John Ballard）奉玛丽之命奔走于英吉利海峡两边，获得北部天主教支持的允诺。1586年，巴拉德遇到一名老兵。这老兵誓言要杀死伊丽莎白，但在跟巴拉德等几个人商量之后，他决定暂不动手，等待时机。这一小群人当中，有一个叫吉弗特（Gilbert Gifford）的，通过关系联系上法国驻英国大使，为玛丽建立了一条新的联系渠道。吉弗特作为照顾玛丽的官员，也住在沙特利城堡里。他在附近找到一家啤酒厂，玛丽的密信经过防水包装，藏在啤酒桶的塞子里。密信由啤酒商通过啤酒桶运出去，然后装进信封，寄往法国大使馆。法国大使的回信，也是通过啤酒商和吉弗特转送到玛丽手中。

可是，玛丽万万没有想到，吉弗特早就被伊丽莎白的国务大臣抓住，并且反水，成了双面间谍。每一封密信在运到法国大使手里之前都已经先被破译，每一封大使的回信也同样被破译了。

国务大臣瓦尔星罕（Francis Walsingham）是一位谍战大师，玛丽的所有活动都在他的掌握之中。当玛丽终于在暗杀伊丽莎白的计划下面签下自己的名字（图12.3），瓦尔星罕就下手了。

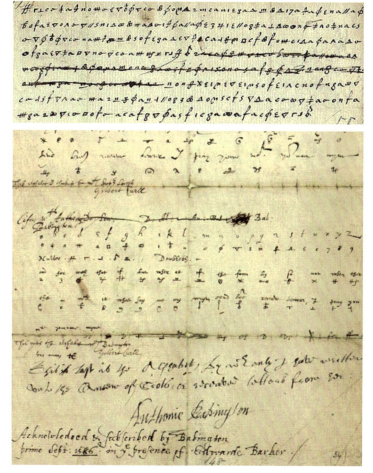

图12.3　在瓦尔星罕的指示下，菲利普斯伪造了这封玛丽的手书，通过吉弗特送给巴宾顿。信中要巴宾顿把同谋者的名字告诉玛丽。

　　这个以"巴宾顿阴谋"（Babington Plot）闻名的案子震撼了整个英伦三岛，最终以玛丽一世遭受极刑而结束。玛丽受刑之前几个月，几十位同谋就已在酷刑逼供之后处死了，而且死得更惨。第一批受刑者遭到"英式车裂"的处罚。所谓"英式车裂"（Hanged, drawn, and quartered），意思是吊死，挖出内脏，肢体剁成四块。这比中国古代的"车裂"还要残忍。

　　据说，玛丽的同谋者十几人在同一天受到极刑，行刑场景是如此血腥恐怖，令人作呕，以至于整个英格兰舆论大哗。最后伊丽莎白下令，把第二批罪犯吊至濒死，拖下来砍头完事。不过，砍下来的头颅仍然要用长矛刺透，插在伦敦桥上，让来往行人亲眼看看弑君者的下场。

　　而在这场惊天大案的背后，我们这个故事的核心人物，是蜷缩在沙特利城堡内一个阴暗的小屋里从来没有露过面、完全不为人知的一个小人物，这人名叫菲利普斯（Thomas Phelippes，又写作 Thomas Phillips, 1556—1625）。他又瘦又小，头发焦黄，满脸麻子，而且极度近视。此人出身卑微，父亲是一位服装商。但他在剑桥大学受过良好的教育，精通五六种语言，他还有个特殊的能力，就是破译密码。

　　玛丽发出和接到的所有书信都经过吉弗特到了菲利普斯的手里。图 12.4 是菲利普斯破译以后找到的密码同英文字母的对应关系。其中"Nulles"（就是现代英语的null）代表空码；这种密码出现在文字中间，不代表任何字母，只是为了让破译的人感到困惑。"Dowbleth"（现代英语：doubles）代表双字母，每出现一个代表有两个相同的字母并排出现。在后面，是一些常用词的间接表示符号。这些符号即可以简便书写，又增加了破译的难度。

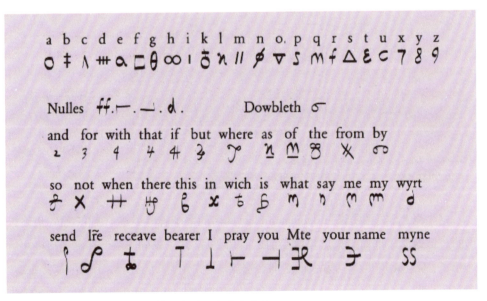

图 12.4　玛丽一世使用的密码符号和对应的英文字母。

　　要想知道菲利普斯当时究竟是如何破译这套密码的，已经不大可能了。但是如果有一些统计学的知识，今天要想破译它，实际上很容易。因为早在所谓巴宾顿阴谋事件发生的 800 年之前，就已经有人想出破译密码的方法了。

第十三章 破译密码的哲学家

密码的用途极为广泛。出于军事、政治、经济等许多方面的需要,信息的保密是十分重要的。于是,人们自然想到要把容易理解的信息转换成难以理解的符号。这样,只有掌握密码信息的人才能把实际信息进行逆向回复,而缺乏密码信息的拦截者或者窃听者则无法解读。

在中国古代兵书《六韬·龙韬》里就记载了密码学的使用。其中《阴符》和《阴书》两篇记录了大约3 000年前周武王与姜子牙讨论在征战期间主帅同其他将军之间应该如何进行通讯的问题:

> 太公曰:"主与将,有阴符,凡八等。有大胜克敌之符,长一尺;破军擒将之符,长九寸;降城得邑之符,长八寸;却敌报远之符,长七寸;誓众坚守之符,长六寸;请粮益兵之符,长五寸;败军亡将之符,长四寸;失利亡士之符,长三寸。诸奉使行符稽留,若符事泄,闻告者皆诛之。八符者,主将秘闻,所以阴通言语,不泄中外相知之术。敌虽圣智,莫之能识。"武王问太公曰:"……符不能明;相去辽远,言语不通,为之奈何?"太公曰:"诸有阴事大虑,当用书,不用符。主以书遣将,将以书问主。书皆一合而再离,三发而一知。再离者,分书为三部。三发而一知者,言三人,人操一分,相参而不相知情也。此为阴书。敌虽圣智,莫之能识。"

这里所说的"阴符",是用8种不同长度的符来表达不同的消息和指令。这可以说是密码学中的替代法,也就是把信息转变成敌人看不懂的符号。而"阴书"采用的则是移位法,把书信分成3份,由3个不同的人传递。这样,必须把3份书信重新拼合才能获得还原的信息。

周武王和姜子牙所采用的方法当然和中国文字的特征有关。在使用字母的国家里,改变字母顺序是最方便的加密方法。在古希腊,最常用的传递军事信息的方法是密码棒。所谓密码棒是一根经过加工的具有圆形或多边形截面的木棒。它的原理很简单。发信人把一根布带绕在木棒上,在布带上写下信息。信息是绕着木棒写的,每绕一圈写一行字母，然后继续转到下一行，再下一行等等。这样，写完了信息之后，把布带从木棒上拿下来，布带上的字母顺序就打乱了。当布带传到密码接受者的手上时，他需要用一根相同尺寸的木棒，把布带也就是密码条缠在上面，信息的顺序就恢复了。据史书记载，斯巴达人早在公元前6世纪时就采用这种密码棒来传递军事信息了。这种方法有解读快速而且不容易出现误解的优点，所以在战场上大受欢迎。但是要破解它也非常容易，只要试几根直径不同的木棒就好了。

在第十二章的故事里，苏格兰女王玛丽一世使用的密码比这些都更复杂。但是从图12.4，我们看到密码使用的符号同英文字母基本上是一一对应的。这种对应关系是玛丽的密码的致命弱点，因为通过统计的方法，找到加密字符与实际字母之间的相关性，就可以破译。

作为例子，我们先看看下面这段用密码写成的文字：

FDOO PH LVKPDHO. VRPH BHDUV DJR. QHYHU PLQG KRZ ORQJ SUHFLVHOB. KDYLQJ OLWWOH RU QR PRQHB LQ PB SXUVH. DQG QRWKLQJ SDUWLFXODU WR LQWHUHVW PH RQ VKRUH. L WKRXJKW L ZRXOG VDLO DERXW D OLWWOH DQG VHH WKH ZDWHUB SDUW RI WKH ZRUOG. LW LV D ZDB L KDYH RI GULYLQJ RII WKH VSOHHQ DQG UHJXODWLQJ WKH FLUFXODWLRQ. ZKHQHYHU L ILQG PBVHOI JURZLQJ JULP DERXW WKH PRXWK. ZKHQHYHU LW LV D GDPS. GULCCOB QRYHPEHU LQ PB VRXO. ZKHQHYHU L ILQG PBVHOI LQYROXQWDULOB SDXVLQJ EHIRUH FRIILQ ZDUHKRXVHV. DQG EULQJLQJ XS WKH UHDU RI HYHUB IXQHUDO L PHHW. DQG HVSHFLDOOB ZKHQHYHU PB KBSRV JHW VXFK DQ XSSHU KDQG RI PH. WKDW LW UHTXLUHV D VWURQJ PRUDO SULQFLSOH WR SUHYHQW PH IURP GHOLEHUDWHOB VWHSSLQJ LQWR WKH VWUHHW. DQG PHWKRGLFDOOB NQRFNLQJ SHRSOH? V KDWV RII. WKHQ. L DFFRXQW LW KLJK WLPH WR JHW WR VHD DV VRRQ DV L FDQ. WKLV LV PB VXEVWLWXWH IRU SLVWRO DQG EDOO. ZLWK D SKLORVRSKLFDO IORXULVK FDWR WKURZV KLPVHOI XSRQ KLV VZRUG. L TXLHWOB WDNH WR WKH VKLS? WKHUH LV QRWKLQJ VXUSULVLQJ LQ WKLV. LI WKHB EXW NQHZ LW? DOPRVW DOO PHQ LQ WKHLU GHJUHH. VRPH WLPH RU RWKHU. FKHULVK YHUB QHDUOB WKH VDPH

IHHOLQJV WRZDUGV WKH RFHDQ ZLWK PH...

乍看上去令人一筹莫展。在对加密方式一无所知的情况下,能不能破译它呢?

我们仔细看看这段文字,它包含除了A和M以外所有的英文字母。这使我们猜测它可能是用英文字母改变顺序来加密的。可是,怎么验证这个猜测呢?

英文一共有26个字母,如果把它们按照不同的顺序排列,排列组合的知识告诉我们,单是把26个字母都拿出来排列,就有26!种,也就是403,291,461,126,605,635,584,000,000种排法。考虑到从其中选出2个、3个、4个字母的排列,排法就更多了。显然,要想一个一个地去检查这么多的可能性是根本没有希望的。

然而,从统计学的角度来看,破译它其实并不那么难。

这段话一共有884个字母,稍微花一点时间,我们可以查出每个字母在其中使用的次数,其结果展示在表13.1里。不同的字母出现的次数不同,在文字分析中将这些相对的次数称为频率,所以这张表叫作字母频率分布表。

表13.1 加密信息的字母频率分布

字　母	出现次数(频率)	出现百分比
A	0	0.00%
B	22	2.49%
C	2	0.23%
D	57	6.45%
E	9	1.02%
F	18	2.04%
G	21	2.38%
H	107	12.1%
I	22	2.49%
J	24	2.71%
K	51	5.77%
L	80	9.05%
M	0	0.00%
N	4	0.45%

（续表）

字　母	出现次数（频率）	出现百分比
O	45	5.09%
P	30	3.39%
Q	62	7.01%
R	62	7.01%
S	25	2.83%
T	2	0.23%
U	56	6.33%
V	53	6.00%
W	76	8.6%
X	26	2.94%
Y	13	1.47%
Z	17	1.92%

　　怎么确定加密的文字是英文呢？让我们随便找一篇英文文章，比如英文报纸上的一篇报道，看看正常英文26个字母出现的大致频率分布是什么样子的。读了一段大约有5 000个字母的文章以后，我们得到一个频率分布，见表13.2，表中每个字母下面的数字是该字母出现的百分数。

表13.2　典型的英文报纸文章的字母频率分布

A	B	C	D	E	F	G	H	I	J	K	L	M
8.2	1.5	2.8	4.3	12.7	2.2	2.0	6.1	7.0	0.2	0.8	4.0	2.4
N	O	P	Q	R	S	T	U	V	W	X	Y	Z
6.7	7.5	1.9	0.1	6.0	6.3	9.1	2.8	1.0	2.4	0.2	2.0	0.1

　　单从这张表，还是看不出什么苗头。那好，让我们把表13.2的字母频率和表13.1的数据一起画出来，见图13.1。仔细看看这张图，我们发现两个频率分布有很多类似的特征。两者都有一些出现频率较高的字母。英文报纸上出现最多的字母从左向右依次是A、E、H、I、N、O、R、S、T，而加密信息里出现最多的字母依次是D、H、K、L、O、

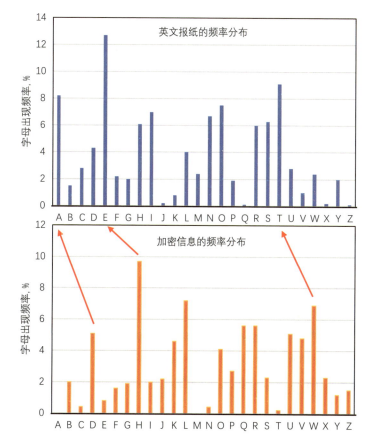

图13.1 英文报纸中的字母频率分布(蓝色)和加密文字的频率分布(橙色)的比较。

Q、R、U、V、W。如果我们把橙色的密码信息的频率分布向左移动3位(如红色箭头所示),那么这9个高频率字母就完全重合。这使我们推论,加密的信息极可能是英文,而且加密方法是把字母做了表13.3给出的对应关系。

表13.3 根据图13.1猜测的加密信息中的字母对应正常英文字母的关系

英文字母	A	B	C	D	E	F	G	H	I	J	K	L	M	N	O	P	Q	R	S	T	U	V	W	X	Y	Z
密码字母	D	E	F	G	H	I	J	K	L	M	N	O	P	Q	R	S	T	U	V	W	X	Y	Z	A	B	C

我们可以尝试破译这个简单的加密方式:从密码字母顺序中跳过3个字母,选择第4个字母D作为起点,这就是英文字母A。其余的按照英文字母顺序,依次类推。密

码的 Z 用英文字母 W 来表示，最前面跳过去的 A、B、C 则用 X、Y、Z 来表示。

那么这个猜测是否正确呢？让我们对上面的加密信息做我们猜测的这种字母变换，于是得到下面的文字（为了便于阅读，我们改变了全是大写的表示方法，标点符号也加上去了）：

Call me Ishmael. Some years ago — never mind how long precisely — having little or no money in my purse, and nothing particular to interest me on shore, I thought I would sail about a little and see the watery part of the world. It is a way I have of driving off the spleen and regulating the circulation. Whenever I find myself growing grim about the mouth; whenever it is a damp, drizzly November in my soul; whenever I find myself involuntarily pausing before coffin warehouses, and bringing up the rear of every funeral I meet; and especially whenever my hypos get such an upper hand of me, that it requires a strong moral principle to prevent me from deliberately stepping into the street, and methodically knocking people's hats off — then, I account it high time to get to sea as soon as I can. This is my substitute for pistol and ball. With a philosophical flourish Cato throws himself upon his sword; I quietly take to the ship. There is nothing surprising in this. If they but knew it, almost all men in their degree, some time or other, cherish very nearly the same feelings towards the ocean with me ...

就叫我以实玛利吧。很多年以前——多久以前无所谓了，那时我的钱包干瘪，陆地上看来没什么好混的了，干脆下海吧，到这个世界上全是水的地方去看看吧。这是我唯一的去处了。每当我心烦气躁、肝火上升；每当我心情阴郁、灵魂进入十一月的愁云惨雾；每当我身不由己，站在棺材铺前，跟随在每一个碰到的送葬队伍的末尾；每当我忍无可忍，马上就要到街上如野兽般横冲直撞，我都得赶紧去出海！只有出海才能代替手枪和炮弹！伽图带着哲学的狂热将自己扑向利剑，而我只能悄悄地走上船去。没什么让人惊奇的。不论是谁，在某一个特定的时刻，他都会对大海产生类似的感情。

这是美国作家赫尔曼·梅尔维尔（Herman Melville, 1819—1891）的名著《莫比·迪克》（*Moby Dick*；又译作《大白鲸》）的开篇段落。首句 Call me Ishmael（"就叫我以实玛利吧"），是世界文学史上公认的名句。

　　这种加密方法在密码学里被称为替换式加密法或取代加密法（substitution cipher）。它的历史非常悠久，在古罗马的时候就被广泛采用了。事实上，表13.3的加密方式正是两千年前恺撒大帝最喜欢使用的。

　　你也许会问，要是密码根本不按照字母表的顺序安排，你这个解密办法就不能用了吧？对这个问题，有一位古老的学者早就回答了，他说：

　　　　如果已知密码的母语，一个解密的方法是找到一份用同种语言写成的一段不加密的文字。文字至少要有一页纸那么长，我们先对出现的字母计数，把出现最多的字母称为"第一号字母"，第二多的字母为"第二号字母"，等等，依此类推。一直做下去，直到把所有的字母都数过来。然后对加密的文字做同样的工作，找到其中的"第一号"、"第二号"等字母，直到把所有的字母都数过来。……有时加密的信息太短，不包含母语所有的字母。在这种情况下，字母出现次数的高低就很可能不正确了；字母次数的高低只有在足够长的信息中才可能是正确的。……在后种情况下，必须采用其他方法。

　　也就是说，不管密码是怎么构成的，只要密码同母语字母有一一对应的关系，我们都可以通过字母出现的频率找到这种对应关系，前提是必须知道母语是什么，而且加密的文字足够长。显然，给出答案的人已经知道这个方法的统计学特性：文字越长，字母出现的规律越可靠，破译的把握就越大。

　　为什么呢？因为每个使用字母的语言都有这个特征，那就是字母使用的频率不均衡。替代字母的符号不论看上去多么复杂，一旦有了足够的文字，字母使用频率的规律就显现出来了。就拿英文来说，字母E出现的频率最高，其次是T和A，等等。只要密码传递的信息是英文的，这个规律就是不可改变的。当然，编制密码的人可以加一下花样，比如前一章图12.4中使用的空字符、双字符、短语的代码等等。

　　第一个发现这个现象的人一定具有非同寻常的观察能力。

　　我们上面所引的话，来自阿布·优素福·肯迪（Abu Yusuf Al-Kindi, 801—873）。他在公元841年写了一部手稿，名字就叫《关于破译加密信息的手稿》（A Manuscript on Deciphering Cryptographic Messages）。这部手稿埋没了一千多年，直到1979年才在土耳其伊斯坦布尔的苏里曼档案馆里发现。

　　肯迪这个名字来自一个古老的游牧王国肯达（Kindah），这个部落最早在今天的也门一带生活，后来逐渐转移到阿拉伯半岛的中部。肯迪的家族世代都是部落领袖，先祖卡伊斯（Al-Ash'ath ibn Qays, ?—661）和伊斯兰教创始人穆罕默德（Muḥammad，约570—632）是同时代人。肯达部落一直到公元6世纪都信奉多神论，在5世纪还有不少人转信犹太教。也许由于这样的背景，肯达人在转信伊斯兰教的过程中有点儿三心二意。卡伊斯起初追随穆罕默德，但后者去世以后，他又离开了伊斯兰教。当时伊斯兰教的势力已经非常强大，卡伊斯因为叛教遭到逮捕。表示悔改以后，他被重新启用，并率领自己的部落参与了伊斯兰征服美索不达米亚和波斯的战争，最后在库法（Kufa）驻扎并安顿下来。肯迪就出生在这个距离巴格达一百多公里的小城里。

　　公元9世纪的远东，大唐王朝刚刚经过8年的安史之乱（755—763），精疲力竭，气息奄奄。西方，欧洲的加洛林王朝兴盛不久又陷于内战和分裂，它一面要应付东罗马帝国的挑战，一面又要面对北方崛起的维京人（Vikings），于是阿拉伯诸国崛起。846年，一万多名撒拉森人（也就是阿拉伯人）和500名骑兵居然攻到了罗马城外，对城郊的基督教神庙大肆破坏，包括圣保罗大教堂。

　　巴格达是当时世界文化的中心。阿拔斯王朝（Abbasid，中国古代称之为黑衣大食）的第七代哈里发迈蒙（Abū 'Abbūs 'Abd-Allah al-Ma'mūn, 786—833）开启了历史上著名的"百年翻译运动"，使阿拔斯文化和整个阿拉伯伊斯兰文化进入了鼎盛时期。迈蒙把他父亲在巴格达建立的图书馆加以扩充，命名为智慧之宫，鼓励官员与朝臣从事古代文献的研究和翻译。这些文献主要是古希腊学术和文化著作，但也包括古波斯、古印度、亚述、希伯来、拉丁语及其他许多语言的文献。这些举措挽救了大量珍贵的古代文献，后来到了欧洲的文艺复兴时代，许多古希腊文献就是从阿拉伯文翻译过来的。

　　肯迪在巴格达接受了良好的教育，并且崭露头角，于是迈蒙指派他为智慧之宫的主要负责人之一。另外几位负责人，包括开创代数学的花剌子米（Al-Khwarizmi，约780—约850，见《几何与代数卷》），还有穆萨三兄弟（Banu Musa Brothers）。肯迪在许多领域都有建树，其中以哲学为最，被认为是阿拉伯哲学之父。迈蒙是一位开明的哈里发，肯迪得以阐发他的不大合乎伊斯兰原教旨的哲学观点。他在天文学、光学、医学、化学、数学上也有重要建树。据说，他一生出过290本著作。他研究密码学的主要原因是为了翻译。智慧之宫遇到很多死掉的、无名的和加密语言的文本。为了读懂这些文字,必须研究解密和句法。有人甚至认为,在他的时代,古埃及文字也已经被阿拉伯人破译了。读者也许还记得上篇里的卡当诺吧?肯迪是卡当诺最佩服的世界十二位思想家之一。

833年迈蒙去世,他的弟弟穆塔西姆(al-Mu'tasim bi-'llah, 794—842)即位,肯迪继续得到重用,并为新哈里发的太子充当教师。这时阿拔斯王朝以呼罗珊人为主力的常备军已经欲振乏力,而阿拉伯人与波斯人的冲突不断。穆塔西姆想了一个办法,用自己的突厥奴隶组成禁卫军。我们在第七章的纸牌故事中,曾经介绍过马木留克这个国家。马木留克的兴起就是源自穆塔西姆。伊斯兰世界在控制了阿拉伯半岛以后,向伊朗高原和北非扩张,各地的领主纷纷从中亚购买或招聘游牧民族的勇士看家护院。他们是被人花钱买来的,属于私人财产,背景单纯,忠心耿耿。这就是所谓"白人奴隶"(马木留克)军团的起源。实际上,穆塔西姆自己的生母就是突厥女奴。在二三百年的时间里,马木留克军人从奴隶开始,由于骁勇善战,渐渐成为骑士阶层,最终反"客"为主,成为埃及的统治者,那是后话。

穆塔西姆统治期间,马木留克军团与正规军之间的冲突不断发生,于是穆塔西姆于836年亲率马木留克军团迁都,搬到了底格里斯河上游一百公里处的萨迈拉(Samarra)。从这一年起,阿拔斯王朝以萨迈拉为都长达56年,其间换了7位哈里发。842年穆塔西姆去世,后来的哈里发们开始对肯迪越来越不满了。

847年,穆塔瓦基勒(al-Mutawakkil, 822—861)登基,开始对非穆斯林宗教大加迫害,摧毁了巴格达的基督教教堂和犹太教会堂,肯迪的"自由派"表现也受到压制。这时穆萨三兄弟乘机进谗言,致使穆塔瓦基勒下令鞭笞年迈的肯迪,并强迫将其藏书全部送给穆萨兄弟。公元873年,贫困交迫的肯迪孤零零地死在巴格达。

一直到今天,肯迪留下的解密分析方法都非常重要。因为无论多么先进的加密方法,都脱离不了语言本身的特征,解密到了最后一步,必须查看字母使用的频率是否同该语言的一般特征相符合。

本章主要参考文献

Broemeling, L. D. An account of early statistical inference in Arab cryptology. The American Statistician, 2011, 65: 255−257.

Al-Kadit, I. A. Origins of cryptology: the Arab contributions. Cryptologia, 1992, 16: 97−126.

第十四章 研读死亡报告的布店老板

英国伦敦皇家自然知识促进学会（The Royal Society of London for Improving Natural Knowledge），习惯上称为皇家学会，是世界上最古老而且从未中断过的科学学会，相当于其他国家的科学院。皇家学会共分两大学科领域，物质学科（包括数学，称为A类）和生物学科（B类），下边又分设12个学部委员会。学会成员分为皇家会员、英籍会员、外籍会员3类。皇家会员只产生于皇族，不定期选举；英籍会员每年至多选出40名；外籍会员每年顶多选4名。当选的会员享有极高的社会荣誉。从1660年成立到现在，皇家学会一共授予过8 000多个会员（也称院士）的头衔，其中有280名诺贝尔奖得主。这些会员们，特别是早期的会员们，大多背景显赫，履历辉煌。其中的原因很显然：这些人的家庭必须有丰厚的财富，他们才能接受当时最好的教育；他们自己或是有足够的职业收入，或是完全依靠家庭的财富，因而可以毫无后顾之忧地从事研究。

但是也有例外。在早期的院士名单里有一位，皇家学会的档案是这么介绍他的履历的：

职业：商铺店主

研究领域：统计学，人口统计学

教育背景：布头零售商学徒

布头零售商（haberdasher）这个词，最早出现在英国文学家乔叟（Geoffrey Chaucer, 1343—1400）的名著《坎特伯雷故事集》（The Canterbury Tales）里。早期的布头商是走街串巷挑担卖货的小本生意，卖的主要是布条纽扣、针头线脑之类，供人缝补之用，后来做布匹生意的商店也采用这个名字。在伦敦，布头商同业公会（Worshipful Company of Haberdashers）和布业同业公会（Worshipful Company of Drapers）是最早12个同业公会之中的两个，前者主要从事买卖丝绸和丝绒等精致纺织品，后者主要买卖布匹和羊毛制品。

这位皇家学会院士名叫约翰·格朗特（John Graunt, 1620—1674），出生在伦敦城里他父亲开设的一个名叫七星的小小店铺里。我们对他的童年一无所知。他从16岁起跟一个布头商做学徒，连续5年，显然没有受过什么良好的教育。但他天性勤奋，每天店铺开门之前，就早早起来攻读拉丁文和法文，后来他继承了父亲的小布店，多数时间坐在店铺里写写算算。他的勤奋好学使他逐渐得到人们的重视，加上他性格开朗，热情好客，社会地位在伦敦飞快地跃升。先成为著名的布业商会的"自由人"，然后进入伦敦庶民议会（The Common Council of the City of London），还是英格兰后备军的上校。所谓"自由人"是一种名誉称号，获得这种称号的人可以享受该组织的所有权益而不必缴纳加入组织的年金。

不知道从什么时候起，他开始对伦敦城每周发布一次的死亡报告感兴趣。1662年，格朗特印出一本只有85页的小书，许多崭新的思想横空出世。这本小书一下子创造了好几个统计学的新领域，并且让政府看到统计学在国家管理和疾病预防上的关键作用。从某种意义上说，这本小书使英国政府的管理从中世纪的落后状态一下子跃进到现代。

在故事继续之前，有必要先介绍一下伦敦的死亡报告，而要介绍死亡报告，最好先从欧洲人闻之色变的黑死病（Black Death）说起。

"黑死病"这个名字据说来源于病患者的一个普遍症状：病人的皮肤大多由于皮下出血而变黑。而黑色在欧洲文化中有悲哀、忧虑、恐惧的意思，所以这个名字被大众广为接受。近期考古遗传学的研究认为，黑死病的主因是鼠疫杆菌的大流行。在正常情况下，鼠疫杆菌只在跳蚤和啮齿类动物身上生存，但靠着这两种宿主作为中介，鼠疫杆菌可以传播到人身上。在今天吉尔吉斯斯坦东北部的伊塞克湖（Issyk-Kul）附近，有一个东亚述基督教徒的群居地。那里三个墓地几百个坟墓的墓碑上，记载了在1338—1339年灾疫传播，人们大量死去的信息。许多人认为这是最早的黑死病发源的文字记载。

伊塞克湖周围地区原来人口众多，物产富足。1222年，中国著名的道士丘处机（1148—1227）曾经在拜访成吉思汗的旅途中经过这里。丘处机说，这里土地肥沃，遍地桑树、庄稼、葡萄园和果园。可是24年以后，当天主教传教士柏朗嘉宾（Giovanni da Pian del Carpine, 1180—1252）奉教皇的旨命给蒙古帝国送信经过此地时，举目所见只有废弃的城镇和村庄。原来，蒙古人占据这里后不久，就把树木和庄稼全都铲平，用来养草牧马。到了1320年前后，波斯地理学家加茨维尼（Ḥamd Allāh Mustawfī Qazvīnī，1281—1351）来到这里时，此地已经只有游牧之人了。牧人一致赞美这里土地肥沃，牧草繁盛，却没人种庄稼。

土拨鼠、黄鼠、沙鼠、鼠兔等啮齿类动物在草地里寻食繁殖，身上带有大量的寄生虫，尤其是跳蚤。1338年之前的几年，这个地区雨水特别充沛，遍地牧草茂盛，可是1338年大旱突然来临，土地干涸，牧草大批枯死。天气的剧烈变化是否源于蒙古人对生态环境的破坏，我们无法确知。鼠类为了寻求生存，开始侵入牧人居住的地区，把随身携带的跳蚤传到家鼠、家畜、牧马、骆驼和牧人身上。伊塞克湖处于钦察汗国与蒙元帝国之间，是二者从事贸易的必经之地，经商的马队、骆驼队经年络绎不绝。这里还是蒙古王朝调动部队、军需品和军粮最为常用的路径，而当时蒙古人又有猎食野鼠的习惯，这就给传染病蔓延造成了绝佳的机会。

在鼠类身上受到鼠疫杆菌感染的跳蚤，其部分内脏被杆菌的生物膜所阻塞，致使跳蚤难以进食。这使得受到感染的跳蚤产生更强烈的求食欲望，并采用呕吐的方式把腹内的杆菌排出来，当这些跳蚤吸食动物血液的时候，呕出的杆菌就进入动物的伤口，造成感染。对鼠疫杆菌有抵抗性的老鼠，是病菌长期的宿主。而缺乏抵抗性的老鼠死去以后，身上的跳蚤需要另外寻找宿主，它们或者找到别的老鼠，或者跑到人身上。干旱使老鼠大批死亡，大量带菌的跳蚤盲目地拥向四面八方寻找宿主，于是造成传染病的大暴发。

1343年，鼠疫传到了克里米亚半岛。半岛东端有一个意大利热那亚人设立的交易站卡法（Kaffa；现在叫费奥多西亚，Feodossia）。1347年10月，一支12艘船只组成的热那亚贸易船队从卡法把病菌带到了西西里，黑死病很快传遍整个岛屿。次年一月，船队先后抵达热那亚和威尼斯，几周以后，黑死病到达比萨。从这里开始，整个意大利北部就都闹起黑死病。意大利人群起驱逐这些害人的商船。月底，一艘被驱逐的商船抵达法国南部最大的港口城市马赛，黑死病迅速在法国蔓延。黑死病进入英国是那年的6月份，侵入西班牙和葡萄牙时是炎热的夏季，疫情蔓延越加不可收拾。黑死病继续向北、向东，通过欧洲大陆的德国和英吉利海峡对岸的苏格兰进入斯堪的纳维亚。1349年，一艘热那亚的商船进入丹麦，黑死病横扫丹麦后进入冰岛，最后于1351年进入俄罗斯。就这样，整个欧洲和中亚大部都被黑死病勒住了喉咙。

这是一场人类历史上空前的大灾难。据估计，在短短的4年时间里（1347—

1351），有几千万欧亚人口死亡。欧洲各国人口的死亡率估计从百分之三十到百分之六十不等。巴黎的人口减半，佛罗伦萨人口减少百分之六十到七十，汉堡和不来梅的人口都减少了百分之六十，伦敦死了 62 000 人。意大利、西班牙和法国南部处于温热地带，又是最早发病的地区，那里的人口消失率高达百分之八十。

　　1351 年以后，疫情有所好转，但是几乎每隔几年就出现黑死病要东山再起的迹象。在欧洲各地，黑死病此伏彼起，断断续续闹了几百年，闹得人心惶惶（图 14.1）。那时候，到处可见所谓的"鸟嘴医生"（Doctor Beak），这是专门处理黑死病患者的"医生"（图 14.2），他们头戴鸟嘴状的面具，因以得名，这种诡异的形象不是专门用来吓唬人的。当时人们没有意识到身体卫生的重要和跳蚤的作用，他们相信鼠疫是通过空气来传播的。那时最深奥的理论认为，黑死病在某些行星连成一串的时候被激发，并通过病人身上放射一种毒气（miasm）来感染周围的人。这种说法有点像中国古人所说的瘴气杀人，所以在访问病人之前，"鸟嘴医生"必须先在长长的皮革制造的"鸟嘴"里塞满晒干的花朵以及除臭植物的叶子，直到鼻子被香料埋起来。这些瘟疫医师大多没受过什么医学训练，更缺乏临床诊断的能力，他们身穿长袍，用木制的手杖碰触病人，还鞭打病人，以此赦免他们的"罪"。当时人们相信，罹患黑死病的都是触怒上帝的恶人，因而得到上帝的惩罚，只有通过无情的鞭笞，病人才能获得救赎。

图 14.1　在这张 1625 年出版的版画里，伦敦的居民（穿长袍戴帽子的人们）为了逃避黑死病向右面逃离，遭到手持钢叉的城外居民的拼命阻拦。画面上方的字是：上帝，怜悯伦敦吧！（Lord, have mercy on London！）

图 14.2　这幅铜版画描绘的是 17 世纪在罗马治病的鸟嘴医生，约作于 1656 年。

黑死病不仅对欧洲人口造成严重影响，也使得一些少数族群受到加倍的迫害，例如犹太人、穆斯林，以及乞丐和麻风病患者。黑死病也改变了欧洲的社会结构，还动摇了主导欧洲的罗马天主教的地位。生存的不确定性使"今朝有酒今朝醉"的情绪四处蔓延，如同薄伽丘（Giovanni Boccaccio, 1313—1375）在《十日谈》（*The Decameron*）中所描绘的一般。对于欧洲各国的统治者来说，难以预料的、经常暴发的鼠疫对他们的统治造成极大的威胁。贵族、有钱人、政客、法律人员，甚至医生经常在鼠疫到来之时先行逃窜。政府机构因此而瘫痪，抢劫和暴动到处泛滥，得不到控制。

比起欧洲的大陆国家来，英国的处境稍微好一点，死亡人口约占百分之二十左右，但后来规模较小的黑死病流行也是不断地发生，每次都造成大量人口死亡，于是从1530年代起，伦敦建立了一种警示系统。伦敦老城城墙内有97个教区（parish）。市政府要求每个教区每周上交一份死亡报告，其中注明正常死亡人数和黑死病死亡人数。这种数据可以帮助政府判断一个潜在的大病灾是否即将来临，应如何采取措施。富人也靠这种报告来决定，是否应该出城去吸取新鲜空气了（直到18世纪，人们一直以为黑死病是由不净的空气造成的）。从1538年起，英格兰教会教区把婚礼和小孩洗礼的数据也加到报告里，但是教区内不信奉教会教义的人不包括在内。伦敦的教会人士也有同业公会，从1604年起，伦敦的死亡报告就由伦敦教区工作者同业公会（Worshipful Company of Parish Clerks）来印发。报告每周四发行，有不多几个家庭订阅，年订阅费是4个先令（一英镑等于20先令）。这种报告一直持续到1842年，之后市政府才把这个责任接过去。

这些报告很难得到人们的重视，多数被丢在书架上或哪个角落里，落满了灰尘。格朗特却注意到它们的价值，并动手去研究它们。这是一个浩繁的工程。50年的报告，堆积起来估计有两三千页，而且有时编号混乱。格朗特仔细阅读，详细记录，把一本本零散报告中的数据编纂成表格。

经常暴发的黑死病是格朗特第一个注意的问题。死亡报告里不仅有死亡人数，而且通常还有病因，但疾病的细节并非分得很清楚。教区要求死者家属及时通知教区工作人员，派专人到死者家里看望死者，这些被称为"调查员"（searcher）的多数是中年妇女，这个工作大概算是她们的副业。调查员观察死者，填写报告，病人家属为此需要付给来访的调查员一个先令作为报酬。这种死亡统计方式显然有不少弊病，比如调查员的文化程度不高，虽然有时她们的访问有医生陪同，但当死亡率突然增加时，她们

▼

故事外的故事

在英国工业城市谢菲尔德西南几十公里，峰区国家公园（Peak District National Park）群山的南麓，有个小小的村庄，名叫伊亚姆（Eyam），村民世代以农畜业和铅矿为生。1665年，村里的裁缝收到从伦敦发来的一捆衣服。不到一个星期，淋巴腺鼠疫就开始在村里流行起来了。村民找到村监和教会牧师寻求帮助。在采取了所有可能想到的手段，疾病还是无法控制时，大家一致决定把自己村子封锁起来，禁止出入，免得再把鼠疫传给别人。村民们在村口边界上做了标记，并张贴告示禁止入内。他们相信醋可以消毒，于是把用醋泡过的钱币放在村口，希望能换取外村人送来的药品。他们就这样英勇地坐以待毙，整整14个月。

全村本来约有350口人，最后走出来的只有80几位。其中一位妇女，她在6天之中送走了丈夫和6个子女，而自己毫无症状。村子的掘墓人每天埋葬因黑死病去世的病人，自己却从没被传染。为什么有人对黑死病有如此顽强的抵抗力？这个问题至今没有答案。有人从孟德尔的遗传理论中寻求解释，即所谓的"伊亚姆假说"：亲属之间的遗传选择使得一些人不易受到感染。

村民的无私抉择得到全英国人的崇敬。至今到这里来参观和致敬的人群络绎不绝，每年8月，这里举办黑死病星期日的纪念活动。

1998年我出差经过这里。同行的英国同事向我骄傲地讲起这个故事，我被震惊了，同时感到无法置信。我想象不到17世纪山里的农民和矿工竟能有如此的道德情怀和面对死亡的信心和勇气。

不得不各自单独行动，拼命奔波，还是访问不完死者家庭。她们当中不少人酗酒，喝多了以后就犯糊涂，有时该去调查的没有去，有时死者一家同时来了两个调查员。每人都要一个先令的报酬，搞得死者家属很恼火。但不管怎么说，有数据总比没数据要好无数倍。

　　格朗特的第一个研究就是从这些死亡数据开始的。1603年以前的死亡报告断断续续，经常是在鼠疫出现之后，报告两三年，之后便不了了之，直到下一次鼠疫暴发，才又重视起来，重启报告，过了几年便又懈怠了。从1603年以后，报告的连续性很好。格朗特注意到，每年伦敦死亡的人数变化非常大。比如从1622年到1624年的几年里，死亡人数比较平稳，大约在7 000到8 000之间，而且注明是鼠疫的死者很少。可是到了1625年，死亡人数陡然升到51 758人，其中35 417人被注明是"死于鼠疫"。这个数目已经大得惊人了，可是格朗特根据1625年之前的死亡数据推断，1625年的鼠疫死亡人数还是被大大低估了。如果用7 000到8 000来代表没有鼠疫情况下每年的平均死亡人数，那么1625年死于鼠疫的真正人数应该在46 000人左右，也就是总死亡人数的85%。为什么调查员给出的数目会少这么多呢？一种可能是，死亡人数太多，调查员无法逐个确认，只好敷衍了事。另外，按照当时的规定，鼠疫患者的家庭必须全家隔离。不少家庭为了避免隔离，可能会去贿赂调查员，请他们不要把死亡定性为鼠疫。

　　那时候，笛卡尔发明的直角坐标系还没有得到数学界的广泛认同。对于数学水平仅够算账的格朗特来说，他唯一能想到的数据表达方式就是列表，或者采用直白的语言描述。他明白自己的短项，直接将自己的分析方法称为"店铺算法"（Shop arithmetic）。对大多数人来说，干巴巴的数字难以让人感觉到鼠疫带给伦敦市民的强烈震撼。如果我们把他的表格换成曲线，感觉就不同了。图14.3是格朗特所描述的1625年前后死亡人数的变化。按照他的统计分析，图中1625年那个尖锐的死亡高峰实际上应该再高出三分之一才对。

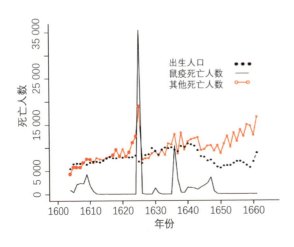

图14.3　格朗特根据死亡报告列表得到的1625年前后伦敦死亡人数随年份的分布。图中的数据是死亡报告给出的原始数据。1625年因鼠疫死亡人数的剧增一目了然。可是格朗特的分析表明，该年鼠疫造成的死亡人数比这张图上给出的还要高11 000人左右。黑点是出生人口的逐年变化。

　　利用类似的分析逻辑，格朗特发现1592年、1593年、1603年、1625年和1636年都是伦敦的鼠疫大灾年，鼠疫造成的死亡人数都在总死亡人数的60%以上。格朗特自己不用百分数，他使用的计算方式是账房先生式的，比例仅仅用分数来表示，如1/2、1/3、1/5、1/7，等等。

　　估算出鼠疫死亡人数占总死亡人数的比例已经很了不起了，因为这是人类历史上第一次根据实际数据得到的死亡数据。可是格朗特接下来又问自己，能不能估计出鼠疫死亡人数占伦敦总人口的比例呢？他想到了一个办法：利用死亡记录中的受洗婴儿的记录。如果人口出生率大致保持不变，那么从一年的出生数据就可以估算当年的总人口数。由此，他得出结论，在那些伦敦的大灾疫年里，大约每5人里就有1人因为鼠疫丧生。

　　格朗特还把各种因不同的疾病造成死亡的情况分开来分析。他把20年的报告里面因病死亡的记录都加起来，总共得到229 250例。经过仔细分类，格朗特发现，孩童的死亡大约有77 000例，老年性死亡约16 000例，"慢性病"约70 000人，"流行病"约50 000人。这里，所谓"慢性病"是指死亡率大致稳定，不随年份变化的疾病，而"流行病"则是那些年与年之间死亡率变化剧烈的疾病。

　　有30多种疾病死亡率非常低，小于年总死亡人数的5%。他说，许多人对那些疾病存在着极大的恐惧心理，他希望自己的分析结果会让这些人放下心来。还有一些疾病，死亡率似乎有持续不减的趋势，但他的分析表明，这种增加主要和人口增长有关。比如他举了一个"结石"造成死亡的例子。1631年到1635年这5年里，因结石而死亡的人数是254人，而1656年到1660年这5年里，因结石而死亡的人数是250人，这似乎意味着结石的死亡率保持不变；但他估算了这两个5年期间伦敦的总人口之后，发现1656年到1660年间伦敦的人口比25年前增长了不少。所以，实际上1656年到1660年间由于结石而死亡的人数相对于总人口的百分比是减少了。

　　这些分析结果具有划时代的意义。试想一下，死亡对于个体来说是无序而且无法预测的。可是，为什么对一个巨大的人口组合来说，死亡又是有规律的，可预测的？这种规律与可预测性又意味着什么呢？即使在今天，我们仍然不能完全回答。格朗特当然无法回答这样的问题，但他是第一个指出这个现象的。他说：

　　　　在众多的死因当中，有几个同总死亡人数基本保持不变的比例，其中包括慢性病，这是伦敦城承受最多的。

从慢性病的比例，我们似乎可以推断一个国家的长期的健康程度。

格朗特已经意识到，有些知识和信息只有在人口基数足够大的时候才能得到。在没有流行病的年份，伦敦的死亡人数大致平稳，这为大灾疫提供了一个稳定的、"期待的"死亡人数基线。依靠这条基线，他可以找到造成灾疫死亡的病因，评估不同教区的数据的可靠性，甚至有可能发现局部数据中的错误。忽然之间，格朗特意识到，这些死亡报告是个无价的宝矿。于是，他在自己的小册子里开始讨论这些结果对一系列自然现象和政治现象的意义。

本章主要参考文献

Glass, D. V. John Graunt and his natural and political observations. Proceedings of the Royal Society of London. Series B, Biological Sciences, 1963, 159: 2−32.

Graunt, J. Natural and Political Observations Mentioned in a following Index, and made upon the Bills of Mortality, 1662. http://www.neonatology.org/pdf/graunt.pdf. Text converted by Ed Stephan from Reprint Edition of 1975, produced by the Arno Press Inc., New York, under the general editorship of Lewis A. Coser, reprinted from a copy in the University of Illinois Library.

Hald, A. A History of Probability and Statistics and Their Applications before 1750. Willey Series in Probability and Statistics. New York: John Wiley & Sons, Inc., 1990: 586.

Morabia, A. Epidemiology's 350th Anniversary: 1662—2012. Epidemiology, 2013, 24: 179−183.

Slavin, P. Death by the lake: Morality crisis in early Fourteenth−Century Central Asia. Journal of Interdisciplinary History, 2019, 50−59−90.

第十五章　格朗特的诸多"第一"

前一章的故事被认为是流行病学（Epidemiology）诞生的正式标志，可是那仅仅是格朗特85页的小册子里很少的一部分。在这一章里，我们谈谈他在其他领域的开创性结果。

人口和财产的普查从很早就出现了，最初主要是为了税收和军队。罗马共和国时代，罗马城里的普查每5年进行一次。进入罗马帝国时代，普查扩展到整个帝国，可是伴随罗马帝国的灭亡，这种普查也在欧洲消失了。系统的、全国性的普查要到18世纪以后才重新开始。在中世纪和文艺复兴时期，普查时有时无，主要是为了收税。对普查的数据进行统计分析出现得就更晚了，因为巨量的数据只有在计算机出现以后才有可能进行分析。

"统计"（statistics）这个词来源于意大利文。在意大利语里，"stato"是国家或政府的意思（也就是英文的state），而"statista"则是在政府里工作的人。"statistics"的最初含义，是指专门为政治家所收集的一堆数据。这个词最早出现在16世纪意大利的一些城市国家，后来传入法国、荷兰和德国，并从17、18世纪起成为欧洲一些大学的专门课程。不过当时课程的内容主要是各国的宪法以及关于人口、经济、地理等方面的文字描述。这个古典意义上的"统计学"从19世纪起就消失了。

文艺复兴时期，意大利的一些城邦国家如威尼斯和佛罗伦萨开始系统地收集人口和经济的数值数据。1662年格朗特发表的分析则开创了一个新的学科，不过把它正式称为"统计学"还是要等到19世纪呢。

格朗特对自己的结果信心十足。在小书前面写给英国掌玺大臣罗伯茨（John Roberts, 1606—1685）的献词书信中，他说自己对死亡报告的分析使他得到了许多结论，比如：

> ……鼠疫期间患者隔离的措施给人们带来很大的不便，而且缺乏实效；即使是最严重的鼠疫，不论是伦敦还是全国，其发作和消失的过程都很短暂；战争和殖民对男性的消耗并不能改变男女性别之间的比例；把鼠疫同国王上台之类

的事件联系起来的说法是错误的，甚至是罪恶的；伦敦作为英格兰的大都会，可能过于庞大，使英格兰有点头重脚轻；伦敦的人口增长是全国的三倍，这个头长得太快了；教区已经变得完全不成比例；我们的神庙已经不适合我们的信仰；贸易和伦敦城都在逐渐往西移动；伦敦老城只占伦敦的五分之一；老的街道已经不适应满街奔跑的马车；能当兵的伦敦男人可以构成三支英格兰岛的军队；等等。

很难想象能从一堆干巴巴的死亡数据中得出这么多有用的结论，是不是？下面，我们就从几个例子看看他的统计学的思路和分析方法。

第一次准确估算伦敦的人口。

格朗特生活的时代，不少人相信，伦敦的人口在一百万左右。有一天，格朗特跟一位市政官聊天，这位官员坚持说，伦敦的人口已经有两百万了。每人都有一个估计，又都拿不出根据。格朗特决定从死亡报告的数据里找答案，并且以他特有的谨慎和缜密，采用三种估算方法来相互印证。

第一是从正常死亡人数来估算。我们在前一章里看到，他从死亡报告得到的正常年份的平均死亡人数是 13 000。他还计算出，正常年份，平均每年每 11 个家庭里有 3 人去世。假定一个典型的伦敦家庭有 8 口人：夫妇 2 人，3 个孩子，3 个仆人（包括付租金寄居的人），于是他得到平均年死亡率为 3/88，也就是 34‰。由此，他估算出伦敦的人口是 38 万多人。

第二是从出生人数来估算。他估计婴儿的平均年出生数在 12 000 左右。假设每一位成年妇女平均两年生一个孩子，他估计有 24 000 名孕龄妇女。由此，他估计伦敦的有生育能力的家庭数目大约是 48 000 千。按照平均 8 口之家来算，伦敦的人口也是 38 万多人。

第三是从伦敦的家庭分布来估算。从伦敦的地图和平均每座房子所占的面积，他得到每 100 平方码居住 54 个家庭。当时的伦敦老城，城墙里大约有 22 000 平方码，由此他得到老城里的家庭数目是 12 000 千。从死亡报告来看，老城里的死亡人数是总死亡人数的 1/4，那么，伦敦的总家庭数目是 48 000 千。这样得到的伦敦总人口还是 38 万多人。

这种吻合程度似乎过于圆满了。但格朗特异乎寻常地坦率，他把所有的假定和逻辑步骤都清晰地写出来,供读者评判。

第一次估算伦敦人口的增长和城市的变迁。

格朗特发现,相比于1605年,伦敦老城城墙里面的97个教区在1659年的正常死亡人数几乎翻了一番(确切的比值是1.7)。城墙之外,仅靠着城墙的16个教区,1659年的正常死亡人数是1605年的2.3倍。更远郊的10个教区的增长率则高达4.5倍。把所有郊区的数据放在一起平均来说,1659年的正常死亡人数是1605年的2.5倍。正常死亡率的变化反映了人口的变化。格朗特得出结论,伦敦的人口在50年里翻了一番还多。从这些数据还可以看出,老城里面已经饱和,没有建造新房屋的空间了,所以人口增长相对缓慢。远处的教区多数在伦敦的西郊,那里是有钱人盖大房子的地方,人口增长得也快。

他还估算了伦敦的移民人口,结论是,17世纪上半期,每900名伦敦市民里就有一位新移民,平均每年增加移民6 600人。

第一次估算人口的性别比例。

格朗特还利用死亡报告列出的新生儿和死者的性别,计算了它们对应的性别分布。除了伦敦以外,他还找到一个小城罗姆西(Romsey)的数据,用来作为对比。他在小册子里给出的比例都是近似的分数,为了使读者读起来方便,这里都改成小数了。他发现,从1629年到1660年伦敦的受洗婴儿记录里,男婴对女婴的平均比值是1.074。而罗姆西的记录涵盖的年代要长很多。从1569年到1658年这90年里,那里男婴对女婴的平均比值是1.06。

这两个比值很相近。但这样得到的比值可靠吗?格朗特说,伦敦人似乎生男婴多一些,但他又不很确定。他接着又说,也可能在其他什么地方,生女婴的要多一些。这实际上牵涉到统计学中的取样问题。从他给出的数据来看,罗姆西的数据量太小了。比如,伦敦8年的婴儿受洗人数有65 000人左右,而罗姆西只有700人。

为了检查婴儿性别比例的结果,格朗特还研究了死亡者的性别比例。他发现,在1629年到1660年的同一个时期,男性死者对女性的平均比例是1.098。由此,他说,伦敦出生婴儿男孩对女孩的性别比是16比15。他没有讨论为什么死亡的男女比例似乎比出生的比例还要大。

人类历史上第一张生命统计表（Life table）。

所谓生命统计表，在现代意义上，是关于某个国家或地区人们生存的一些概率信息。这包括表达"正常人"从某个年龄到下一个生日前死亡的概率和在每个年龄的预期寿命。这里所谓"正常人"是根据大量统计数字得到的具体到个人的平均值。这个表格对现代生活具有非常重要的意义。社会管理和医疗、生命保险以及国家福利的各种决策在很大程度上取决于这个表格。

格朗特是最先构建生命统计表的。他的最初目的是要为英国军队提供一个兵源的可靠信息。从16世纪到17世纪，英国战争不断。在格朗特的有生之年，几乎年年打仗。比如，1625—1630年英国-西班牙战争，1627—1629年英法战争，1642—1651年英格兰内战，1652—1654年英国-荷兰战争，1654—1660年英国-西班牙战争等。伦敦有多少男人能当兵出去打仗？整个英格兰有多少人可以当兵？这是英国政府最重视的问题之一。

格朗特还是从他的死亡报告数据出发。当时英国的兵役年龄在16岁到56岁之间。要想估计在这个年龄范围内的男人的数目，他需要利用死亡数据来构建人口数目随年龄变化的数据。这看来是不可能做到的事情，但格朗特找到了一个途径：他可以从死亡数据里找出儿童和老年人的人口分布。一旦知道了两头，中间的空隙就可以利用一些假设填补起来，类似于内插，应该不会相差太多。

在前面提到的20年里的229 250个死亡人数中，怎样知道究竟有多少是孩童呢？格朗特在小册子里给出详细的分析思路。他先把死亡报告中各种跟婴幼儿联系比较紧密的疾病列出来，比如鹅口疮、惊厥、佝偻、牙病、寄生虫病等，一共有71 124人，他假定这些死亡的都是儿童，而且在4岁到5岁以下。换句话说，儿童占总死亡人数的三分之一。再考虑到其他传染性疾病，如天花、水痘、麻疹等等，死亡记录里有12 210人。他假定其中有一半（6 105人）是6岁以下的儿童，于是得到儿童死亡人数为77 229。从这里他估计，6岁以下儿童约占死亡总人数的34%。如果把有记录的堕胎和死胎人数（8 559）也包括在内，那么儿童死亡比高达37%。把两个数平均起来，大约是36%。

儿童死亡竟然占了总死亡人数的1/3还要多，这是一个非常高的比例。在17世纪的医疗和卫生条件下，这样的比例是可以理解的。格朗特从这里出发，认为从这个比例可以推论出存活儿童的比例。

死亡记录里，记录为"老年"的死者有15 757人，是总死亡人数的7%。可是记录里没有年龄的数据，这使他无法得到可靠的死者年龄分布。他假定66岁以上的人占总人口的3%，76岁以上的只占1%。

于是他做出如下结论：

"由此我们发现，在100个出生的儿童中，36个会在6岁之前死去，而也许只有一人活到76岁。在6岁和76岁之间有6个十年，我们寻找一组把64个幸存者在这60年里成比例变化的数值。死亡不会精确地按照比例发生，所以这些数值应该足够地接近真实情况……"

然后，他给出了100个新生儿每十年的死亡人数表（见表15.1）。

表15.1　格朗特的生命年表

年　龄	死亡人数	存活人数
0—6	36	64
6—16	24	40
16—26	15	25
26—36	9	16
36—46	6	10
46—56	4	6
56—66	3	3
66—76	2	1
76—80	1	0
80—	0	0

以今天的眼光来看，那真是一个很残酷的年代。每100个新生儿，到16岁时只剩下40个，而到26岁时，只有25人了。

这种估计可靠吗？　1899年，有人分析了意大利城邦热那亚从1601年到1700年整整100年的死亡数据，发现按照100个儿童出生的比例，到7岁的时候，有57人幸存。这同格朗特的估计相差不远。不过往后的差别越来越大。热那亚的数据显示，幸存人数在17岁时是48人，27岁时是40人，47岁时是26人，67岁时是11人。也许，格朗特的估计有点过于悲观了，但也许这就是当时英国的现实。在当时的医疗卫生和生活环境下，热那亚的气候远比伦敦更适合生存。

从表15.1，格朗特通过伦敦人口和男女比例的16/15得到男性的人数，然后计算他想要的兵役人数，也就是16岁到56岁的男性人数。但他犯了一个简单的计算错误，他说100个出生男孩里，存活于16到56岁之间的人数是34。显然他是把死亡人数错当成存活人数了。不过这已经不重要了，关键是这个崭新概念的出现。这张表还有许多信息，格朗特自己还没有意识到，这要等后来者来发现了。

在小册子的末尾，格朗特说：

> "关于所有这些问题，还有其他更多问题的清晰的知识，可以使政府的管理更加仁慈，更加通融，更加到位。这些知识还可以平衡政党以及教会同国家之间的关系。"

1665年，也就是格朗特小册子出版第三版那一年，伦敦出现了最后一次鼠疫。从那以后，鼠疫再也没有在伦敦大面积蔓延过。这跟格朗特的小册子有关系吗？也许他的分析指出，鼠疫的蔓延同环境的变化有密切关系。也许政府开始大力控制疾病传染期出入感染地区的人流了。不过这些都只是猜测而已。

1665年的鼠疫是从6月开始的，3个月之内，伦敦的人口减少了十分之一。鼠疫从伦敦向城外蔓延，英国王室不得不逃到牛津暂住。市内的有钱人携家出逃，一些政府的工作人员也逃走了。城里面，有鼠疫病人的家庭都用红粉打上了十字标记。到了第二年，疫情逐渐变缓。可是1666年9月2日凌晨，布丁巷的一个面包房起火。布丁巷位于伦敦旧城拥挤地区的中心，也是附近市场的垃圾堆放地。火灾发生后，伦敦市长很快就接到了失火通知，但因为是星期日，他没有心情工作。到了下午，大火已经烧到泰晤士河畔，无法控制（图15.1）。大火连烧了4天，使得整个伦敦老城13 200家住户无家可归，87个教区的教堂被烧毁，300公亩的土地化为焦土。

这场大火把格朗特的布店完全烧毁，使他彻底失去了经济来源。也就是在这期间，这个特立独行的人突然宣布皈依天主教。他家祖上都是新教徒，周围的朋友也是新教徒。这个决定使他丧失了几乎所有的朋友。几年后，格朗特因黄疸和肝病去世，终年54岁。

图15.1　1666年的伦敦大火。一位无名画家1675年的作品。画面的左边是伦敦桥,右边是伦敦塔,正对着大火的是圣保罗大教堂。

本章主要参考文献

Glass, D. V. John Graunt and his natural and political observations. Proceedings of the Royal Society of London. Series B, Biological Sciences, 1963, 159: 2–32.

Graunt, J. Natural and Political Observations Mentioned in a following Index, and made upon the Bills of Mortality, 1662. http://www.neonatology.org/pdf/graunt.pdf. Text converted by Ed Stephan from Reprint Edition of 1975, produced by the Arno Press Inc., New York, under the general editorship of Lewis A. Coser, reprinted from a copy in the University of Illinois Library.

Hald, A. A History of Probability and Statistics and Their Applications before 1750. Willey Series in Probability and Statistics. New York: John Wiley & Sons, Inc, 1990: 586.

Morabia, A. Epidemiology's 350th Anniversary: 1662—2012. Epidemiology, 2013, 24: 179–183.

Slavin, P. Death by the lake: Morality crisis in early Fourteenth-Century Central Asia. Journal of Interdisciplinary History, 2019, 50–59–90.

第十六章　被吃掉的议长及其同窗

　　哥伦布在15世纪末发现美洲新大陆，为伊比利亚半岛的卡斯提尔（Castile）和阿拉贡（Aragon）联合王国，也就是西班牙王国的前身，带来了巨大的财富。16世纪上半叶，西班牙开始大举向外扩张。1516年，"奥地利的查理"继承了西班牙王位，成为卡洛斯一世（Carlos I）。同时他又继承了神圣罗马帝国的王位，所以在德语地区他被称为卡尔五世（Karl V），相应的英文名字是查理五世（Charles V, 1500—1558）。

　　查理的父亲哈布斯堡王朝的菲利普一世（Philip of Habsburg, 1478—1506）本来是勃艮第（Burgundy）的大公，同时监管勃艮第统治下的低地地区。所谓"低地地区"，又叫尼德兰（The Netherland），指的是欧洲西北部的一片土地，包括今天的荷兰、比利时、卢森堡和法国的北部–加来海峡（Nord–Pas–de–Calais）大区。这里紧挨着英吉利海峡和北海，绝大部分是平原，其中四分之一的土地比海平面还要低。菲利普一世娶了卡斯提尔王国的公主胡安娜（Joanna, 1479—1555），而后者的父亲是西班牙王国的开创者费尔南多二世（Fernando II, 1452—1516），当时阿拉贡和卡斯提尔两个王国的国王。查理生于荷兰的根特（Ghent, 现属比利时），6岁的时候，父亲菲利普一世去世，母亲精神分裂症发作，查理成了低地国家的主人。16岁时，外祖父费尔南多二世去世，母亲由于疾病和政治原因被长期幽闭，查理又变成了西班牙的主人。费尔南多的统治还包括意大利南部的那不勒斯、西西里和撒丁岛，这些也都尽入16岁的查理名下。除此之外，他还拥有另一片极为广袤的领地，那就是美洲的西班牙属地。

　　查理的身世很典型地显示出当时欧洲各国之间千丝万缕的联系。从父系来看，他是德意志裔奥地利哈布斯堡王朝的一员，但他母亲是西班牙人，所以他不具有纯粹的德意志血统。西班牙是他帝国的核心，但他最初在西班牙却是个外来者。他的母语是法语，那是他生长的低地国家贵族们通用的语言，但他一生与法国为敌。成长起来的查理铁腕无情，最终压服了所有的反抗，建立了一个顺从而强大的西班牙，为他日后在欧洲纵横驰骋构成了基础。他毫不留情地扩大西班牙的绝对君主制，以此建立了称霸欧洲以至世界的西班牙帝国。

查理成功地控制了西班牙以后，低地国家就在事实上变成了西班牙的一部分，他把对西班牙的绝对统治方式用到尼德兰，遭到那里人民的强烈反抗。后来他彻底西班牙化了，临终时还留下一句名言："对上帝，我用西班牙语；只有对我的马，我才用荷兰语。"这句话清晰地显示出他对低地地区的蔑视。

1555年，查理把尼德兰赐给了儿子菲利普。第二年，查理去世，菲利普成为西班牙国王，也就是菲利普二世（Philip II of Spain, 1527—1598）。菲利普继续父亲的绝对君主制，即位后很快搬到首都马德里去治理那个庞大的帝国。长年的战争使低地人民受到许许多多苛捐杂税的盘剥，不满的声音越来越强烈。加上欧洲宗教改革之风渐起，尼德兰的新教徒开始受到天主教宗教审判所的迫害。1565年，数百名尼德兰中下层贵族成立了贵族联盟（Confederacy of Noblemen），要求停止对新教徒的迫害。但西班牙选派的荷兰执政官员对他们嗤之以鼻，嘲笑他们像叫花子。不久，德裔亲王、荷兰省执政长官奥兰治王子（William I, Prince of Orange, 1533—1584；人称"沉默的威廉"）看到了争夺政治权利的机会，加入到尼德兰独立运动里面。贵族联盟针对荷兰执政官员的嘲笑，索性自称"丐军"，在各地举行小规模起义。面对西班牙王室对尼德兰的蔑视，他们喊出了一句让所有信奉基督教的人都为之动容的口号："宁做突厥人，不当教皇狗！"（荷兰语：Liever Turksch dan Paus! 英文：Rather Turkish than Pope!）这里，突厥人指的是当时信奉伊斯兰教的奥斯曼帝国，于是一场旷日持久的独立战争开始了。

战争使尼德兰分裂成南北两部分，北方主张独立和宗教改革，南方效忠西班牙王国，坚持天主教。1581年，北方7省宣布独立，取名为尼德兰七省联合共和国，首都设在荷兰省的海牙，所以也称荷兰共和国。独立后，奥兰治家族是名义上的执政者，但实际上国家由联省议会统治，其成员是贵族和各地商会的负责人。共和国的商业风气开明，司法严格公允，对宗教信仰持相当宽容的态度，这在当时的欧洲都是极为先进的。短短几十年的时间里，这个仅有1 500万人口的弹丸小国，对外通过荷兰东、西印度公司在世界贸易运作中占据了重要地位，并依靠两千艘战舰，同西班牙争夺海上霸权；对内用宽容和鼓励独立思维的政策使文艺和科学飞速发展，荷兰文明进入了所谓的黄金时期。

为了生存，荷兰共和国同西班牙断断续续打了长达五六十年。同时，为了争夺航海和国际贸易的主动权，他们又必须同英国、法国、德意志等诸国交战，这使得荷兰共和国的老百姓疲惫不堪，经济承受能力达到了极限。国际影响的扩大也催发了当权者们的野心，高层内部倾轧变得日益明显，主要分成两个派别，一个坚持共和制，另一个想要奥兰治家族独揽大权。内部摩擦严重地影响了政府工作的效率。

在南荷兰省有个古老的城市叫莱顿。据说，由于它在独立战争中发挥了重要作用，沉默的威廉要莱顿市民选择一种奖赏，或是免除税收，或是建立一所大学。市民们选择了后者，于是莱顿大学在1575年诞生。在荷兰的黄金时期，莱顿成为荷兰共和国第二大城市，仅次于阿姆斯特丹。这里有当时欧洲最大的出版业和印刷厂，纺织业也非常发达。

1640年，三名年龄相仿的学生先后在莱顿大学著名数学系教授舒腾名下学习数学。毕业以后，这三个人都为荷兰的黄金时代作出了不可磨灭的贡献，相比之下，他们的老师反倒显得不那么知名了。他们就是惠更斯（Christiaan Huygens, 1629—1695）、德维特（Johan de Witt, 1625—1672）、胡德（Johannes Hudde, 1628—1704）。

舒腾把笛卡尔的法文《几何学》翻译成拉丁文，还编辑了法国数学家维达的代数著作，这两套书后来对牛顿和莱布尼茨都有深刻的影响。1656年，他出版了《数学练习》（拉丁文：Exercitationum Mathematicarum）。我们在上篇伯努利的故事里曾经提到过，舒腾出书的时候把惠更斯的论文放在书后面的附录里，使它被人们所认知。惠更斯的论文是用荷兰文写的，需要翻译成拉丁文，但那时惠更斯已经毕业离开了莱顿，于是舒腾自己动手为学生翻译。在出版拉丁文版的《几何学》时，舒腾又在附录里放进了德维特和胡德的论文。这是一位慧眼识人，处处为学生着想的教授。舒腾使惠更斯的论文出版在伯努利的名著之前，成为第一部关于概率的专著。

在这三个学生当中，克里斯蒂安·惠更斯的年龄最小，但在科学界最有名。还是学生的时候，他就跟法国的梅森开始了频繁的通信联系。梅森对惠更斯的评价极高，曾经写信给他的父亲，把年轻的惠更斯比作阿基米德（Archimedes, 公元前287—公元前212）。但是由于惠更斯的弟弟路德维奇（Ludwig）在大学里跟人决斗，哥俩不得不遵从父命一起从莱顿转学，到了布雷达（Breda）。毕业后，惠更斯顺从父亲的意愿，试图当一名外交官，但他父亲所支持的奥兰治家族在当时没有掌控荷兰的能力，于是，他做了几年"宅男"，住在海牙的家里潜心科学研究，同时跟欧洲科学家保持广泛的通信联系。靠着父亲的财富生活，他衣食无忧，令人瞩目的研究成果不断推出。1666年，他去了法国，被选为法国科学院院士，在那里领着薪水做研究，还曾经为当时驻法国的年轻外交官莱布尼茨补习数学。后来法国与荷兰开战，惠更斯想转到英国去工作，可是不久英国也跟荷兰打起来了，于是他便回到海牙，直到去世。

1662年，格朗特的小册子的第一版刚刚发表，英国皇家学会的第一届主席、皇家掌玺大臣莫雷（Robert Moray, 1608—1673）就寄给惠更斯一本。由此，我们可以想象33岁的惠更斯在欧洲的声望。惠更斯起初没有太在意，只是礼貌地回信对莫雷表示感谢，并对格朗特的工作泛泛地表示欣赏。1669年，年轻时好斗的弟弟路德维奇忽然给哥哥克里斯蒂安来信说，想要研究年金（annuity）的计算问题，希望讨论一下格朗特的生命年表。路德维奇说，自己根据格朗特的生命年表制作了一张表格，用来计算一个人在任何年龄以上可能存活的年头。这张表可以用来评估年金。

在继续我们的故事之前，需要对年金做个简短的介绍。

荷兰共和国的长期对外战争耗尽了国库。税收连续增长，人民开始抱怨。继续增加税收的决定需要7个省的省政府全都认可才行，这变得越来越难以达到。于是政府考虑从大众手里直接借债。这种借贷大致有三种方式：期票，债券，年金。所谓年金，就是由个人或家庭一次性购买按照某些利率事先计算好的回报。在该个人或那个家庭里注册年金的人在世期间，他们定期得到回报，因此有保证的收入；而一旦这个人或家里注册年金的最后一个人死亡，回报就自动停止。荷兰共和国经济的飞速发展造就了许多富人，所以在一段时间里，这种借贷方式很受大众的喜爱。有钱人家通常在孩子刚一出生就为他购买一份年金；这样，孩子长大以后不论干什么，总有一份固定的收入。政府卖年金的目的是借老百姓未来的钱，用来做马上想做的事。既要政府能借到钱，又不能让人民因赔钱而停止借款。为了达到这个目的，如何确定利息，计算人口在任何一个年龄的平均存活机会就变得极为重要。这种年龄数据一般以数表的形式出现，就是格朗特最先制作的生命年表（Life table）。

路德维奇的问题就是，一个刚出生的婴儿能活到多大岁数？一个任何年龄的人，能否比较可靠地估计他或她能再活多少年？他自己已经有了一种算法，他对哥哥说，老哥你今年40岁，按照我的计算，你能活到56岁。表16.1给出他的计算结果。不过他想要哥哥也做一个计算，以便与自己的结果来比较。

这张表格左边的3列直接来自格朗特按照每100个伦敦人给出的死亡数据。第4列是每个年龄段的中点年龄，如0到6岁的中点是3岁，6到16岁的中点是11岁，等等。第5列、第6列给出他的计算方法的中间过程的两个有用的结果：其中第5列是第3列和第4列的乘积，第6列是第5列对应每个年龄段的累积数。这里，对0到6岁的人，这个累积数是第5列从0到86岁所有乘积之和。对6到16岁的人来说，他们的累积数是从0到6岁的累积数（1822）减去那个年龄段的$t_x \times d_x$（=108），因为0到6岁这个年龄段已经过去了。第7列是第6列除以对应年龄段的存活人数，也就是该年龄段的平均死亡年龄。最后，第8列给出该年龄段的期望存活年龄。

表16.1　路德维奇·惠更斯的生命年表

年龄 (x)	存活人数 (l_x)	死亡人数 (d_x)	年龄段中点 (t_x)	$t_x \times d_x$	年龄段以上 $t_x \times d_x$ 的累积值 $\sum_{i=x}^{76} t_x \times d_x$	年龄段死亡平均年龄 $\langle t_x \rangle = \dfrac{t_x \times d_x}{l_x}$	期望存活年龄 $e_x = \langle t_x \rangle - x$
0	100	36	3	108	1 822	18.22	18.22
6	64	24	11	264	1 714	26.78	20.78
16	40	15	21	315	1 450	36.25	20.25
26	25	9	31	279	1 135	45.40	19.40
36	16	6	41	246	856	53.50	17.50
46	10	4	51	204	610	61.00	15.00
56	6	3	61	183	406	67.67	11.67
66	3	2	71	142	223	74.33	8.33
76	1	1	81	81	81	81.00	5.00
86	0	—	—	—	—		0.00

克里斯蒂安·惠更斯似乎对这个问题不大感兴趣，不过他回信说，要想"准确地"计算出结果来，需要一个对每个年龄都给出死亡人数的生命年表。他认为，有了生命年表，估计一个年龄的人均存活率应该和帕斯卡以及他自己分析过的博弈计算没什么不同。比如，一个16岁少年活到36岁的概率是16比24，也就是2/3=0.667。

这个结论是怎么得到的呢？博弈计算是当时唯一存在的概率理论，所以惠更斯把100个人的生命看成是100张彩票的乐透奖。其中36张彩票的价值是3，对应着36个初生婴儿平均只活到3岁。24张彩票的价值是11，对应着24个6岁的孩子平均活到

11岁。惠更斯说，根据格朗特的死亡数据，从16岁到36岁，每100个人里平均有40–16＝24人死亡，而从36岁之后平均有16人存活，所以这个人活到36岁的概率应该是16/24＝2/3＝0.667。

按照今天的定义，一个x岁的人活到$x+t$岁的概率是$p_x^t = l_{x+t}/l_x$，他在这段时间里死亡的概率是$q_x^t = 1-p_x^t = (l_x-l_{x+t})/l_x$。惠更斯上面的论证是用$q_x^t/p_x^t$来考虑存活率的。实际上以今天的观点来看，按照格朗特的表格，那时一个16岁的人存活到36岁的概率$p_x^t = l_{x+t}/l_x$，只有16/40＝0.4。

下一步，惠更斯把格朗特的生命年表用作图的方式画了出来，这是历史上第一张生存和死亡的连续函数分布图（图16.1）。他看到，在$l_{x+t} = \frac{1}{2}l_x$的时候，对应的t具有特殊意义。这实际上就是今天在人寿保险和年金计算中所谓的剩余存活生命的中间值（Median remaining lifetime）。他指出，出生婴儿的存活中间值是存活曲线与纵轴等于50的水平直线相交处的数值（大约等于11）。对一个20岁的人来说，从横轴年龄＝20处（A点）画一条竖线，交曲线于点B，线段的中点是E，通过E点做水平直线，交曲线于点D，通过点D做竖直线段，交横轴于点C，这就是20岁的存活生命中间值（36岁）。这里，他用线性的算法来处理非线性的曲线，显然不够精确，但他的分析思路是

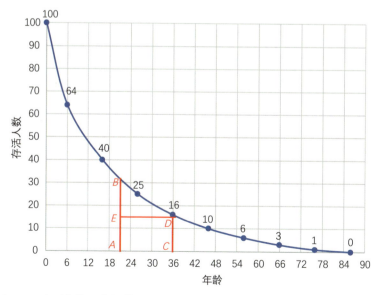

图16.1　惠更斯按照格朗特的生命年表作出的存活曲线和存活生命的中间值。

很清晰的。

　　尽管处理方式有不少缺陷，但惠更斯兄弟俩的讨论对年金的设计具有重要意义，因为对于定期年金来说，计算年金的额度只需要把前面讨论的存活年龄换成定期年金的年数就可以了。不过兄弟俩的讨论到此为止，他们并没有参与过年金设计和计算的真正过程。

　　惠更斯的同学德维特也正一直在考虑这件事。

　　德维特出身于一个富裕的商人家庭，在莱顿读大学时就住在老师舒腾的家里。舒腾当时兼任数学和法学教授，德维特本来主修法律，可是舒腾让他看到数学的魅力和广泛的用途，于是跟从舒腾兼修数学。1645年，他从莱顿大学毕业，后来到海牙，在舒腾的律师事务所当助理，同时研究数学。1650年之前，德维特在数学领域的主要工作是利用解析几何研究圆锥曲线。1650年，年仅25岁的德维特当选为荷兰省多德雷赫特市（Dordrecht）市议会的负责人，他的卓越的政治才能开始显露出来。3年后，他成为荷兰省省议长。由于荷兰省是7省联盟中最有实力的，他事实上成为荷兰共和国的主要负责人之一，相当于总理，当时称他为大议长（Grand Pensionary）。那一年，他才28岁。沉默的威廉在1584年被暗杀以后，他的儿子威廉二世（William II, Prince of Orange, 1626—1650）继承了荷兰省执政官（Stadtholder）的位置，同荷兰共和国议会共同掌管这个国家。威廉二世于1650年去世，共和国直到1672年都没有执政官。德维特是坚定的共和派，反对奥兰治家族独霸专权，成为所谓奥兰治派的首要敌人。在1654年到1665年这12年相对和平的时间里，德维特施展自己的外交才华和管理能力，把荷兰共和国搞得蒸蒸日上。可是1665—1667年的英荷之战大大消耗了国力，不得不急剧提高税收。法国的入侵又迫在眉睫，荷兰亟需扩大军队。于是，德维特在给1671年的国会的报告里引介了他估算年金的方法。同年，荷兰国会把他的报告作为议会的决议发表出来。

　　德维特在计算年金时没有采用格朗特的生命年表。以他和惠更斯的关系，这个生命年表他不会不知道。很可能他觉得格朗特的表格对荷兰不适用，他选择了一个完全不同的生命年表。我们用图16.2来对这两张生命年表作个比较，很明显，德维特的年表给出的婴儿死亡率要比格朗特的低很多。这个差异非常重要，因为平均存活的人数对年金的计算有最关键的影响。如果事先考虑不合理的话，发售年金的政府会遭受重大的财政损失。

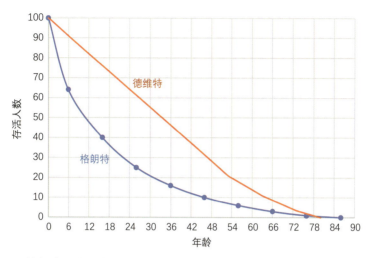

图16.2　格朗特与德维特的生命年表比较图。两个年表都从100个出生婴儿开始。

德维特的生命年表也不是凭空想象出来的。作为大议长,他想要为政府借钱来建设军队,但又不能让老百姓赔钱而使政府丧失信誉。于是他请老同学胡德来帮忙。胡德收集了阿姆斯特丹1586年到1590年间1495位年金购买者的数据。这些80年前的年金购买者的死亡数据同德维特的生命年表看上去大致吻合。

德维特把死亡随年龄的分布做了很大程度的简化,分成4个线性阶段:3到53岁,53到63岁,63到73岁,73到80岁。他假定在每一年里,死亡基本是平均分布的。后面每个年龄段的死亡率都跟第一个年龄段(3到53岁)的死亡率成正比而且逐渐减小。53到63岁之间,63到73岁之间,73到80岁之间的死亡率分别是3到53岁死亡率的2/3、1/2和1/3。没有人活过80岁。

跟惠更斯一样,德维特以死亡数目作为概率的基本分布。荷兰的年金每半年付一次款,所以他以半年作为时间单位。如果第一个年龄段的相对死亡率是1,后面的死亡率就是2/3、1/2、1/3。死亡率的具体数目不重要,因为在计算概率时,比例因子自然会上下抵消。以半年为单位,把所有相对的死亡“机会”都加起来,就是:

$$1 \times 50 \times 2 + \frac{2}{3} \times 10 \times 2 + \frac{1}{2} \times 10 \times 2 + \frac{1}{3} \times 7 \times 2 = 128.$$

假定所有的死亡机会是均等的,那么一个3岁孩童用一个弗罗林金币(Florin,这是在当时整个欧洲都能使用的金币)购买年金,在80岁时所期望的回报总价值(E)可以用下式来估算：

$$E(t) = \frac{1}{128} \left\{ \sum_{j=1}^{99} a_j^*(t) + \frac{2}{3} \sum_{j=100}^{119} a_j^*(t) + \frac{1}{2} \sum_{j=120}^{139} a_j^*(t) + \frac{1}{3} \sum_{j=140}^{153} a_j^*(t) \right\} = 16.001\ 607,$$

这里，$a_j^*(t) = \sum_{k=1}^{t} (1+i)^{k/2}$ 是第 t 个半年得到的回报，$i=4\%$ 是年息。

当时荷兰政府的利率是 4%，年金的销售价格是 "14 年购买额"，也就是说，购买者需要花等于 14 年年金收入的金额来购买，简称 "14 年年金"。德维特的计算表明，在 4% 利息的条件下，一个 3 岁孩童购买年金，至少应该是 16 年年金，否则政府是赔钱的。他的报告的主要目的就是把 14 年固定年金改为 16 年。他还提出，年金不应该不论年龄都用一致的价格，而应随着购买者的年龄而调整。这个建议标志着现代金融制度里面 "相机索取权分析"（Contingent claims analysis）的开端。

德维特准备利用从年金得到的收入来扩充备战经费，把军队增加到 8 万人以上，并雇佣数万德意志雇佣军，以抵抗法国的威胁，但已为时太晚。1672 年 5 月，路易十四（Louis XIV, 1638—1715）的 12 万法国军队大举进攻荷兰共和国。荷兰的海军在当时极为强大，可是陆军却很弱。号称 "最强防线" 的荷兰堡垒在法军的新式攻城技术面前一触即溃。荷兰共和国的 7 个省有 5 个沦陷，法军迅速占领了荷兰的大部分国土。荷兰国内一片恐慌，阿姆斯特丹以决堤、倒灌海水来阻止法军进一步向西挺进。民众对德维特政府的信任度陡然降至零点，他们逼迫德维特下台，推举奥兰治亲王、查理二世的侄子威廉三世（William III Orange, 1650—1702）上台执政。政乱期间，德维特的哥哥因反对威廉三世上台而被指控为叛国罪。

1672 年 8 月 4 日，德维特辞职下台。8 月 20 日，他到海牙的一座监狱去看望哥哥高乃依。他万万没想到一大群荷枪实弹的暴徒正在监狱的入口等待他们两人，他们先杀了高乃依，之后有人直接朝着德维特脸上开了一枪。法国作家大仲马（Alexandre Dumas, 1802—1870）在他的历史小说《黑色郁金香》里是这样描述当时的情景的：

　　……这伙歹徒看见他倒下去，胆子都大起来，每一个人都想用武器给尸首来一下。每一个人都想打他一锤，砍他一刀或者刺他一剑；每一个人都想吸他一滴血，或者从他衣服上撕下一块布来。

　　等到他们两人都已经伤痕累累，皮开肉绽，赤身裸体以后，民众们把鲜血淋淋的、剥得精光的尸体拖到一个临时搭起来的绞刑架那里，由业余刽子手把他们倒吊起来。最后来了一群胆小鬼，他们不敢碰活人，却把死去的约翰和高乃依的肉一块块割下来，拿到城里各处去叫卖，十个铜钱一小块。

虽然时间久远，真实的细节已经无法知道，但德维特兄弟的惨死是确凿无疑的。荷兰至今流传着暴徒们吃掉德维特兄弟的故事。后人为了纪念此事，用绘画的方式多次重现当时的场面，但是由于太过残酷，我们就不引用了。一个国家的大议长，就这样被他的人民吃掉了。这是荷兰历史上最为黑暗的一页。

大仲马在小说里，直指威廉三世是杀害德维特兄弟的幕后指使者。威廉显然是德维特死亡的直接受益者。另外还有目击者报道，暴徒们似乎有极强的纪律约束，事后威廉也没有对暴徒采取任何行动。当时的欧洲，类似的野蛮行为屡有发生。比如英国国王查理一世被砍头以后，老百姓蜂拥而上，用手绢蘸了国王的血，兴高采烈地拿回家去当作纪念品。

威廉三世性格冷酷，沉默寡言，心机深沉。德维特的悲惨事件发生的1672年，威廉三世只有22岁，刚好是奥兰治家族同荷兰共和国议会达成的协议里面允许他出来参政的年纪。从名分上来讲，德维特还是他的老师。威廉的母亲是英格兰国王查理一世的女儿。幼年时代，他的家庭教师和周围的幕僚都跟英国关系密切。1665年英荷战争爆发，为了避免英国的渗入，荷兰共和国议会决定由德维特亲自负责威廉的教育。德维特按时给威廉上课，讲授政治和管理，并敦促他打网球锻炼身体。1672年的荷兰大灾难大恐慌之后，人们意识到法军实际上无意西越荷兰水道吞并荷兰全境，因为那并不符合法国的利益。威廉三世也展示了自己的军事和外交才能，最终与法国停战。1677年，威廉娶了自己的表妹玛丽。这位表妹与第十二章故事里的苏格兰女王玛丽一世同名同姓，后来成为英国女王玛丽二世（Mary II, 1662—1694）。而城府深沉的威廉竟利用这段婚姻继而变成英国国王威廉三世（William III of England），这个故事我们后面再讲。总之，威廉三世成了荷兰的拯救者，而德维特则被人忘记了将近200年。他那些关于年金的工作是150年后在尘封的荷兰档案馆里发现的。

指挥决堤来阻挡法国军队的是当时阿姆斯特丹的市长、德维特的老同学胡德。在莱顿大学的时候，舒腾的数学研究小组对17世纪欧洲的数学发展起了很大作用。胡德的主要兴趣是曲线的切线和极值。毕业后，他留在舒腾的研究小组，一直工作到

史苑撷英

在德维特兄弟被吃掉之前的42年（1630年），北京的老百姓也把被凌迟的袁崇焕（1584—1630）的肉拿来生食，以表达对其"叛国"之罪的痛恨。明末文学家张岱在《石匮书》里的记载正好可以跟大仲马的描述对照着读：

"刽子手割一块肉，百姓付钱，取之生食。倾间肉已沽清。再开膛，出五脏，截寸而沽。百姓买得，和烧酒生吞，血流齿颊。"

1663年。他对极值的研究工作后来得到牛顿和莱布尼茨的赞赏，被认为是微积分的前驱。但是不久他转入政界，从法官和阿姆斯特丹市议员做起，1672年法军入侵荷兰时，他当选为市长还不到两年。胡德的市长一做就是30年，直到去世。根据阿姆斯特丹的法律，市长的任期是2到3年，这意味着他连续十几次被选为市长。

胡德市长在阿姆斯特丹受欢迎是有原因的。他安置水位标记，在城里水道的一些地点记录最高和最低水位。这些巨大的大理石标志被称为"胡德石"，水位涨到新高，就在该高度上刻一条横线，标明日期。后来这种记录方式在尼德兰以至整个欧洲被广泛采用。

这些设施为监视荷兰地面的升降提供了极有价值的历史数据。他还下令改造该市纵横的河道，在海水涨潮的时候定期把城市污水排到城外的污水坑里，并提倡控制水源的卫生。

我们前面已经提到，在德维特考虑改变年金设计的思路时，胡德为他提供了大量的第一手资料。胡德还是德维特和惠更斯之间的纽带。他同惠更斯联系，把惠更斯的数学思想转达给德维特，同时为德维特提供阿姆斯特丹的实际数据和建议。比如，他建议，在计算年金时，一个简单而有用的方法是假定从80个年轻人里（大致从6岁开始算），每年减去一个。从生存人数的变化来看，这个简单假定同图16.2中德维特的曲线相当接近。这种近似线性的死亡趋势，是历史上第一个死亡率定律（Law of mortality）。

在胡德的建议下，阿姆斯特丹从1672年到1674年出售价格随年龄而定的政府年金，但大众的反应似乎不是很热烈。

20年后，英国政府启动年金制度，逐渐取得成功。

本章主要参考文献

Ciecka, J. E.. The First Mathematically Correct Life Annuity. Journal of Legal Economics, 2008, 15: 59−63.

Hald, A. A History of Probability and Statistics and Their Applications before 1750. Willey Series in Probability and Statistics. New York: John Wiley & Sons, Inc., 1990: 586.

DeSanto, I. F. Righteous Citizens: The Lynching of Johan and Cornelis DeWitt, The Hague, Collective Violence, and the Myth of Tolerance in the Dutch Golden Age, 1650—1672. A dissertation submitted in partial satisfaction of the requirements for the degree Doctor of Philosophy in History. UCLA, 2018.

第十七章　小试牛刀的天文学家

　　奥得（Oder）是中欧一条不大的河流。它发源于今天波兰南端与捷克接壤的山岭之中，从南向北流经波兰第四大城市弗罗茨瓦夫（波兰语：Wrocław）和德国第五大城市法兰克福（Frankfurt），进入波罗的海。奥得河流经的地区，古时候叫做西里西亚（Silesia）。它在中世纪时最初属于波兰的皮亚斯特王朝（Piast Dynasty），后来被波希米亚王国（Kingdom of Bohemia）夺取，随之成为神圣罗马帝国的一部分。1526年，它随着波希米亚王国归附于奥地利哈布斯堡王朝，18世纪中叶又被普鲁士所统治。

　　弗罗茨瓦夫这个名字可能比较陌生，它的德语名字布雷斯劳（Breslau）的知名度可就高多了。它在历史上的大部分时期是一个多民族、多元文化的重要城市，德意志、波兰、捷克、犹太等民族都扮演过重要角色，而德语曾经是长期占有优势地位的语言。二次大战之前，布雷斯劳是德国重要的工商业与文化名城之一，规模居全德国第6位，人口60多万。二战结束后，欧洲领土大幅度调整，布雷斯劳成为战败国德国失去的最大城市。那里的德国居民被迫西迁，而大批波兰人口从东面涌入，因为波兰东部大片的土地被割让给苏联了。这使弗罗茨瓦夫成为波兰境内一个风格独特的城市，它保留了许多普鲁士、奥地利和波希米亚风格的建筑。不过在今天的波兰，千万不要把它叫做布雷斯劳，否则会引起当地人们的反感。

　　17世纪80年代，布雷斯劳最古老的大教堂是路德教派（Lutherans）礼拜的地方。这个教堂以《圣经》里记载的那位始终不渝追随耶稣基督的圣女抹大拉的玛丽亚为名（St. Mary Magdalene Church），牧师名叫纽伊曼（Caspar Neumann, 1648—1715）。在他的会众里，有许多人相信凶年（climacteric year）。这些人认为，凡是能被7和9整除的年份都不吉利。这种说法有古老的来历，认为一个人一生中有很多不吉利的年份，比如7岁、14岁、21岁，等等，其中以49、63、81等最为凶险。迷信凶年的人以为，凶年里特别容易生病，死亡率也比平常年份高得多。罗马帝国皇帝奥古斯都进入64岁时，曾经大加庆祝，说至少可以再活7年了。1595年，英国女王伊丽莎白一世生病，英国政府极为恐慌，因为那年伊丽莎白63岁。官方驱赶无家可归者，甚至把一些人送到国外，并为西敏寺增调卫兵，安排军队以防不测。由此可见，这种迷信不仅影响人们对卫生和健康的态度,还可能促成社会动荡。纽伊曼决定用事实来辩驳这种谬论,用统计数据来对付陋习,这在当时是一个全新的想法。

从16世纪末起,布雷斯劳的教区就记录了出生和死亡人口的性别和人数。从死者的年龄数据很容易检验所谓凶年的可信程度。于是从1687年起,纽伊曼开始查询教区的出生和死亡记录,连续收集了5年的数据。这5年里,布雷斯劳的教区一共出生6 193个婴儿,埋葬了5 869人。经过分析之后,他把自己的稿子寄给了莱布尼茨。莱布尼茨在1692年5月写信给英国皇家学会,告知他们纽伊曼的工作,特别提到,对死者的年龄分析表明,所谓的凶年是不存在的。纽伊曼的原始报告已经遗失了,但死亡数据被保存下来。表17.1是不同岁数的人在这5年中的平均死亡人数。由于数据采集时间段比较短,不少年龄段只能放在一起来做平均,比

史苑撷英

中国古代也有类似的"年忌"。《黄帝内经·灵枢》:

岐伯曰:凡年忌下上之人,大忌常加七岁,十六岁、二十五岁、三十四岁、四十三岁、五十二岁、六十一岁皆人之大忌,不可不自安也。感则病行,失则忧矣。当此之时,无为好事,是谓年忌。

这跟纽伊曼教会里会众的迷信不是很像吗?唯一不同的是,中国的年忌在7岁以后每9年才赶上一次。

表17.1　纽伊曼制作的布雷斯劳1687年到1691年不同年龄死亡人数的年平均值

年龄	7	8	9	*	14	*	18	*	21	*	27	28	*	35
死亡数	11	11	6	5.5	2	3.5	5	6	4.5	6.5	9	8	7	7
年龄	36	*	42	*	45	*	49	*	54	55	56	*	63	*	70
死亡数	8	9.5	8	9	7	7	10	10.5	11	9	9	10	12	9.5	14
年龄	71	72	*	77	*	81	*	84	*	90	91	*	98	99	100
死亡数	9	11	9.5	6	7	3	4	2	1	1	1	1	0	0.2	0.6

如9岁和14岁之间的4年、14岁和18岁之间的3年等。这些空缺年龄段用星号（＊）来标记。

纽伊曼的数据很可能是由莱布尼茨寄到英国去的。1693年1月18日，皇家学会的秘书兼图书馆长查斯特（Henri Justel, 1619—1693）在学会会议上展示了这些数据。那天的会议记录有一段简短的记载：

> 严格地考察了"凶年"。从这些数据来看，凶年是毫无根据的。

在场的多数学会会员和莱布尼茨一样，把注意力放在凶年的问题上，因为那是纽伊曼文章的主题。但这显然不是学会重视的问题，因为纽伊曼的稿子最终没有发表，而且原稿后来也丢失了。不过与会者当中有一位却看到了这些数据更加广泛的意义。

1680年代后期，英国发生了巨大变化。1688年，英王詹姆斯二世（James II of England, 1633—1701）的统治正面临严重挑战。詹姆斯二世是詹姆斯一世（James I, 1566—1625）的孙子，第十二章故事里那位被砍头的苏格兰女王玛丽一世的重孙。伊丽莎白一世砍掉了政敌的头，却没能阻挡她的后代占据王位。也许是祖奶奶玛丽一世的影响，詹姆斯在35岁时秘密放弃新教而转信天主教。几年以后，他被迫公开自己的天主教信仰，并于1673年娶了天主教徒、意大利公主摩德纳的玛丽（Mary of Modena, 1633—1707）为第二任妻子。许多英国新教徒不信任天主教徒，甚至认为新娘是教皇派遣的间谍。1685年，詹姆斯的兄长，英王查理二世去世。由于查理没有合法的子女，詹姆斯顺理成章即位成为英国国王。新任国王开始雇佣信仰天主教的官员，并在王宫接见教皇特使，这是在他祖奶奶以后没有人敢做的事。1687年，他下令禁止迫害信仰天主教和其他宗教的教徒。此后詹姆斯还解除了一些新教官员和反对天主教的伦敦主教的职务，并再次解散议会，后来又通过改革政府来削弱贵族的力量。英国当时只有20%的人口是天主教徒，国王同新教徒之间的信任危机达到了顶点。

1688年6月10日，詹姆斯跟二婚妻子的儿子出生了，这使得詹姆斯的长女（就是远嫁到荷兰的玛丽）在争取继承权的排位下降。在新教徒看来，英国可能从此就固定在天主教王朝的框架里了。为了避免天主教的世袭统治，他们早已开始暗中物色新王的人选，试图取詹姆斯而代之。找来找去，詹姆斯的信奉新教的女儿和女婿、玛丽与荷兰的威廉三世似乎是最佳人选。实际上，老谋深算的威廉三世早就在英国树立亲信，结党拉派了。1687年11月，他对英国人民发表公开信，反对詹姆斯二世的天主教立场。于是，7位重要的贵族官员在小王子出生的第20天联名写信，请威廉三世带兵前往英国。他们保证，只要威廉带少许军队前来，他们就在本地举义兵拥他为王。

威廉三世于当年11月5日在英格兰南部登陆。他带来的不是"少许军队"，而是35 000名精兵强将，其中包括11 000名步兵和4 000名骑兵。载着这批大军过来的是250艘战舰和60只快艇，军容远远大于100年前的西班牙无敌舰队。詹姆斯的4万英军在前往与入侵者作战的路上大批逃亡，最后只剩下几千人。威廉兵不血刃进入伦敦，詹姆斯逃亡法国。

1689年1月，英国议会在伦敦召开全体会议，宣布詹姆斯二世退位，由威廉和玛丽共同统治英国。在英国，名叫威廉的国王也正好是历史上的第3位，所以他们两人就成了英国的威廉三世（William III, 1650—1702）和玛丽二世（Mary II, 1662—1694）。同时，国会向威廉提出《权利宣言》。宣言谴责詹姆斯二世破坏法律的行为，并宣布，未经议会同意，国王不能停止任何法律的效力，也不能强行征税，甚至天主教徒不能担任国王，国王也不能与天主教徒结婚，等等。威廉接受了宣言提出的要求。宣言于当年10月经议会批准正式成为法律，也就是有名的《权利法案》（*Bill of Rights*）。

这个事件对历史产生了深远的影响。英国《权利法案》出炉后差不多整整100年，美国《权利法案》通过。这次革命（或者说政变）在英格兰没有造成伤亡，所以英国史上称其为"光荣革命"。但是，苏格兰和爱尔兰坚持效忠詹姆斯二世，这些以天主教徒为主的地区坚信君权神授，反对威廉与玛丽的政变，选择同英国军队直接对抗。为了镇压反抗，威廉三世在苏格兰和爱尔兰造成了许多激烈的流血事件，因此衍生出英联邦的北爱尔兰问题，绵延数百年。

在荷兰，人们则经过了从大喜到大悲的过程。威廉三世一人戴着两顶世界强国的冠冕，英荷联盟似乎所向无敌。他们的共同敌人是路易十四，对法国的战争立即上升到决策问题的首位。这一打就是10年，最后双方都精疲力竭，只好达成和平协议。据估计，战争消耗了英国80%的公共收入，而荷兰则耗尽了军力、人力和财力，渐渐沦为世界二等公民。世事就是如此的变幻莫测：当初英国因为嫉羡荷兰的富裕而发动了三次英荷战争，结果战场上输多胜少，最后还被荷兰人威廉统治。可是威廉的统治给英国带来了充足的荷兰贷款，使它超越了荷兰这个商贸强国和海上霸主。同盟维持了90年，英国吸尽了荷兰的脂膏，同盟也就渐渐流于形式。最后第四次英荷战争爆发,荷兰被彻底打垮,把仅剩的金融霸权也输给英国了。不过这些都是后话了。

荷兰人的到来也给英国带来了经济和管理的新理念。威廉想打仗,首先需要筹备资金。早在1692年年底,英国议会就考虑把地产税增加到20%,估计这样可以筹到两百万英镑。国会议员佛理(Paul Foley, 1644—1699)反对,并提出用年金和彩票的方式筹款。国会通过了这个提议,把1693年5月1日定为购买年金的截止日期。1693年,当皇家学会的会员们讨论凶年的时候,正是国会紧锣密鼓准备实行年金的时候。

看到纽伊曼牧师数据的广泛应用价值的,是著名的天文学家哈雷(Edmond Halley, 1656—1742)。哈雷天赋过人,酷爱天文和数学,15岁就开始观察星星。他17岁进入牛津大学,本科还没毕业就发表了关于太阳系和太阳黑子的研究结果。他还为刚刚成为皇家天文学家的佛兰斯蒂德(John Flamsteed, 1646—1719)当助理,协助在牛津和离伦敦不远的格林威治天文台进行天文观测。1675年,格林威治皇家天文台正式启动,佛兰斯蒂德专时在那里观测北半球的星星。哈雷决定辍学,乘船到圣海伦岛去观测南半球的星星。哈雷此行得到查理二世的直接支持。那年他还不满20岁。两年以后,他满载而归,为世界星图增加了341颗只有在南半球才能见到的星星。同年,他被选入皇家学会,成为其中最年轻的会员。

1692年,哈雷已经37岁了,但还没找到一席理想的教授位置,阻碍的因素是他对《圣经》的怀疑态度。佛兰斯蒂德就曾直接写信给牛津大学,说让哈雷教书会毒化学生。不过哈雷对教席似乎不大介意,他更喜欢跑到天涯海角去看星星。他是皇家学会的助理秘书兼会刊的编辑,依靠为学会工作来换取报酬。也许是这些工作的原因,使他的目光比其他科学家更为广阔。

哈雷先把纽伊曼的男女死亡数据加起来做年平均,得到的就是表17.1。这个表格发表在1694年皇家学会的会刊上。表中带小数点的数据,在哈雷的原始表格里是以分数给出的,0.5是1/2,0.4是2/5等等,显然已经做过近似了。哈雷还注意到,在纽伊曼的数据中,14岁去世的人最少。他认为这反映了采样的局限性,并不代表大量人口的正常统计趋势。所以在后面的数据处理中,他把14岁的死亡人数按照英国的数据相应地上调。从表17.1出发,哈雷通过统计分析来计算不同年龄的人剩下的存活时间,从而得到生命年表(表17.2)。

为了方便说明他的计算方法,让我们先定义几个现代常用的基本符号。我们在考虑生命和死亡的时候，有两个时间概念，一个是年龄，一个是日历年。日历年对应的是日历上的时间段，它的起点有任意性。岁数当然一定要从一个人出生的时间算起。用 x 代表年龄，在 x 岁时活着的人数是 l_x，死亡的人数是 d_x。生命年表是稳定人口里面生存者岁数的分布。所谓"稳定人口"需要满足三个条件（或假定）：（1）在任何日历年，出生人口，也就是岁数为0的人数 l_0 是恒定不变的；（2）死亡率在任何日历年也保持不变；（3）没有移民人口进出。

图17.1可以帮助我们了解哈雷的分析方法。在这张图里，横坐标是年龄，纵坐标是日历年。作为例子，图中的黑色粗箭头表示一个在日历年 C 年4月某一天出生的婴儿，他的年龄顺着黑色箭头沿着坐标系的对角线到达2岁，对应的日历年是 $C+2$ 年，这样的对角线叫做生命线。我们可以从纵坐标轴（年龄=0）上的任意一点出发，画出无数条相互平行的生命线来，每一条对应着一个该年月日出生的人。随着年龄增长，这些生命线沿着对角线向右上方增长，一直到死亡的年龄为止。在 $C+1$ 年将到的时候，C 年的所有出生人口（也就是不到1岁的婴儿总数）是 l_0。按照哈雷把纽伊曼给出的5年内出生婴儿的总数（6 193）做年平均，每年出生婴儿是1 238个。所以在哈雷的计算里 $l_0=1\,238$。图17.1中所有的具体数据都来自哈雷的分析，其中红色数值对应的是 l_x，黑色数值对应的是 L_x。

在 x 年和 $x+1$ 年死亡的人数是 $d_x=l_{x+1}-l_x$。对年龄在1到2岁的孩子们来说，去世的婴儿数目对应着在图17.1中终止在那个浅蓝色菱形里面的所有生命线的数目。这

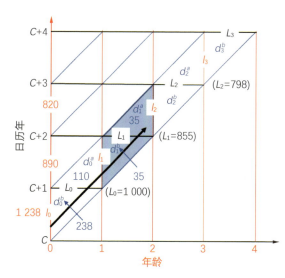

图17.1　分析生存和死亡统计数字的示意图。细节请见正文。这种作图方法叫做莱克西斯图，其名字来自德国的统计、经济和社会学家莱克西斯（Wilhelm Lexis, 1837—1914）。图中黑色的数值对应于表17.2中坐标第二列的人数，也就是 L_x（x 是年龄）。

个死亡数可以分成两部分，以$C+2$年1月1日为界，这一天之前的是$C+1$年里1岁以内的孩子的死亡人数，记为d_1^b（见图17.1），这里的字母b代表生日之前（before）。1月1日之后的是$C+2$年里过了1岁生日的孩子的死亡人数，记为d_1^a，字母a（after）代表生日之后。这种符号对任何年龄x都适用，而且$d_x = d_x^b + d_x^a$。有了这些量，在x年到$x+1$年内活着的人数就是$L_x = l_x - d_x^b = l_{x+1} + d_x^a = \frac{1}{2}(l_x + l_{x+1}) + \frac{1}{2}(d_x^a - d_x^b)$。从图17.1上看，$L_x$等于穿过第$C+x$个日历年横线的所有生命线的总和。哈雷使用的具体数字是蓝色的，用箭头指出的数值对应的是d_x^b，没有箭头的数值对应的是d_x^a。如果死亡人数在一个日历年大致是均匀分布的，那么可以做一个近似$L_x \approx \frac{1}{2}(l_x + l_{x+1}) \approx \frac{1}{2}L_{x+1/2}$。最后，人口总数就是把所有的$L$都加起来。

根据纽伊曼的数表，哈雷假定布雷斯劳每年有1238个婴儿出生，也就是说，在图中$l_0 = 1238, l_6 = 692$。哈雷取了个近似值$L_0 = 1000$，由此得到$d_0^b = 238, d_0^a = 110$。由此得到$l_1 = 890$。虽然l_3到l_5都没有数据，但因为知道$l_6 = 692$，$x = 2$到6之间的相应数值可以通过线性内插得到。利用相同的方法，他把生命年表一直计算到84岁（见表17.2）。

表17.2　哈雷的生命年表（这里每个年龄x的人数对应的是L_{x-1}）

年龄	人数	年龄	人数	年龄	人数	年龄	人数	年龄	人数	年龄段	总人数
1	1 000	18	610	35	490	52	324	69	152	0到7	5 547
2	855	19	604	36	481	53	313	70	142	8到14	4 584
3	798	20	598	37	472	54	302	71	131	15到21	4 270
4	760	21	592	38	463	55	292	72	120	22到28	3 964
5	732	22	586	39	454	56	282	73	109	29到35	3 604
6	710	23	579	40	445	57	272	74	98	36到42	3 178
7	692	24	573	41	436	58	262	75	88	43到49	2 709
8	680	25	567	42	427	59	252	76	78	50到56	2 194
9	670	26	560	43	417	60	242	77	68	57到63	1 694
10	661	27	553	44	407	61	232	78	58	64到70	1 204
11	653	28	546	45	397	62	222	79	49	71到77	692
12	646	29	539	46	387	63	212	80	41	78到84	253

（续表）

年龄	人数	年龄	人数	年龄	人数	年龄	人数	年龄	人数	年龄段	总人数
13	640	30	531	47	377	64	202	81	34	85 到 100	107
14	634	31	523	48	367	65	192	82	28	0 到 100	34 000
15	628	32	515	49	357	66	182	83	23		
16	622	33	507	50	346	67	172	84	20		
17	616	34	499	51	335	68	162				

　　我们看到，哈雷在进行计算时采用了不少近似和假定，具体数值跟纽伊曼的报告也稍有出入。但这并不影响总体结果，因为生命年表并不考虑个体的特殊性。个体特殊性的变化范围恐怕要比这些近似要大多了。虽然统计学的这一部分被称为"精算学"（Actuary），但实际上在数学上是比较粗糙的。这也就是为什么不少科学家看不起这种研究，胡克就是其中之一。胡克在日记里记录了两次参加年会的概况。第一次，他记道："哈雷讨论了布雷斯劳的死亡数字和星图。"第二次，他写道："哈雷又谈埋死人的事了。"显然，他已经听得不耐烦了。

　　哈雷是搞天文观测的，他喜欢数据。他对这些数据的分析在概率统计学历史上有重要意义。在下篇《近代科学概率的故事》里面，我们将看到，概率统计对现代科学的发展起了多么重要的作用。

　　哈雷的生命年表（表 17.2）列出了每 1 000 个新生儿从 $x=0$ 到 83 岁每一年中的存活人口数 l_x。在表 17.2 的最右端还列出了 13 个年龄段、每段 7 年的存活人口总数 L。然后他把所有的 L 数都加起来，得到总人口数（34 000）。从这张表出发，可以直接得到每个年龄里的去世人口，从而得到该年龄的死亡概率。他注意到，婴儿出生后，前 6 年的死亡率差不多是 30%，这和格朗特的数据很接近。据此他评论说，布雷斯劳的数据可以作为死亡年表的标准。

　　所谓"标准"是有时代和地域限制的。哈雷时代的卫生条件、医疗条件、医药的状况和医学发展水平远不如今天。他的标准对今天来说完全不适用。我们不妨把格朗特、德维特和哈雷的生命年表与美国 2004 年的统计数据做一个比较（图 17.2）。德维特的年表基于阿姆斯特丹的统计数据，格朗特的年表来自伦敦的数据，哈雷的年表来自布雷斯劳。它们之间有明显的不同，但比起美国 2004 年的统计来，这些 17 世纪的

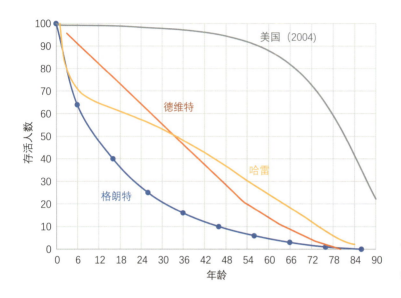

图17.2　本篇里涉及的生命年表同美国2004年统计数据的比较。

数据显示出高得惊人的婴儿死亡率。

建立了比较满意的生命年表之后，哈雷在报告中开始讨论这个年表的7个重要用途。

第一是估算可当兵的男子的数目。在英国，能当兵的年龄是18岁到56岁。把从 $x=18$ 到 $x=56$ 的 L_x 加起来再除以2，他得到兵龄男子的总数9 207。所以大致可以说，任何一个地区，可当兵人口约占总人口的9/34。他还计算出16岁到45岁的孕龄女子大约有7 000人，与总人口的比值是7/34。可是每年只有1 238个婴儿出生。他呼吁，应该对贫困者提供有效的护理，并给以就业机会，这样可以增加出生率。

第二是估计死亡概率。他说，可以用 $\dfrac{L_{x+t}}{L_x - L_{x+t}}$ 来定义 x 岁的人口的"生命强度"（vitality）。这个比值所显示的是一个 x 岁的人在 $x+t$ 岁时仍然存活的发生比（odds）。他举例说，根据表17.2，一个25岁的人在26岁时仍然存活的发生比是 $\dfrac{560}{560 - 553}$。他说，这个25岁的人在26岁时存活对死亡的机会之比是80对1。这种用法有别于我们现在常用的概率的定义（我们一般都假定存活与死亡概率加起来等于1），但基本思路是一致的。用现代概率的定义，这人在26岁存活的概率是 $\dfrac{80}{80 + 1} = 0.987\ 654\ 3$。

第三，他指出一个人在 x 岁以后可能的生存年数 t 可以通过求解 $L_{x+t} = \dfrac{1}{2}L_x$ 来估计。这一点，我们在惠更斯兄弟的故事中已经讨论过了（见图16.1）。

第四是保险和年金的计算应该根据前面第二点的存活机会来考虑。这是很明显的。比如,一个20岁的人在下一年里存活对死亡的机会之比是100对1,而一个50岁的人的相应比例就只有35对1了。

第五是计算年金的具体方法。他指出:购买年金者应该只付出他在有生之年应该付的年金部分,应该按照年份逐年计算,然后把各年的价格全加起来,其总数是为购买者提供的年金。哈雷说,对一个x岁的购买者所购买的一个货币单位的年金来讲,他应该得到的报酬的计算公式是

$$\sum_{t=1}^{w-x-1} (1+i)^{-t} \left(\frac{L_{x+t}}{L_x} \right), \tag{17.1}$$

这里,w是相同年纪x的人里面最早死亡者的岁数,$(1+i)^{-t}$是当前一个货币单位的本金在利息为i的情况下t年以后剩下的价值,$\frac{L_{x+t}}{L_x}$是x岁的人在t年以后的存活概率。

通过以上计算,哈雷给出一个例子,也就是表17.3,即在年息为6%的情况下,对年龄为1到70岁的人来说,购买一个货币单位的年金,最终从年金得到的报酬的总和。比如,一个5岁孩童购买1英镑的年金,在他去世的时候总共得到13.4倍的回报。这相当于13年年金,而当时的英国政府的6%年息却是按照7年年金来放卖的。这对买年金的人来说非常合算,可对政府来说却是赔钱的。这个计算还表明,购买年金者的年龄对回报有非常大的影响,不能不按年纪放卖年金。不过,哈雷发表了这个结果以后,英国政府并没有立刻改变年金的政策。

表17.3　哈雷计算的不同年龄者购买年金的总报酬

年龄	1	5	10	20	30	40	50	60	70
年金报酬	10.28	13.40	13.44	12.78	11.72	10.57	9.21	7.60	5.32

第六,哈雷从上面单个人年金的分析发展到两个人(比如夫妻)的年金分析。他说,把前面两个单人生存的概率乘起来,就可以得到两个人共同年金的计算公式。用现在的数学符号来表达就是

$$\sum_{t=1}^{w-x-1} (1+i)^{-t} \left(\frac{L_{x+t} L_{y+t}}{L_x L_y} \right), \tag{17.2}$$

这里，x 和 y 是两个人当前的年龄，而且 x 比 y 小。为了解释这个公式，哈雷做了一个简单的几何图解（图 17.3）。图中矩形的横向长度代表 x 岁的人数 L_x，t 年以后，$x+t$ 岁的存活人数是 L_{x+t}，人数的减少量是 $L_x - L_{x+t} = D_{x,t}$。随着 t 的增加，存活人数最后减少到 0。矩形纵向的长度是 y 岁的人数 L_y，它随 t 的变化和横轴类似。

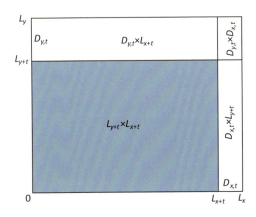

图 17.3　哈雷基于生命年表对双人存活概率的分析。

从这张图我们可以看到，两个人同时存活的概率是灰蓝色的面积 $L_{x+t} \times L_{y+t}$ 同总面积 $L_x \times L_y$ 的比值。

第七，类似地可以考虑 3 人年金的分析。从双人年金的分析我们看出 3 个人的生存概率应该是 $\dfrac{L_{x+t} L_{y+t} L_{z+t}}{L_x L_y L_z}$。哈雷也用几何图形做了解释。那是一个以图 17.3 中的矩形为基底的三维矩形，第三轴跟纸面垂直指向读者。对应的灰蓝色区块也变成三维的矩形，不过基本思想同图 17.3 是一样的。

这项工作完成以后，哈雷又转去研究他的星星了。1696 年，他计算了 1607 年和 1682 年出现的彗星的轨道，认为这两次出现的是同一颗彗星。这个研究结果一直到 1705 年才发表，在这期间他研究了 20 颗彗星的轨道，认定 1531 年、1607 年、1682 年出现的是同一颗彗星。他预测，这颗彗星将在 1758 年再次出现。1758 年圣诞节那天，彗星果然出现了。于是这颗彗星被命名为哈雷彗星。可惜哈雷没有看到这次彗星的出现，他在 1742 年去世了。

对哈雷个人来讲，人口统计工作只是一时兴起，偶尔"玩票"而已。可是直到今天，他的工作仍然被认为是现代人口学统计分析的开端。

史苑撷英

中国有最早、最完备的关于哈雷彗星的观察记录。根据近代天文学家朱文鑫（1883—1939）考证，从秦始皇七年（公元前240年）到清宣统二年（1910年），共有哈雷彗星出现记录29次。

最早的记录在公元前613年——《春秋》："秋七月，有星孛入於北斗。"

《新约圣经》有"伯利恒之星"的说法，也叫耶稣之星。说耶稣降生时天空出现一颗星，引导东方的"博士"找到耶稣。后来有学者认为，那颗星就是哈雷彗星。

而中国古籍记载的公元前12年（西汉汉成帝元延元年）的彗星跟"伯利恒之星"的年代最为接近。

《汉书·五行志》："元延元年七月辛未，有星孛于东井……后六日度有余，晨出东方；十三日，夕见西方……旬而后西去，五十六日与苍龙俱伏。"

13世纪的佛罗伦萨画家邦朵内（Giotto di Bondone, 1267—1337）在他的画作中，就用彗星来代表伯利恒之星（下图马棚上方橙色的物体）。

本章主要参考文献

Ciecka, J. E. Edmond Halley's Life Table and Its Uses. Journal of Legal Economics, 2008, 15: 65−74.

Hald, A. A History of Probability and Statistics and Their Applications before 1750. Willey Series in Probability and Statistics. New York: John Wiley & Sons, Inc., 1990: 586.

Halley, E. An Estimate of the Degrees of the Mortality of Mankind, drawn from curious Tables of the Births and Funerals at the City of Breslaw; with an Attempt to ascertain the Price of Annuities upon Lives. Philosophical Transactions of the Royal Society of London, 1693, 17: 596−610.

第十八章　泡咖啡屋的家庭教师

泰晤士河发源于伦敦西边150公里处，它流经牛津、伦敦，然后进入北海。在靠近伦敦西城的地方，泰晤士河转了两个接近于直角的大弯，第一个弯把白金汉宫、大笨钟和西敏寺甩在西岸，第二个弯把圣保罗教堂、伦敦老城和伦敦塔留在北岸。在泰晤士河从向北改为向东的拐角附近，有一条小街名叫圣马丁（St. Martins Lane），南北走向，不到200米长。18世纪的时候，这条街上有好几家咖啡屋。街南口的咖啡屋名叫彩虹，街中间的叫桥（Pons），北口的叫屠宰房（Slaughterhouse）。

18世纪初的伦敦，雨后春笋一般冒出了数百家咖啡屋。那时的咖啡接近于土耳其式，液体浓稠，满是咖啡豆的渣滓。由于味道极苦，放了大量的糖，被戏称为"黑如地狱、烈如死亡、甜如爱人"。咖啡屋很快变成伦敦老百姓进行信息交换的重要所在。每天早晨上班之前，各个阶层的男人们涌入咖啡屋，读报纸，谈论时局。在这里可以交换雇主招工的信息，收取信件，打听新书出版的消息。商业交易也常在咖啡屋里进行，比如卖生命保险，找律师等等，有的甚至还兼管失物招领。这里完全是男人的天下，四处弥漫着烟草和汗酸的气味。浓咖啡极为提神，时不时会有一位兴奋难忍的家伙跳起来，大声地宣讲自己的思想，不管别人爱听不爱听。知识分子可以为好奇者介绍自己的研究，他们之间也在顾客面前辩论谁是谁非。任何一个人，花一个便士买杯咖啡，就可以在这里坐一天，听辩论，听讲课（1英镑等于20先令，240便士），所以伦敦人把咖啡屋称为"便士大学"。许多咖啡馆有固定的顾客群。圣马丁街附近住着许多法国移民，桥的顾客主要是法国军人，彩虹聚集了流亡的知识分子，而屠宰房则是棋类和牌戏爱好者消磨时光的地方。

信奉天主教的路易十四在法国迫害新教徒，其中尤以胡格诺（Huguenot）教派为甚。这个教派信奉加尔文主义（Calvinism），从16世纪中叶开始在法国流传。一百多年来，法国发生了多次战争和屠杀，但胡格诺的人数有增无减。1685年，路易十四正式宣布胡格诺为非法，造成法国胡格诺人士大规模外迁到信奉新教的国家，估计流亡人数高达20万。

英国与法国仅隔一个海峡，所以是胡格诺人流亡的重要所在。在屠宰房咖啡屋里,经常可见一个瘦高的法国男人。一百多年后,当英国人描述他的时候,说他面容异常英俊,目光充满了深思和关爱。这人名叫亚伯拉罕·棣莫弗(Abraham de Moivre, 1667—1754),出生在法国香槟省一个名叫维特里(Vitry)的小镇,这个小镇子的历史不大平常。1142年,法王路易七世(Louis VII le jeune, 1121—1180)侵入香槟,夺取了维特里,镇上1 000多人被杀害,教堂被烧为灰烬。1544年,英国和神圣罗马帝国联合攻打法国,神圣罗马帝国皇帝查理五世亲自带领军队侵入法国北部,维特里又被夷为平地。棣莫弗出生的前后,这里的人们又因为信仰新教而遭到路易十四的迫害。

棣莫弗的父亲是手术医生,但家庭并不特别富裕。刚上小学不久,棣莫弗就显示出对知识刨根问底的追求。有一次,他不断地追问最大公约数和最小公倍数的问题,惹恼了性格暴躁的老师,恼羞成怒的先生竟然朝着少年的耳根子狠揍了几拳。父亲很早就看到儿子在数学上的天赋,不惜倾其所有,为他寻找好教师。15岁的时候,棣莫弗弄到了我们在前面提到的惠更斯关于概率的著作,虽然他不能完全读懂,但一有时间他就拿出来津津有味地反复阅读。1684年,他来到巴黎,修习物理,偶然发现了一部拉丁文版的欧几里得的《几何原理》。刚开始他读得很顺利,似乎没什么困难,可是读过第5条定理以后,就再也搞不明白了,把这个17岁的大孩子急得直哭。幸好有个亲戚懂一些几何,为他讲解。很快他就把六卷都读完了。1685年路易十四宣布胡格诺教派为非法,1686年,棣莫弗因为信仰而入狱。出狱以后,他就和弟弟丹尼尔一起移民到伦敦去了。那一年他刚满20岁,身无分文。

在伦敦的最初几年肯定是相当困难的。兄弟俩对英语一窍不通,基本上是又聋又哑。他们很可能是在胡格诺移民圈子里开始寻找工作的。两个人都给孩子们做课外辅导,哥哥教数学,弟弟教长笛。棣莫弗的数学教学很快得到人们的欢迎。渐渐地,伦敦的贵族家庭也开始请他做家教了。于是,他每天奔波在伦敦的各个豪宅。家教的收入似乎还不错,他可以在圣马丁街上租到一个住所。每天教书结束,回到街上,他就先到屠宰房咖啡厅,要一杯咖啡,然后看人们下棋打牌。渐渐地,他看出了门道,利用学到的概率知识,他能够分析计算不同局面获胜的大致概率。这么一来,他成了咖啡馆的名人,凡是打牌下棋赌钱的,都找他咨询。

这是一个极为勤奋的年轻人。有一天,棣莫弗去拜访德文郡伯爵(Dukes of Devonshire),远远地,他看见有个陌生人正离开伯爵的府邸,那人正是大名鼎鼎的牛顿。牛顿在拜访伯爵之后，给他留了一套书作为礼物，就是不朽的名著《自然哲学的数学原理》(*Mathematical Principles of Natural Philosophy*)。棣莫弗被请进图书馆等候伯爵，正好看到那套书。从插图来看，读懂这部书似乎没有问题，可是翻了几页以后，他竟完全看不明白。于是，从伯爵府邸一出来，他就跑去买了一套《自然哲学的数学原理》。由于私人授课需要到处奔波，没有整块的时间研读，于是他就每天从书上裁下几页来带在身边，只要有功夫就读一段。不久，他居然把这部书完全搞明白了。

1692年，他认识了哈雷，这正是哈雷开始考虑生命年表的时候。也许是哈雷的引荐，不久棣莫弗便认识了牛顿。巧了，牛顿的府邸正好离圣马丁街不远。于是，教完一天的书，棣莫弗就来到屠宰房，在那里同牛顿喝咖啡讨论数学物理问题，晚上就到牛顿的府邸继续探讨哲学问题。

1695年6月26日，哈雷告知皇家学会：有一位法国来的棣莫弗先生，近来对牛顿先生的以"流数"(fluxion)为基础的微分学方法做了改进，并把改进的方法用于求曲线的切线（也就是微分）、面积（积分），计算曲面以及重心。哈雷的通知很可能是来自牛顿的建议。棣莫弗的文章在当年的会刊《自然科学会报》上发表，那年他28岁，一切全是在授课之余自学的。当时，除了哈雷和牛顿，皇家学会没人认识这位棣莫弗先生。

两年以后，皇家学会的日志上出现了这么一段记载：棣莫弗先生宣读了一篇文章，给出任何已知幂次 n 的无穷项式，也就是 $(ax+bx^2+cx^3+dx^4+\cdots)^n$ 里面所有 x^m 的系数的公式以及求根的算法。学会要求他在文章付印时对学会表示致谢。同年，他被选为英国皇家学会院士。

1711年，棣莫弗在《自然科学会报》上发表了拉丁文长文《论机会的测量》(The Measurement of Chance)，占据了那一期会刊的全部篇幅。1718年，他用英文出版了第一版《机会的理论：博弈事件概率的计算方法》(*The Doctrine of Chance: or, a Method of Calculating the Probability of Events in Play*)。在这一版里，棣莫弗给出了好几个重要的概率定理，但都没有证明。10年来，他卷入了好几个有关科学发现优先权的纷争，其中最有名的是牛顿和莱布尼茨之间谁最先发明微积分的争端。关于这个故事，我们放在《函数与分析卷》里细讲。棣莫弗无端卷入其中，被当时的皇家学会主席牛顿提名进入学会的调查小组。我猜想，棣莫弗之所以入选是因为他来自欧洲大陆，而且是牛顿的朋友。不然的话，调查小组的成员就全是英伦三岛人士，自己都不好意思了。棣莫弗自己也正在跟法国的德蒙莫尔争论不休,中心问题是二人之间究竟谁最先解决了几个重要的概率论问题。后人的分析说明,棣莫弗的分析手段比德蒙莫尔要简洁清晰。棣莫弗一直等到德蒙莫尔去世以后,才把《机会的理论》的内容大大扩充,使它在一夜之间成为名著。这本书被誉为现代概率论的开端,里面包括许多重要的结果,对概率论的发展影响深远。这里,我们只谈谈所谓的正态分布。

我们在上篇里谈过二项式同概率的密切关系。比如,把一枚"公正"的硬币投掷100次,得到60次正面的概率是多少? 还记得吗,帕斯卡已经证明,这种概率的计算可以依靠下面这个公式来进行:

$$P(k) = \frac{n!}{k!\,(n-k)!}p^k(1-p)^{n-k}, \tag{18.1}$$

这里,k是出现硬币正面的次数($=60$),n是投掷硬币的总次数($=100$),p是每次投掷出现正面的概率。有了这两个数值,按照公式(18.1),原则上任何n和k的概率都可以算出来。可是在没有计算机的年代,要计算100或者60的阶乘、0.5的100次方等也不是一般人能胜任的。如果想要知道得到60次以上正面的概率,那就更麻烦了。这需要计算$k=61$、62、63直到100的概率,然后把它们都加起来。这得需要多少时间呀?

屠宰房咖啡屋的棋牌桌边上,棣莫弗大概每天都被问到这一类的问题。他渐渐注意到,随着n的增加,二项式系数的分布越来越接近一条连续的曲线(见上篇里的图3.1)。用今天的话来说,在n变得非常大的时候,二项式的分布可以用一个连续函数来表达。棣莫弗觉得,如果能够找到这条曲线的一个数学表达式,那么,对于任何这类的问题,就可以用同样的方式直接来计算。十几年前,在研究牛顿的"流数"微分理论时,他对无穷数列做过相当深入的探讨,所以他对这样的问题并不陌生。经过一番细致的推导,他证明,当n很大的时候,

$$\frac{n!}{k!\,(n-k)!}p^k(1-p)^{n-k} \approx \frac{1}{\sqrt{2\pi np(1-p)}}e^{-\frac{(k-np)^2}{2np(1-p)}}. \tag{18.2}$$

这个约等式实际上在n趋于无穷时两端都趋于无穷,但式子的左端与右端的比值逼近于1。要证明这个等式,需要对式子左边的阶乘项进行大数极限的近似。这个近似公式被称为斯特灵近似(Stirling approximation),因为后人把发现近似关系的功绩归

到斯特灵（James Stirling, 1692—1770）身上。可是在实际历史事件中，棣莫弗是最早发现这个关系的。

棣莫弗所发现的是概率论中心极限理论的一个特例。他意识到这是对伯努利的所谓"黄金定律"（拉丁文：Theorema aureum）的推广和改进。这个定律后来被法国数学家泊松（Simeon Denis Poisson, 1781—1840）命名为"大数定律"（Law of large numbers）。

在式（18.2）的右侧，如果令 $\sigma = \sqrt{np(1-p)}$，$\mu=np$，$x=k$，我们就得到一个看起来比较简单、但是非常著名的表达式：$\frac{1}{\sigma\sqrt{2\pi}}e^{-\frac{1}{2}\left(\frac{x-\mu}{\sigma}\right)^2}$。这个函数随 x 的变化方式被称为"正态分布"（Normal distribution）。这个式子里的变量 x 的 e 指数函数被称为高斯函数，而

$$f(x) = \frac{1}{\sigma\sqrt{2\pi}}e^{-\frac{1}{2}\left(\frac{x-\mu}{\sigma}\right)^2}$$

(18.3)

被称为概率密度函数（Probability density function），其中，μ 是概率分布的平均值或中间值，σ 是中间值的标准偏差，σ^2 是概率分布的方差。关于这个概率分布的故事，我们将在下篇里细讲。

正态分布在统计学中的重要性一部分来自中心极限定理。这是一组概率论的定理，其指出，大量的相互独立的随机变量的平均值在经过适当标准化以后，都遵守正态分布。这组定理是数理统计学和误差分析的理论基础，在自然科学和社会科学的观测数据中，大多数具有实数值的随机变量都可以近似地用正态分布来描述。而这组定理的开创者正是棣莫弗，可惜他这个超越时代的成果被人忽略了将近一个世纪。直到19世纪初（1812年），法国数学家拉普拉斯（Pierre-Simon Laplace, 1749—1827）发表了名著《概率理论分析》（法文：Théorie Analytique des Probabilités；英文：Theoretical Analysis of Probability），这个默默无闻的理论才被拯救出来。拉普拉斯扩展了棣莫弗的理论，指出二项分布可用正态分布逼近。但同棣莫弗一样，拉普拉斯的发现在当时也没有引起很大的反响。中心极限定理的重要性要到19世纪末才广泛被世人所知。1901年，俄国数学家李雅普诺夫（Aleksandr Mikhailovich Lyapunov, 1857—1918）用更普通的随机变量来定义中心极限定理，并在数学上进行了精确的证明。如今，中心极限定理被认为是概率论中最为核心的定理之一。

百般周折之后，雅各布·伯努利的遗作《猜度术》终于在1713年付梓出版（见第十章）。雅各布的侄子尼古拉在《猜度术》的前言里直接呼吁概率论领域的两位领军人物棣莫弗和德蒙莫尔，请他们考虑概率论在经济和政治领域的应用，以完成叔父的遗愿。

棣莫弗当时正被卷入一个优先发现权的争论，无暇顾及其他。事态平息以后，他开始考虑英国的年金问题。那时，哈雷的生命年表已经问世30多年了，可英格兰的年金放卖政策还是盲目的。年金的价格、年限，政府允诺的利率等都没有经过仔细的分析和计算。所以，棣莫弗的《生命年金》（全名：*Annuities upon Lives, or, the Valuation of Annuities upon any Number of Lives, as also, of Reversions to which is added, an Appendix Concerning the Expectations of Life, and Probabilities of Survivorship*）在1725年一出版，其内容的丰富和精到马上受到全国的欢迎，一版再版。

我们在前一章讲到哈雷的年金计算方法，比如公式(17.1)和(17.2)。在18世纪，利息的幂次计算完全依赖于对数表，因为一般人没有计算对数的工具。而生存概率则需要按照第十七章的那些公式一步一步逐年地计算，年龄数目越大，计算的步骤越多。这在当时很难完成。哈雷自己就说，急需找到一个简便的计算方法。

棣莫弗对数字显然非常敏感。不用画图，他就注意到哈雷的生命年表里的生存年龄是分段线性的。这从图17.2可以明显看出，特别是12岁以上。而哈雷自己从来没有对此做过评论。于是，棣莫弗对哈雷的生命年表做了一个近似：100个初生儿，在12岁时存活74个；从那以后，每年减少一人，直到86岁，一个也不剩了。如图18.1所示，比较棣莫弗的近似曲线和哈雷最初的曲线，我们看到，在24岁以后，两条曲线非常相近。

利用生命年表近似后的线性性质，年金的计算量可以大大减少。采用前一章的符号，棣莫弗首先把生存概率简化为分段线性：

$$P_x^t = \frac{l_{x+t}}{l_x} = 1 - \frac{t}{w-x}, \ 12 \leqslant x < w; \ 0 \leqslant t \leqslant w - x, \tag{18.4}$$

而且，当$x \geqslant w$和$t \geqslant 0$，$P_x^t = 0$。

有了这个关系，任何一个年纪的生存概率一步就可以算出来，而不必逐年计算了。棣莫弗宣称，以前计算一个年金表需要3个月的时间，现在只要一刻钟就能完成。

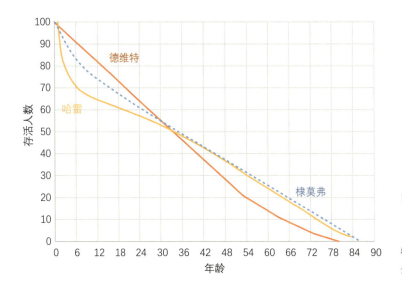

图 18.1　哈雷生命曲线同棣莫弗近似曲线的比较。德维特的生命曲线也是分段线性的。

此外,他还发现如果从 $x \geqslant w$ 和 $P'_x = 0$ 开始,往回倒着算,还可以进一步减少计算量。

线性关系式(18.4)现在被称为"棣莫弗死亡定律"。其实,胡德和德维特早就发现了这个线性规律(见第十六章)。从图 18.1 我们看到,德维特的荷兰生命年表的线性程度比哈雷年表还要好一些。棣莫弗发现了大数阶乘的近似表达,但现在却用斯特灵的名字命名;他发现了正态分布,现在用高斯的名字命名;而"棣莫弗死亡定律"则是胡德和德维特发现的。这是科学历史中常见的现象:一个发现的命名,经常与真正的发现者无缘。

哈雷和棣莫弗的工作大大促进了英伦三岛保险事业的发展。当时,年老牧师和神职人员的善后一直是社会关心的问题。跟天主教不同,新教的牧师是可以结婚成家的。可那时候,女性是不工作的;牧师去世以后,妻子儿女就失去了生活来源。大约从 1698 年起,苏格兰教会一直试图用年金的方式来解决这个问题。可是由于缺乏对年金的理解和资金支持,都以失败告终。1742 年,一群苏格兰神职人员开始重新考虑这个问题,其中有两个人有坚实的数学背景。华莱士(Robert Wallace, 1697—1771)和韦伯斯特(Alexander Webster, 1708—1784)都是神职人员子弟,都是爱丁堡大学毕业,其中华莱士尤其喜爱数学。上学的时候,有一次数学教授生病,华莱士主动站出来代课,得到学生们的好评。担任牧师以后,他一直注意皇家学会年金理论的文章,并做过深入的研究。韦伯斯特则是一位精力充沛、富有亲和力的牧师。他以个人的名义写信给苏格兰各地的长老会（Presbyterian）教会，询问教会雇佣牧师的历史纪录，包括牧师的人数，牧会（也就是管理教会）的年头，死亡的人数，遗孀的人数，有无子女，等等，竟然很快就得到了从1722年到1742年之间20年的数据。

根据这些数据，华莱士开始对年金的设计进行详细计算。当时，苏格兰教会雇佣牧师的规矩很严格，新任牧师一般都在26岁上下进入教会。华莱士采用哈雷的死亡年表，从30岁开始计算每年牧师的统计存活人数。同样假设最高存活年龄是84岁，他通过计算得出苏格兰长老教会牧师的总数应该是927人。而当时的实际牧师人数是970人，其中包括26个当年刚刚进入教会的年轻牧师。这说明计算的准确程度惊人地高。华莱士很可能得到了当年在爱丁堡大学的同学、后来的数学教授麦克劳林（Colin Maclaurin, 1698—1746）的咨询和支持。

经过几番周折，长老会总会在1743年5月通过了华莱士和韦伯斯特的提议。苏格兰内乱使得年金的启动延误了一年，不过终于在1744年3月25日正式启动，这就是著名的苏格兰遗孀保险年金（Scottish Widows Fund）。年金启动之后，华莱士的兴趣渐渐减退，转去研究世界人口随历史时代的变化。而韦伯斯特则一直关注着年金的运行。他批评那些在年金里放入大量积蓄的年老牧师，鼓励年轻牧师积极参与，因为他敏锐地意识到牧师们的这些选择会使得华莱士的估算过于乐观。他还发现，以前各个教会提供的数字有错误。另一个事先没有预料到的是，在900多位牧师中，135位没有加入年金计划，这是一个很大的百分比。幸运的是，麦克劳林在去世之前预见到这种可能，并提出了一个改进建议。到了1758年，年金的实际总额达到47 313英镑19先令9便士，而华莱士的预期额是47 401英镑。又过了7年（1765年），实际总额达到58 347英镑17先令8便士，预期额是58 348英镑17先令8便士，误差竟然只有1英镑！这是精算史上第一个伟大胜利，然而管理人员的认真负责和参与人的诚实守信也是这个年金成功的重要原因。这个年金后来的结局我们已经不大清楚了，但"苏格兰遗孀"的名声从此大震。1815年，"苏格兰遗孀保险公司"正式成立，一直经营到现在。这个保险公司跟最初的"苏格兰遗孀"其实没有直接联系。

1754年8月，87岁的棣莫弗被法国科学院推选为外籍院士，但是他的生命只有几个月的时间了，体质迅速下降，需要睡眠的时间越来越长。有传闻说，他开始记录自己每天睡眠的时间，发现下一天的睡眠时间平均比头一天延长了大约15分钟。根据这些数据，他计算了自己生命终了的日子：1754年11月27日。那一天来临时，他真的再也没能醒过来。

棣莫弗做了一辈子家庭教师,终生未娶。除了数学,棣莫弗对文学和美学也有极大的兴趣。他最喜爱的法国作家是拉伯雷(François Rabelais, ?—1553)和莫里哀(Molière, 1622—1673)。有一次,他告诉朋友,如果可以选择的话,他宁愿成为莫里哀,而不是牛顿。高兴的时候,他会整段整段地背诵莫里哀的《愤世者》(*Le Misanthrope*),还惟妙惟肖地模仿70年前他在巴黎亲眼看到的莫里哀本人的表演:

> "不,我看不惯你们那些时髦人所做的下流样子。我最恨那些动不动就赌咒发誓的人的丑态;我最恨那些满面春风,动不动就跟人拥抱的人;我最恨那些废话连篇,一心要讨好别人的人;他们对所有的人都玩那套虚伪的礼节,不管对正直人或对坏蛋,都同样看待。倘使有人对你献殷勤,信誓旦旦地向你表白他的友谊、忠心、至诚、崇敬、温情,天花乱坠地把你恭维了一大套,可是等他遇见另外任何一个草包,他也去如法炮制一番;请问,这于你到底有什么益处? 不,不。世间没有一个良心摆在当中的人愿意接受这种娼妓式的尊敬;如果有人把我们跟全世界的人都混为一谈,最光荣的尊敬也就分文不值了。无论这个人的尊敬心是出于什么偏爱,如果他对任何人都敬重,那就等于对任何人都不敬重。既然你也染上了现时流行的这些毛病,哼哼,你就不能再做我的朋友了。我不能接受那种对个人才德不加任何区别的广泛的情谊。我要你把我跟别人区别开来;干脆说吧,把所有的人都当做朋友看待的人,我是不喜欢的。"
>
> ——《愤世者》中主角阿尔赛斯特的一段话(赵少侯原译;稍有修改)

那么接下来,我们就谈谈莫里哀的故事。

本章主要参考文献

Bellhouse, D. R. Abraham De Moivre: Setting the Stage for Classical Probability and Its Applications. Boca Raton, Florida: CRC Press, Taylor & Francis Group, 2011: 266.

Dow, J. B. Early actuarial work in eighteenth-Century Scotland. Transactions of the Faculty of Actuaries, 1971-1973, 33: 193-229.

Hald, A. A History of Probability and Statistics and Their Applications before 1750. Willey Series in Probability and Statistics. New York: John Wiley & Sons, Inc., 1990: 586.

第十九章   莫里哀的谜团和联邦党人文集

　　1673年2月17日下午,巴黎的天空一片阴暗。漫长的冬季已接近尾声,可是午餐之后没多久,天仍然就差不多全黑了。街道很狭窄,两边是密密麻麻四五层高的小楼。市民在警察的催促下缩头缩脑地跑出来,把悬挂在横贯街道的绳子上的油灯降下来点燃,之后赶紧钻回矮小的门洞。橘黄色豆粒大小的灯火幽幽照着弯弯曲曲的街道,白天此起彼伏的小贩叫卖声和牲畜的鸣叫声已经消失了。

　　几年前,巴黎刚刚经过一场脱胎换骨的改造,满街的粪便、兽血和垃圾被清除,刺鼻的臭气大大降低。巴黎第一次有了警察总局,第一任局长德·拉·雷尼(Gabriel Nicolas de La Reynie, 1625—1709)大刀阔斧地整治这个处处打架斗殴的城市。主要街道都安装了小油灯,黑暗中的犯罪活动得到了遏制。

　　塞纳河北侧,巴黎人称之为右岸。紧挨着卢浮宫的北端,是太阳王路易十四的弟弟奥尔良公爵的府邸(今天叫做皇家宫殿)。豪华的宫殿式建筑,以前是红衣主教黎塞留(其人见第九章)的住宅,这群巨大建筑的西北角灯火显得出奇的明亮,那是巴黎有名的剧场。无数豪华的马车聚集在剧场外,穿金戴银的仆人们手提灯笼,成群地在广场上踱步闲聊,等候观剧的主人。

　　金碧辉煌的剧场内温暖如春,灯火辉煌,主剧场和两边的包厢爆满。人们伸长了脖子,聚精会神地注视着舞台的中心,那里一个满面愁容的中年贵族正坐在高靠背的沙发椅上大发牢骚,他的每一句话都引起观众捧腹大笑(图19.1)。

　　这出戏剧名叫《无病呻吟》。它的法语原文是 Malade Imaginaire,意思是臆想出来的疾病,讲的是一位疑病症(hypochondria)患者阿尔岗(Argan)先生的趣事。阿尔岗总是觉得自己已经病入膏肓,总是想请医生治疗,吃药住院,这种心理疾病具有极强的讽刺和荒诞意味,更令人叫绝的是故事对阿尔岗身边的人物的性格塑造。医生以治病为由肆无忌惮地榨取钱财,却无视阿尔岗疾病的症结所在,而他的妻子想方设法要尽快继承阿尔岗的财产,并暗中破坏女儿与恋人的纯真感情。故事最终在女仆揭穿阿尔岗妻子的阴谋那一刻达到高潮,有情人终成眷属,而阿尔岗自己则成为了一名医生。

图 19.1　1761年在巴黎皇家大剧院演出喜剧的情景。从这里我们可以想象莫里哀当时演戏的场面。作者：法国画家圣奥班（Gabriel de Saint-Aubin, 1724—1780）。

这部戏于1673年2月10日首次在巴黎公演，男主角阿尔岗由作者兼导演莫里哀亲自出演，三场之后，风靡巴黎，以至于满城尽谈阿尔岗。

2月17日是第4场演出。离开场还有很长时间，可剧场内已经座无虚席，人们高谈阔论，兴致勃勃，笑声不断传到后台。而在后台，演员们却一个个面带忧虑。莫里哀坐在化妆镜前不断地咳嗽，时而憋得青筋迸露，满面紫红。他的妻子阿曼德（Armande）劝他不要上台了，可是莫里哀说："剧团的诸位都需要挣钱来养家糊口，我也不能把观众扔在一边。停演会给诸位带来困扰，那我就该责怪我自己了。放心吧，我有足够的力量完成这场演出。"

下午4点钟，喜剧正式开幕，莫里哀坐在舞台正中的带有高高靠背的椅子上，一个疑虑重重的阿尔岗惟妙惟肖地出现在观众面前。他一面表演一面忍不住咳嗽，胸口疼痛难忍，他不得不皱着眉头。不明真相的观众觉得他的表演太真实太生动了，大声叫好。而躲在舞台侧面密切注视的妻子却忍不住落下泪来。这是一场多么具有讽刺意味的悲喜剧啊，身患着绝症的演员利用自己疾病的痛苦，来扮演一位疑病症患者！

　　喜剧终于接近尾声，阿尔岗成为一名医生，他宣誓要忠于古代名医传下来的治疗手段，绝不欺骗病人。当阿尔岗用蹩脚拉丁语说出最后一句台词："我发誓……"一阵剧烈的抽搐袭来。莫里哀努力挣扎，想发出笑声来掩盖，但那笑声太干枯、太嘶哑了。幸好这时舞台上的狂欢场景出现，转移了观众的视线。男男女女的芭蕾舞演员涌上舞台，在欢快的音乐下载歌载舞。这种芭蕾喜剧也是莫里哀自己发明的，后来在法国极为流行。大幕终于落了下来。在雷鸣般的掌声中，莫里哀瘫坐在阿尔岗的高背椅中，已经昏厥过去。众人把他小心翼翼地抬回家中，莫里哀醒来之后平静地说："我的路走完了。"几小时以后，一代名伶溘然而逝。

　　莫里哀（图19.2）本姓波克兰（Jean-Baptiste Poquelin, 1622—1673），出生于一个富足的小贵族家庭。他的父亲是路易十四的王室侍从，负责皇宫内的地毯窗帘家具等陈设。在他19岁的时候，他遵从父亲的愿望，也成为王室侍从。他本来可以享受一切贵族待遇，但在21岁的时候，他放弃了这一切，加入了一个巡回剧团，到处流浪演出。跟中国类似，在17世纪的欧洲，演员也属于下九流之类。他的抉择给家庭带来巨大耻辱。不知是自愿还是被迫，他改姓为莫里哀。流浪的生活持续了整整13年，其间的痛苦流离难以述说。由于欠债，还被关过监狱。他的肺结核很可能就是在监狱里被传染上的。

图19.2　莫里哀画像。作者：法国画家米尼亚（Nicolas Mignard, 1606—1668）。米尼亚与莫里哀生活在同一个时代，这应该是最接近于莫里哀真实相貌的画像。莫里哀有一个大鼻子，据说他刚出生时，使女一见就惊叫道："鼻子！"从那时起，"鼻子"就成了他的小名。

后来由于奥尔良公爵的资助，使他有机会进入卢浮宫在路易十四国王面前导演戏剧。国王很喜欢他的风格，允许他使用卢浮宫附近一个名叫"小波旁"（Petit-Bourbon）的演出大厅（图19.3），后来莫里哀又获准使用巴黎皇家宫殿剧院。莫里哀本人酷爱悲剧，可是巴黎人对他在悲剧演完之后即兴进行的插科打诨的喜剧表演更感兴趣，他只好改在喜剧上下功夫。他执笔创作和表演的多出喜剧都获得巴黎人的喜爱，比如《可笑的女才子》、《太太学堂》、《丈夫学堂》等。他在演艺界的地位飞速提升，成为当时最为有名的演员。不过，他在戏剧中对贵族生活的讽刺和嘲笑也招来许多抗议和批评，尤其是《伪君子》和《唐·璜》这两出戏，一再遭到禁演。

多亏路易十四经常站在莫里哀一边。当时的法国，任何戏剧在巴黎上演之前必须通过国王的亲自审查，然后由国王颁布上演令才可以出台。路易十四跟高等法院的

图19.3　从塞纳河左岸看1646年的卢浮宫（左面）和小波旁演出大厅（右面黑重的部分）。作者：德拉·贝拉（Stefano della Bella）。这是莫里哀早期在巴黎演戏的地方。1660年卢浮宫扩建，小波旁被拆掉，现在已经不存在了。

领袖以及巴黎贵族们的关系一直不好。1648年，高等法院反对路易十四和内政大臣大主教马萨林增加苛捐杂税的决策，争端不断升级，最后发展成暴乱。以高等法院为首的贵族和巴黎市民联合起来，走上街头，用弹弓击打国王及其支持者的窗户，史称第一次投石党之乱。暴动造成数十万人死亡，国王被迫逃离巴黎。路易十四本来就不喜欢巴黎，这么一来，他坚持住在凡尔赛宫，除非不得已，不再进巴黎城。可以想象，莫里哀拿贵族们开涮取笑，路易十四暗地里是很开心的。另外还有人说，莫里哀后来又接受了王室侍从的职位，在演出之余为国王管理窗帘家具和地毯，甚至可能负责每天国王卧室的安排，所以深得国王的信任。

即便跟国王有如此亲密的关系，莫里哀逝世之后，遗体仍然不能葬入为贵族准备的公墓，这是当时法国的法律规定。一些笃信天主教的人们还认为，莫里哀去世时没有得到神父给予的最后的安慰，因此注定要下地狱。确实，莫里哀咽气之前，他的妻子派人去请两位神父来为他祷告，可是这二位却说，《伪君子》的作者不配得到他们的祷告和安慰。心急如焚的阿曼德只好再请第三位，然而等到神父赶到病榻之前，莫里哀已经咽气了。

阿曼德只好来到路易十四面前长跪不起，恳求他看在亡夫生前与国王的融洽关系上，给死者一席葬身之地。最终，国王允许莫里哀的葬礼在夜晚悄悄地举行，而遗体只能葬在为未经洗礼而夭折的婴儿所准备的地段。莫里哀在一片不知名的墓地里沉睡了一百多年，后来才被移送到拉雪兹（Lachaise）公墓（图19.4），安葬在与他同期的著名作家拉封丹（Jean de La Fontaine, 1621—1695）墓旁。

一代名伶就这样悲惨地离开了人间。咽气的时候，他穿着一袭绿色长袍。从此，法国的演艺人士拒绝穿绿色，觉得绿色对演员来说不吉利。

莫里哀去世了，但300多年来，他的生命却在他的文字里鲜活地持续着。《无病呻吟》是莫里哀晚年创作生涯的一个高峰，他的代表作之一。这个剧本先后被翻译成几十种语言，在世界各地的众多国家以各种舞台形式搬上舞台，常演不衰。他的其他作品也在巴黎法兰西喜剧院不断地上演。有人统计过，从1680年到1978年，莫里哀的戏剧在这里上演了将近3万场。如今，法语被称为是莫里哀的语言。他的喜剧人物家喻户晓，法语中的许多成语，都和莫里哀的喜剧有关。比如，法国人把伪善的人称为达尔图费（Tartuffe），这是《伪君子》中主人公的名字；把吝啬的人叫做阿尔帕贡（Harpagon），这是《悭吝人》的主人公；把死板僵硬的领导或长辈称为指挥官雕像

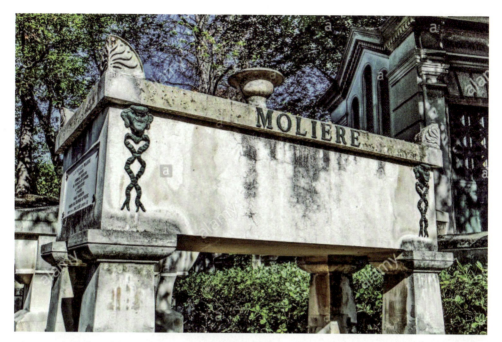

图19.4　坐落在巴黎郊外拉雪兹公墓里的莫里哀墓。

（Statue du Commandeur），这来自《唐·璜》，等等。可以说，莫里哀之于法兰西，如同莎士比亚之于大英帝国。

　　然而奇怪的是，写了30多部剧作的莫里哀，在身后却没有留下任何手稿。目前除了莫里哀在一些公文上的签名以外，我们看不到他创作剧本的任何手迹。据说莫里哀去世以后，他的妻子把装有他的全部手稿的箱子卖掉了。还有传说，在波旁王朝复辟期间（1814—1830），一个农民模样的人来到法国国家图书馆，号称手里有一只极有价值的箱子。那天天色已晚，门卫拒绝他进入，因为图书馆人员已经下班了。农夫转身离开前，留下一句话："这个箱子里装满了莫里哀的原始手稿。我真替你们图书馆惋惜。"从那以后，再也没有关于这箱子的消息了。

　　又过了一百多年，1919年，一位法国作家路易斯（Pierre Louÿs, 1870—1925）突然发文说，莫里哀的戏剧不是他自己写的，这在法国引起了轩然大波。路易斯和他的支持者们提出以下论据：

　　1. 莫里哀在世的时候，没人把他当作作家来提起过。莫里哀自己也没有说过自己是作家。

2. 莫里哀回到巴黎，在路易十四的准许下开始组团演戏时，已经30多岁了。在此之前，从未发表过剧作；他回到巴黎就可以一鸣惊人，这似乎难以做到。

3. 他的创作效率惊人，连续发表喜剧杰作，平均每年两部。同时，他必须花大量的时间排戏演戏。业余时间能有如此丰厚的产出，似乎也不大可能。

4. 莫里哀的手稿从来没有被发现过。

据说，路易斯对莫里哀的指控是受到英国人指控莎士比亚的启发。1891年，一位名叫格林斯特里特（Greenstreet）的英国档案管理员首先提出，莎士比亚的一些剧作可能是第六任德比伯爵（Earl of Derby）斯坦利（William Stanley）作为消遣写着玩的结果。对于这个假说，法国人研究得特别上劲儿。在这个意义上，也可以说莫里哀之于法兰西，如同莎士比亚之于大英帝国。

对于这样的问题，如何才能科学而客观地处理和评估呢？这就需要对文字进行大量的统计学分析了：一些特定文字的使用频率，句法的特色，段落的结构，故事的构思特征，等等。这种分析方法称为文体量化（Stylometry）。这样的分析有很多实际的用处，比如揭发剽窃行为，为犯罪行为提供线索等等。20世纪90年代，美国出过一个著名的案子。一个罪犯在18年内邮寄了16个包裹给美国的大学和航空公司，造成3人死亡，23人受伤。美国联邦调查局连续调查了18年，审查了200多个嫌疑人，调查了两万多个线索，最后还是罪犯自己露出了尾巴。他把一篇论文作为挑战世界的宣言，同时寄给《纽约时报》和《华盛顿邮报》，并威胁他们，必须在同一天发表，不能更动一个字。这个人就是著名的"大学航空炸弹客"（Unabomber）泰德·卡辛斯基（Theodore Kaczynski, 1942— ），智商高达167的前加州伯克利大学数学教授。警方通过对比卡辛斯基与弟弟的通信和寄到《纽约时报》的恐怖宣言的文体，确定了罪犯。联邦调查局后来说，这是他们历史上耗资最大的案子。

文字的分析还有许多其他用处。我们在上篇里已经看到，对于语言的各种分析在2 000多年前就有人在做了，后来语言分析的一个重要原因是破译密码。这需要对一种语言所使用的字母进行大量的分析。这可能是最早的统计分析。

文体量化的统计工作有许多方法，这里我们用另一个故事来说明。

1776年7月2日，北美13个殖民地的代表通过了著名的《独立宣言》。7月4日，《独立宣言》正式公布。这个宣言包含了基于英国哲学家约翰·洛克（John Locke, 1632—1704）宪政思想的三个基本原则：每人都拥有自然权利，政府的合法性来自被统治者,被统治者有权改变政府。

1781年,英国军队在约克镇战役中投降。两年后,英国政府同13个殖民地的联军签订了巴黎条约,美利坚合众国正式独立,乔治·华盛顿随即解散了军队。美利坚的各州马上面临如何建立独立的联合国家的挑战。一些中南部殖民地的殖民者要求建立一个强大的、类似英国的中央政府,但是自称为共和主义者的新英格兰和弗吉尼亚的反保皇党人反对。他们反对君主制,反对行政首脑制,反对任何限制本地群体的政府,主张建立联邦制。1787年9月下旬,美国的宪法草案被分发到各州进行讨论,预备进行表决程序。不久,一批以"反联邦主义者"为笔名的人士纷纷发表文章和公开信对该草案进行批评。

为了应对这些批评的声音,汉密尔顿(Alexander Hamilton, 1755—1804)计划通过撰写一系列联邦党人的文章,向纽约市民解释宪法草案的宗旨,说服他们投票支持该宪法草案。他在联邦党人文集第一篇短文中说:"这一系列的文章将努力对所有可能出现的反对者提供一个为之满意的答复。"

为了寻求共同的写作人员,汉密尔顿找到了约翰·杰伊(John Jay, 1745—1829)。可是杰伊不久患病,并没有为这个文集贡献多少文章。汉密尔顿和杰伊共同邀请纽约市国会议员麦迪逊(James Madison, 1751—1836)参加写作计划,此后麦迪逊成为汉密尔顿的主要合作者。1787年10月27日起,他们的文章开始在纽约市3家报纸上以单人笔名普布利乌斯(Publius)发表。他们的写作速度奇快,通常在一周之内要发表3到4篇新评论。汉密尔顿同时也鼓励纽约地区以外的报纸转载这些文章。这些文章产生了极大的反响。

1788年元旦,纽约市的麦克里恩出版社(J. & A. McLean)宣布将已经发表的36篇文章作为合集出版。合集在当年3月2日出版,取名为《联邦人集》或《联邦党人集》(*The Federalist*)。之后,新的文章在各家报纸上陆续刊出。到了4月2日,已经发表到第77号文章。5月28日,第一期合集之后发表的49篇文章被收入第二期合集出版发行。在77号文章之后,又有8篇文章陆续被登载在报纸上。这85篇文章对美国宪法和美国政府的运作原理进行了剖析和阐述,是研究美国宪法最重要的历史文献之一。

由于汉密尔顿坚持文章不署名,3位作者的具体分工和论文的文责便成了一个谜。第一次给每篇文章的执笔者署名的文集出版于1810年,执笔者的名单是汉密尔顿提供的，而且注明两册文集由汉密尔顿编辑。1818年的新版本中则列出了麦迪逊提供的执笔者名单。这两份执笔者名单里，12篇文章的作者不明。

在与政敌艾伦·伯尔决斗之前没几天（决斗的故事见第一章），汉密尔顿列出了文集的具体执笔者名单。在这份名单中，汉密尔顿是其中63篇文章的作者（其中有3篇是跟麦迪逊合著的）。这也是1810年出版的文集中具体执笔者名单的依据。当时麦迪逊并没有提出质疑。在1818年版的作者名单中，麦迪逊指出自己是29篇文章的作者，而两份名单的差异是汉密尔顿在匆忙中完成备忘录时的错误造成的。

为了弄清3位作者的贡献，后来的学者们对存在争议的12篇文章进行了用词频率和写作风格的统计分析。最早的文体量化理论是一位名叫门登霍尔（Thomas C. Mendenhall, 1841—1924）的物理学家在1887年提出的。他认为作家的风格如同热辐射，不同的温度有不同的频谱。他的母语是英语，对他来说，每个英语作家都有自己的英文 "词汇谱"。所谓词汇谱，并不是作家喜欢使用哪些具体的词汇。英语是一种词汇量极大的语言，简单地考察每个具体词汇的使用频率是没有什么意义的。门登霍尔提出考察文章里面出现不同字长的频率，他把含有相同字母数的词放在一起，选择字长作为变量。

在1887年的文章里，门登霍尔利用词汇谱分析了几位著名英文作家的风格，图19.5是他给出的两个例子。他从大作家狄更斯（Charles John Huffam Dickens, 1812—1870）的两部作品《雾都孤儿》（*Oliver Twist*）和《圣诞欢歌》（*A Christmas Carol*）里各取一个5 000字的段落，得到的平均每千字的字长出现频率分布，发现两者几乎一模一

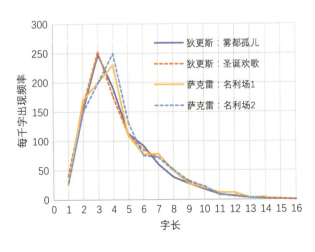

图19.5 门登霍尔统计得到的狄更斯和萨克雷的 "词汇谱"。狄更斯的两部作品，《雾都孤儿》和《圣诞欢歌》，用10 000个字的连续段落分析显示几乎完全相同的词汇谱。萨克雷的《名利场》两节各5 000个字的连续段落给出的词汇谱也几乎完全相同。而两个作家的词汇谱是不同的。

样。他又从另一位大作家萨克雷（William Makepeace Thackeray, 1811—1863）的《名利场》（*Vanity Fair*）里随机取出两个5 000字的段落，发现它们的词汇谱也几乎一模一样。门登霍尔宣称，分析10万个字词汇谱应该能分辨出不同的作者来。这个分析方法和我们在第十三章里谈到的利用语言分析破译密码的思路很相似。

门登霍尔的这个理论后来被人用来研究莎士比亚剧作的真正执笔人，但效果不佳。这是因为词汇谱对词汇的分类有点过于粗糙了。另外，文体的不同（小说、诗歌、戏剧）对词汇谱的影响很大。

进入20世纪，随着统计学理论和计算机的发展，出现了许许多多文体量化的分析方法，其中一个方法是分析功能词（Function words）。所谓功能词，是文章里经常出现的基本词汇，它们的作用不在于描述行动或感情，只是句子的"黏结剂"。图19.6列出英语中最常用的功能词。这些词有时是可有可无的，而不同作者使用常见功能词的习惯就构成了作者特有的"指纹"。这个思路同门登霍尔的词汇谱恰恰相反，但是效果更好。

定量分析功能词的使用频率是一项比较复杂的工作，需要大量的线性代数知识和现代的计算手段。在分析汉密尔顿和麦迪逊的作者问题时，需要先分析肯定是两个人分别执笔的文章，找出这些文章里使用功能词的特征。在85篇联邦党人论文里，

1 *a*	15 *do*	29 *is*	43 *or*	57 *this*
2 *all*	16 *down*	30 *it*	44 *our*	58 *to*
3 *also*	17 *even*	31 *its*	45 *shall*	59 *up*
4 *an*	18 *every*	32 *may*	46 *should*	60 *upon*
5 *and*	19 *for*	33 *more*	47 *so*	61 *was*
6 *any*	20 *from*	34 *must*	48 *some*	62 *were*
7 *are*	21 *had*	35 *my*	49 *such*	63 *what*
8 *as*	22 *has*	36 *no*	50 *than*	64 *when*
9 *at*	23 *have*	37 *not*	51 *that*	65 *which*
10 *be*	24 *her*	38 *now*	52 *the*	66 *who*
11 *been*	25 *his*	39 *of*	53 *their*	67 *will*
12 *but*	26 *if*	40 *on*	54 *then*	68 *with*
13 *by*	27 *in*	41 *one*	55 *there*	69 *would*
14 *can*	28 *into*	42 *only*	56 *things*	70 *your*

图19.6 分析联邦党人文集中作者不明的论文时所考虑的功能词。

汉密尔顿参加执笔的有56篇，麦迪逊有50篇。二者之和大于85是因为其中有一部分论文是二人合写的。如果把图19.6里面的70个功能词同时考虑进去，把每篇论文中的70个功能词的使用频率都计算出来，汉密尔顿使用的功能词频率可以用一个含有70×56个元素的矩阵来表示，麦迪逊的则是一个70×50个元素的矩阵。如果把这70个功能词看成是相互无关的变量，那么寻找二人"指纹"的工作就变成考察在70个变量的空间里，两个人所使用的功能词的频率相互之间的覆盖程度。由于70维度的空间很难想象，让我们考察3个功能词upon、to和would在这3个变量定义的三维空间里的分布（图19.7）。如果汉密尔顿的56篇文章里的这3个词的分布同麦迪逊的50篇文章里的分布重合，那么就没有办法区别作者了。如果两个人的这3个词的频率分布只有一点点重合，那么，重合的部分很可能是两个人合作的论文，而且可以利用数学方法找到一个曲面，把这两个人的使用频率最大限度地分开。曲面的使用有任意性，如果弯弯曲曲过于复杂，就不反映实际情况了。最简单的曲面是平面。如果两个人的论文的功能词使用频率可以用一个平面分开，那就另选择3个功能词，再来考察，直到我们确信，两个人的风格是可以分开的。然后，利用同样的功能词来考察那12篇作者不明的论文，来看这些词的使用频率分布跟哪一位作者最接近。

图19.7给出这样一个分析的结果，在考虑了大量的功能词的组合以后，目前的结论是，麦迪逊是这12篇论文的作者。

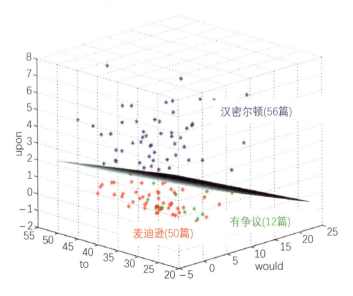

图19.7 分析过程的一个例子。蓝色符号代表汉密尔顿在56篇论文中使用的三个功能词（to, upon, would）的频率分布，红色符号是麦迪逊在50篇论文里使用的频率分布。两个人的分布可以被一张平面全部分开。绿色是12篇作者不明的论文的频率分布。所有这12篇的频率分布都落在麦迪逊这一边。

　　那么，莫里哀呢？ 2001年，有人比较莫里哀和与他同时期的戏剧名家高乃依（Pierre Corneille, 1606—1684）的作品，通过分析词汇和词语的使用频率来分辨作者。一部长篇大作，词语（如长短句子）可能有几十万甚至上百万个，而组成这些词语的词汇则要少得多，也就是几千上万个。分析二者之间的关系可以找到不同作者的"指纹"。这个分析的结果认为，莫里哀和高乃依的作品基本可以分开，不过有些莫里哀的作品应该是跟高乃依合作的。2019年，有人利用高速计算机把功能词、词汇－词语、韵律分析等一系列可能的统计分析方法结合起来分析，认为莫里哀的作品有其独特的、与同时期其他作家（包括高乃依）不同的风格，应该确定就是他自己所作。

本章主要参考文献

　　Bosch, R. A. and J. A. Smith. Separatinig hyperplanes and the authorship of the disputed Federalist Papers. The American Mathematical Monthly, 1998, 105: 601–608.

　　Cafiero, F. and J.–B. Camps. Why Molière most likely did write his plays. Science Advances, 2019, 5: eaax5489(14).

　　Fung, G.. The disputed Fedrealist Papers: SVM feature selection via concave minimization. Proceedings of the 2003 Conference on Diversity in Computing(Atlanta, Georgia, USA). Journal of the ACM(Association for Computing Machinery), 2003, 42–46.

　　Labbe, C. and D. Labbe. Inter–textual distance and authorship attribution Corneille and Moliere. Journal of Quantitative Linguistics, 2001, 8: 213–231.

　　Mendenhall, T. C. The characteristic curves of composition. Science, 1887, 9: 237–249.

第二十章　背对射手和靶子的牧师

还记得随机（stochastics）这个词的来历吗？如果不记得，请读者回去翻一下第十章。

现在设想你是一名射手，面对着一张靶子拉弓射箭。这时一位老人走过来，对你说："你把一支黑箭随便插在靶子的什么位置上，然后用红箭来射靶。不用瞄准，只要上靶就行。我背朝靶子，一眼也不看。只要你告诉我红箭落在黑箭的上边、下边、左边，还是右边，我就能告诉你黑箭的位置。"

"这可能吗？"你说。

答案是肯定的，但有个条件，那就是你要射足够多的红箭，而且它们的落点是随机的。多少是"足够多"呢？那要取决于你对老人猜测结果的精确度的要求有多高。

这是一个既简单又令人惊奇的概率游戏。它让许多杰出的概率统计学家疑惑了二百多年，所以值得花些笔墨把它的基本原理描述一下。

为了简单起见，让我们假定你的靶子是矩形的。其实任何形状都无所谓，选择矩形只是为了叙述方便。这样，我们只需要看看如何确定黑箭的横向位置就行了，因为确定纵向位置的原理跟横向是一模一样的。

你开始朝靶子随机地射出红箭。有一支箭几乎射到黑箭上。你很兴奋："我射到了！"可是老人却低着头淡然地说："不要管它。只要告诉我它是在黑箭的哪一边就行。"在你射出第26支红箭之后，老人说："暂停！"

你看了看靶子上的红箭。它们的落点如图20.1所示。你显然是一个不怎么样的射手。有17支箭落在黑箭的右边，9支落在它的左边。为了区分它们，落在右边的用红点表示，左边的用绿点表示。

这些，背对靶子的老人当然什么都看不到，他只在小本子上记下了几个字，左：9；右：17。然后他简单计算了一下，说："黑箭的水平位置在从靶子的左边算起，大约是靶宽的35%的地方。"

你看了一下靶子下面的标尺，从靶子左边的边缘算起，黑箭的水平位置在差一点就到靶宽40%的地方（图20.1）。真神奇！可他是怎么知道的呢？不会是瞎猜的吧？

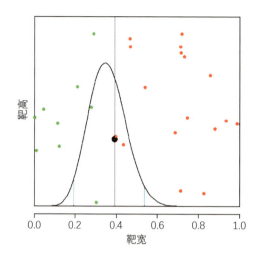

图20.1　矩形靶子上黑箭（黑点）的位置。假定你随机地射了26支红箭，17支落在黑箭的右边，9支落在它的左边。为了区分它们，落在右边的用红点表示，左边的用绿点表示。

"你想问我是怎么知道的，对吧？"老人眨了眨眼，一副狡黠的样子。"你看"，他把小本子伸到你眼前，只见上面写着：$\dfrac{9}{9+17} \approx 0.346$。

可是，为什么呢？

老人接着说："从现有的26支红箭来看，我这个估计大约有20%的误差。不过如果你愿意的话，咱们可以继续玩这个游戏。你射的箭越多，我的误差就越小。"

这又是为什么呢？

还记得第十章里伯努利的纠结吗？通过一个过程的原因或者一个游戏的基本原理来计算该过程或游戏中每个事件的概率，这是一个正过程。我们知道原因，通过原因来计算结果。我们不妨用P（结果|原因）来表示这个从原因来分析结果的概率。从原理上，伯努利很清楚地知道如何计算这个概率。可是从结果如何估计原因呢？换句话说，如何得到一个未观察到的事件的概率P（原因|结果）呢？这样的概率，最早称为反演概率（Inverse probability），现在称为统计推断（Statistic inference）。

在第十章里，伯努利采用一个别别扭扭的办法来说明，如果已知理论概率值，那么当随机事件数目足够大时，观测到的实际概率的数学平均值可以逼近理论概率值。但是，如果理论概率值完全是未知的，也能够通过大量随机事件来反演这个概率值吗？从伯努利的话来看，他相信是可以的。但是他并没有能够证明这个反演问题。后来数学家证明，采用他的方法，普遍的反演结果是做不到的。

有很多问题，未来的真正状态永远不可能被精确地确定，只能限定在某种可能的范围内；不可能依靠理论"先验地"（*a priori*）确定，而只能从已经产生的结果反推回去，也就是说"后验地"（*a posteriori*）来确定。而"后验"就意味着要对大量类似的情况事先做出观察、统计和归纳，之后才能做出估计性的推论。伯努利的思考方式是在固定允许概率的框架之内，利用已知概率来计算获胜概率随游戏次数增加的变化（见第十章图10.2及相关的讨论）。这显得很笨拙，而且逻辑上有问题，因为他是从已知概率出发的，而他想讨论的最终问题是没有已知概率的。

射箭的思维实验极为聪明地解开了这个逻辑困境，确确凿凿地证明了伯努利的宣称："我的观察越多，我预测的偏差就越小。"

最先想到这个思维实验的人名叫托马斯·贝叶斯（Thomas Bayes, 1702—1761），那是差不多280年前了。只不过他考虑的不是箭和靶子，而是把球放到桌面上。他利用这个例子说明这个"魔法"的数学原理（图20.2）。

首先，他做了如下的假定：

1. 黑箭在靶子上的位置是任意的，也就是说，它在靶子上任何一点的概率相等。他把这个假定的概率分布叫做前置概率分布（Prior distribution）。

2. 红箭落在靶子上任何一点的概率也相等。

3. 由于不知道黑箭在靶上的位置，不妨先假定红箭落在黑箭左侧和右侧的概率相等。这个假定跟投一枚硬币出现正反面相等概率是类似的。

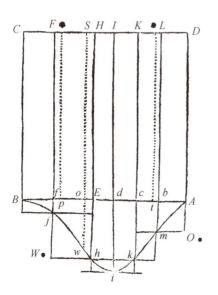

图20.2　贝叶斯在计算后期概率的思维实验中使用的示意图。取自1764年英国皇家学会年刊上发表的文章。正方形*ABCD*代表水平的桌面。先把一个球*W*（相当于我们所说的黑箭）抛向桌面，它在桌面上的位置可以由一对坐标(x, y)来表示。x平行于*AB*，y平行于*BC*。注意这张1764年的图跟我们现在的表达方式不大相同：这里球*W*和*O*的位置是投球实验之前的任意位置。投出后，球*W*的x坐标值对应于线段*Bo*。现在向桌面抛*N*次球*O*（相当于我们所说的红箭）。根据*O*球在桌面的所有位置都是等概率的假定，贝叶斯计算了概率的实际分布，也就是通过图中字母*BjwhikmA*的那条曲线。如果把这张图倒过来看，*BjwhikmA*就对应着图20.1的曲线。

在这些假定之下，如果所有的红箭都落在黑箭的左边或右边，那么黑箭最可能的位置就应该在靶子的最右边或者最左边。如果红箭落在黑箭的两边，比如落在左边的红箭有 α 支，落在右边的有 β 支，那么黑箭最可能的位置，就应该在 $\frac{\alpha}{\alpha+\beta}$ 处。这是一个介于0与1之间的数，代表黑箭在靶子上概率值最高的位置。至于具体位置，就是从靶子的左边算起，靶子总宽度的 $\frac{\alpha}{\alpha+\beta}$ 的地方。至于黑箭的高度，只要知道这些红箭高于和低于黑箭的数目就可以了。

那么，他是怎样估计误差的呢？在上述假定下，贝叶斯导出了黑箭在靶子上任何一点的概率值。这些概率值构成一个概率密度函数 f，其表达式如下：

$$f(\theta) = \frac{(\alpha+\beta-1)!}{(\alpha-1)! \times (\beta-1)!} \theta^{\alpha-1}(1-\theta)^{\beta-1}, \tag{20.1}$$

这里 θ 是一个代表概率的变量。在图20.1里，横轴有两个不同的坐标。靶子的实际宽度没有标上尺度和单位，这是因为实际宽度不重要。标有从0到1的横轴坐标代表概率 θ 对应着靶宽的变化的范围。在假定2的前提下，从靶子的最左端算起，红箭落在靶子上的水平位置的概率同靶宽成正比。图20.1中的那条黑色曲线是概率密度函数 $f(\theta)$ 的变化趋势。这条曲线是分析了26支红箭落点之后得到的后期（Posterior）概率分布。我们看到，曲线在 $\theta=0.346$ 的地方达到最大值。从这条曲线所给出的峰值的宽度可以估计概率峰值的误差或估计值的可信度。图20.1中，95%的可信度的 θ 值由两根竖直的蓝色线条给出，大约在0.346两边20%的地方。

可能明眼读者已经注意到，图20.1里的曲线左右不对称，这是因为式（20.1）右侧的函数左右非对称。为什么呢？因为在一般情况下 $\alpha \neq \beta$。而95%可信度对应的是曲线下的全部面积减去两端2.5%的面积，所以左右两侧的蓝线的高度不同。式（20.1）所定义的函数同所谓的"正态分布曲线"［公式（18.3）］是有区别的。

讲到这里，有必要对前置（Prior）概率和后期（Posterior）概率这两个概念插几句话。请注意这两个词的英文写法。在不少中文文献里，甚至包括一些专业概率统计文献里，这两个词有时被翻译成"先验"和"后验"，这是把这两个英文词同拉丁文的 "*a priori*" 和 "*a posteriori*" 混淆了。英文里借用了不少外来语，prior 和 posterior 就是两个例子，它们都来自拉丁文。但作为英文单词，它们表示的是"在……之前"和"在……

之后"的意思,跟拉丁文的"*a priori*"(先验)和"*a posteriori*"(后验)的意思完全不同。

言归正传。如果你愿意继续这个游戏,接着射红箭,那么在一定的时候,比如射出 100 支箭以后,老人可以采用图 20.1 中的概率密度函数作为下一步的前置概率分布来对所有 100 支箭的落点进行分析,以改进他对黑箭位置的估计。这个过程可以一直进行下去,直到老人估计的位置值达到你想要的精度为止。由此我们看到,贝叶斯思想的以下特点:

1. 这是一个逐步演进的过程。红箭射的次数越多,对黑箭位置的估计越准确。

2. 这是一个学习过程。计算概率者不断地从观察(射出红箭)的过程中来改进自己的估计。

贝叶斯的父亲和祖父都是长老会教会的牧师,所以他的童年应该是相对平稳富裕的。他好像从小就喜欢数学。可是,虽然长老会也是新教的一个分支,它跟同属于新教的所谓圣公会(Anglican Church)还是有些不同,而英格兰圣公会认为长老会不是宗教改革的一部分。当时的年代不能容忍具有不同宗教和观点的人。在贝叶斯祖父的年代,因为宗教信仰不同而死在英格兰监狱里的人将近两千。即使在贝叶斯生活的时期,数学也是按照宗教和政治信仰来区分的。在英格兰,信奉与圣公会不同信仰的人不能被大学录取,他们只能自学。

苏格兰的教会则以长老会为主。所以,贝叶斯在 18 岁的时候跑到爱丁堡大学去学习神学和数学。那里教学严谨,使他终身受益。1722 年,他回到英格兰,按例成为助理牧师,协助父亲在伦敦的长老教会服务。12 年后(1734 年),他搬到肯特郡的皇家唐桥井镇(Royal Tunbridge Wells),成为一名独立的牧师。唐桥井距离伦敦只有 64 公里,那里富含铁质的泉水受到伦敦中产阶级的广泛欢迎,都喜欢到那里去作温泉疗养。贝叶斯的家庭在钢城谢菲尔德(Sheffield)有炊具生意,相当富有,所以他的生活很轻松。

同年,爱尔兰圣公会在科克郡科罗因镇的主教伯克利(George Berkeley, 1685—1753)发表了著名的小册子《分析家》(*The Analyst*),对信仰非圣公会教义的数学家们发起攻击。有人说,他攻击的主要对象是我们前面提到的哈雷。伯克利有很好的数学基础,他指出刚刚问世不久的微分学中有一个悖论:牛顿和莱布尼茨在推导导数的时候,先把无穷小量看成是非零的,可以做除法;可是在最后计算函数导数的时候,又把无穷小量作为零来处理。他把这个悖论称为"消失量的幽灵"(Ghosts of departing quantities）。这确实是早期数学逻辑上的一个难题。直到 20 世纪中叶，这个悖论才被真正解决。不过，伯克利小册子的真正目的在于神学。他找到微分学初期的这个弱点，目的是搞掉这门崭新的学科。他指责那些"不信神的数学家"企图依靠"自由思考"的方式建立抽象数学来解释世界，放弃上帝。这种因为洗澡水不干净，干脆连婴儿一起倒掉的手段当然是无法被科学界接受的。后来，在美国以伯克利命名的一所加州大学校园成为抽象数学的名校，这位主教先生如果地下有知，不知该作何感想。

贝叶斯写了一篇论文为牛顿利用流数理论为基础的微分理论辩护，反击伯克利。由于这篇论文，贝叶斯在 1742 年被推举进入皇家科学院。可是从那以后，贝叶斯再没有发表过任何数学方面的研究成果，直到 1761 年去世。在整理遗物的时候，他的亲属发现了一些数学手稿，于是请贝叶斯的朋友、长老会的普莱斯（Richard Price, 1723—1791）前来帮助整理。

普莱斯这个人现在已经很少有人知道了。不过在 18 世纪下半叶，他在呼吁公民自由和支持美国独立方面的工作使他名震大西洋两岸。美国第二届总统约翰·亚当斯（John Adams, 1735—1826）早期在英国担任美国大使的时候，为了逃避国王乔治三世（George III, 1738—1820）的"殷勤款待"，经常跑到普莱斯执掌的教会去当听众。美国国会曾经邀请他移民到美国，帮助管理全国的金融机构。本杰明·富兰克林（Benjamin Franklin, 1706—1790）为他提名加入英国皇家学会。汤玛斯·杰佛逊（Thomas Jefferson, 1743—1826）邀请他撰文批判奴隶制。1781 年耶鲁大学授予两个人名誉学位，一位是乔治·华盛顿（George Washington, 1732—1799），另一位就是普莱斯。

贝叶斯在世的时候，几乎没有人知道他在研究概率。当人们遇到概率的难题时，首先想到的是棣莫弗这样的专家。所以当普莱斯在贝叶斯的遗物中发现这篇概率论手稿的时候，也感到意外。起初，普莱斯没有太注意这篇手稿，因为它尚未完成，对问题的解是"有缺陷的"（普莱斯语）。而且，根据贝叶斯的描述，他的方法需要不断地修改前置概率分布，重新计算后期概率，反复循环，计算量非常大，从具体计算的角度来看在当时很不现实。可是普莱斯越读发现它越有价值。当时英国正在进行着一场关于宗教和经验主义哲学的大辩论，普莱斯发现贝叶斯的概率论支持自己的宗教观点。于是他花了两年多的时间研读和编辑它，最终于 1764 年在英国皇家学会年刊上发表。

1748年，苏格兰经验主义哲学家休谟（David Hume, 1711—1776）出版了《人类理解研究》（*An Enquiry Concerning Human Understanding*）。在这本书里，休谟站出来公开声明，基督教里所讲述的上帝的"神迹"是不可信的：

"神迹违反自然法则。既然这些自然法则在我们的经验里是坚实而不可改变的，从这些经验事实建立的反对神迹的证明就是完整的……这些论据不容任何怀疑与反对的空间。"

从概率论的角度来看，休谟的论证逻辑是这样的：如果自然法则是死人不能复活，让我们用 N 来表示这个法则，也就是原因。根据过去的经验，我们没有看到过死人复活，这是结果，用 R 来表示，那么 $P(R|N)=1$。反过来，如果有死人复活，我们把这样的事件记为 M，那么，根据休谟的逻辑必然有 $P(M|N)=0$，也就是说，根据自然法则，死人复活的概率等于零。普莱斯是一位牧师，他坚决反对休谟的观点。

在普莱斯看来，贝叶斯的分析是反过来思考这个问题：我们在世间看到的是 $P(N|R)$，就像我们游戏里观察到的红箭的分布。而 $P(M|N)$ 是我们没看到的，它类似于黑箭的位置 $P(R|N)$。单单从几只红箭的落点是推不出黑箭的位置也就是 $P(R|N)$ 的。

怎样才能通过 $P(N|R)$ 来推测 $P(R|N)$？贝叶斯通过他的思维实验的特例证明，

$$后期概率密度 = \frac{数据的似然函数 \times 前置概率密度}{归一常数}, \qquad (20.2a)$$

这个关系现在被称为贝叶斯定理。采用标准的概率符号，贝叶斯定理可以写作

$$P(B \mid A) = \frac{P(A \mid B) \times P(B)}{P(A)}, \qquad (20.2b)$$

这里，A 是观测到的事件（射手射到靶子上的红箭），B 是起始条件（随机放置的黑箭），$P(B)$ 是起始条件下的概率分布（完全随机），$P(A|B)$ 是红箭落在靶子上的分布。根据贝叶斯推导式（20.1）的思路，$P(B|A)$ 应该是二项式分布，正比于 $\theta^{\alpha-1}(1-\theta)^{\beta-1}$。通过这些信息，我们就能估计黑箭的大概位置。

由于普莱斯的编辑和修改，今天已经很难区分在1764年发表的贝叶斯的文章里

面,哪些是贝叶斯的原创,哪些是普莱斯的贡献了。投稿的时候,普莱斯在投稿信中提供了发表这篇文章的宗教意义。他说,从数学世界转向自然世界,反向回推到这个世界存在的原因,"自然世界必然是一个有智慧有能力的原因的结果",所以贝叶斯理论"证实了上帝的存在"。

但是后人注意到,贝叶斯的手稿里从来没有出现过"上帝"这个词。贝叶斯把依据猜测建立的起始判断同反复观察得到的实验判断结合起来,开创了一个新的方法:根据客观的新信息来修改最初的信念。利用这个方法,他可以通过观察现实世界对可能的原因做出判断。他的发现对概率论是个极其重要贡献,后人称其为"原因概率"、"反演概率"、"贝叶斯统计",或者"贝叶斯法则"。

贝叶斯没能完成他的手稿,也许是健康原因,也许是觉得这个想法的价值不高。普莱斯帮助他发表之后,最初也几乎没人注意到这篇文章,直到拉普拉斯重新发现了它并把它数学化。但即使是拉普拉斯,后来也把这个理论放弃了,因为需要的计算量太大,当时的计算能力很难达到。

贝叶斯更没有想到的是,这篇未完成的手稿会在二百多年里在哲学和科学界造成巨大反响。从科学哲学角度来讲,很多人无法接受把主观猜测同客观观察联系起来解决概率问题的想法。相信贝叶斯理论的人被称为主观派或主观主义者。从科学的角度来看,"主观"是个很不好的形容词,几乎等同于"编造"。大多数科学家认为,只有大量观测,才能客观地确定一个给定过程的概率分布。这种过程就像骰子游戏的概率分析:必须先利用排列组合把全部可能的事件都计算出来,然后才可能得出任何一个具体事件出现的概率。持这种信念的人被称为频率派或频率主义者,可是对非常多的实际问题来说,这种处理方式根本行不通。比如下一章将要讲到的黑盒子问题,频率派理论就得不到正确的结果。人口死亡率的故事是另外一个典型的例子。类似的例子举不胜举。比如一座火山何时可能再喷发?大洋里遭遇海难的航船最可能在哪个区域被发现?核武器出现事故伤害无辜人民的可能性有多大?这些问题,靠大量观察来预测概率是不允许的,甚至是荒唐的。人们逐渐发现,贝叶斯理论对这些问题都有帮助。

贝叶斯的理论引起巨大的争论,有人支持,有人反对,互不相让。贝叶斯这股微风,时隐时现,时有时无,经历了二百多年,才逐渐被人们接受。现在的贝叶斯概率经过了长足的发展,如果贝叶斯还活着的话,恐怕也认不出来了。

本章主要参考文献

Bayes, T. An essay towards solving a problem in the doctrine of chances. By the late Rev. Mr. Bayes, F. R. S. communicated by Mr. Price, I a letter to John Canton, A. M., F. R. S.. Philosophical Transactions of the Royal Society of London, 1763, 53: 370-418.

Bellhouse, D. R. The Reverend Thomas Bayes, FRS: A biography to celebrate the tercentenary of his birth. Statistical Science, 2004, 19: 3-43.

Edwards, A. W. F. Commentary on the Arguments of Thomas Bayes. Scandinavian Journal of Statistics, 1978, 5: 116-118.

McGrayne, S. B. The Theory that Would not Die. New Haven: Yale University Press, 2011: 320.

Stigler, S. M. Bayes's Bayesian Inference. Journal of the Royal Statistical Society. 1982, A145: 250-258.

第二十一章 承先启后的全才

就在贝叶斯孕育他的概率理论的日子里，一个男孩出生在法国诺曼底地区一个盛产苹果白兰地的小镇子里。贝叶斯的文章在皇家学会会刊上发表的第二年，这个16岁的少年只身离开家乡，前往诺曼底的大城市卡昂（Caen）。

皮埃尔-西蒙·拉普拉斯的父亲来自一个世代受过良好教育而且广受尊重的家庭，不过到了他那一代，只是个富裕的农民而已。他有农场和一小片庄园，卖苹果白兰地，还参与镇子上的政府工作。有人说他可能还拥有一个公共马车的夜店。拉普拉斯从小受过很好的教育，但并没有显示出与众不同的数学天才。这也是他为什么到卡昂去上大学，而没有选择法国数学教育最好的巴黎大学的原因。由于他的父亲希望儿子成为天主教神父，所以拉普拉斯在卡昂大学读的是神学。

此前几十年，英国天文学家哈雷发现，在1531年、1607年和1682年出现的3颗彗星的轨道要素基本相同。哈雷认为这3个报告来自同一颗彗星，并利用开普勒定律估算这颗彗星的运转周期为75到76年。哈雷估计了行星引力对彗星的影响，预测它将在1758年再现。那年的圣诞节，彗星首次被德国农民和天文爱好者帕利奇（Johann Georg Palitzsch, 1723—1788）短暂地观测到。1759年，也就是拉普拉斯10岁的时候，法国天文学家对轨道重新进行了计算，预测彗星在近日点出现的时间是4月13日，误差大约是前后一个月。当3月13日彗星果真出现的时候，整个欧洲都震动了。这是牛顿力学第一次明确地向人类显示它的力量。这颗彗星从此也就有了一个确定的名字：哈雷彗星。这个事件对少年拉普拉斯产生了不可估量的影响。

在大学里，拉普拉斯接受到相当先进的数学教育。那时牛顿、莱布尼茨究竟是谁首先发现微积分的争端早已结束，英国皇家学会在主席牛顿的领导下宣布牛顿获胜，莱布尼茨受到屈辱，黯然离世。可是，牛顿的微积分理论是依靠几何概念建立起来的，使用起来相当笨拙。英国数学家全都采用牛顿的别别扭扭的微积分，在一个多世纪里鲜有新的进展。而欧洲大陆则采用莱布尼茨依靠代数发展起来的微积分理论，灵活好用。靠着它，科学家们在天文学方面发现了许多新现象，得到许多新信息，哈雷彗星只是例子之一。拉普拉斯很快就显示出数学方面的天才。大学期间，他就把一篇关于微积分的论文发表在著名数学家拉格朗日（Joseph-Louis Lagrange, 1736—1813）编辑的数学期刊上。他意识到自己不适合神职工作，决意成为一名职业数学家。这个选择显然极大地伤害了他的父亲，直到老人去世，父子二人再也没见过面。

毕业之后，热情奔放的数学家拉普拉斯准备到巴黎去大显身手，他手持推荐信觐见了当时法国首屈一指的数学家达朗贝尔（Jean Le Rond D'Alembert, 1717—1783）。有个传闻说，第一次见面时，达朗贝尔对拉普拉斯没什么特殊印象，以为他跟那些每天前来求见的庸才一样，只是来混碗饭吃。他随手递给年轻人一本厚厚的数学书，对拉普拉斯说："读懂了以后再来见我！"可是没隔几天的时间，这个年轻人便又来了。达朗贝尔有些恼怒，不相信拉普拉斯竟然读懂了这部书。可是，对于他提出的所有刁钻古怪的问题，拉普拉斯都可以完整无误地回答。达朗贝尔这才对这个年轻人另眼相待，介绍他到陆军学院去教数学。

稳定的职业，固定的收入，业余搞搞自己的研究，这不是很好吗？可这正是拉普拉斯想要避开的。他的梦想是进入法国科学院，成为专业研究人员，把精力全部放到顶尖的科学研究上。跟英国私人的皇家学会完全不同，法国科学院是一个由国家支持的组织，有才智的年轻人入选后可以得到固定的收入，专心从事科学研究。这是法国科学在18世纪领军欧洲的主要原因之一。

达朗贝尔是最先把牛顿力学引入法国的数学家。他看到拉普拉斯的潜力，交给他一个重要的研究课题。从16世纪初开始，在两百多年里天文学发生了翻天覆地的变化。哥白尼（波兰语：Nikolaj Kopernik, 1473—1543）把地球从至高无上的中心位置拉到一个普通行星轨道上，同金星、木星、水星、火星、土星等众星一起谦卑地绕着太阳转。开普勒把这些天体用简单的开普勒定律联系在一起。牛顿发现了万有引力定律，并结合他的运动学定律来解释开普勒定律。可是，虽然他在私下里研发了微积分，但在发表的论文中，他仍然坚持几何学的论证。他的理论只能粗略地描述天体的运行，无法解释细节。牛顿自己怀疑天体运动是否能用数学物理原理精确地描述，并依靠上帝的手来解释天体运动的周期性。牛顿在1727年去世后，给天文学和数学家们留下一个巨大的挑战：究竟万有引力仅仅是个假说，还是普适的自然法则？

利用牛顿力学来描述天体的运动，一个至关重要的问题是，为什么这些天体能在万有引力的作用下保持稳定的运行状态，而不会在太阳的引力作用下坍塌下去？几个世纪的天文观测数据似乎表明，木星的运行轨道正在收缩，而土星的轨道却在扩张。

难道木星将会落入太阳,而土星会飞出太阳系?人类是在等待《圣经》里预言的世界末日的到来吗?

三个以上物体在引力相互作用下的长期行为是数学上一个极为复杂的问题。拉普拉斯出生前两年,也就是在普莱斯努力修改贝叶斯的手稿的时候,达朗贝尔和他的长期竞争对手克莱罗(Alexis Claude Clairaut, 1713—1765)各自同时发表论文研究这个问题。"三体"问题很快成为世界数学家眼中的皇冠问题。1767年,拉普拉斯上大学的时候,欧拉(Leonhard Euler, 1707—1783)给出了3组具有周期性的特解。根据这3组特解,三个天体可以在同一平面上稳定运行,但这个复杂的问题似乎远远不止有3组解。今天我们知道,三体问题在数学上没有通用的解析解。从动力学角度来看,三体(以及多体)系统在多数初始条件下的行为是混沌的(chaotic),其数学描述只能用数值方法来进行。后来庞加莱(Jules Henri Poincaré, 1854—1912)证明,这个数学问题应该有无穷多个解。而到目前为止,人们已经发现了数千个解。

在达朗贝尔的鼓励下,拉普拉斯决定以太阳系的稳定性问题为自己的主攻目标。他的工具是数学,如同观测天文学家手中的望远镜。

想要仔细研究天体运动的规律,需要有精确的观测数据。法国科学院鼓励发展精密的天文望远镜和其他观测设备,这使科学家们得到越来越多的定量数据。数据采集和数据系统化在西方世界飞速发展。如何处理大量的数据变成一个十分紧迫的科学问题。研究人员该如何评估这巨大的观测数据库,从中择出最可验证的事实呢?误差的数学理论在当时非常薄弱。

每天下午数学授课结束之后,拉普拉斯就在军事学校藏有4 000多卷书籍的图书馆里翻来翻去。他意识到,需要用一个崭新的思路来处理大量的数据,而概率很可能是一条出路。就在这个时候,他在图书馆里发现了棣莫弗的《机会的理论》。突然之间,灵感如闪电般降临。天体的运动过于复杂,天文学家可能得不到精确的数据。概率论虽然不能给出绝对的答案,但可以帮助研究人员发现哪些数据最有可能是正确的。他开始考虑从充满误差的天文观测数据中推断物理规律(也就是可能的原因)的方法。他感觉有可能开创一种普适的理论,从已知事件利用数学手段倒推回去,挖出事件的起因。他把这样得到的概率称为"起因的概率",或"起因及从过去事件导出未来事件的概率"。拉普拉斯还不知道,这其实就是贝叶斯理论。

1773年3月,24岁的拉普拉斯在法国科学院宣读了一篇论文。年轻人将无知的人类同一个无所不知的高等智慧相比较，人类永远不可能对任何事情有百分之百的确定性，概率是我们无知程度的数学表示。"对付人类虚弱的头脑，我们需要一套精致而天才的数学理论，那就是概率论。"（We owe to the frailty of the human mind one of the most delicate and ingenious of mathematical theories, namely the science of chance or probabilities.）这篇论文不久在法国皇家学会会刊上发表，题为《从给定事件推测原因概率的备忘录》（Mémoire on the Probability of the Causes Given Events）。

跟贝叶斯的思路类似，拉普拉斯也是从一个思维实验开始的。设想一个坛子里装了两种颜色的纸牌，黑色和白色。古典概率的分析是，如何在已知黑色和白色纸牌数目的比值的情况下，估计从坛子里随机拿出一张纸牌的颜色。这相当于已知一个过程的原因（两种颜色纸牌的比值）来寻求一个事件（随机取出一张纸牌的颜色）的概率。我们在上篇里讲到伯努利，他就是这样处理概率问题的。

现在考虑与古典概率正好相反的问题。我们不知道坛子里黑牌与白牌的比值（相当于一个过程的原因），但我们是否可以不断地从坛子里取出纸牌（相当于观测到的数据），通过这些事件来推断坛子里面的黑色和白色纸牌的比值呢？

利用这个例子，拉普拉斯通过分析证明，概率统计方法可以用来作为"修复"我们知识的缺陷的工具。

拉普拉斯在文章里提出一个法则：

> 如果一个事件可以由 n 个不同的原因所引起，则每个给定事件的这些原因的概率相当于给定原因的相应事件的概率；并且每个原因的存在概率等于给定原因的事件的概率除以给定每个原因的事件的所有概率之和。
>
> If an event can be produced by a number n of different causes, the probabilities of these causes given the event are to each other as the probabilities of the event given the causes, and the probability of the existence of each of these is equal to the probability of the event given that cause, divided by the sum of all the probabilities of the event given each of these causes.

单从词语上，这个法则听起来非常复杂难懂。拉普拉斯还是用思维实验来说明其中的意义。假设有两个坛子 A 和 B，A 里面有 p 张白纸牌和 q 张黑纸牌，B 里面有 p' 张白纸牌和q'张黑纸牌。从其中一个坛子里（我们并不知道是哪一个）取出f张白纸牌和h张黑纸牌。通过这些纸牌，我们能否估计它们是从哪个坛子里取出来的？

从古典概率的基本理论，我们知道，如果$f+h$张纸牌是从A里取出的，那么得到f张白纸牌和h张黑纸牌的概率是

$$K = \left\{ \frac{(f+h)!\ (p+q-f-h)!}{f!\ h!\ (p-f)!\ (q-h)!} \right\} \Big/ \left\{ \frac{(p+q)!}{p!\ q!} \right\}.$$

用现代概率符号，K应该记作$P(f, h|A)$。同样地，如果这些纸牌是从B里取出的，那么得到f张白纸牌和h张黑纸牌的概率是

$$K' = P(f, h|B) = \left\{ \frac{(f+h)!\ (p'+q'-f-h)!}{f!\ h!\ (p'-f)!\ (q'-h)!} \right\} \Big/ \left\{ \frac{(p'+q')!}{p'!\ q'!} \right\}.$$

根据上述原则，这些纸牌从A中取出的概率是$P(A) = \dfrac{K}{K+K'}$；从B中取出的概率是$P(B) = \dfrac{K'}{K+K'}$。

从这个例子我们看出，拉普拉斯的法则可以用现代概率的语言这样描述：如果E是一个事件（如拿出的f张白纸牌和h张黑纸牌），$a_1, a_2, \cdots, a_n$是该事件的n个可能的原因，那么，

$$\frac{P(a_i | E)}{P(a_j | E)} = \frac{P(E | a_i)}{P(E | a_j)}, \tag{21.1}$$

且

$$P(a_i | E) = \frac{P(E | a_i)}{\sum_{j=1}^{n} P(E | a_j)}. \tag{21.2}$$

回忆前一章里贝叶斯的故事，这其实正是贝叶斯想要表达但没有能够清楚给出的概率关系。再回想上篇里伯努利的尝试，我们发现这个想法比伯努利的"反演"概率方法直接明了了很多。拉普拉斯发现这个法则的时候只有24岁，从大学毕业还不到3年，不过完整的证明他要等到十几年以后才给出来。

有人会问，可是，p、q、p'、q'都是未知的，K和K'当然也是未知的，怎样才能从已

知的 h 和 f 来估计 K 和 K'，最终求得期望得到的概率结果呢？拉普拉斯用一个例子来说明。

首先要注意的是，古典利用组合和排列计算概率的规则在大量实验（或大量数据点）的情况下变得难以处理。拉普拉斯所考虑的问题涉及无穷多个实验，排列组合规则无法使用。在这种情况下，概率分布只能用连续平滑的曲线来模拟。但这意味着，使用者需要能够用积分来计算概率分布曲线所涵盖的面积，以计算概率值，并且需要用微积分的分析工具来查找诸如均值和方差之类的参数。这在拉普拉斯之前没人能做得到。

拉普拉斯还是用他的坛子来考虑这个问题。坛子里面装了无数张黑色和白色的纸牌，而且黑牌对白牌的比例是未知的。假设我们已经从坛子里取出了 p 张白牌，q 张黑牌，如果再从坛子里取出一张牌来，这张牌是白色的概率有多大？

拉普拉斯说，假定坛子里白色牌对所有纸牌的比值是 x，由于纸牌的总数是无穷大，可以把 x 看成一个连续函数，它的取值范围显然只可能是从 0（坛子里的牌全是黑色）到 1（坛子里的牌全是白色）。根据古典概率的知识，我们知道，从这些纸牌中取出 p 张白牌和 q 张黑牌的概率是 $x^p(1-x)^q$。由于坛子里有无穷张纸牌，每一次取牌的事件可以认为是相互无关的，因为坛子里面两种颜色纸牌的比值 x 并不因为其中少了几张而发生变化。利用上面的法则，拉普拉斯推论，取出的 p 张白牌和 q 张黑牌能够代表坛子里的真实比值 x 的概率是

$$P(x \mid p, q) = \frac{x^p(1-x)^q\mathrm{d}x}{C},\qquad(21.3)$$

这里，$C = \int_0^1 x^p(1-x)^q\mathrm{d}x$，其中那个怪怪的拉长的 S 是莱布尼茨积分符号，意思是把 x 从 0 到 1 的区间分成很多小段，段长为 $\mathrm{d}x$；对每一段对应的一个 x 值（比如该段的起始 x 值）计算 $x^p(1-x)^q\mathrm{d}x$，再把 x 从 0 到 1 所有的计算值都加起来。它实际上跟式（21.2）右面分母的含义是一样的。这样得到的分母保证了所有可能的概率之和等于 1。注意分母在对 x 积分或求和之后就不再是 x 的函数了，它只是一个保证所有可能概率之和等于 1 的常数。式（21.3）中的 $P(x|p,q)$ 只跟分子里的 x 有关。

如果坛子里面白牌数目对总牌数的真实比值是 x，那么根据定义，从坛子里随机提取一张白牌的概率就等于 x。至于在取出 p 张白牌和 q 张黑牌之后，再取出一张白牌

的概率,拉普拉斯认为应该等于白牌的真实比值 x 乘以概率(21.3),也就是

$$x \times P(x \mid p, q) = \frac{x^{p+1}(1-x)^q \mathrm{d}x}{C}. \tag{21.4}$$

但这只是对于一个假定的代表坛子中真正的 x 值而言的概率。考虑到所有 x 值的可能性,从坛子中再取出一张白牌这个事件 E 的全部概率 $P(E)$,是对式(21.4)作积分或者求和,也就是

$$P(E) = \frac{\int_0^1 x^{p+1}(1-x)^q \mathrm{d}x}{C} = \frac{p+1}{p+q+2}. \tag{21.5}$$

从式(21.3)到(21.5)的过程现在被称为拉普拉斯的演替规则(Rule of succession)。式(21.5)最右边的结果有一个很简单而直观的解释:既然我们事先对一个实验(即从坛子里取纸牌)有一个确定的知识,那就是它可能成功(取出白牌)也可能失败(取出黑牌),那么在实验进行之前(也就是在提取 $p+q$ 张纸牌之前),我们就等于已经有了一对观测结果(两个可能的结果,一个成功,一个失败)。从这个意义上来说,在进行下一个实验(提取下一张纸牌)时,我们等于是有了 $p+q+2$ 个观测点,其中 $p+1$ 个是成功的,(得到白纸牌)的概率当然就是 $\frac{p+1}{p+q+2}$。

这是一个很好的说明贝叶斯原理的例子(见前一章)。在从坛子里取出任何一张纸牌之前($p=q=0$),我们唯一所知道的是坛子里有黑白两种纸牌。根据式(21.5),$P(E_0) = \frac{1}{2}$,也就是说,在这种情况下我们只能假定取出第一张纸牌是黑和是白的概率相等,这是我们的前置概率。如果取出的第一张纸牌是白的,也就是 $p=1$, $q=0$,那么根据式(21.5)我们得到 $P(E_1) = \frac{2}{3}$,这是我们对坛子里白牌数相对于总牌数比值的第一个估计。类似地,如果第一张牌是黑的,则 $p=0$, $q=1$, $P(E_1) = \frac{1}{3}$。在两者当中的任何一种情况下,把 $P(E_1)$ 作为前置概率,再取下一张牌来计算 $P(E_2)$。这样一步步继续,随着取出的牌数的增加,我们对坛子里白牌对黑牌的比例的估计也就越来越接近真实比值。

进一步,拉普拉斯说:

　　"在 p 和 q 非常大的情况下，我们可以确信坛子里面的白色纸牌对全部纸牌的比值可以被 p 和 q 限制在 $\dfrac{p}{p+q}-w$ 和 $\dfrac{p}{p+q}+w$ 之间，而且 w 可以小于任何给定的正数。"

　　换句话说，坛子里纸牌的真实比值 x 可以被下式的概率来表达：

$$P\left(\frac{p}{p+q}-w\leqslant x\leqslant\frac{p}{p+q}+w\right)=\frac{\int x^{p+1}(1-x)^{q}\mathrm{d}x}{C},\qquad(21.6)$$

上式分子上的积分是从 $\dfrac{p}{p+q}-w$ 到 $\dfrac{p}{p+q}+w$。令 $x=\dfrac{p}{p+q}+z$，拉普拉斯证明，式 (21.6) 的右端可以由下式近似地表达：

$$\frac{k}{\sqrt{\pi}}\int_{0}^{w}2\mathrm{e}^{-k^{2}z^{2}}\mathrm{d}z,\qquad(21.7)$$

而且其积分之后的结果约等于1。这其实就是棣莫弗早先得到的所谓正态分布（见第十八章）。

　　同贝叶斯连篇累牍的老式论述风格相反，拉普拉斯利用准确的数学分析，轻松而明了地解决了问题。许多统计学家认为，二百多年后，拉普拉斯这篇文章读起来就像现代人写的一样。

　　更重要的是，拉普拉斯希望定量地解决概率问题。有人比喻说，如果说贝叶斯的目的是根据地面的水洼来判断说，昨天下了雨，并且明天也可能下雨，那么拉普拉斯的目的则是希望根据水洼的大小利用递归法一步一步地改进对昨天下雨量的估计，并且估计明天的下雨量。青年拉普拉斯发现的这个方法的影响力马上就显示出来，得到广泛的应用。也就是在24岁时，拉普拉斯成功进入法国科学院。在很长一段时间里，人们一直以为拉普拉斯是这个思想的首创者，直到20世纪，人们才意识到是贝叶斯最先发现了这个原理。

　　如今，对一个"实验"所进行的"完整"的贝叶斯分析包括下面这些基本元素：

　　1. 我们最感兴趣的参数，也就是式 (20.1) 中的 θ。不过这个参数所代表的意义非常广泛，它可以是二项式分布的参数如式 (20.1)，也可以是其他分布函数的方差或平均值,事件的发生比(odds),或者一套回归参数等等,这些概念的细节将在下篇里讨论。这个参数可以被看成是实验的"自然真实状态"。

2. θ 的前置概率分布 $f(\theta)$。这个分布总括了在实验或测量之前我们对问题的所知程度。这个分布有很大的主观性,不同的人在处理相同的问题之前使用的前置概率有可能不同。

3. 似然函数 $f(x|\theta)$。这个函数提供在给定 θ 值条件下的测量数据 x,这些数据可能遵从二项式分布,也可能遵从其他分布形式,随不同模型而定。

4. 后期概率 $f(\theta|x)$。这是对前置概率和新的测量数据综合起来以后所得到的信息。它告诉我们有了新的测量数据以后,我们对 θ 的了解程度。

5. 贝叶斯定理,也就是式(20.2a, b)。在式(20.2b)里面,$P(A|B)=f(x|\theta)$,$P(B|A)=f(\theta|x)$。通过这个定理,我们在得到新数据之后对前置概率进行校正,得到后期概率。如果后面还有新数据进来,我们把得到的后期概率当作新的前置概率重新应用贝叶斯定理,这样一步一步地改进我们对 θ 的所知程度。这是一个渐进过程,我们可能永远不会知道 θ 的确切值,但是每一步改进,我们对 θ 的了解就更进了一步,直到达到我们满意的程度为止。

从概率分析的角度来看,到此贝叶斯分析就可以结束了,但在实际应用当中,在达到第5步以后,我们有能力做更多的事,包括:

6. 根据分析结果做出决定来采用行动 a。比如,有两种药物,药1和药2,根据临床数据,通过贝叶斯分析,我们决定下一步对病人使用药1($a=1$)还是药2($a=2$)。

7. 损失函数 $L(\theta, a)$。每次采取行动,取决于实验的自然真实状态和行动的内容,我们会面对损失或增益。比如,药1的疗效好于药2,但由于我们不知道 θ 的确定值,所以在第6步决定对病人使用药2,那么我们的结果就受到损失。一般来讲 a 也是 x 的函数。虽然 $L(\theta, a)$ 叫做损失函数(Loss function),如果我们在第6步选择使用药1,我们的结果也可能得到增益,所以这个函数应该叫损益函数。

8. 期望的贝叶斯损失(也叫贝叶斯风险,Bayes risk)。从前面得到的后期概率,贝叶斯理论可以帮助我们找到是期望的贝叶斯损失(Expected Bayes Loss, EBL)达到最小的行动 $a(x)$,这里,EBL=$\int L(\theta, a(x))f(\theta|x)\mathrm{d}\theta$。

从第6步到第8步的过程比较复杂,其中建立损失函数是最困难的一步。这是贝叶斯理论在许多领域应用中研究的重点,但不在本书的讨论范围以内。

作为贝叶斯理论的应用，让我们看一个简单的例子。假设有一只黑盒子，里面有非常复杂的装置，但我们完全看不到。盒子正面有一个入口，左右两侧各有一个出口。我们把一只小球放进入口，它可能从左边的出口滚出来，也可能从右边的出口滚出来。我们对黑盒子一无所知，但我们知道，如果小球从左边出口滚出来的概率是 θ，那么小球从右边出口出来的概率就是 $1-\theta$。问题是我们怎样发现黑盒子所定义的概率 p？设想我们已经把小球放进黑盒子 8 次，有 5 次从左边滚出来，3 次从右边滚出来，那么可不可以预测，下一次小球会从哪个出口滚出来呢？换句话说，小球从左、右出口滚出来的概率各是多少？

从射箭的故事里我们已经知道，这种情况下的似然函数满足二项式分布，其标准形式是 $\dfrac{N!}{(N-x)!\,x!}\theta^{x}(1-\theta)^{N-x}$，其中 $N=8$，$x=5$。实际上，系数 $\dfrac{N!}{(N-x)!\,x!}$ 并不重要，因为它与 θ 无关，而且可以在解决问题的最后一步时利用归一的方法来确定。至于前置概率分布，可以有不同的选择。不过在贝叶斯分析当中，一般认为下述函数使用起来最为方便：

$$f(\theta) = \frac{1}{B(\alpha,\beta)}\theta^{\alpha-1}(1-\theta)^{\beta-1},\ 0 \leqslant \theta \leqslant 1,\ \alpha,\ \beta > 0, \tag{21.8}$$

在不满足 $0 \leqslant \theta \leqslant 1$，$\alpha$，$\beta > 0$ 的条件下，我们定义 $f(\theta)=0$。式（21.8）中的 $B(\alpha,\beta)$ 是所谓的贝塔函数，

$$B(\alpha,\beta) = \int_0^1 y^{\alpha-1}(1-y)^{\beta-1}\mathrm{d}y.$$

这个函数是约翰·伯努利的儿子丹尼尔·伯努利（Daniel Bernoulli, 1700—1782）最先发现的。对于满足式（21.8）的 θ 来说，我们称它遵从贝塔分布，记作 $\theta \sim \mathrm{Beta}(\alpha,\beta)$，其中 $\mathrm{Beta}(\alpha,\beta)$ 就是式（21.8）右侧的表达式。这个分布的方便之处在于，如果前置概率的分布是 $\mathrm{Beta}(\alpha,\beta)$，而且在 N 次测试中有 x 次成功，那么后期概率分布就是 $\mathrm{Beta}(\alpha+x,\beta+N-x)$。

现在微软的 Excel 里包含计算贝塔函数的功能 BETA.DIST$(x,\alpha,\beta,\mathrm{FALSE},0,1)$，其中的参数 x 对应着我们这里讨论的 θ，"FALSE" 告诉 Excel，我们想要得到贝塔函数的概率密度，而不是累计概率（也就是贝塔函数的积分），0 和 1 是 θ 值的变化范围。利

用这个功能很容易把不同的概率分布曲线画出来。

对于黑盒子的问题,已知在"实验"分析开始时 $N=8$, $x=5$(设以小球从左侧出口滚出为成功)。先取用均匀前置概率分布,也就是Beta($\alpha_0=1$, $\beta_0=1$)$=1$。$N=8$的后期概率分布则等于Beta(α_1, β_1),其中 $\alpha_1=x+1=5+1=6$, $\beta_1=N-x+1=3+1=4$。这个后期概率如图21.1中的蓝色曲线所示,它的最高概率值在 $\theta=0.6$ 到0.65之间。

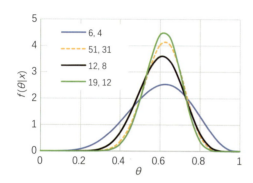

图21.1 黑盒子小球实验中小球从左侧出口滚出的概率分布。每条曲线的形状完全由一对数字 (α, β) 来决定。正文中解释了这组数字同小球从左右两侧滚出的次数的关系。

现在假设我们又投了两次小球,一次从左边出口滚出,一次从右边滚出,也就是说,现在 $N=10$, $x=6$,这对应的是 $\alpha_2=x+1=6+1=7$, $\beta_2=N-x+1=10-6+1=5$。根据式(20.1),这时的似然函数是

$$f(x|\theta) \propto \theta^6(1-\theta)^4.$$

而根据式(21.8),如果选用Beta(α_1, β_1)作为新的前置概率,那么新的后期概率就具有如下形式:

$$f(\theta|x) \propto \{\theta^6(1-\theta)^4\} \times \{\theta^5(1-\theta)^3\} = \theta^{11}(1-\theta)^7.$$

我们可以把这个后期概率写成Beta(α_3, β_3),其中是 $\alpha_3=12$, $\beta_3=8$。这个后期概率是图21.1中的黑色曲线,它的最高概率值在 $\theta=0.6$。注意这条曲线所表达的峰比蓝色曲线要窄多了,也就是说,我们对概率分布的了解更加准确了。假设我们再把小球放进黑盒子(第11次),小球从左侧滚出,读者如有兴趣,可以采用Beta(α_3, β_3)作为前置概率,计算下一个后期概率,它应该是图21.1中的绿色曲线。

图21.1里还有一条用橙色虚线表示的概率分布,那是根据均匀前置概率Beta($\alpha_0=1$, $\beta_0=1$)$=1$在连续投放80次小球以后计算出来的概率分布。它的概率最高值也

在 θ=0.6 到 0.65 之间，而且峰宽和黑色曲线差不多。在这个计算里，我们假定小球从左侧和右侧滚出的次数的比值是 50/30=5/3。对比图 21.1 中的橙色虚线和黑色实线，我们可以看出，贝叶斯理论确实非常"聪明"，小球实验进行到第 11 次，就已经预测出跟连续实验 80 次很接近的概率分布曲线了。对比图 10.2 伯努利试图反演概率的努力，贝叶斯理论的优越性一目了然。

现在我们考虑另外一个问题。在放入 8 次小球以后，如果再继续放小球入黑盒子，能不能估计一下，小球从右侧出口滚出次数高于左侧出口的概率？实验中连续 3 次从右侧出口滚出（使得右侧滚出次数高于左侧）的预期概率 $E(R)$ 是带权重的 $(1-\theta)^3$ 对所有可能概率值的积分

$$E(R) = \int_0^1 (1 - \theta)^3 f(\theta \mid L = 5, R = 3) \, d\theta, \qquad (21.9)$$

积分里面的权重 $f(\theta|L=5, R=3)$ 是小球从左边滚出 5 次（L=5）、从右边滚出 3 次（R=3）的概率分布。注意式（21.9）里面的 θ 是满足小球从右侧滚出 6 次的概率，而不是依靠前 8 次实验结果估计出来的概率（3/5）。对于前 8 次实验结果观测得到的是 $f(L=5, R=3|\theta)$，它不等于 $f(\theta|L=5, R=3)$。我们要解决的是一个概率统计推断问题。

根据贝叶斯理论，由式（20.2）得到

$$f(\theta \mid L = 5, R = 3) = \frac{f(L = 5, R = 3 \mid \theta) \times f(\theta)}{\int_0^1 f(L = 5, R = 3 \mid \theta) \times f(\theta) \, d\theta}. \qquad (21.10)$$

再重复一遍，这个式子的意思是说，满足式（21.10）的概率（后期概率 θ）与根据前 8 次数据得到的概率 $f(L=5, R=3|\theta)$ 成正比，同时也跟前置概率 $f(\theta)$ 成正比，分母是为了使所有可能的概率加起来等于 1。

回忆前面讲的射箭的故事，向黑盒子里放入 8 次小球（相当于红箭）对应一个二项式分布［式（20.1）］，它给出在滚出 8 个小球以后的概率分布：

$$f(L = 5, R = 3 \mid \theta) = \frac{8!}{5! \times 3!} \theta^5 \times (1 - \theta)^3. \qquad (21.11)$$

至于前置概率 $f(\theta)$，我们跟射箭的故事一样，先取它为常数 $f(\theta)=f(1-\theta)=1/2$，于

是它在式（21.11）的分子和分母中就相互抵消，由此我们得到

$$E(R) = \frac{\displaystyle\int_0^1 \theta^5 (1 - \theta)^6 \mathrm{d}\theta}{\displaystyle\int_0^1 \theta^5 (1 - \theta)^3 \mathrm{d}\theta}, \tag{21.12}$$

式（21.12）具有简单的解析解。著名的贝塔积分告诉我们

$$\int_0^1 \theta^{m-1} (1 - \theta)^{n-1} \mathrm{d}\theta = \frac{\Gamma(n)\Gamma(m)}{\Gamma(n + m)},$$

其中 $\Gamma(x)$ 是所谓的伽马函数，而对整数来说，$\Gamma(n)=(n-1)!$。由此我们得到式

（21.12）的解是 $\dfrac{\dfrac{5! \times 6!}{12!}}{\dfrac{5! \times 3!}{9!}} = 1/11$。换句话说，小球从右边出口滚出的总次数高于从左

边滚出总次数的概率只有不到10%。如果有人和你用这个黑盒子打赌，看哪边小球滚出来的次数最多，根据最初的8次小球的结果，你不要选择右边。

　　这几个简单的例子具有非常普遍的意义，很多现实问题都可以用类似的方法解决，比如测试炮弹的落点，海上搜寻失踪的船只，法庭诉讼时估计庭辩的结果，破译极为复杂的密码等，都会用到贝叶斯理论。更多的故事我们将在下篇里介绍。

　　1781年，普莱斯访问巴黎，向法国科学院秘书孔多塞侯爵（Marie Jean Antoine Nicolas de Caritat, Marquis de Condorcet, 1743—1794）介绍了贝叶斯的工作。拉普拉斯欣喜地看到自己的工作得到了证实，他很高兴地宣称，是贝叶斯首先发现这个秘密的："我后来解释的这个原理，是他（贝叶斯）首先急切地、天才地，但是有些笨拙地完成的。"

　　可是在后来的几十年里，拉普拉斯越来越发现这个定理在应用上的限制。前置概率都假定为等概率分布，作为科学工作者，他不赞成对初始假定作这样的限制。他说："必须小心使用概率科学；当我们从数学进入物理世界时，概率理论应该得到相应的改进。"他还意识到他的方法在实际应用中的技术困难，概率计算需要把数字不断地乘来乘去。把很多巨大的数字连乘，然后再除以巨大数字的阶乘，使用起来实在太不方便了（在没有计算器的时代，想象如何计算 10 000！这个阶乘）。他曾经试图利

用法国的乐透奖来检测自己的理论，可是那时的乐透奖竟然包含了90个数字，每次只抽5个奖，他无法完成对这类巨大数字的概率进行反复运算。而天文观测的数据量对于检验他的理论来说，又显得小了些。

拉普拉斯不怕计算。他发明了许多捷径和聪明的近似，把巨大的数字变成一系列较小的、容易处理的数学项，其中包括生成函数（也叫母函数）、数学变换、渐进展开等等。他的生成函数和数学变换已经深深地嵌入今天的数学分析和实际应用当中了。

于是他到社会学领域去寻找"大数据"，但社会学常常涉及到许许多多可能的原因，使得代数公式显得无能为力。其中一套巨大而且可信度高的数据是法国各大教区的出生、洗礼、婚姻和死亡记录。法国政府从1771年开始下令各省区政府向巴黎报告这些数据，这比英国的记录晚了一个世纪。1774年，皇家科学院公布了巴黎地区60年的记录。这些记录显示男孩的出生人数总是比女孩要多。格朗特当年在分析伦敦的记录时已经注意到这个事实。可是，长期以来，人们总是假定，男孩对女孩的比例同许多自然界的规律性的现象一样，是神圣的"天意"。

由此，拉普拉斯找到了机会，他有意避开天文学，开始研究起婴儿来。从概率论的角度来看，婴儿简直太理想了，因为他们只有男孩和女孩两种可能，是纯粹的二项式分布。我们前面已经知道，古典概率理论对处理这类问题已经很完善了，更何况每年肯定都有大量婴儿出生。拉普拉斯知道，研究这个问题绝对需要大量的数据，因为男孩和女孩的数目差别非常小，任何微小的数据波动和误差都可能对结果产生严重影响。

他从均等概率的假定出发，也就是说，实用的前置概率是男孩和女孩各占50%，这是典型的贝叶斯–拉普拉斯处理方法。后期概率最终取决于逐渐增加的观测数据。下一步，他尝试确认格朗特的男孩多于女孩的结论，这是在构筑测试假说的现代理论的基础。他查阅了大量的巴黎和伦敦的出生记录以后，得出结论，至少在未来179年里，巴黎出生的男孩都会比女孩多；而对于伦敦来说，这个结论将维持8 605年。他写道："假如说这是偶然的，那简直太不可思议了。"

男孩真的总是多于女孩吗？如果确实如此，那么是什么原因造成的呢？他开始考虑气候、食物、风俗习惯等的影响。在以后的30年里，他搜集了世界各地的出生资料，南方如意大利的拿波里（Napoli），北方如俄罗斯的圣彼得堡（Saint Petersburg），当然还有法国的各大省。最后，他得出结论，气候不能解释出生婴儿的性别比例。随着后期概率不断地迭代修正前置概率，随着分析进展，他发现，"男孩出生率高于女孩的可能性快速地加大"。这个结论，他认为"如同其他道德真理一样确定"，这个结论出错的可能性极小。经过几十年的不断探索和研究，他在1812年谨慎地宣称："男孩出生率高于女孩，这是人类的普遍规律。"

在这个漫长工作的进行期间，为了检验他的大量采样法则，拉普拉斯在1781年决定估算法国人口。这是评估一个国家的健康和富足的测温计。法国东部一位认真负责的官员已经仔细地考察了若干教区的人口。为了估算全国的人口，这位官员建议把法国每年出生的婴儿总数乘上26。由此他得到法国的总人口约为2 500万。可是没人知道这个神秘的数字26是从哪里来的。

拉普拉斯把全国各教区的出生和死亡记录同那位官员的人口普查结果结合起来作为前置概率，然后利用个别教区较为精确的数据来调整对全国人口的估计。经过5年的观测、调整和计算，1786年，他得出结论，法国的人口接近2 800万，分析误差高于50万的可能性是千分之一。现代的人口学家认同拉普拉斯的结论。由于饥荒的减少和政府训练的接生婆人数的增加，法国人口在18世纪增长很快。

进入晚年，在从事人口普查工作的同时，拉普拉斯开始卷入关于法国司法系统的纷争。孔多塞侯爵相信，社会科学应该可以像自然科学那样定量化。为了把专制的法国转变为英国式的宪政王朝，他请拉普拉斯利用数学手段来探讨各种社会问题。比如，当法官或陪审团提交一个判决决议的时候，我们对这个判决到底有多大的信心？陪审团的表决在多大程度上反映了整个犯罪事件的真相？拉普拉斯把他的概率理论应用在众多社会学问题上，比如选举程序，证人的可信度，审判法官和陪审团的决定，以及如何寻找具有代表性的陪审团人员，等等。

拉普拉斯对法国审判法庭的公正性一直抱有怀疑。法医学在当时还不存在，审判系统全靠证人的见证。拿到证人的陈述以后，拉普拉斯想要考察证人究竟是诚实的、被误导了，还是错误的等这些可能情况的概率。他估计，对前置概率来说，被告人是否有罪也许可以取50对50，陪审团的公正的概率可能稍微高一些。即便如此，按照他的计算，一个8人的陪审团根据简单多数投票表决，做出错误的"有罪"判决的概率是 $\dfrac{65}{256}$，高于25%。这个误差概率太高了，所以无论从概率还是从道德的角度来看，他都认为应该废除死刑。

在进行以上这些工作的同时，拉普拉斯继续土星和木星轨道稳定性问题的研究。正是这个问题使他感觉到数据误差的影响，从而进入概率领域的。从1785年到1788年，拉普拉斯确定了木星和土星围绕太阳运行的轨道具有微小的扰动，扰动的周期大约是877年。月球围绕地球的轨道也有微小扰动，其周期有数百万年。他证明，土星、木星和月球的轨道基本上是遵从牛顿定律的。他还证明，太阳系是处在稳定状态，世界末日远没有到来。他的发现是自从牛顿定律问世以来天文学研究的最大跃进。可是，在这些研究中，他并没有使用我们刚刚介绍的新概率理论。他使用的是另一种理论，一种开启了科学数据进行现代化分析的理论。有关的故事，我们将在下篇里面继续。

本章主要参考文献

De Morgan, A. Reviews on Theorie Analytique des Probabilites. Par M. le Marquis de Laplace, etc. 3eme edition, Paris 1820. Dublin Review, 1837, 2: 338–354, and 1838, 3: 237–248.

Eddy, S. R. What is Bayesian statistics? Nature Biotechnology, 2004, 22: 1777–1778.

Kuusela, V. Laplace — a pioneer of statistical inference. Electronic Journal for History of Probability and Statistics, 2012, 8: 1–24.

Laplace, P. S. Memoir on the Probability of the Causes of Events（1774）. English translation by S. M. Stigler. Statistical Science, 1986, 1: 364–378.

McGrayne, S. B. The Theory that Would not Die. New Haven: Yale University Press, 2011: 320.

Stigler, S. M. Laplace's 1774 Memoir on Inverse Probability. Statistical Science, 1986, 1: 359–378.

第二十二章　学以致用：统计数字也会撒谎吗？

　　这一篇里的故事主要讲的是如何通过统计数据利用一些聪明的办法得到有用的推论。在现实生活中，统计数据的质量有好有坏。有些时候，我们所关心的问题相当复杂，好的数据需要依靠坚实的统计知识和全面缜密的考虑才能得到。坏的数据则可能是由于对问题的性质了解不够，或者是故意选择了数据，使它们偏向于自己希望的那一侧。

　　美国著名作家马克·吐温（Mark Twain，真名 Samuel L. Clemens, 1835—1910）把一句话变成了名言："有三种谎言：谎言，该死的谎言，统计数字。"

　　统计数字真的会撒谎吗？

　　先讲一个美国早期大选民意调查的故事。最早的民调开始于1824年。那一年是美国第十届总统大选，参加竞选的四个人是约翰·昆西·亚当斯（John Quincy Adams, 1767—1848）、安德鲁·杰克逊（Andrew Jackson, 1767—1845）、亨利·克莱（Henry Clay, 1777—1852）、威廉·克劳福（William Harris Crawford, 1772—1834）。四人都属于民主共和党（Democratic-Republicans）。从1800年起，民主共和党在美国一直一党独大。党内意见纷纭，议会党团（Congressional caucus）对总统和副总统的提名遭到广泛的轻视。各州各县相继自己组织竞选大会，提名候选人。政界人士和各地报社期望找到一种能够准确预测大选结果的方法，于是有人想到，或许可以通过民意调查的方式探测选民意向。这种民调最初被称为 Straw poll, straw 的意思是干草，想知道风向，往空中撒一把干草，看它们朝哪个方向飞，所以，Straw poll 可以翻译成"风向调查"。这种调查那时仅局限于某个城市或某个地区，任何一个报社或者组织都可以选择一个自己运作方便的方式开展民调，然后根据结果对选举进行预测。比如那年8月5日，《卡罗来纳观察者报》（*The Carolina Observer*）就报道了7月17日北卡州伯蒂县（Bertie County）一次民间武装集会上得到的民意调查结果：杰克逊102票，克劳福30票，亚当斯1票，克莱0票。因为参与民调的是民兵，当然全是白人男性。两周之后（8月19日），同一份报纸又报道了另外一个完全不同的结果：亚当斯181票，杰克逊90票，克劳福2票。这个结果是从行政和法律工作人员当中得到的。显然，在不同的人群中询问同样的问题，会得到完全不同的答案。这在统计学中叫做采样偏差（Sampling bias 或 Selection bias）。

1824年的大选以没有选出总统作为结果，因为四位候选人没有一个人得到选举人的多数票。按照第十二条宪法修正案，经由国会众议院投票，亚当斯在1825年才正式当选为第六任美国总统。他是第二任总统约翰·亚当斯（John Adams, 1735—1826）的长子，美国历史上第一对父子总统。

快进112年。1936年，美国第38届总统大选，选民需要在民主党人富兰克林·罗斯福（Franklin Delano Roosevelt, 1882—1945）和共和党人阿尔弗·兰顿（Alf Landon, 1887—1987）之间做出选择。当时有一个有名的期刊叫《文学文摘》（*The Literary Digest*），它已经连续数届在大选期间发表过最有权威的民意调查结果。《文学文摘》在1936年发出1 000万份问卷，得到240万个回复。这些回复有的来自大城市像伊利诺伊州的芝加哥，有的来自小城市如宾夕法尼亚的斯克兰顿（Scranton）和艾伦敦（Allentown）。依据这套庞大的统计数据，《文学文摘》充满信心地预测：兰顿将获得370张选举人票（约69%），而罗斯福只能得到161票（30%）。

与此同时，35岁的乔治·盖洛普（George Horace Gallup, 1901—1984）也在进行他的民调。这位不为人知的文学系博士从事新闻工作，他在4年前第一次做民调，为的是帮助自己的丈母娘竞选爱荷华州的州务卿，结果丈母娘大胜，这使得盖洛普一下子对政治和民调大感兴趣。1936年大选期间，盖洛普对5万人进行了民意调查，得到的结果与《文学文摘》恰恰相反，他预测罗斯福将在大选中获胜。11月3日那天，罗斯福赢得了62%选民的选票，更获得了523张选举人票，而选举人的总票数是538，罗斯福的票数超过97%。相比之下，兰顿仅仅赢得8张选举人票，不到1.5%，差距之悬殊在美国总统竞选历史上是罕见的。《文学文摘》的名声一落千丈，两年后不得不终止民调活动，而"盖洛普调查"则一夜之间变得名声显赫。

5万人的民意调查正确地预测了竞选结果，而240万的民意调查结果却大错特错。什么地方出了问题？

民调首先需要选择调查对象，也就是所谓的采样（sampling）。当时美国的选民总数大约是4 560万，显然不可能一一调查询问，只能采用随机采样的方法。《文学文摘》的采样工作依靠的是几个不同的名单，包括订阅《文学文摘》的读者，汽车驾照注册名单，以及各地的电话簿。驾照和电话簿含有大量人名，使他们得以发出上千万张印有问卷的明信片。问题是，1936年正是经济大萧条的年代，许许多多寻常老百姓生活拮据，不得不削减开支。如果连吃饭的钱都不够用，谁还订阅《文学文摘》呢？至于电话和汽车，在那个年代都属于奢侈品，一般人是买不起、用不起的。换句话说，《文学文摘》期望通过对大量的选民进行民调来对民意进行可靠的评估，可是它的选择方式实际上把平民百姓和农村人口排除在外。盖洛普后来批评说，由于采样偏差，《文学文摘》的民调得到的主要是富人的意见。

盖洛普的5万人调查采用的是面对面采访和邮件调查相结合的方式。被采访人遍布当时美国所有的州，而且包括所有不同阶层。人数虽然少，可是更具有代表性。

任何类型的统计数字都可能出现采样偏差。比如，有的制药公司在发表新药测试结果时，有意隐瞒不成功的案例，使数据从表面上看成功的概率很高。为了避免这种"不发表偏差"，现在专业医学刊物要求任何一项测试研究在开始之前必须向刊物登记，之后才能在将来把测试结果发表。这可以帮助刊物的编辑判别成功与不成功的真实比例。

再比如，美国有各种各样的投资公司帮助个人理财。大多数美国人定期把工资的一部分在税前存入养老金账户，预备退休后使用。共同基金（Mutual Fund）是一种很受大众欢迎的投资方式。老百姓不懂理财，也没有股票投资的分析能力和时间，支付一些手续费，把钱交给有公信力的共同基金来管理，只需要选择投资目标和风险程度。但是，人们依靠什么来从成千上万的共同基金里选出最好的基金呢？它们的公信力在哪里？很多共同基金按照股市的一些指数作为标准，比如标准普尔500指数（Standard and Poor 500），共同基金的管理人都宣称自己经验丰富，会见风使舵，基金的增益连年超过标准普尔500。实际上这在现实当中是很难做到的。怎么保证连年超过这个指数呢？也是采样偏差。年初时一个投资公司可能有20个面目相似的共同基金，可到了年底也许只剩下三四个，这三四个是增益超过标准普尔500的基金，其他增益不好的提前关闭。然后在年度报告里，只讲这三四个基金的效益，不提其余，于是公司的"业绩"就大大彰显出来了。这叫"幸存者偏差"（那三四个增益好的基金就是幸存者）。

有的时候，偏差是忽视了其他因素之后造成的。1993年，一项研究声称，患有乳腺癌的妇女是因为高脂肪饮食。研究的方法是请两组被调查人群，患乳腺癌和不患乳腺癌的妇女，填写多年之前，也就是发现乳腺癌之前的饮食内容。调查发现，患乳腺癌的妇女多年前喜欢吃高脂肪食物。批评者说，这实际上是在考察乳腺癌对患者记忆的影响。每个人对过去的记忆都是不准确的；患乳腺癌的妇女在确诊之后非常关心有关乳腺癌的知识，不断地研读高脂肪饮食造成乳腺癌的研究结果和报道。这些后来的印象很可能对患者产生了暗示作用，以为那是自己罹患癌症的原因，这叫"记忆偏差"。再如，按时服用维生素的人更健康。是维生素让这些人更健康，还是服用维生素的人比其他人更注意健康，所以锻炼比较多呢？这叫"健康使用者偏差"。在前一章里，拉普拉斯在分析男婴和女婴出生比例的时候就考虑到一些可能的采样偏差，如气候、食物、风俗习惯等等。他是把这些可能的因素都排除之后，才确认男婴出生百分比大于女婴的。

　　在绝大多数情况下，采样偏差是不可避免的。如何识别偏差的存在，如何对偏差进行合理的修正，也是统计学非常重要的课题。

　　从1936年第38届美国大选到2016年第58届美国大选，民调仍然存在严重的问题。大选前夕，根据舆论调查（opinion polls）的统计数据，绝大多数民调结果预测希拉里·克林顿获胜的机会在85%到99%之间。普林斯顿大学的华裔神经科学教授萨缪尔·王（Samuel "Sam" Sheng-Hung Wang, 1967—）主持一个名叫"普林斯顿大选联盟"（Princeton Election Consortium, PEC）的博客，连续十几年利用业余时间搞大选预测。2016年，PEC推出两个预测。一个预测希拉里有93%的概率获胜，另一个萨缪尔·王最相信的预测是利用贝叶斯理论得到的，希拉里获胜概率高达99%。萨缪尔·王对他的预测结果信心满满，当众宣布说，如果特朗普能获得超过240张选举人票，他就吃下一只虫子。11月8日选举结束，特朗普当选的结果令全世界不知多少人震惊万分。甚至有人说，连特朗普自己都不相信自己赢了。萨缪尔·王倒是没有食言，他出现在CNN电视屏幕上，说："我希望我们可以转回到统计数据上去，认真思考政策和问题。"然后带着极端痛苦的表情把一只蘸了蜂蜜的蛐蛐吞下肚去。

　　21世纪的民调采用了多种多样的方法和各种各样的渠道。民调的统计理论也比90年前大大进步了。除了电话调查，五花八门的线上概率和非概率采样调查、预测的算法和模型等等，各种方法显示的误差基本都差不多。2016年大选期间民调的大失败是近几年无休无止的话题。那么多民调机构，大家一致撒谎的可能性几乎不存在。那么，是民调数据的采集方法错了吗？

　　2017年春季，美国公共舆论研究协会（American Association for Public Opinion

Research）成立了一个委员会专门考察这个问题，并发表了一份报告，结论是，数据采集方法并没有错。实际上，从个人投票的统计上看，希拉里获得的选票比特朗普要多，这与通过民调统计分析得到的结果基本是符合的。但美国是选举人制度，每个州有不同而且固定的选举人票数。选举人票数估计的错误是若干被忽视的采样偏差造成的。

哪些偏差呢？一是大量举棋不定的人群在最后一周才决定投哪个竞选人的票（这两位竞选者都不大招人喜欢），这些人在民调中没有痕迹。二是受访人群大多数受过高等教育，高中以下学历的受访者很少。很多州一级的民调没有对这种采样偏差做出相应的调整（这需要利用其他统计数据对不同人群的数据赋予不同的权重）。选举后，有关人员根据选后调查得到的不同学历的受调人的反应对选举之前的数据进行矫正，对采样偏差做出了估计，预备以后民调使用。三是不少特朗普支持者在民调中表现"羞涩"，不表达自己的倾向。这个所谓"羞涩特朗普支持者效应"（Shy Trumper effect）实际上属于"不反应偏差"（No response bias）。最后，还有些人可能迫于社会压力，在民调中说谎。而特朗普上台之后，这后两种人感到彻底解放了，其实一点也不羞涩。美国好像一个沉静多年的老池塘，表面看上去水面平滑，池水清澈，可是被一根棍子狠狠一搅，马上沉渣四浮。

实际上，2016年大选的"意外"在历史上不是第一次。1948年美国第41届大选，主要候选人共和党人杜威（Thomas Edmund Dewey, 1902—1971）挑战当任总统、民主党的杜鲁门（Harry S. Truman, 1884—1972）。当时的民调大都显示，杜威将大胜杜鲁门，盖洛普的预测也不例外。有一家面粉公司也参与了民调。他们向农场主提供免费的鸡食口袋，条件是农场主必须告诉他们，倾向于选民主党的杜鲁门还是共和党的杜威。选杜鲁门的会得到印有驴子图案的口袋，选杜威的会得到印有大象图案的口袋，驴子和大象分别是两个党的象征。当面粉公司发现54%的农场主希望得到驴子图案口袋的时候，他们觉得这个"民调"不对劲儿，还没结束就放弃了。亲共和党的《纽约邮报》（New York Post）在大选前发表文章，幸灾乐祸地说：民主党应该立即承认失败，这样可以节省很多选战活动的资金。《生活》杂志在杜威的照片下面直接写下"下一任美国总统杜威"。《芝加哥每日论坛报》（Chicago Daily Tribune）更是提前准备了报纸的头版新闻标题《杜威击败杜鲁门》。竞选那天，共和党在华盛顿特区的罗斯福饭店集会，准备大大庆祝一番。杜威本人预测，在晚饭前杜鲁门就会发电报来对他表示祝贺。而杜鲁门却跑到老家密苏里州的独立城（Independence）附近洗土耳其浴去了。

洗了澡，发了汗，可能还有人给按摩之后，轻轻松松地很早就上床睡觉了。民主党的工作人员则完全没有信心，他们为了节省经费应付1952年大选，没有包租任何饭店舞厅作为庆祝场地。民主党的全国委员会委员们甚至连收音机都没准备，对选举的实际进展无从了解。随着各州的选举结果相继出现，人们赫然发现杜鲁门赢得了28个州，得到303张选举人票，而杜威只得到189张选举人票。杜鲁门的"神奇"逆转使民主党实现了5次连任，连续执掌白宫达20年。同时民主党也在国会选举中获胜，夺回两院的控制权。杜鲁门的胜利使民主党的优势一直持续到1968年，很多美国社会的福利权益法案都是在那期间通过的。

盖洛普后来分析说，他的预测之所以"走火"是因为大选之前3周没有新的统计数据出现。盖洛普经常利用批评《文学文摘》的采样偏差的机会宣传自己的"科学方法"。他的方法确实比《文学文摘》要科学，但远不是完美无缺。后来学者们对《文学文摘》民调数据的分析认为，数据可能还有另一个偏差，就是"不反应偏差"。受访者的回复率只有24%，1 000万人里，有760万人把明信片丢进了垃圾箱。不回复的人们出于某种原因多数倾向于罗斯福，这种可能性也不能排除。

我们前面提到的民调网站"538"（www.FiveThirtyEight.com）在2016年美国大选日那天凌晨预测特朗普有29%的概率获胜。这是所有主要民调机构给予特朗普的最高概率，但也只是错得少了点而已。"538"的负责人西尔弗（Nate Silver, 1978—）事后检讨认为，采样偏差是2016年民调失败的主要因素。

下面让我们来看惊心动魄、精彩纷呈的2020年第59届美国总统大选。大选临近时，"538"把所有信誉比较可靠的民调机构发布的数据都拿来做加权平均，希望加权平均后的结果可以减少采样偏差。然后，他们根据全国和各州的民调结果考虑大选期间可能出现的各种状况，对选举结果进行模拟。大选的前一天，"538"发表预测说，根据4万种不同情况的模拟（这个模拟的结果见图22.1），估计特朗普仍有10%获胜的概率。西尔弗专门发表评论，告诫读者说，这个概率就像一个人到洛杉矶去旅游，洛杉矶在一年里平均只有36个下雨天，你要不要带雨伞呢？ 11月3日夜晚，选情胶着，结果没有分晓。5天之后选举结果逐渐趋于明朗，民主党候选人、前副总统拜登胜出。5天的焦急等待使不少人寝食不安，有人开始对"538"大加责备：你们说了，拜登有九成获胜概率，那他应该大获全胜才对，选情怎么会如此接近呢？ 有人甚至要求西尔弗辞职，或者建议他改行去算命。这显然是对概率概念的极大误解。统计学很像侦探的工

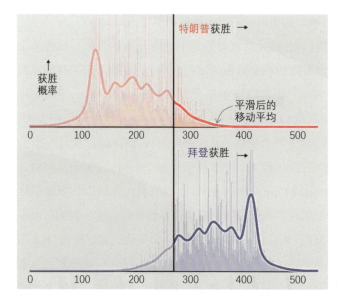

图22.1　2020年美国大选前夕，"538"模拟的4万种结果的获胜概率分布。中间的黑线代表270张选举人票，获胜的最低票数。红色曲线是特朗普的获胜概率分布，绝大多数（约90%）都低于270票。蓝色曲线是拜登的获胜概率分布，绝大多数（约90%）都高于270票。

作，数据是证据，而从统计学得到的推论是概率意义上的，不是"确凿无疑"的。小概率的事件也有可能发生。"538"给出拜登大选获胜的概率是90%，这说明他还有10%的概率会输掉大选。假设你打算乘飞机到某个地方度假，航空公司告诉你，你乘坐的航班有10%的概率会在空中出现故障，你会因为90%的概率不出故障而去乘坐那架飞机吗？

　　"538"本身不做民意调查，只是对所有的民意调查进行统计学分析。它对2020年大选做出的预测基本上是成功的。但从选民最终作出的抉择来看，民调的结果仍然是不够准确的。大选前夕，"538"根据当时所有的全国民调分析，认为选民中倾向于拜登的要比倾向于特朗普的高8%左右。民调结果的误差一般在3%—4%，所以，"538"说，拜登获得多数选票的概率高于90%，在误差范围之外。大选的结果是，拜登仅比特朗普多得到约4%的选票。局限于各个州的民调数据的问题更大，比如佛罗里达州，预测拜登的支持率比特朗普高2.5%。但事实是，特朗普得到了高出拜登3.3%的选票，赢得了佛罗里达州的29张选举人票。对各州众议院议员竞选结果的预测误判的程度就更大了。这说明，即使对多个民调结果做了加权平均，采样偏差仍然存在。2016年和2020年两次大选的民调显示，常常是支持特朗普的人数被低估。是这些人"羞涩"，还是他们不屑于回复民调？或者有些人在投票那一刻改变了主意？新冠疫情对民调意见的收集有多大影响？这些因素的影响我们都不得而知。

从上面这些故事我们看到，采样偏差对统计数据有非常重要的影响。而作为个人，在我们考虑问题，根据自己有限的观察做出决定的时候，更容易由于采样偏差而做出错误的决定。哈佛大学校长、著名经济学家萨默斯（Lawrence Henry Summers, 1954—）有一次同时拒绝授予两位54岁的学者终身教职（tenure），理由是年纪太大，"过气了"，属于"休眠的火山"，这个理由显然是来自萨默斯自己有限的"统计数据"。确实，很多时候开创性的工作出自年轻人，比如画家毕加索（Pablo Picasso, 1881—1973），诗人艾略特（Thomas Stearns Eliot, 1888—1965），本篇前面提到的作家梅尔维尔，科学家爱因斯坦等。可是单靠这些人就做出普遍结论显然是错误的。我们可以举出许多相反的例子，比如画家塞尚（Paul Cézanne, 1839—1906）、诗人弗罗斯特（Robert Frost, 1874—1963）、作家伍尔夫（Adeline Virginia Woolf, 1882—1941）、科学家达尔文（Charles Robert Darwin, 1809—1882）等都是大器晚成。2019年，两位统计学家考察了从1980年到1999年之间31位诺贝尔经济学奖获得者和他们做出最主要工作时的年龄，发现这些与萨默斯属于同一领域的优秀人物主要可以分成两类，一类年轻有成，平均年龄在29岁就一举成名；另一类大器晚成，平均在57岁才做出里程碑式的贡献。这两类人工作的性质也有所不同。年轻有为的主要通过理论思辨做出新创，而大器晚成者则通过对大量数据的分析来发展新经济学理论。萨默斯拒绝50几岁的经济学家成为终身教授，显得怀有偏见、目光短浅。

另外，在分析统计数据的时候，还有一个不可忽略的要素，就是如何选用适当的参数来解释这些数据。解释数据的人有可能根据主观因素采用不同的参数来表达自己的观点。一个简单的例子是平均值和中位数，这两个参数都是从一大堆统计数据里算出来的"中间"值，用来代表这堆数据的某种特征。听上去，两者应该差不多，可是在有些情况下，选择平均值或中位数会造成对统计数据完全不同的解释。打个比方。10位农民工坐在马路边吃盒饭午餐，他们的年收入都是3万元，所以他们的平均年收入以及年收入的中位数都是3万元。这时一辆豪华汽车停了下来，从里面走出马云。我们假定马云的年收入是11亿元。刹那之间，10位农民工加上马云，每人的平均年收入就变成了1亿元还多一点点（那可怜的一点点是农民工们的贡献）。可事实上对这10位农民工来说，他们一分钱也没有多挣。你能说农民工一下子都富裕了吗？如果我们看中位数，把11个人都考虑进来，中位数还是每年3万元。显然，在这种情况下，中位数能够更准确地表达统计数据的内容。

客观来讲,没有完美无缺的数据。当你读到某一个你关心的问题的统计结果(比如可能治愈母亲疾病的新药,或是你喜欢的职业的未来走向),不要只看后面的结论。重要的是检查数据是如何得到的,考虑了哪些采样偏差,对这些偏差又是如何矫正的。统计学里有一系列的理论来帮助我们分辨可靠的数据和不可靠的数据。统计学也发展了一系列的理论来帮助我们修正数据里的偏差,以得到客观而具有指导性的结论。与这些理论有关的故事是下篇的主要内容。

本章主要参考文献

Berinsky, A. American Public Opinion in the 1930s and 1940s. Public Opinion Quarterly, 2006, 70: 499−529.

FiveThirtyEight.https://projects.fivethirtyeight.com/2020−election−forecast/.

Kennedy, C. Blumenthal, M., Clement, S., etc. An Evaluation of 2016 Election Polls in the U.S. https://www.aapor.org/Education−Resources/Reports/An−Evaluation−of−2016−Election−Polls−in−the−U-S.aspx.

Lushinchi, D. "President" Landon and the 1936 Liberty Digest Poll: Were automobile and telephone owners to blame? Societal Science History, 2012, 36: 23−54.

Weinberg, B.A., Galenson, D. W. Creative careers: the life cycles of Nobel laurates in economics. De Economist, 2019, 167: 221−239.

下篇

近代科学概率的故事

总有一天,统计思维将如同阅读和写作一样,成为有效公民资格的必要条件。

——赫伯特·威尔斯(英国作家)

Statistical thinking will one day be as necessary a qualification for efficient citizenship as the ability to read and write.

— Herbert George Wells(1866—1946)English writer

数据是二十一世纪的利剑,善用者是为武士。

——乔纳森·罗森博格(前谷歌资深副总裁)

Data is the sword of the 21st century, those who wield it well, the Samurai.

— Jonathan Rosenberg(former Google Inc. Senior Vice President)

第二十三章　金鼻子观星家和他的后继者

　　黄昏即将降临，最后一抹金色的阳光斜照在精致的城堡上，红砖蓝瓦熠熠生辉，宛如神话世界。城堡的四面都是几何图案构筑的花坛，五颜六色的鲜花在夕阳下争放异彩。这些花坛整体构成一个正方形，正方形的外侧，是碧绿的树林，树林构成一个更大的正方形。整个建筑群被一圈还没有完成的围墙包围着。

　　花园正中的城堡分为三层。中间一层的中间是个大厅，高大的落地窗前摆满了奇形怪状的天文仪器。有个高大的男人正在一个巨大的球状设备旁边忙碌着。男人鼻子下面留着两撇极长的八字胡须，几乎挂到胸前。更为奇怪的是他的鼻子，那是一个金属制作的鼻子，在夕阳的余晖之下金光闪闪，刺人眼目。这个人就是第谷·布拉赫（Tycho Brahe, 1546—1601），丹麦著名的天文学家。虽然历史上的名人通常都是用姓来称呼的，但他是个例外。第谷的名字在世界天文界无人不晓。另外一个例外是伽利略·伽利雷。

　　这是1580年的一天，第谷刚刚成功地制造了一台直径接近两米的球状天体仪（图23.1）。他正在把最近观测到的天体的位置小心地刻在球体上面。球体上有两个圆环，用来量度赤经和赤纬的度数。利用赤经和赤纬，任何天体在天空的位置都可以在天体仪上准确地表达出来。

图23.1　第谷在1580年制作的记录天体位置的天体仪。在这个天体仪上，第谷精确地记录了1 000颗恒星的位置。

从古代起直到18世纪，天文学一直是最先进、最重要的应用数学领域。天文学观测得到的观测数据，用来建立宇宙模型，而模型的参数又通过更多更新的观测数据来进行修正，以得到更好的模型。天文学是以模型参数来拟合观测的最早的科学研究实例，所以，天文学家是最早的数学统计学者。天文学所面临的科学问题逐渐引出了算术平均值的原理以及一系列估计模型参数值的方法，最终导致后来最小二乘法的建立。

第谷是最后一位依靠肉眼观测星体的天文学家。他的一生丰富多彩，离奇古怪，完全不是一般人以为的那种枯燥无趣的科学家人生。第谷在出生的第二年，被亲叔父和婶婶偷走。他的叔父婶婶没有子女，而亲生父母则生了12个孩子，第谷排行第二。不知道这是不是丹麦当时的习俗，反正第谷的亲父母顺水推舟，把儿子送给了弟弟和弟媳。

第谷出身于一个同王室关系密切的贵族家庭，极为富有。16岁时，他离开叔父位于哥本哈根的宫殿，跑到德国的莱比锡大学读书。一个偶然的机会，他发现当时通用的星图中有个错误：土星和木星之间缺少了一个合体位置（conjunction，也称最小角距，就是两颗行星在地球上看去重合的位置）。对于依靠天体重合来解释天象的皇家宫廷来说，是一个很严重的错误。他后来回忆说："我研究过所有现存的星表，在它们当中没有两个是完全相同的。用来测量天体的方法简直如同天文学家人数那么多，而每一个天文学家都反对别人的观点。现在需要的是一个长期的、从同一个地点进行的测量计划，以便系统地测量整个天球。"

从那时起，17岁的第谷就决定要把一生献给天文观测。他为自己设定了一个极为宏伟的目标，要用最准确的观测来确定天体的位置，为验证和修改当时流行的天体模型提供坚实的基础。而当时的主要天体模型有两个，一是古代托勒密（拉丁文：Claudius Ptolemaeus；英文：Claudius Ptolemy，约90—168）的地心说，一是哥白尼不久前提出的日心说。

20岁的时候，他失去了鼻子。起因听起来很无辜：他和一位贵族青年争论某个数学公式的正确表达，双方都认为自己是对的。争到最后，理智让位给情绪，二人决定用决斗的方式来判断对错，结果第谷被人家削去了鼻子。从那以后，他总是戴着一个合金制作的假鼻子。他有好几只鼻子可以选择，有铜的，有银的，还有金的，不同的场合戴不同的鼻子（图23.2）。

图 23.2　第谷·布拉赫肖像。作者恩德（Eduard Ender, 1822—1887）。画像中第谷的假鼻子肯定是经过美化了，但是还能看出一些痕迹来。

　　回到丹麦以后，第谷继续每夜观察星空。夜幕中，那些在常人眼里杂乱无章的小亮点，在他脑海中是一张完整的星图。1572 年 11 月 11 日深夜，第谷完成观测，回家去吃很晚的晚饭。他偶然抬起头来，发现仙后座附近有一颗耀眼的星星。按照心中的星图，那里不该有很亮的星星。第谷不敢相信自己的眼睛。以当时的天文学理论，天上星星是上帝安置的，数目确定不变，不可能随随便便冒出个新星来。第谷让随行的仆人们帮助他确认，所有人都肯定说，看到了那个亮点儿。回到家里，他顾不得吃完饭，马上利用家中的观测设备进行观察。在仔细地考察了亮点相对于其他已知天体的运动之后，他断定，这是一颗新星，而它同地球的距离远到无法估计。

　　第谷发现的是一颗超级新星，现在我们把它称为第谷超新星，或者根据发现年代，叫作 SN1572。它是一颗白矮星，质量密度极高，因而引力场很强。在从其他伴星那里获得更多的质量以后，因密度超过了钱德拉塞卡极限（Chandrasekhar Limit）而爆炸，在瞬间产生极强的冲击波和光。两年以后，星光衰减到很难再看见了，可是它产生的冲击波直到今天仍以大约每秒数千公里的速度向外扩张。

　　从另外一个角度，也可以说是新星发现了第谷。他的发现震惊了世界，丹麦国王竟然决定花费丹麦全国年收入的 1% 为他在文岛（Hven）上建立了我们在本章开头时提到的天文观测台（图 23.3）。第谷用古希腊掌管天文的女神乌拉尼亚（Urania）的名字命名宫殿式的天文台，称它为乌拉尼城堡（Uraniborg）。在这里，他不断地设计更新和建造更大、更精确的观测设备。为了避免风力、温度及其他外界因素的扰动，他把设备都安装在坚实的基础之上，甚至还建设了一个地下观测台。他定期检查并相互校定不同的仪器，以便控制系统误差。他训练了几十个助手，让他们各自在相同的时间独

图23.3 左图：根据第谷1598年的著作《天文机械更新》(拉丁文：Astronomiæ Instauratæ Mechanica)复制的天文观测站平面图。主楼城堡在正中间。四方形花园的四个角是按照正东正西、正南、正北方向设计的，以便于夜间观测星辰。右图：城堡的细节。这是第谷自己设计的、威尼斯风格的建筑。可惜这个观测站后来被毁掉了。

立观测同一天文现象，然后互相检查结果。他开创了一个史无前例的庞大天文观测方案：对每一个天体，有规律地反复观测，长达25年。用现代科学的语言来说，他是在利用测量仪器、观测者和时间三类变量之间的变化来控制系统误差和随机误差。他的方法为其他观测台以及后来的科学实验室提供了全新的运作模式。

从1580年起，15年的时间里，他在这座豪华的天文台对一千颗星星进行了观测，收集了大量数据。在多数情况下，星体位置的赤经纬度误差不超过2分的角度，也就是1/30度。他选出了9颗参考星体，其中8颗星体的经纬度误差在1分以内。对于一个用肉眼观测星体的天文学家来说，这种准确程度是相当惊人的。

除了观测站环境因素的影响，天体位置的确定还受到视差和大气层折射的影响，这些影响给确定天体位置造成系统误差。换句话说，同一个观测站的所有观测数据都受到类似的影响，而对其他地理位置不同的观测站来说，影响是不一样的。

作为例子，我们看一下第谷对白羊座α星(中文叫娄宿三)的观测。从地球上观察，太阳相对于地球沿着黄道运行，在春分和秋分时刻与地球的赤道相交。在古代天文观测的天球上，太阳运行的黄道与地球赤道的交点就落在白羊星座附近，而白羊星座当中以娄宿三最为明亮。为了准确地确定娄宿三的赤经，第谷采取成对观测的方式。每一对观测点的位置相互对称，它们的系统误差一正一负。这样，如果它们具有相同的系统误差,把它们加起来再做平均,误差就在相加的过程中抵消了。从1582年到1588年,他采集了12对这样的数据。根据这些数据,他确定白羊座α星的赤经为26°0′30″,对比现代天文学的结果26°0′45″,第谷用肉眼观测的精度真是很惊人的。他把细心安排的测量结果和算术平均的分析手段相结合,最大限度地减小系统误差,然后采用选取诸个测量数据中间值的方法来减小随机误差,这是典型的现代科学分析过程,但是要到18世纪以后才被人们所广泛采纳。

作为一个特立独行的人,很难用现代科学家的标准形象来描述第谷。他恐怕是全丹麦除了国王以外最为富有的人,同家人一起生活在宫殿般的观测站里,过着帝王式的生活。他甚至豢养了一个他认为具有神秘能力的侏儒小丑,专门逗笑取乐。每天晚饭时,小丑在饭桌下跑来跑去。他还养了一头宠物麋鹿,可以随意进出城堡。可是有一天,他带着宠物麋鹿去访问朋友,两个人喝啤酒的时候,麋鹿不知怎么也喝醉了,结果从楼梯上滚下去,光荣牺牲。

第谷的精力极为旺盛,除了每天夜里观测星体,白天还在花园里研究植物,在城堡三楼的小屋里琢磨炼金术和医治百病的神药。他是丹麦王宫的御用天文学家和占星师,同老国王弗雷德里克二世(Frederick II, 1534—1588)关系特别好。可是老国王的儿子克里斯蒂安四世(Christian IV, 1577—1648)登基以后,第谷的处境急转直下,最后不得不远走他乡,去了捷克。有谣言说,他和老国王的妻子、前丹麦王后关系暧昧。就在这些谣言到处流传的当口,第谷在布拉格参加了一个宴会,回来后不久,就不明不白地死了。当时人们猜测他是被毒死的,最大的怀疑对象是年轻的国王克里斯蒂安和第谷的助手开普勒(Johannes Kepler, 1571—1630),因为他们有作案动机。

第谷死去的前后,莎士比亚(William Shakespeare, 1564—1616)恰好完成了杰作《哈姆雷特》。据传说,莎士比亚的灵感就来自第谷与王后的轶事,而且把故事安排在离乌拉尼城堡不远的丹麦皇宫里。后来还有一位美国天文学家认为,《哈姆雷特》的故事是曲折地影射当时两大天文学派的理论纷争。第谷坚持地心说,他把托勒密的古典模型根据自己的观测加以修正。而哥白尼的日心说得到英国天文学家迪格斯(Thomas Digges, 1546—1595)的大力推崇和发展。根据这位美国天文学家的"理论",《哈姆雷特》中的国王克劳迪(跟托勒密同名)与哈姆雷特的两个大学同学分别代表托勒密和第谷,最终都在悲剧中死去;而由哈姆雷特临死前建议担任未来丹麦国王的挪威王子福丁布拉斯(Fortinbras)从波兰的到来则代表了哥白尼理论的胜利。这是一个非常有趣的新视角,不过其中主观臆测的成分实在太多了。顺便提一句,哈姆雷特的这两位大学同学就是在斯托帕尔德的荒诞剧里投硬币连续得到92个正面的那两位(故事见第一章)。

至于开普勒,他之所以受到怀疑,是因为第谷一死,他马上就把第谷几十年积累的天文资料据为己有。第谷离开丹麦以后,在离布拉格不远一个小镇的旧城堡建设新天文观测站。1600年初,开普勒到那里访问,负责分析第谷对火星的观测资料。第谷对保护自己资料的警觉性极高,绝不轻易示人,但他又对开普勒的数学能力感到惊讶,所以慢慢地把越来越多的数据交给开普勒。第谷有自己的太阳系的地心模型,可开普勒相信哥白尼的日心说。经过几番波折,开普勒终于在1601年9月正式成为第谷一个宏大研究计划的合作伙伴,为神圣罗马帝国皇帝鲁道夫二世(Rudolf II, 1552—1612)制作了一套新的星历表。但俩人的合作刚刚开始一个月,第谷就在10月24日去世了。第谷去世的第三天,开普勒就被任命为皇家天文学家,负责接替第谷的工作。这一连串的事件在有些人看来不是巧合,认为开普勒有作案嫌疑。

2010年,科学家打开了第谷的坟墓,对遗骨做了检测,发现他的毛发中的金含量比正常人高了上百倍。天然金的来源无法解释他体内这么高的含金量。不过在16世纪,贵族们喝掺有金片的葡萄酒是很普遍的,那是富有的象征。然而更可能的是,在从事炼金术的过程中,第谷有意地吞噬了什么含金的化学溶液。无论如何,有一点可以肯定,第谷不是被人毒死的。最大的可能是,第谷在宴会上喝了太多的酒,需要上厕所,但是按照当时的风俗,在国王面前离开餐桌是极不礼貌的行为,第谷只好使劲憋着,结果造成膀胱感染。他死得极为痛苦,在最后的11天里无法排出小便。即使如此,他还是口述了自己的墓志铭:"这个人活得像个圣人,死得如同傻瓜。"

开普勒从上任那天起,就开始了11年的辛勤工作,这是他最为高产的时期。他仔细分析第谷的精确观测数据,发现了有名的开普勒三定律,建立了自己的太阳系日心说模型,并以此为基础编制星历表。那时对数表刚刚问世,使计算变得简洁而精确,而且不易出错。1623年底,星历表终于完成,但开普勒却按住迟迟不肯发表。制作星历表花了太多的精力进行计算,开普勒说,他需要一些时间作哲学上的思考。同时作为皇帝的天象官,他的主要工作是为宫廷解释天象。1610年,听说伽利略利用自制的望远镜观察到了木星的卫星,开普勒又开始研究望远镜的光学原理。不久,悲剧降临到家庭,他的妻子和长子先后因病死去。这还不算,一个女人因为金钱上的纠纷诬告开普勒的母亲行使巫术，这在当时的中欧是重罪。开普勒的母亲被关进监牢，受到逼供的刑法。整整14个月，开普勒四处奔走，寻求法律帮助，最后总算把母亲救出来了。这些家庭危机使他难以把注意力集中在工作上面，但他仍然抽出时间来，把自己的研究结果写成一本书《世界的和谐》（拉丁文：Harmonices Mundi；英文：Harmony of the World）。

　　危机过后，开普勒准备刊行他的星历表。可是，印刷需要大量经费。为了讨还神圣罗马帝国宫廷的欠款，开普勒又花费了大量的时间和精力。鲁道夫当年允诺付给他6299枚金币，但老皇帝已经去世10年了。开普勒花了一年的时间，只要回来2 000枚金币，这仅仅够印刷星历表的纸钱。星历表付印的过程中，第谷的亲属一再试图从出版物获得利润，认为第谷的观测数据属于他们家族。最终，开普勒赢得星历表的控制权，自行出资印制，第谷家族没有从中得到任何利润。

　　1627年，星历表总算问世了。开普勒把它呈献给斐迪南二世皇帝（Ferdinand II，1578—1637），但是仍以老皇帝的名字命名为鲁道夫星历表。表中包括1 006颗第谷精确测量位置的恒星，400多颗来自前人的数据，以及记载太阳系行星位置的表格。开普勒还准备了附录，其中包含对数和反对数功能表，以及计算行星位置的例子。表中所有恒星的位置的精度都在1弧分以内，而且首次考虑到大气层折射的修正因子。这使得后人得以利用此表准确地预测1631年水星和1639年金星凌日的时间。第谷的精确观测和开普勒的细心分析开启了现代科学数据分析的先河。

本章主要参考文献

Hald, A. A History of Probability and Statistics and Their Applications before 1750. Willey Series in Probability and Statistics. New York: John Wiley & Sons, Inc., 1990: 586.

第二十四章　近代太阳系模型的缔造人

利用数学来描述天体运行的想法最早来自于古希腊。天文学家希帕恰斯（Hipparchus of Nicaea，约公元前190—约公元前120）的太阳与月球的运动模型是现存最早的天文模型，大约建立于公元前150年。希帕恰斯首次借助古巴比伦的方法把天文仪器的圆周分为三百六十度。他很可能也是天球仪的首创者，并且已经很熟悉用经纬度的方法来描述天球上各点的位置。300多年后，生活在罗马帝国治下埃及首都亚历山大城的托勒密集古希腊天文学研究结果之大成，发表了著名的《至大论》（Almagest），首次建立了一套完整的"宇宙"模型，用来描述恒星和行星的运动路径。这里所谓的宇宙，其实就是太阳系。

古希腊天文学家和哲学家认为，所有天体的运行轨道都是正圆形的，并且以恒定的速度围绕地球旋转。这个假定主要源于古希腊哲学的宇宙观：神创造的宇宙是完美的，而最完美的几何形状是平面的圆和立体的球。最早的行星模型（一阶模型）就是最简单的圆周运动。图24.1a是一个简化的平面图。在这个平面模型中只有两个参数：行星 P 的经度 λ 和圆周的半径 R。考虑到星体在三维球面上运动，实际上还应该有一个参数，就是描述 P 的纬度。在当时的天文模型中，假定所有星体都在同一个球面上运动。这个模型只有经度和纬度两个参数，因为 R 是不必确定的。

可是在实际天文观测中发现，一些行星有明显的逆行行为，也就是说，从地球上观察，行星的运行速度不均匀，甚至在一些短暂的时刻，行星似乎还在倒退。为了解决这个问题，希帕恰斯对一阶模型做了改进，让行星 P 绕着点 C 作圆周运动，同时 C 又绕着地球作圆周运动。P 绕的小圈称为本轮，C 绕的大圈称为均轮（图24.1b）。为了满足天文观测的数据，P 必须绕着 C 在每个恒星年里转一整圈。这个二阶模型增加了三个参数：本轮的半径 r，以及 P 在本轮上的经度和纬度。以火星为例，一阶模型同实际观测之间的最大角度误差高达52°，而改进后的二阶模型把误差减少到13°，但这个误差还是远远大于观测误差。

为了进一步改进模型的精度，托勒密引入几个新的参数（图24.1c）。他把地球 O 从均轮的中心 M 移开，C 点绕行的中心是 O，但 O 不再是均轮的圆心。O 随着本轮

的转动以 M 为中心转动，称为偏心匀速圆（Equant）。偏心匀速圆的取向可以用经度角 λ_A 来描述，它是远地点经过转动中心 M 同横轴构成的夹角。显然，随着模型复杂性的增加，参数的数目也相应增加，为了减少参数，托勒密假定 $OM=ME=e$，也就是说，地球围绕着 M 点做圆周运动。把这样的三阶模型用在火星上，同观测数据之间的误差降低到 $4°$，这已经接近当时观测数据的误差。考虑到三维空间的运动轨道，这个火星的模型需要9个参数，其中有一个（与地球的距离）无法确定。其他行星也可以类似地建立模型。在这样的模型里，每颗行星需要一组不同的参数来描述，必须单独考虑。比如，水星的参数和火星的参数就非常不同，水星的轨道的中点 M 远在地球 O 绕行的圈圈之外。

　　这个地心说的模型统治了欧洲天文界长达 1 400 年，随着观测精度的不断改进，托勒密的模型越来越不能令人满意。但是在上千年的时间里，人们仍然执拗地遵从地心说和圆周运动的理论，在本轮上再加本轮，以改进模型的精度。小圆圈越来越多，这些改进使托勒密的模型失去了原本的简洁和美丽，变得臃肿而繁复，让人看了头晕。图24.2就是一个例子。

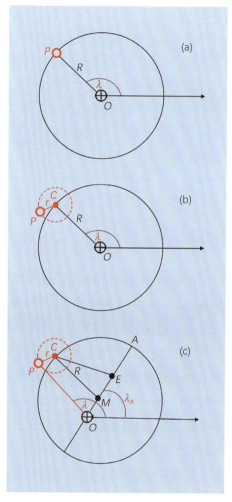

图 24.1　托勒密改进天体运行模型的示意图。（a）一阶模型，行星 P 以地球 O 为中心作匀速圆周运动。（b）二阶模型，行星 P 围绕点 C 作圆周运动，点 C 以地球为中心作圆周运动。（c）三阶模型，地球 O 偏离了 C 的圆周运行中心 M，在 O 与 E 之间来回游动，而且 $OM=ME$。横轴是地球相对于天球上的春分点的方向。点 A 是远地点在天球上的经度。

图 24.2 1771 年《不列颠百科全书》总结的根据地心说模型所描述的太阳的周年轨道、水星和金星分别在 7 年和 8 年中的表观运行轨道。

模型的参数越多，拟合观测数据的误差越小。但这并不能说明具有多个参数的模型比参数少的模型更接近于真理。托勒密模型的复杂性，尤其是相对于偏心匀速圆的匀速运动，促使哥白尼放弃了以地球为中心的假定，转而假定地球与所有其他行星都围绕太阳运

行。利用这个非常基本的假定，他可以用两个圆周运动来表述在地球上看到的所有行星的复杂运动：一个是地球相对于太阳的圆周运动，一个是行星相对于太阳的圆周运动。他甚至还猜测，天体相对于地球的周日视运动是由于地球的自转。

哥白尼并没有质疑托勒密的多重圆周运动的假定。他的太阳系模型实际上同图 24.1c 的表述很类似，只不过在他的模型里，太阳取代了地球的位置 O。在比较天文观测数据时，他的模型所描述的行星位置跟托勒密的模型具有类似的误差。也就是说，单从数学分析的角度来看，哥白尼的日心模型对观测数据的拟合其实并不比托勒密的地心模型要好。

那么日心模型的优点在哪里呢？第一，哥白尼的模型对所有行星的逆行和其他一些现象给出了统一的解释。其次，地球的自转很自然地解释了天体相对于地球的周日视运动。第三，哥白尼的模型解释了行星的排列顺序，并证明它们的运转周期随着离太阳距离的增加而增加。哥白尼由此估算了五大行星的周期和距离，而这些都是托勒密模型无法描述的。

第谷知道哥白尼的模型，但是从宗教信仰的角度否决了它。他建立了一个修正托勒密的地心模型，本打算靠自己精确的观察数据来定参数，可是没想到意外去世了。如今，除了专业天文学家，他的模型已经几乎没人记得了。

同哥白尼一样，开普勒（图 24.3）也是个极好的数学天文学家。不同于哥白尼的是，开普勒自己也做天文观测，而且继承了第谷的当时最好的天文观测数据。更重要

的是,他有一个关于天体运行的物理理论。这个理论为他在探索更精确更简单的模型时提供了关键的导航作用。

通过仔细分析观测数据,开普勒发现了三个重要定律:

1. 行星运行的轨道是椭圆而非简单的圆形。太阳位于椭圆的两个焦点之一。

2. 从太阳到行星连一条直线,直线在单位时间扫过的面积总是相等的。这叫做等面积法则。

3. 对所有的行星来说,它们对应的比值 $\dfrac{T^2}{R^3}$ 相等,其中 T 是行星绕太阳一周的时间,R 是轨道椭圆的半长轴。

图 24.3　约翰尼斯·开普勒的肖像。作者佚名。

这些定律是从观测数据得来的。开普勒据此建立了一个物理模型(图24.4)。他假定太阳的磁场同行星相互作用,使它们沿椭圆形轨道运行。他还假定行星运行的速度同它们与太阳的距离成反比,以此来解释等面积法则。这个物理模型后来被牛顿所更正。

开普勒在利用第谷的观测数据考虑火星相对于地球的表观运动的时候,首先假定火星的轨道是圆的,而且火星的速度与到太阳的距离成反比。这两个假定都是错误的。他在利用距离反比法则计算火星角速度时遇到困难,解决这个问题需要微积分,开普勒没有那

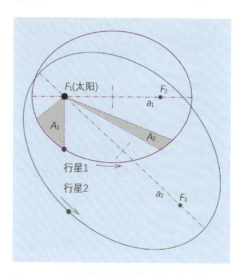

图 24.4　开普勒的行星轨道模型。椭圆有两个焦点,太阳位于其中一个焦点。不同的行星有不同的轨道,但它们共有一个焦点,也就是太阳的位置(F_1)。在轨道不同的位置上行星与太阳的距离是不同的,但是单位时间扫过的面积不变(如 A_1 和 A_2)。

个能力，只能做近似。不过在分析过程中，开普勒幸运地发现了等面积法则。利用这个法则，他计算出火星的圆周轨道，可这个轨道跟第谷观测的数据相比，角弧度差了8分。开普勒非常了解第谷的工作，知道第谷的数据不可能有这么大的误差，那么一定是模型错了。这使他放弃了圆形轨道，开始寻找类似卵形的轨道，通过大量的计算，终于发现椭圆轨道给出最佳的拟合结果。表24.1给出了托勒密、哥白尼和开普勒建立的火星模型的参数数目和同观测数据相应的误差，表中每个格子里有一对数值，第一个是模型参数的数量，第二个是模型相对于观测数据的误差。从中我们看到，虽然开普勒模型参数的数量还不到托勒密和哥白尼模型参数的一半，可误差却减小了十倍以上。显然，开普勒的模型既简单又精确，更重要的是，他的模型对所有行星的处理方法是统一的。

表24.1　托勒密、哥白尼、开普勒火星模型的参数总数与误差比较

模型	经度			纬度	参数总数
	一阶模型	二阶模型	三阶模型		
托勒密	5; 52°	11; 13°	16; 4°	17; 2°	31
哥白尼	6; 13°	16; 4°		15; 2°	32
开普勒	6; 13°	10; 10′		4; 15′	14

　　1609年，开普勒发表了《新天文学》（拉丁文：Astranomia Nova）。他以火星为例，证明行星轨道应该是椭圆的。对于其他行星，他只是把从火星得到的结论做了推广。开普勒的三大定律是经验的，也就是说是通过含有误差的实际观测数据得到的，而不是根据物理定律推论出来的。这个工作要等到牛顿发表《自然哲学的数学原理》才得以实现。

　　10年以后，开普勒又发表了《世界的和谐》。在这篇文章里，开普勒报告了他的第三定律，并且给出了各个行星到太阳的距离。表24.2是他给出的每个行星的平均离日距离和轨道运行周期，以及它们之间的比值。

　　我们可以看到，最后一列中的比值R^3/T^2接近于一个常数。在失妻丧子、母亲入狱的艰难日子里，天文学是他生活中唯一的一片绿洲。开普勒对这个发现极为激动，他说：

表 24.2　开普勒的行星轨道平均离日距离、运行周期和它们之间的比值
（表中使用的是现代单位）

行星	平均离日距离 R（天文长度）	周期 T（天）	R^3/T^2（$\times 10^{-6}$）
水星	0.389	87.77	7.64
金星	0.724	224.70	7.52
地球	1	365.25	7.50
火星	1.524	686.95	7.50
木星	5.2	4 332.62	7.49
土星	9.510	10 759.2	7.43

"起初我以为自己是在做梦……但这个比值确实是个常数。"

　　这就是为什么他为自己的文章取名为《世界的和谐》。他认为这个数学上的和谐是天意，而且他发现了天体运行中音乐般的美妙，他将之称为"天球的音乐"。

　　我们前面说过，开普勒是"幸运地"得到了等面积法则。为什么这么说呢？因为《新天文学》发表以后，没有人能从其中给出的观测数据直接得到行星轨道是椭圆的结论。就连直接接受开普勒三定律的牛顿也说："开普勒知道轨道绝非圆形而是卵形，他只是猜到轨道是椭圆的。"（"Kepler knew ye Orb to be not circular but oval & guest it to be Elliptical."）观测天文学家们接受了开普勒的椭圆理论，对宇宙体系的理解进入了一个新的阶段。对测量方法和精度的关注变得越来越重要，而使开普勒得到这个结论的那种对数据和理论的冗长思辨却没人再加以重视。正如高斯（Johann Carl Friedrich Gauss, 1777—1855）后来所说，对开普勒之后的天文学家来说，他们所面对的问题已经不再是从数据当中推断出全然无知的因素，而是如何改进已知的知识，定义越来越狭窄的变化范围。换句话说，开普勒已经为传统天文学定下了基础。

　　开普勒的"幸运"揭示出通过实验数据来建立经验模型的重要基本原则。这对科学家特别是专业建立模型的统计学者来说，实在太重要了。我们后面将要讲到，高斯的拟合模型似乎可以同托勒密的模型相比较，其灵活性几乎没有界限，因为我们总是可以不断地以增加参数数目的方式来逼近观测数据。但拟合的改进并不一定对了解问题的物理关系有实质性的帮助。对统计学来说，开普勒的模型建立极有指导意

义。他的原理可以大致总结如下：

1. 建立模型是一个渐进的过程，从简单到复杂。

2. 模型的复杂性取决于数学的模式和参数的数目。

3. 从数学的角度来说，模型通常应该简单、美观、和谐。

4. 模型必须建立在物理理论的基础上。

5. 在存在多个模型的情况下，选择模型的判据是与观测数据的吻合程度。

6. 以上原则在模型建立过程中的每一步都应该是互动的。一个在数学形式下的多参数模型可能被另一个不同数学形式下的参数较少的模型所取代。

我们将看到，这些原则对于现代科学研究仍然具有重要的指导意义。

本章主要参考文献

Hald, A. A History of Probability and Statistics and Their Applications before 1750. Willey Series in Probability and Statistics. New York: John Wiley & Sons, Inc., 1990: 586.

Wilson, C. Kepler's Derivation of the Elliptical Path. Isis, 1968, 59: 4−25.

第二十五章　超新星离我们到底有多远？

　　意大利北部一月的夜晚，天气十分寒冷。帕多瓦（Padua）大学校园里寂静无声，满天隐隐约约的星光映照着遍地白霜。

　　一条黑影从城堡式的建筑里飘出来，穿过铺满白霜的草地，进入校园中那座细高的塔楼。这是一个40多岁的中年人，左手秉烛，右手紧握一个长筒状的东西，身披青不青黑不黑的粗布披风，披风的尖帽遮住了眼眉，橘黄的烛光下只见满脸的胡须。塔楼的楼梯盘旋而上，十分陡峭。他一步一步攀登着，白雾般的哈气随着沉重的喘息从浓密的胡须中喷出来，手中的蜡烛光摇曳不止。

　　来到顶楼，他等不及喘息平稳便吹熄蜡烛，举起沉甸甸的长筒，朝着黑乎乎的空中望去，满天细小的星星猛然变得巨大而明亮。这人张大了嘴巴，一面贪婪地看着，一面不时地发出低沉的大呼小叫，刺骨的寒风钻进单薄的风衣，直入骨髓，但他似乎全然不觉。

　　大约七八个月前，这位数学教授开始研究制造手中这个其貌不扬的东西。荷兰人早就懂得了凹凸镜的原理和制造技术，用来制造眼镜片。某位荷兰磨镜工偶然把两个镜片放到一起，发现了奇特的放大功能，马上注册了专利。几个月后，镜片的秘密被一个学生带到了帕多瓦大学，教授马上动手制作，用铅皮卷成筒子，里面装上镜片。第一个筒子能把物体放大九倍，将观测者和被观测物之间的距离缩短到三分之一。等到第三个筒子制造成功，放大倍数已经增加到了一千。

　　从那时起连续好几个月，只要天气晴朗，他必定会于天黑后出现在塔楼上，端着那长长的筒子朝天空观望。他很久没能睡个好觉了，但睡眠的缺乏一点也不影响他的兴致。成百上千以前从来没有见过的星星一颗颗出现在眼前，让他目不暇接。他导出了望远镜中物体之间距离和真实距离的关系，不断地观察纪录，记录观察，一幅史无前例的详细星图很快了然于胸。

　　望远镜里出现了一颗光辉夺目的巨星。"木星，"他自言自语道，"真美呀。"

　　早在远古的时候，人们就对木星充满了兴趣。木星这个名字，是中国古代占星家们按照五行命名的。古巴比伦人认为它象征宇宙的主宰马尔杜克（Marduk）；古罗马人称它为朱庇特（Jupiter），也是同样的意思；古希腊人把它叫做"灼热"之星；而日耳曼文明则认为它代表雷神（Thor）。今天我们知道，木星是太阳系最大的行星。以太阳为中心的距离来算，它排名第五，可它的质量是其他所有行星总和的两倍半。从地球上看，它的亮度也只比月亮和金星稍微弱一些。

突然，教授大叫起来："咦，奇怪！"

木星的西侧出现了三颗星，与木星连成一排。"不对，难道是我记错了？"他一边自言自语，一边点起蜡烛，翻阅身边的笔记本。没错，昨天晚上，木星附近也有三颗星星，但是两颗在木星的右边，一颗在左边，可惜，忘了记录它们与木星之间的距离。怎么可以犯这样的错误？他在心里狠狠咒骂自己。

以后的几个星期里，他几乎每天晚上都来到塔楼上，不断地观测，记录星星的位置。不久，第四颗新星出现了。它们相对木星的位置不断变化，却从未远离木星而去，或左一右三，或左右各二，或者全跑到一侧去，不断变换队形，仿佛围绕木星顶礼膜拜，跳着奇妙的舞蹈。——只有一种解释，它们都在围绕木星运转，尽管各自的运转周期不同。

3月，数学教授发表了自己的发现。他为这本小书取了一个浪漫的名字，叫《星际信使》（*Starry Messenger*），题献给托斯卡纳（Tuscany）公国的美第奇大公科西莫二世。他的家乡比萨一直处在美第奇家族的治下，更重要的是，他需要经济上的支持来完成对望远镜的改进。他确定了这些木星的"月亮"的轨道，把距离木星最近的叫美第奇一号，最远的叫美第奇四号。

天文史上是这么记载的：公元1610年1月7日，伽利略利用自制的望远镜首次发现了木星的四个"月亮"。当时还没有卫星的概念，卫星这个名词，是他的朋友开普勒后来发明的。两个月的观测，伽利略（图25.1）彻底改变了天文学。

伽利略在《星际信使》中写道："这里我们得到一个优美的论据。对于那些能够平静地接受哥白尼的行星环绕太阳运转理论，却对月球绕着地球转而二者同时围绕太阳旋转的说法表示震惊的人来说，这个新论据足以消除他们的疑虑。有些人以为那样的宇宙机构是不可能的。可是在木星这里，我们有不止一个星体环绕另一个星体旋转，两者又同时沿着巨大的轨道围绕太阳旋转；我们看到有四个星体围绕木星旋转，就像月球围绕地球旋转一样，同时它们作为整体又围绕太阳以12年为周期的速度旋转。"

图25.1　伽利略肖像。作者萨斯特曼斯（Justus Sustermans, 1597—1681）。此画作于1636年，伽利略时年72岁。这应该最接近于真实的伽利略。

木星四颗卫星的发现在当时被认为是个奇迹，它们和木星就像一个小型的太阳系，这在日心说战胜地心说的过程中起了重要作用。

1628年，比萨的天文学教授基亚拉蒙蒂（S. Chiaramonti，生卒年代不详）发表文章论证说，1527年第谷发现的新星距离地球很近，应该位于地球与月球之间，这同第谷的观测和他关于新星属于恒星的结论明显相违。一部分是为了反驳基亚拉蒙蒂的论点，伽利略于1632年发表了《关于托勒密和哥白尼两大世界体系的对话》（以下简称《对话》）。这是一本对话形式的书，参与对话的是支持伽利略的两个朋友与一个支持亚里士多德（Aristotle，公元前384—公元前322）观点的人，对话分为四天。伽利略想用这种日常谈话的形式对广大的读者直白地解释一些科学道理，从而有效地否定亚里士多德的力学和宇宙论。它用意大利土语写成，论证删繁就简，通俗易懂。这部书所针对的读者要比专业的天文学家和数学家广得多。他只讨论两种世界体系，也就是托勒密体系和哥白尼体系，把其他一些大同小异的体系比如第谷的体系略而不谈。他对朋友开普勒的体系也不加评述，因为虽然开普勒体系把哥白尼的理论大大推进了一步，为专业天文学家和数学家提供了支持日心说的强有力证据，但它对一般读者不大适合。伽利略的著作更像是一部通俗读物。

1633年，伽利略因为《对话》而第二次被押到罗马宗教法庭受审。第一次受审是在1616年，因为他支持日心说。审判之后，伽利略所有支持日心说的著作都被罗马教廷列为禁书。在德国，开普勒的著作也遭到同样的处置。这一次，《对话》给伽利略带来了更大的麻烦，审判者甚至威胁要体罚这位60多岁的老人。伽利略被迫表示和哥白尼假说决裂，但他还是被判以宣传异端之罪，不仅入了狱，还必须在三年中每星期朗读7篇忏悔诗。后来因为病重，他被转移到佛罗伦萨附近一所村舍里软禁，在那里度过一生中最后的几年。他的著作被列入天主教的禁书目录长达200多年，直到1853年才被解除。

1640年，伽利略已经双目失明，西班牙画家穆里罗（Bartolomé Esteban Murillo，1617—1682）为伽利略作了一幅油画。画中，伽利略在监狱里凝视着阻隔他和天空之间的墙壁，墙上刻着一行字："可它还是在运动"（意大利文：E pur si muove）。

从概率统计学的角度，我们这里感兴趣的主要是《对话》中伽利略对随机误差的讨论。他没有考虑系统误差，只是讨论"观测误差"。不过，从他的描述里我们知道，他所关心的是我们今天所谓随机误差的分布问题，虽然他没有采用"随机误差"这个名词。他的讨论可以总结为以下几条：

1. 只能有一个数值给出星体（伽利略讨论的是超新星SN1572，也就是第谷发现的那颗）到地球的距离，那就是它们的真实距离。

2. 所有观测都会有误差，误差来自观测者、观测仪器、观测条件。

3. 观测数据系统地分布在真实值的周围；换句话说，误差系统地分布在0值（无误差）的周围。

4. 小误差的出现比大误差更为频繁。

5. 计算的地星距离是观测角度的函数；很小的观测角度调整可能会造成很大的距离调整。

我们不知道伽利略描述的这些观测误差的性质是否被当时的天文学家所认同，但这些性质是后来建立误差理论的基础。在《对话》里，伽利略讨论了两个计算地星距离的假定。他说，对观测数据需要做最小修正的假定是可能性最高的假定。然而这里的关键问题是，什么是"最小的修正"？从他的分析来看，他采用相对于假定的绝对偏差的总和来作为判据。

伽利略没有对数据作出评估，他只评论说，同一位观测者对于天极角度的重复测量，重复程度大致在一分到几分之内，而第谷是最可靠的观测天文学家之一。在伽利略的时代，用作图来表达数据的方法还没有建立。不过为了讨论的方便，我们这里还是用作图的方式。

首先简单介绍一下利用天球的概念确定星体位置的方法。天球是一个假想的球体，它是与地球同圆心、半径任意大的球（图25.2）。观测者站在地球上某个纬度，他的

头顶（与地面垂直的方向）是天球的天
顶。P 是天球上极星的位置，OP 是地球
的自转轴，所以从天顶到 Ox 的角度就是
观测者在地球上的纬度。由于地球的
自转，观测到的新星的纬度是随着一日
之内的时间而变化的。我们把最小的
纬度同天球的交点记为 y，把最大的纬
度记为 z。

　　伽利略把当时所有的关于第谷超
新星 SN1572 纬度的观测资料都考虑进
去，一共有 12 位观测者，17 个数据点，
分布在不同的地球纬度 x 上（表 25.1）。
不同观测者给出的数据精确度相差很
大，有的数据在报告里只给出度数（如
22°），有的则精确到秒（如 20°09′40″），

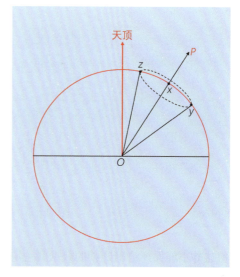

图 25.2　天球与测量星体位置示意图。地
球的自转轴对应极星 P，虚线的椭圆是地球
自转对应的观测纬度的变化。在天球的大
圆上，观察者只能看到 y 和 z 两个点，对应着
天体的最低和最高纬度。

表 25.1　不同观测者给出的第谷超新星 SN1572 的纬度值

观测者	极星纬度,x	新星的最低纬度,y	新星的最高纬度,z
1a	55°58′	27°57′	84°00′
1b		27°45′	
2a	52°24′	24°28′	80°30′
2b		24°20′	80°27′
2c		24°17′	80°26′
3	51°54′	23°33′	79°56′
4	51°18′	23°03′	79°30′
5	51°18′	23°02′	79°30′
6	51°10′	22°40′	79°20′
7	51°50′		79°45′

（续表）

观测者	极星纬度, x	新星的最低纬度, y	新星的最高纬度, z
8	49°24′	22°	79°
9a	48°22′	20°09′40″	76°34′
9b		20°09′30″	76°33′45″
9c		20°09′20″	76°35′
10	48°22′	20°15′	
11	39°30′	11°30′	67°30′
12	38°30′		62°

但这并不能保证精确到秒的数据就一定更准确。

图25.3总结了所有这些点随着极星的纬度变化的趋势。为了把 y 和 z 的点放在一起比较，我们将 z 转换到 y 上面去，这很容易做到。由于点 y 和点 z 相对于点 x 是对称的，我们把观测者所在的纬度 x 减掉表中所有 $z-y$ 的平均值（56.35°）就好了。这些转换过来的数值在图25.3中用红色的十字来表示。除了一个点（超新星的纬度接近5°，最下面的红十字）之外，其他所有的点基本都随极星的纬度成规则的线性关系。图中的蓝色直线是极星纬度同超新星纬度成1比1的关系。这说明大多数观测数据彼此之间的吻合程度相当不错。

伽利略还注意到，如果这颗新星是位于遥远空际的恒星，那么

$$y-x=x-z=\alpha,$$

其中 α 是一个常数。而这正是图25.3中的蓝色直线所显示的。当然伽利略没有使用这种代数的表达方法。

从这里出发，针对基亚拉蒙蒂关于SN1572处于月球轨道的结论，伽利略令人信服地证明，观测误差的客观估计对于物理模型的建立具有不可估量的影响。

伽利略首先建立了一个几何学模型来说明两个观测者观测新星的视角对计算星地距离的重要性（图25.4）。其中，半圆代表地球（半径为1），两个观测者 A_i 和 A_j 分别在纬度为 x_i 和 x_j 处进行观测，观测到新星的最大纬度为 z_i 和 z_j，两者之间的视差 $p_{ij}=z_i-z_j$。根据图25.4，我们得到两个观测者之间的距离 A_iA_j 同观测者到新星的距离

（如A_jS）的关系如下：

$$\frac{A_iA_j}{A_jS} = \frac{\sin p_{ij}}{\sin\left(180 - z_i + \frac{1}{2}d_{ij}\right)}, \quad (25.1)$$

$$A_iA_j = 2\sin\left(\frac{1}{2}d_{ij}\right), \quad (25.2)$$

其中d_{ij}是两个观测者之间的纬度之差（$d_i > d_j$）。从这两个关系式我们得到

$$A_jS = \frac{2\sin\left(\frac{1}{2}d_{ij}\right) \times \sin\left(180 - z_i + \frac{1}{2}d_{ij}\right)}{\sin p_{ij}}. \quad (25.3)$$

由于y和z相对于OP的对称性（图25.2），对于最低纬度y来说，只需把式（25.3）中的z换成y即可。式（25.3）中，右侧的分母是视差的正弦函数。视差角一般非常小，这就是伽利略总结的误差特点的第五条："很小的观测角度调整可能会造成很大的距离调整。"

我们总可以把每一对数据点按照$x_i > x_j$的顺序排列，也就是说选择$d_{ij} = x_i - x_j > 0$。观测者的纬度的误差应该相对比较小，而且d_{ij}的数值应该比视差角p_{ij}大很多。

如果从12位观测者的数据里各取出一个数据点来，那么一共有$\binom{2}{12} = 66$对数据点提供给式（25.3）来分析。可

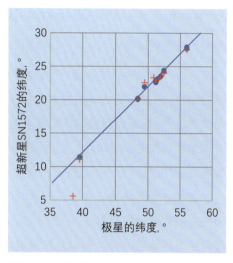

图25.3 超新星SN1572的纬度与观测者纬度的关系。圆点是最低纬度数据，红十字是最高纬度数据（已经转换为最低纬度）。

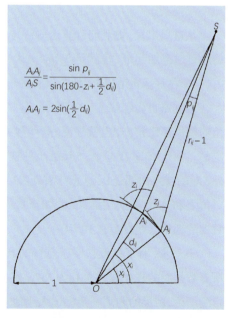

图25.4 伽利略计算星地距离的几何示意图。

是，其中10位观测者给出最低纬度的数据，11位给出最高纬度的数据，所以实际上数据对的总数应该是 $\binom{2}{10} + \binom{2}{11} = 100$ 对。如此多的计算，在当时的条件下不可能全部进行分析。伽利略只能选择一部分数据对来分析，他发现这些数据问题很多。有的数据对相应的 S 甚至给出负的视差角 p_{ij}，这显然是不可能的。还有些数据对给出的视差角非常之大，意味着新星跑到地球里边去了，这怎么可能呢？基亚拉蒙蒂显然根本没有考虑到数据的误差问题。更重要的是，伽利略指出，基亚拉蒙蒂并没有考虑所有的数据，而仅仅选择了一些支持自己观点的数据。

怎样才能客观地考察这些数据的误差以及它们对确定新星距离的影响呢？伽利略决定把数据分成两部分，一部分对应着新星位于月球轨道之内，另一部分对应着新星位于月球轨道以外。假定新星离地球的距离跟月球离地球的距离（R_L）相等，那么对两个在地球上不同纬度的观察者 i 和 j 来说，新星的视角就是确定的，不妨把这个特殊的视角记为 c_{ij}。从式（25.3）我们得到

$$\sin c_{ij} = \frac{2\sin\left(\frac{1}{2}d_{ij}\right) \times \sin\left(180 - z_i + \frac{1}{2}d_{ij}\right)}{R_L}.$$

从这里出发，伽利略计算这些 c_{ij} 与相应的观测到的 p_{ij} 的偏差（$p_{ij}-c_{ij}$），然后把偏差的绝对值都加起来，也就是 $\sum|p_{ij}-c_{ij}|$。对于新星距离的两个假定，一个在月球轨道以内，一个在月球轨道以外，他要看看哪个假定与观测数据更吻合。

伽利略首先考察了10对数据，这些数据不包含不合理的负视差观测点，而且视差角的值 p_{ij} 都比较小，也就是说，这些数据都是支持新星距离大于地月之间距离这个假定的。在这10对数据里，5对给出的视差角在1/4到4分角之间，它们之和是10′。另外5对的视差角都是0，这意味着新星的距离在无穷远。所以全体10对数据的偏差绝对值之和是10′。换句话说，假如新星的距离等于地月之间的距离，那么这10对观测数据的视角误差肯定在10′以内。

下一步，对于基亚拉蒙蒂选择的10对数据，用与上述算法同样的 c_{ij}，伽利略得到所有数据对的视角偏差总和为757′，比上面的视角差的偏差高了70倍。由此，伽利略得到结论，新星的距离一定远远大于地月之间的距离。

伽利略还指出，在估计新星距离时，应该把所有的观测数据都考虑进来。今天，

我们知道，分析所有数据的方法是选择一个 c，使得对于所有的观测数据对，$\sum |p_{ij} - c|$ 取得最小值。关于这个想法的故事，我们后面再讲。

从伽利略的分析我们知道，在把数学模型同比较具体的观测数据相比较的时候，如果不考虑数据的误差，常常会得到错误的结论。尽管伽利略没有清晰地给出一整套分析方法，但他的分析里明显含有拟合思想的端倪。可惜，虽然伽利略的《对话》这本书后来广为流传，可是后来的天文学家们并没有对他对误差分析的统计思想给与太多的重视。

1642 年，被疾病折磨了数年的伽利略逝世，身上仍然带着"异端"印记。他留下遗嘱，希望把遗体放在佛罗伦萨的圣十字大教堂，在他祖先的坟墓群里。可是他的家庭却惧怕会遭到天主教会的反对，于是把伽利略的遗体装入石棺，等待机会，这一等就是将近 100 年。1737 年，佛罗伦萨城市违抗教廷的意愿，把伽利略请入圣十字教堂。1992 年，整整 350 年后，教皇保罗二世代表天主教承认，在处理伽利略的科学思想上，神职人员犯了错误，但他还是没有承认，教廷在地心说和日心说这个争端中判伽利略为异端是错误的。

伽利略去世 15 年后的 1657 年，佛罗伦萨在托斯卡纳大公的支持下成立了实验科学院（Academy of Experiments），旨在继承伽利略的实验科学传统。虽然它仅仅存在了 10 年，但是科学的新风在欧洲已经不可阻挡了。1660 年，伦敦皇家自然知识促进学会成立，这是一个民间组织。1666 年，法国皇家科学院成立，由法国政府为成员提供薪水。1700 年柏林科学院成立，1724 年圣彼得堡科学院成立，二者都追从法国皇家科学院的模式。1769 年美国哲学学会成立，追从英国模式。一个个国际型的数学与科学社团建立起来了。

本章主要参考文献

Galileo Galilei. Sidereus Nucius (Starry Messenger), English Translation by A. Van Helden. The University of Chicago Press, 1989: 68.

Galileo Galilei. Dialogue Concerning the Two Chief World Systems (1632), Translated by Stillman Drake (1953), Annotated and Condensed by S. E. Sciortino, pp. 100.

Hald, A. Galileo's statistical analysis of astronomical observations. International Statistical Review, 1986, 54: 211–220.

Hald, A. A History of Probability and Statistics and Their Applications before 1750. Willey Series in Probability and Statistics. New York: John Wiley & Sons, Inc., 1990: 586.

第二十六章　关于地球形状的争论 ————

　　古希腊人具有独特的科学思辨。毕达哥拉斯（Pythagoras，约公元前570—约公元前495）在公元前6世纪就对天地有了非同寻常的认识。他从美学的观念出发，断言既然宇宙是完善的，宇宙中所有天体的形状和它们的运动轨道也必定都是完美的。那么什么形状是完美的呢？这当然因人而异。有人说是圆柱体，有人说是立方体。不过在古希腊，占主导地位的观念认为，所有立体形状当中最完美的是球体，一切平面形状当中最完美的是圆形，因此，宇宙必定是圆球形的，天体也必定是球形的，它们的运动轨道必定是圆周。这种看法逐渐演变出一种宇宙系统结构的图像：球形的大地位于宇宙中心，它被天空围绕着，天空中充满了空气和云；天空是有限的，它的壳层以外是天；天火也是球壳状的区域；天火外面是月亮、太阳以及行星，大家都沿着圆周轨道运动；再往外是纯元素聚集之地，也是恒星所在之处；最外层则是天堂。你可能已经注意到，这个模型对星体运行轨道的半径没有明确的限制，似乎大家都可以在同一个巨大球面上运行。大哲学家柏拉图学习了毕达哥拉斯派的数学以后回到雅典，建立了自己的学院。他在名著《斐多篇》（*Phaedo*）里面借用哲人苏格拉底（Socrates，公元前469—公元前399）之口这样说：

　　　　"我认为是这样的。首先，如果大地是球形的，并且位于宇宙的中心，那么它就不需要空气或任何其他东西对它施力，以使它不致下坠。天空的均匀和地球的平衡足以支持它。……从空中看去，地球的真实表面很像由十二块皮子缝制的皮球，每块皮子具有不同的颜色。"

　　两千多年以后，柏拉图想象的情景基本上被阿波罗宇航船的照片所证实。

　　从公元前3世纪起，亚历山大大帝（Alexander the Great，公元前356—公元前323）用武力把希腊文明带到尼罗河谷，那里的科学发展突飞猛进。当阿基米德宣称，他可以用杠杆移动地球的时候，他心目中的地球应该和柏拉图所描述的没有大的区别。而他的朋友、亚历山德里亚图书馆的主要负责人埃拉脱森尼（Eratosthenes，约公元前

276—约公元前195）则坚信这个庞大的球的周长是可以测量的。

　　埃拉脱森尼测量地球圆周的故事细节在《几何与代数卷》里讲述，这里，我们只需要简单提几句。他假定地球是完美的球形。通过利用木尺所作的观测，埃拉脱森尼经过计算得到地球周长，折算成今天的长度单位，是46 250千米。而今天我们知道，地球的平均半径是6 371千米，平均周长是40 030千米。以埃拉脱森尼当时的测量手段和限制条件，能达到这样的精度令人难以置信。埃拉脱森尼的观测里面含有各种各样的问题，每个问题都会严重影响到测量的精度。最大的问题是当时的长度单位，有好几种折成今天标准长度的可能。

　　1800年以后，一位荷兰人决定重新测量地球的周长和半径。威理博·司奈尔（Willebrord Snellius, 1580—1626）（图26.1）生于荷兰的大城市莱顿，也就是伯努利生活的地方。他的父亲是莱顿大学的数学教授。司奈尔在莱顿大学读书，本来学的是法律，跟伯努利一样，数学把他半路"劫持"了。由于他天资聪颖，才华横溢，20岁的时候，莱顿大学就聘请他临时讲授数学，那时他自己大学还没有毕业呢。

　　1615年，司奈尔决定测量地球的半径。当时由于航海的需要，荷兰地图测绘技术飞速发展。1533年，荷兰医师兼数学家和地图测绘专家赫马·弗里休斯（Gemma Frisius, 1508—1555）首次提出利用三角测量的方法进行测绘。可惜这个当时25岁的年轻人只有聪明的头脑而没有健全的体魄，只能在脑子里构想如何进行测绘。

　　第谷·布拉赫很可能是第一位把弗里休斯的理论应用到实际工作当中的。在设计乌拉尼城堡的时候，第谷制造了直径大到4.5米的圆形测绘仪，对文岛周围进行了仔细的勘测。这个巨大的仪器每天需要20位工人搬运，但给出相当精确的角度测量数据。第谷需要准确地知道将来天文观测仪器的经纬度，因为只有这样才能减小天文观测中的误差。

图26.1　威理博·司奈尔。

　　司奈尔的计划更是宏大：他要用三角测绘的方法把地球的半径算出来。像第谷一样，他也制作了一个巨大的四分仪（也叫象限仪，是个四分之一圆构成的测角仪），可以精确地测量几十分之一的角度。在靠海的荷兰西部，没有崇山峻岭，地势平坦，便于三角测绘。当时的荷兰也没有高楼大厦，每个城镇都有数个教堂，而教堂的尖顶是最好的测绘参考点。司奈尔选择了14个观测点，自北向南有条不紊地进行测绘（图26.2）。他从莱顿市里自己的房子的位置出发，首先建立5条基线并测量它们的长度。利用三角函数关系，他从一条基线的已知长度和与其相邻的测线的角度，计算出其他

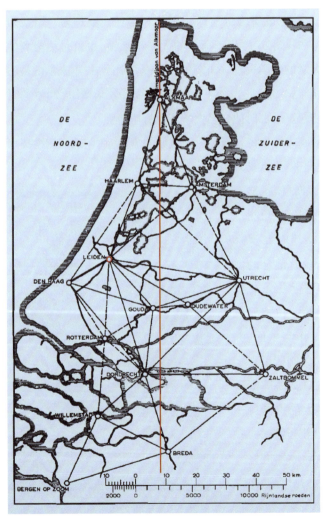

图26.2　司奈尔在荷兰测绘时所采用的三角网络。红线是经过阿尔克马尔的子午线，也就是等经度线。布雷达很接近这条子午线。红圈是莱顿，也就是司奈尔开始测量的位置。

测线的长度。这样一步一步测下去，最后得到图26.2中所有测线的长度和与其相邻的测线之间的角度。最终，他得到从荷兰北端城市阿尔克马尔（Alkmaar）的圣劳伦斯大教堂到南端城市布雷达（Breda）的圣母大教堂之间的直线距离。他使用的长度单位是当时的莱茵丈（Rhineland rod），而真正标准化的莱茵丈是将近200年后（1808年）才确定的。5条基线，54个测角，经过一年多的测绘和计算，司奈尔测得一纬度的子午线长度为28 500莱茵丈。以每丈等于3.766米来计算，司奈尔得到的单位子午线长度为107.3千米。这是一个很了不起的结果。今天我们知道，一纬度的平均子午线弧长为111.13千米。司奈尔的结果仅仅比今天的准确值小不到3.5%。1617年，司奈尔发表了《地球的真实大小》（*The Globe's True Size*），并在书名的上面加上"荷兰的埃拉脱森尼"（Eratosthenes Batavus）。显然，他对自己的工作非常自豪，自比古希腊的那位名人。但是，司奈尔没有考虑任何可能的误差对结果会产生什么样的影响。

　　50年后，1667年的夏至那天，法国科学院的成员们在巴黎郊外的一块土地上画出了未来巴黎天文观测站的轮廓。这个天文台比英国著名的格林威治天文台还早了8年。天文台的地点把通过巴黎的子午线分成南北两段。在后来的200多年里，这条子午线为法国的航海和地图制作提供了重要的基线。被指派测量这条子午线长度的是天文学家皮卡尔（Jean Picard, 1620—1682）。皮卡尔性格谦虚平易，举止不显山不露水。他发表的科学论文数目极少，但法国科学界对他的评价甚高。他对望远镜的原理非常熟悉，用这些原理来改进大地测量使用的四分仪，在上面增加望远镜，镜头里还设有确定中心的十字线，这使得测量更加准确。皮卡尔采用跟司奈尔相同的方法，设定的测线一共有13个角，从巴黎一直延伸到法国北部小城苏尔东（Sourdon）的钟楼。当时法国使用的长度单位是图瓦斯（Toise），1个图瓦斯大致相当于今天的1.949米。皮卡尔的测量工作从1669年开始，到第二年结束，最终得到一纬度子午线长度为110.46千米。他的测量精度比司奈尔凭肉眼测量的结果提高了五六倍，和今天的平均单位子午线长度之差仅为0.6%。把这个子午线单位长度乘以360，就得到地球的周长为39 766千米，由此得到地球的半径为6 328.9千米。这些数值成为当时地球理论的"黄金标准"，后来牛顿在他著名的万有引力理论中，就直接采用了这些数值。不过，皮卡尔在他所著《地球的测量》一书中，也没有讨论测量中的误差问题。

　　大地测量工作让皮卡尔意识到长度量具标准化的重要性，所以次年（1671年），他把注意力转到重力单摆上。设想用一根没有重量的细线吊住一个小球，在重力（也就是地球引力）作用下，小球来回摆动。伽利略最早分析了单摆的摆动，后来的科学家们已经把摆动周期 T 和摆线长度 L 的关系搞得一清二楚。早在1644年，马兰·梅森就对这个问题做过深入的研究。在摆动范围很小的情况下，

$$T = 2\pi\sqrt{L/g}, \tag{26.1}$$

其中，T 的单位是秒，L 是某个长度单位（今天我们用米，皮卡尔的时代用的是图瓦斯），g 是重力加速度，其单位是长度除以秒的平方。梅森因此提议，用 $T=2$ 秒的单摆长度来定义标准长度。乍听起来，这是一个很聪明的想法：利用时间来定义长度。每个人都可以用钟表来标定长度，这样，全世界的科学家就可以用相同的长度单位来说话了，对不对？ 1660年，法国皇家科学院开始认真考虑梅森的提议。皮卡尔在巴黎的天文台仔细测量了单摆的长度，提议根据这个长度定义标准图瓦斯。可是第二年，另一位天文学家让·里歇尔（Jean Richer, 1630—1696）报告说，在靠近赤道的法属圭亚那首府开云（Cayenne），同样是周期为两秒的单摆，它的长度却比巴黎短了0.3%。

　　两个不同的地点，环境不同，气温、湿度可能都不一样，单摆的长度只有0.3%的差别，这究竟有多重要？

　　牛顿对皮卡尔和里歇尔的测量结果非常有信心，因为他有一个理论。他假定起初的地球全是液体，而液体在静止状态下的稳定形状是个圆球，可是地球在不停地自转，转动在地球的表面和内部都产生离心力。离心力总是同转动轴相垂直，而地球的万有引力总是指向地心的。所以，在赤道上，单摆受到的万有引力和离心力的方向正好相反，所以式（26.1）中的重力加速度实际上是地心引力减去离心力。在南北极，离心力等于零，因为极点跟地球的转动轴重合，所以式（26.1）中的重力加速度就是地心引力。实际上，地球的转动轴和南北极并不完全重合，不过差别不大，在这里可以忽略不计。牛顿论证说，离心力使得地球的形状偏离球体，而成为椭球状，在两极方向要稍微短一点。根据他的计算，极地与赤道之间重力加速度的差别是1/289。换句话说，如果在南北极处的单摆小球受到的万有引力造成的重力加速度是 g，那么在赤道上，同一个小球受到的引力与离心力的总和造成的重力加速度应该是 $\dfrac{288}{289}g$。从这个结果出发，牛顿计算出地球沿两极方向的半径 r_P 与赤道半径 r_E 的差别（图26.3）。他发现，$\varepsilon = \dfrac{r_E - r_P}{r_P} = \dfrac{1}{229}$。也就是说，地球并不是一个完美的圆球，它是在两极的方向压

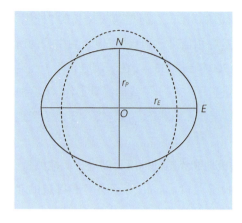

图26.3　牛顿的地球模型（实线的椭圆）和卡西尼的地球模型（虚线的椭圆）。N代表北极。这两个形状的横轴与纵轴的差别都被有意放大，以显示二者的区别。如果按照两条轴的真实比例作图，那就很难看出它们同圆球形的区别了。

扁的椭球，类似北欧出产的那种大南瓜。

　　牛顿在1687年出版的名著《自然哲学的数学原理》中阐述了上述研究成果，马上引起了轩然大波。

　　有一个人却对牛顿的研究成果嗤之以鼻。此人名叫卡西尼（Giovanni Domenico Cassini, 1625—1712），是当时欧洲天文学和数学界的权威。卡西尼出生在意大利，曾经在欧洲最古老的博洛尼亚（Bologna）大学担任天文学教授。1671年，他接受邀请来到巴黎，主持巴黎天文台的工作。卡西尼对法国式的生活十分欣赏，很快就把自己当成全料的法国人，入了法国籍，连名字都改成了Jean-Dominique，实际上，意大利语的Giovanni和法语的Jean等同于英语的John（约翰）。

　　卡西尼受到天文界同行广泛尊重的原因之一，就是关于地球经度线的工作。要想确定经度，需要两个观测者站在两个不同的位置上，同时测量这两个位置相对于某个恒星的角度。然后通过这个角度和两个观测者在相同纬度上的距离，算出他们之间的经度差。由于地球在不断地自转，每个观测者都在相对恒星坐标运动，所以两个测量必须在同一时刻进行。时间上差错越大，测量的经度差的误差也就越大。使用钟表是不可靠的，最好是能在天空中找到一个时标，供两个观测者同时使用。伽利略在观测到天王星的四大卫星以后，发现这些卫星之间常常出现类似月食的现象：一个卫星的影子投到另一个卫星的表面。伽利略提出，这种"月食"可以用来标定时钟。1668年，卡西尼制作了精细的天王卫星"月食"时刻表。利用这项技术，他测量了子午线的长度，甚至火星的轨道。

　　卡西尼1685年前后在巴黎附近沿着子午线做过好几次测量，从数据得到的结论跟牛顿正好相反。卡西尼的地球不是轴向缩短的"南瓜"，而是两头拉长的"柠檬"（图26.3）。对于一个观测天文学家来说，他当然更相信自己的数据，他认为牛顿的所谓理论，不过是纸上谈兵，胡猜乱想而已。从1700年到1733年，在卡西尼和儿子杰克（Jacques Cassini, 1677—1756）的主持下，法国进行了三次子午线的测量工作，贯穿法国南北。这是当时举世瞩目的工作，他得到的结论是，地球还是像柠檬。于是关于地球形状的争论持续了50年。

1735年，法国科学院决定派出两支队伍对极地和赤道的纬度长度进行实地测量。极地地区选在北欧极地芬诺斯堪的纳维亚的拉普兰（Lapland, 今天芬兰和挪威的北部），赤道地区选在南美北部靠近赤道的秘鲁（今天的厄瓜多尔）。他们希望把地球形状的问题彻底解决，一劳永逸。

前往拉普兰的探险队由莫佩尔蒂（Pierre-Louis Moreau de Maupertuis, 1698—1759）率领，其中包括著名的瑞典天文学家摄尔休斯（Anders Celsius, 1701—1744, 摄氏温标的创立者）和法国数学家克莱罗（Alexis Claude de Clairault或Clairaut, 1713—1765）。他们于1736年4月离开巴黎，次年7月凯旋而归。开往秘鲁的一支虽然提前一年启程（1735年4月），但第二年6月才抵达驻地，而且种种想象不到的艰难险阻使他们的工作持续到1743年，整整奋斗了8年。

秘鲁的测绘工作从雅鲁吉（Yaruqui）平原的基准线开始。这条基准线全长6 273图瓦斯，也就是12千米多一点。探险队分成两个测绘小组，独立测量，每组用三根木质测杆，每根长20尺，两端嵌铜。两组标杆漆着不同的颜色，以防混淆，测量时使用的顺序从不改变。每天，他们用一条标准图瓦斯来仔细标定这些标杆。这标准图瓦斯是专门从巴黎带来的，用铸铁制成，长度随温度的变化很小。测量时，他们先把基准线上的标杆都用一条细线串联起来，以保证测量时，测杆所摆放的方向同基准线保持一致。由于地势的升降，有时测杆的两端都无法接触标杆，他们就采用铅垂线的办法来保证测杆的准确位置。这12千米测量下来，经过仔细的误差校正，两个小组之间的测量差别只有0.012图瓦斯，也就是23毫米。这个差别，不到基准线长度的百万分之二。这个精度简直令人不可置信。

秘鲁的测线全部落在安第斯山脉上。这是世界上最长的大陆山脊，它纵贯南美西部，全长8 000多千米，宽200到700千米，平均海拔4 000米。山上多处终年积雪，白雪下面是一连串的火山，寸草不生，罕无人迹。探险队所测量的地区，海拔在2 000米到 4 500 米之间。队员们需要扛着沉重的测绘仪器，沿着崎岖险峻的小路一步一步攀行。暴雨和冰雪经常使这些小路成为死亡之路。食物短缺，无法依赖当地人所提供的援助。有时为了一个小时的测量，必须在山上苦等一个月。疟疾泛滥，探险队中有人死亡，雇来的劳工纷纷逃走。其间令人扼腕和拍案的故事多极了，可是为了不跑题太远，这里只好割爱了。

经过 8 年的努力，将近 400 千米的测量终告结束。把秘鲁的测量结果同拉普兰的结合起来，证明牛顿是对的，不过，赤道与极地纬度长度的差别比牛顿估计的要稍稍小一点，只有 1/300 左右。问题是，拉普兰的数据和秘鲁的数据是两个不同的探险队得到的，两套数据可能有不同的系统误差。比如，假如两个探险队每天标定图瓦斯的方式稍有不同，气温也不一样，会不会造成两个探险队使用的图瓦斯本身存在差异呢？这类的系统误差将会怎样影响最终的结果呢？

杰克·卡西尼继承了父亲的职业，也是个有名的天文学家和大地测量学家。他的巴黎子午线测量工作，从法国南端到北端长达 1 400 千米，而且采用内插法计算纬度的长度。他重复测量了好几次。不仅如此，他还发明了一个新的方法，利用月亮在其他星球上的投影来确定经度。可是他仍然得出地球南北长、赤道短的结论。18 世纪的人们意识到，误差分析对于科学观测和理论的发展具有十分重要的意义，没有一套坚实的误差统计分析理论，科学就无法向前发展了。

本章主要参考文献

Greenberg, J. Isaac Newton and the Problem of the Earth's Shape. Archive for History of Exact Sciences, 1996, 49: 371–391.

Haasbroek, N. D. Germma Frisius, Tycho Brahe and Snellius and Their Tiangulations. Netherlands: Rijkscommissie Voor Geodesie, 1968: 119.

Plato's Phaedo, Translated by E. M. Cope. Cambridge at the University Press, 1875: 108.

Smith, J.R. The Meridian Arc Measure in Peru, 1735—1745. Surveying and Mapping the Americas — In the Andes of South America (Washington, D.C.: Federation International Geometre Convention, 2002).

第二十七章　误差也遵循某种法则吗？

天文学是第一个要求精确观测的科学，也是最早需要考虑面对各种不同人、不同地点、不同时间、不同质量、不同误差的观测数据，从中寻找正确答案的科学。公元前2世纪的古希腊天文学家希帕恰斯似乎喜欢选择所有数据的中间值。300年后，托勒密在处理地球年的时间长度时，好像只选择跟自己模型符合最好的数据。过了1400年，第谷首次开始对同一个天文事件反复进行观测，得到高质量的观测数据，可是他却没有考虑如何从这些重复观测的数据里确定出一个对该事件有代表性的数值来。后来的天文学家们则如八仙过海，用各种不同的方法来寻求重复观测的代表值。有的做代数平均，有的取中位值，有的把数据分成几组，分别做平均值或取中位值。一些人在报告中讲述他们的方法，其他人根本不提。比如，开普勒在计算火星运行轨道的时候，采用第谷在1600年1月某日上午11时50分到中午12时17分观测的火星的赤经位置。在利用不同的恒星做参照点时，得到的火星位置稍有不同（见表27.1）。

表27.1　第谷观测的火星赤经数据

采用的参照恒星	火星的赤经，度	火星的赤经，分	火星的赤经，秒
双子星座井宿三	134	23	39
轩辕十四	134	27	37
北河三	134	23	18
室（处）女座左执法*	134	24	33

* 这个观测是在12时17分得到的。

开普勒在他的名著《新天文学》里说，从表27.1得到的平均值是134度24分33秒。可是根据现代的定义，代数平均值应该是134度24分5.5秒，中位值应该是134度25分38秒。注意这里的数据有4个点，是个双数，所以不存在单一的中位值，因此需要把中间的两个数值取平均，作为中位值。开普勒到底是怎么得到他的平均值的，直到今天谁也搞不清。

平均值和中位值,究竟哪种方法更好? 学界争论了好几个世纪。科学史上第一位正式指出需要系统而科学地进行误差分析的人是伽利略和他的《对话》。这我们在前面已经提到了(第二十五章)。

到了1722年,情况终于发生了变化。那一年,英国剑桥大学为了纪念英年早逝的数学教授蔻茨(Roger Cotes, 1682—1716),汇集出版了他的遗作。蔻茨24岁拿到硕士学位后便留在剑桥大学数学系。从1709年到1713年, 他的主要时间花在帮助牛顿编修《自然哲学的数学原理》的第二版上。牛顿《自然哲学的数学原理》的第一版是哈雷出钱帮他出版的,但其中错误很多。更重要的是,第一版出版以后,牛顿关于月球和行星的理论研究有了很多新进展,蔻茨以为应该加入到第二版内。当时牛顿已年近70,本不愿再继续深入研究了,是蔻茨的严谨和热情使老牛顿激情复燃,两人整整花了三年半的时间,利用牛顿的运动学定律导出月球的理论,解释了春秋二分点,以及彗星的轨道。蔻茨自己的主要研究领域是数学。在数值积分方面,他为我们提供了牛顿-蔻茨公式;在三角学领域,他给出了复数三角表达式的雏形。可是蔻茨一生只发表了一篇文章,因为33岁时一场高热夺去了他的生命。牛顿对蔻茨的去世深感痛惜,说:"他要是还活着的话,会有很多发现的。"

在蔻茨遗作汇集中, 有一篇文章名为《混合数学中的误差计算》(The evaluation of errors in a mixture of mathematics, the variations of the parts of a plane and a sphere)。假设对一个物理量有n个观测数据$x_1, x_2, \cdots, x_n$。蔻茨把它们看成是n个砝码,砝码的重量分别是$w_1, w_2, \cdots, w_n$,并把它们排成一排,放在一根没有重量的杠杆上。作为一个直观的例子,图27.1给出$n=4$和$w_1=w_2=w_3=w_4$的情况。蔻茨说,寻找这些观测数据的最佳代表值,就相当于在图27.1中寻找所有这些砝码组合的重心x_C。

从数学上,这个原理可以表示成:$\sum_{i=1}^{n} w_i(x_C - x_i) = 0$,并由此得到:

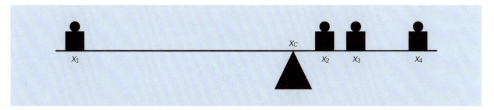

图27.1　蔻茨对最佳代表值的物理解释(阿基米德杠杆原理)。x_C对应的值使得x_1在左侧相对于x_C点的力矩等于x_2、x_3、x_4在右侧相对于x_C点的力矩之和。

$$x_C = \frac{\sum_{i=1}^{n} w_i x_i}{\sum_{i=1}^{n} w_i}. \tag{27.1}$$

当所有砝码的重量（对数据来说，就是它们的权重）都相等时，$x_C = \frac{1}{n}\sum_{i=1}^{n}x_i$，也就是我们现在所谓的代数平均值。

可是蔻茨并没有直接给出同式（27.1）类似的表达式，他的工作也没有引起很多人的重视。

50年后，在巴黎金碧辉煌的荣军院（法文：Les Invalides）穹顶背后的军事学校里，年轻的拉普拉斯利用授课之外的空余时间，每日下午把自己淹没在图书馆浩繁的天文文献当中。如何在这些繁杂的数据中求得合理的代表值，是他每天都要问自己的问题。

天体的运动遵从万有引力定律，牛顿用简洁的数学公式把它们的运动行为表达出来。天文观测数据的误差也会遵循某种定律吗？怎样才能从貌似随机的观测误差中找到最接近于真实情况的数据呢？

我们在中篇里已经讲过拉普拉斯在24岁时发表的《从给定事件推测原因概率的备忘录》（以下简称《备忘录》）和他的"坛子模型"。我们先用现代概率语言重复一下他的"基本法则"：

如果 E 是一个事件（如拿出的 f 张白纸牌和 h 张黑纸牌），a_1，a_2，$\cdots$，a_n 是该事件的 n 个可能的原因，那么，

$$\frac{P(a_i \mid E)}{P(a_j \mid E)} = \frac{P(E \mid a_i)}{P(E \mid a_j)}, \tag{27.2}$$

而且

$$P(a_i \mid E) = \frac{P(E \mid a_i)}{\sum_{j=1}^{n} P(E \mid a_j)}. \tag{27.3}$$

拉普拉斯在《备忘录》中举的最后一个例子，是著名的所谓"概率反演"问题，这类问题现在更准确地称为"统计推断"（Statistical inference）问题，它的具体表述如下：

如果对同一个天文学现象,沿着时间轴上的一段AB中有三个观测数据a、b、c,其中a和b之间的时间差是p秒,b和c之间的时间差是q秒[见图27.2的上图(a)]。应该如何从这三个数据之间正确地选取最佳平均值v,使它最接近物理量的真实数值v'呢?

拉普拉斯假定,误差的概率分布可以用一个连续的概率密度曲线(也就是概率密度函数)φ来表达。任何一个在时间上距离真实值v'有x秒的观测点都对应着概率曲线上的一个点$y=\varphi(x)$。拉普拉斯第一次把观测数据的概率分布看成是连续的曲线,这是因为他要处理大量的数据,而且他对于微积分已经相当熟悉。比起前人来,他手中的数学工具可算是超重型武器了。

拉普拉斯推论说,这条曲线必须具有的三个性质,可以帮助建立曲线$y=\varphi(x)$的具体形式:

1. $\varphi(x)$的形状相对于$x=v'$是对称的,因为误差在v'两侧发生具有同样的可能性。

2. 随着$|v-x|$的增加,$\varphi(x)$单调减小,因为"观测数据同v'之差是无穷大的概率趋于零"。

3. $\int \varphi(x)\mathrm{d}x=1$,因为所有的误差都在这条曲线下面,而所有的概率之和等于1。

为了避免困惑,我们还需要加上一个性质,那就是$\varphi(x)$不可能有负值,这是因为负的概率没有意义。

根据图27.2,如果点a距离平均值v的时间差别是x,那么这三个观测点a、b、c接近v的总概率就是$\varphi(x)\varphi(p-x)\varphi(p+q-x)$,这个乘积里面的三个$\varphi$分别代表的是$a$、$b$和$c$

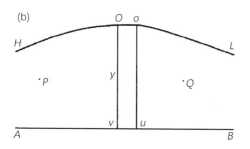

(a)

$[a,b]=p,[a,v]=x$
$[b,c]=q,[a,v']=x'$

图27.2　上图(a)——时间轴AB上一个天文事件发生的真正时间v'同三个实际观测的时间a、b、c的关系。v是我们要对这三个观测时间确定的平均值,使它尽可能地接近v'。下图(b)——曲线HOL是假定的天文物理量随观测时间的变化。这条曲线不一定是左右对称的。对应横轴上$x=v$的物理量在点O,而距离v很近的点$x=u$对应着曲线的点o。$vu=\mathrm{d}x$。

接近 v 的概率。同理，如果点 a 距离真实值 v' 的时间差是 x'，那么这三个观测点接近 v' 的概率就是 $\varphi(x')\varphi(p-x')\varphi(p+q-x')$。根据他的"基本法则"，拉普拉斯推论说，真实值在 v 或 v' 的相对概率是

$$\frac{\varphi(x)\varphi(p-x)\varphi(p+q-x)}{\varphi(x')\varphi(p-x')\varphi(p+q-x')}. \tag{27.4}$$

现在的问题是要找到时刻 v，使得"所担心的误差"（The errors to be feared）之和乘以它们的概率达到最小值。这里，拉普拉斯所谓"所担心的误差"在概念上就是现代的所谓标准误差（Standard error）。

怎样才能找到这个值 v 呢？拉普拉斯的思路跟蔻茨相同 [图 27.2 的下图（b）]，也是利用阿基米德的杠杆原理。物理和数学经常是相通的，我们曾在《几何与代数卷》里介绍阿基米德利用杠杆原理的物理思路来计算圆球的体积。假定曲线 HOL 是天文物理量随时间变化的曲线。vO 与 AB 垂直，O 对应的是我们想找的 v 对应的曲线上的点。作直线 uo 使它平行于 vO，而且 $u-v=\mathrm{d}x$，使 uo 无限地逼近 vO。现在考虑曲线 HOL 在横轴 AB 之上所涵盖的面积，并把它看成是一张密度均匀且等于 1 的平板。在 vO（或者 uo，因为二者无限接近）右侧的曲线下的平板的质量为 M，其重心（严格地说应该是质心）在点 Q。我们把 Q 到 vO 的距离记为 z。类似地，vO（或者 uo）左侧的曲线下的平板的质量为 N，重心在点 P。我们把 P 到 vO 的距离记为 z'。这样，"'所担心的误差'之和乘以它们的概率达到最小值"的问题就等价于一个力矩平衡问题。如果 v 是所要寻找的最佳值，那么从 v 来考虑，所有的力矩之和是

$$Mz + Nz' + \frac{1}{2}y\mathrm{d}x\mathrm{d}x.$$

类似地，如果 u 是所要寻找的最佳值，那么从 u 来考虑，所有的力矩之和是

$$M(z - \mathrm{d}x) + N(z' + \mathrm{d}x) + \frac{1}{2}y\mathrm{d}x\mathrm{d}x.$$

这两个式子的差是 $N\mathrm{d}x-M\mathrm{d}x=(N-M)\mathrm{d}x$。要想让误差值之和乘以误差的概率在任意小的 $\mathrm{d}x$ 情况下都达到最小值，必须要求 $N=M$。也就是说，纵坐标 vO 必须把曲线 HOL 分成左右面积相等的两半。

　　可是，要想把曲线平分成两半，使两侧平衡，必须要知道概率曲线 $y=\varphi(x)$ 的具体形状。怎样才能知道它的形状呢？拉普拉斯只能靠逻辑思维来推理。首先，一条跟横轴平行的直线可以被 vO 平分而且两侧面积相等，但这不满足前面提到的曲线的第二个性质。根据这个性质以及所有概率之和等于 1 的要求，拉普拉斯推论说，我们必须要求 φ 的变化率，也就是 $\dfrac{\mathrm{d}\varphi}{\mathrm{d}x}$，同 φ 本身随着 x 的变化呈负的线性关系，亦即

$$\frac{\mathrm{d}\varphi(x)}{\mathrm{d}x}=-\,m\varphi(x)\,,\tag{27.5}$$

这里 m 是一个正的常数。从这里，拉普拉斯得到

$$\varphi(x)=\frac{m}{2}\mathrm{e}^{-m|x|}\,,\tag{27.6}$$

式（27.6）中 e 指数前面的 $\dfrac{m}{2}$ 保证对式（27.5）右侧从负无穷到正无穷的积分收敛到 1，对应的 v 值恰好在 $x=0$ 的地方。如果 v 值在 $x=\mu$ 的地方，那么对应的式（27.6）就是

$$\varphi(x)=\frac{m}{2}\mathrm{e}^{-m|x-\mu|}\,,\tag{27.7}$$

这样的曲线称为拉普拉斯分布。图 27.3 给出了几个拉普拉斯分布的例子。

　　拉普拉斯的发现对于数据误差的概率统计研究具有开创性的意义，可是最初也很少有人注意到它，因为拉普拉斯所采用的变量的表达方式［式（27.4）中的 p、q 见图

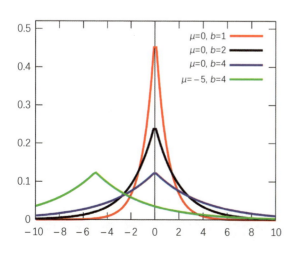

图 27.3　拉普拉斯分布的例子。这里 $b=1/m$。由此我们可以看出，b 越小（m 越大），拉普拉斯分布就越尖锐。

27.2] 比较古怪，拉普拉斯可能是想把这个问题同古典概率的二项式表达式联系起来（见上篇）。如果我们用 x_C 来表示最佳代表值 [类似于式 (27.1)]，用 x_1、x_2、x_3 来表示 a、b、c 在时间轴上数值，式 (27.4) 就可以写成

$$\frac{\varphi(x_1 - x_C)\varphi(x_2 - x_C)\varphi(x_3 - x_C)}{\varphi(x_1 - x')\varphi(x_2 - x')\varphi(x_3 - x')}, \tag{27.8}$$

这种方式对搞概率分析的人来说就比较熟悉了。

24 岁的拉普拉斯由于这项工作成功地成为法国科学院的一员，他可以放开手来大干一番了，但也正是在这个时候，世界进入了一个大变革时期。

早在 1740 年，神圣罗马帝国皇帝、哈布斯堡王朝最后的统治者卡尔六世（Karl VI，1685—1740）逝世，由于没有留下男性后代，皇位受到欧洲各大国的觊觎。普鲁士王国急于摆脱奥地利王国势力的压制，首先宣战。那年 12 月，普鲁士国王腓特烈大帝（Friedrich II，1712—1786）南下突袭西里西亚，以迅雷不及掩耳之势击溃奥地利驻军，攻陷首府布雷斯劳，也就是纽伊曼研究出生和死亡规律的地方（见中篇）。欧洲各国迅速站队参战，法国、巴伐利亚、萨克森、西班牙与普鲁士联盟，奥地利则与英国、波希米亚、匈牙利、荷兰、西西里亚和俄国结成阵营，战争持续了八九年，争端也从欧洲波及到美洲。

当时，北美大陆基本上已被三个欧洲大国瓜分。西班牙统治墨西哥和相当于今天美国的亚利桑那、新墨西哥、得克萨斯州的一部分。加利福尼亚和它的北面以及落基山脉以东的高原地区尚属蛮荒之地。大英帝国殖民地占据了俄亥俄河以东，特别是海岸地区。法国殖民地（称为"新法兰西"）则涵盖了广袤的中部地区，从墨西哥湾直到加拿大。新法兰西地区极为广阔，相当于整个北美洲的三分之一。随着欧洲战争的升级，英法两国也在密西西比河谷起了冲突。

1754 年 5 月 28 日，一个 22 岁的英国殖民军少校率领部下和协同作战的印第安勇士在俄亥俄河谷伏击了一小股法国殖民军。争端一起，迅速升级，蔓延到欧洲。英国利用海上优势扣留了众多的法国商船。1756 年，英法两国正式宣战。而普鲁士军队则突然西进，跨过中立国萨克森（Saxony）的边界，萨克森和奥地利的联军毫无准备，迅速溃散，至此，欧洲战争全面爆发。

这场史称"七年战争"的混乱局面使法国伤痕累累，元气大伤，不得不在 1763 年

同英国签订《巴黎和约》。在世界版图上，法国失去了亚洲的印度、美洲的整个加拿大和法属路易斯安那，只剩下新奥尔良地区。在国内，经济上濒于破产，物价飞涨，给百姓带来极大恐慌。《巴黎和约》成为法国君主制时期最屈辱的事件之一，一时民怨沸腾。

英国是这场战争的最大赢家，成为海外殖民世界无可争议的霸主，实现了日不落帝国的传奇。不过它把这次战争所消耗的财富大部分转嫁到北美殖民地身上，引起当地居民的强烈不满。七年战争结束的第13年，美国独立战争爆发。而领导独立战争的主要人物之一，就是当年那个22岁的少校乔治·华盛顿。

1774年，在位将近60年的法王路易十五（Louis XV of France, 1710—1774）在凡尔赛宫死于天花。波旁家族有一个传统，国王死后，心脏要挖出来放在一个特制的箱柜里。但路易十五没有这么做，他叫人将酒精注入他的棺材并把遗骸浸泡在生石灰中。路易十五年轻时极受百姓爱戴，可是到最后却变成最遭人痛恨的国王之一。他留给孙子路易十六（Louis XVI, 1754—1793）一个烂摊子：通货膨胀日益恶化，国库空虚，可是国王还要拿出钱来支持美国独立战争以报复英国。战争的债务通过税收压在百姓头上，而国王和王后还有贵族们却依然过着奢华的生活，挥金如土。1780年代中期，法国连续遭灾，粮食歉收，饥饿的农民大量涌入城市，导致失业率和物价飞涨，单单面包一项就要贫穷百姓花费80%的家庭收入。法国的税收制度刻意压榨穷人，滋饱国王和税收官员，令百姓恨之入骨。1789年，路易十六为了美国独立战争的财政问题，强迫召开停止了175年的法国国会三级议会。议会普选，选出1 204名代表，第一等级教士303名，代表大约10万名法国教士，他们拥有全国10%的土地；第二等级贵族291名，代表大约40万名贵族，他们拥有25%的土地；第三等级平民610名，代表法国95%的人口，他们大多是中产阶级。第三等级议会成员与天主教神父西哀士（Emmanuel-Joseph Sieyès, 1748—1836）发表了著名的小册子《什么是第三等级？》，宣称："什么是第三等级？整个国家。到目前为止，第三等级在政治秩序中的地位是什么？什么也不是。第三等级要求什么？地位！"

不久，第三等级议会开始以公社的形式定期开会。1789年6月，他们投票通过，宣布成立国民议会，声称他们已不再是第三议会，而是人民的议会，要独立处理国家事务。一些第一和第二议会的成员也加入了国民议会，但是国王的军队开始包围议会的会址和巴黎城市。7月14日，市民开始攻击巴士底监狱，巴士底监狱的驻军首领洛纳侯爵（Bernard–René de Launay, 1740—1789）命令手下停火，避免了大量民众死亡，而他自己却被砍下了头颅。闹事民众用枪尖挑着他的头颅在巴黎游行，并在市政厅开枪杀死巴黎市长弗莱塞勒（Jacques de Flesselles, 1721—1789）。至此法国大革命正式揭幕。

8月26日，国民议会颁布了《人权与公民权宣言》。《宣言》采用18世纪的启蒙学说和自然权论，宣布自由、财产、安全和反抗压迫是天赋不可剥夺的人权，同时肯定言论、信仰、著作和出版自由，阐明司法、行政、立法三权分立，法律面前人人平等，私有财产神圣不可侵犯等原则。

1792年，法兰西第一共和国成立。旧的社会秩序土崩瓦解，暴力事件如燎原之火。人们攻击教堂，焚毁圣经，另一些人组织民兵反抗革命。几乎所有的欧洲国家都先后对法国宣战。1793年1月，路易十六被送上断头台，同年10月，王后玛丽·安东尼特（Marie Antoinette, 1755—1793）也在断头台被斩首。不久，革命组织内部发生激烈斗争。根据文献记载，到1794年为止的三年里，断头台上砍掉了所谓"反革命分子"（其中包括大量法兰西第一共和国公安委员会的意见人士）至少16 594颗人头。职业革命家们如丹顿（Georges Jacques Danton, 1759—1794）、罗伯斯庇尔（法文：Maximilien Robespierre, 1758—1794）和圣茹斯特（Louis Antoine Léon de Saint–Just, 1767—1794）在砍掉无数颗头颅之后，自己也把头颅留在了断头台上。大多数断头台的处决发生在革命广场，也就是今天的巴黎协和广场。据说，广场的泥土都被鲜血所浸透，散发出一股怪异的味道，连拉车的马都拒绝前往。

在这个大变革、大混乱、大迷茫时期，拉普拉斯（图27.4）竟然继续着他的研究。1796年，他的巨著《宇宙体系论》问世，书中提出了对后来有重大影响的关于行星起源的星云假说。从1798年到1825年，拉普拉斯陆续发表了他的一整套天体力学的研究结果，一共五卷。

图27.4　西蒙·拉普拉斯。肖像作者是19世纪英国艺术家波色尔怀特（James Posselwhite）。

第一、二卷出版于1798年，主要解决行星的运动、行星的形状和潮汐问题。这两本巨著是天体力学的经典之作，它对科学界的影响具有里程碑意义，拉普拉斯也因此被誉为法国的牛顿。有一个故事说，拿破仑（法文：Napoléon Bonaparte, 1769—1821）称帝以后，读到这些著作，问拉普拉斯，为什么书中对上帝只字不提？拉普拉斯以他特有的个性明确地回答："陛下，我不需要这个假设。"

拉普拉斯在《天体力学》第二卷里花了相当长的篇幅来讨论地球的形状。那时候，关于地球形状的大地测量数据已经不仅仅局限于赤道和极地，表27.2列出了拉普拉斯所采用的数据。在拉普拉斯的原著里，这些数据是用图瓦斯为长度单位，角度是以梯度来表示的，我们在这里都换成现代国际标准单位制（米和度）。拉普拉斯把测量数据简化成为一个线性的关系：

$$\frac{\Delta s}{\Delta \lambda} = c_0 + c_1 [\sin \lambda]^2, \tag{27.9}$$

其中，Δs 是测量的子午线长度，$\Delta \lambda$ 是测线涵盖的纬度范围，λ 是该范围里的代表纬度。如果地球通过极轴的截面是个椭圆，其对应赤道的半径为 a，而对应南北极的半径为 b，则

$$c_0 = a\sigma^2, \ c_1 = \frac{3}{2}a\sigma^2(1-\sigma^2), \ \sigma^2 = \left(\frac{b}{a}\right)^2.$$

表27.2　拉普拉斯分析地球形状所使用的子午线长度测量数据

$\frac{\Delta s}{\Delta \lambda} = c_0 + c_1 [\sin \lambda]^2$，千米/度	测线地点	纬度 λ，度	测线纬度范围 $\Delta \lambda$，度
110.613 7	秘鲁	0	3.116 97
111.167 2	好望角	33.308 37	1.221 48
110.876 8	宾夕法尼亚	39.200 04	1.479 15
111.054 2	意大利	43.016 58	2.163 06
111.130 9	法国（全部）	46.199 43	9.673 83
111.239 3	奥地利	47.783 34	2.946 06
111.884 4	拉普兰	66.333 33	0.957 96

每条测线根据式(27.9)给出一个线性方程，拉普拉斯需要对表27.2中的7个线性方程求解两个参数 c_0 和 c_1，使得这7个方程的最大误差达到最小值。

考虑到误差分布的形式(27.7)，拉普拉斯成功地找到了一对最佳的 c_0 和 c_1 的数值。从残余误差来看，拉普拉斯推论说地球的形状并非完美的椭圆（他是正确的），但是在椭圆的误差范围以内（图27.5）。以椭圆来近似地球的形状，椭圆率 $f = 1 - \dfrac{b}{a} \approx \dfrac{1}{277}$。

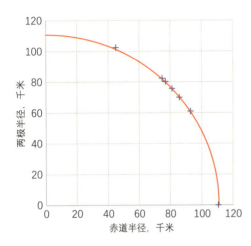

图27.5 拉普拉斯拟合地球形状的结果示意图。蓝色十字是表27.2给出的数据，红色曲线是拉普拉斯得到的地球椭圆拟合曲线的1/4。假定椭圆的对称性，这部分曲线可以描述地球的形状。

拉普拉斯在《天体力学》第二卷里还使用了其他的误差概率分布方法，这些我们后面再谈。

本章主要参考文献

Laplace, P. S. Memoir on the Probability of the Causes of Events (1774). English translation by S. M. Stigler, Statistical Science, 1986, 1: 364–378.

Laplace, P. S. Mecanique Celeste, Volume II. English translation by N. Bowditch. Boston: Hilliard, Gray, Little, and Wilkins Publishers, 1829.

Nievergelt, Y. A tutorial history of least squares with applications to astronomy and geodesy. Journal of Computational and Applied Mathematics, 2000, 121: 37–72.

Sheynin, O. B. Laplace's Theory of Errors. Archive for History of Exact Science, 1977, 17: 1–61.

Stahl, S. The Evolution of the Normal Distribution. Mathematics Magazine, 2006, 79: 96–113.

Stigler, S. M. Laplace's 1774 Memoir on Inverse Probability. Statistical Science, 1986, 1: 359–378.

第二十八章　追星"王子"的误差曲线

　　开普勒发表《新天文学》以后，地球和其他五大行星（水、金、火、木、土）围绕太阳运动的轨道得以确定。开普勒注意到，这些行星与太阳之间的距离似乎有某种规律，只是在火星和木星之间的间隔太大。18世纪中后期，德国天文学家提丢斯（Johann Daniel Titius, 1729—1796）和约翰·波德（Johann Elert Bode, 1747—1826）提出一个表达行星与太阳之间平均距离（R_n）的经验公式：$R_n = \dfrac{n+4}{10}a$，其中 $n = 0, 3, 6, 12, 24, 48$，对应着从太阳中心算起第 1, 2, 3, 4, ……颗行星，a 是天文单位，也就是地球到太阳的平均距离。从这个经验公式我们看到，当 $n > 3$，亦即从金星开始，每一颗行星离太阳的距离都比起前一颗要大约翻一番。没有任何物理定律能解释这个经验公式，而且在 $n = 24$ 的地方（即在火星与土星之间）是个空缺，所以这个经验公式并没有引起太大的重视。

　　1781年，英国著名的德裔天文学家赫谢尔（Frederick William Herschel, 1738—1822）在利用高倍望远镜寻找双星时，注意到一个状似小圆盘的星体。他做了大量观测，认为它或是一颗彗星，或是一颗行星，因为其位置每天都在变化。不久，在俄国工作的芬兰瑞典裔天文学家雷克塞尔（Anders Johan Lexell, 1740—1784）估算了新星的轨道，认为它是一颗行星，而且轨道正好位于提丢斯–波德经验公式预测的比土星与太阳之间的距离大一倍左右的地方，相当于 $n = 96$。这就是我们现在熟知的天王星。一下子，提丢斯–波德经验公式变得神奇起来。天文学家开始认真地推测，在火星和木星之间，或许真有一颗跟人们捉迷藏的行星。1800年，匈牙利天文学家冯·扎赫（Franz Xaver von Zach, 1754—1832）向24位知名天文学家提出请求，请他们抓出这颗狡猾的行星。冯·扎赫把这24位戏称为"星空警察"。

　　1801年元旦的晚上，24位"警察"之一、意大利天文学家皮亚齐（Giuseppe Piazzi, 1746—1826）登上西西里岛上的帕勒莫（Palermo）天文台，在星空的背景中发现了一个移动的星点。起初他以为这是一颗新恒星，移动可能是观测上的误差造成的错觉，可是连续三个晚上重复观测之后，他确定小星点不是恒星。1月11日，皮亚齐同时寄出4份报告，分别送给在佩斯（今天的布达佩斯）的冯·扎赫、在柏林的波德、在米兰的欧里亚尼（Barnaba Oriani, 1752—1832）、在巴黎的拉朗德（Joseph Jérôme Lefrancois de Lalande, 1732—1807）。皮亚齐继续观测到2月11日，这时，小星点已经非常接近太阳，很难观测到了。进入夏天，整个欧洲的天文界都知道了皮亚齐的发现，而且认为它很可能就是那个被"警察"追捕的"小贼"。名字都为它取好了，叫做色雷斯（Ceres），也就是罗马神话中的农神，中文叫谷神星，可是这个顽皮的小贼躲到太阳背后，不露面了。

如果谷神星重新出现，会在浩瀚天空中的哪个地方呢？皮亚齐只作了短短40几天的观测，小东西飞行了不到3度的空间范围。要想从如此有限的数据预测八九个月以后的星体位置，实在太困难了。欧洲的天文学家们都在努力地估算和猜测，因为每个人都想成为确定这颗行星轨道的第一人。

这时候，位于德国北部的布伦瑞克（德文：Braunschweig；英文：Brunswick），有一个不为人知的年轻人也在考虑这个问题。这个24岁的年轻人刚刚完成数学博士论文不久，虽然在数学界崭露头角，但基本上还是"藏在深闺人未知"。他出身于一个贫苦家庭，母亲大字不识，连他的生日都记不得。可这孩子极有天赋，三岁的时候就能指出父亲算数的错误。父亲惊喜万分，把他送到本地的学校去接受教育。学校里，数学语文对他来讲都太容易了，老师认为他是个天才，把他推荐给布伦瑞克公爵斐迪南（Charles II William Ferdinand, 1735—1806）。公爵一见到年轻人，如同发现瑰宝，当下允诺，只要年轻人继续深造，公爵就每年付给他年薪。年轻人的父亲虽然希望儿子继承父业，但不敢违抗公爵，于是年轻人先是在布伦瑞克一所学院就读，然后进入哥廷根大学。

年轻人在大学期间就完成了一部数论著作，对后世产生深刻的影响。他还解决了一个古希腊人留下的一千多年没能解决的几何难题：用尺规作图的方法勾画复杂的多边形。他对这个结果尤其欣慰，年纪轻轻就决定用尺规勾画的17边形作为将来死后的墓志铭。年轻人显然对现实世界考虑得很少，后来他请到的石匠拒绝了这份工作，说等到雕出这个17边形，它看起来将跟圆形没什么区别。1798年博士毕业后，他回到布伦瑞克，依靠公爵提供的资助独立进行研究工作。1801年，他关于数论的书出版了，也就在这时候，他听到了皮亚齐的观测结果。年轻人正在考虑行星轨道的问题，所以他马上就全身心投入了研究。后来回忆起来，他说：

　　"在天文学史上，我们从未遇到过一个如此难得的机遇，也很难想象能再找到比这个危机和迫切需求更好的机会来令人惊异地显示这个问题的价值了：在宇宙中无数的小星球之中，在消失将近一年之后，再次发现这个行星原子的机会完全依靠仅有的一点点观测资料所建立的轨道的有限的知识上面。"

　　这是一个相当复杂的问题。人在地球上观测，而谷神星围绕太阳运行，计算需要涉及80多个参数和3个不同的坐标系。年轻人没有采用任何抽象而高深的数学手段设计了一套13部曲来处理这个问题。他通过深刻了解问题当中不同参数的关系，使用多数属于今天高中的代数和三角学的方法，一步一步解决了它。

　　冯·扎赫在自己主编的天文期刊的1801年12月期上发表了年轻人预测的轨道。虽然年轻人的结果跟大多数著名天文学家的预测不同，但冯·扎赫认为他的结果更值得信赖。几天以后（12月7日），冯·扎赫果然根据年轻人的预测在星空中找到了这个顽皮的小行星。次年元旦，天文爱好者奥伯斯（Wilhelm Olbers, 1758—1840）再次观测到了它。几乎是一夜之间，年轻人的天才被整个欧洲所注意。

　　这个年轻人就是高斯。高斯（图28.1）在几何学、数论、光学、天文学等方面都有显著贡献，其中尤以数学在当时独步天下，被誉为数学家当中的王子。

　　1809年，高斯发表了《天体运动论》（拉丁文：Theoria Motus Corporum Coelestium in sectionibus conicis solem ambientium），书中的第172节到189节介绍了自己在推导谷神星运行轨道时采用的数值分析方法。原来，他发现了最小二乘法（Least squares method），并采用测量平差（Least squares adjustment）的理论来测算天体运行轨迹。

图28.1　卡尔·高斯。肖像作于1840年，当时高斯63岁。作者：丹麦著名肖像画家克里斯蒂安·詹森（Christian Albrecht Jensen, 1792—1870）。

在介绍最小二乘法之前，我们需要先介绍一下高斯分析误差分布的思路。高斯对误差的基本性质也做了三个假设：

1. 小误差发生的概率要大于大误差。

2. 对于一个实数值 ε，误差等于 $+\varepsilon$ 和 $-\varepsilon$ 的概率相等。

3. 如果对同一个物理量存在若干个测量值，那么最能代表这个物理量的数值是所有测量值的平均。

读者不妨返回第二十五章和第二十七章去温习一下伽利略和拉普拉斯关于误差分布性质的分析，并拿它们同高斯的假定比较一下。

从这些假定出发，高斯利用拉普拉斯的概率"基本原则"和初级微积分导出了一个同拉普拉斯分布不同的误差曲线。高斯的推导非常简单，有一点微积分基础的高中生都可以看懂。他的分析方法同拉普拉斯非常相近，建议读者把下面的推导和第二十七章里的推导对照起来看：

假设一个物理量的真实而未知的值是 p，对这个物理量有 n 个测量值，分别是 $M_1, M_2, \cdots, M_n$。如果跟拉普拉斯一样，我们把随机误差 x 的概率密度函数（Probability density function）记作 $\varphi(x)$，高斯假定这个函数是大于零的、光滑变化的，并可处处求导数，而且导数 $\varphi'(x) = \dfrac{\mathrm{d}\varphi}{\mathrm{d}x}$ 也是连续函数。根据高斯关于误差的第一个假定，$\varphi(x)$ 在 $x=0$ 处取最大值。根据他的第二个假定，$\varphi(x) = \varphi(-x)$。在这种情况下，我们可以定义一个新的函数 $f(x) = \dfrac{\varphi'(x)}{\varphi(x)}$，这个函数具有反对称性，也就是 $f(-x) = -f(x)$。

设第 i 个测量数值 M_i 的误差是 $x_i = M_i - p$，假定所有的测量值所对应的误差都是相互无关而且是随机的，那么根据拉普拉斯的基本原则，把所有 n 个误差都考虑进来以后，误差的概率密度就是

$$\Omega = \varphi(x_1)\varphi(x_2)\cdots\varphi(x_n). \tag{28.1}$$

根据高斯的第三个假定，p 的最大似然估计值（Maximum likelihood estimator）是 $\overline{M} = \dfrac{M_1 + M_2 + \cdots + M_n}{n}$。换句话说，$p = \overline{M}$ 对应着误差概率 Ω 的最大值。此时我们可以把 Ω 看成是 p 的函数，因为 $x_i = M_i - p$，且 $\dfrac{\mathrm{d}\varphi}{\mathrm{d}p} = \dfrac{\mathrm{d}\varphi}{\mathrm{d}x} \cdot \dfrac{\mathrm{d}x}{\mathrm{d}p} = -\varphi'$，从微分学原理我们知

道,如果 Ω 在 $p = \overline{M}$ 处取得最大值,那么 Ω 相对于 p 的导数在该处等于零,也就是

$$\left[\frac{\mathrm{d}\Omega}{\mathrm{d}p}\right]_{p=\overline{M}} = \Omega\left\{\frac{\varphi'(M_1 - \overline{M})}{\varphi(M_1 - \overline{M})} + \frac{\varphi'(M_2 - \overline{M})}{\varphi(M_2 - \overline{M})} + \cdots + \frac{\varphi'(M_n - \overline{M})}{\varphi(M_n - \overline{M})}\right\}$$
$$= \Omega\{f(M_1 - \overline{M}) + f(M_2 - \overline{M}) + \cdots + f(M_n - \overline{M})\}$$
$$= 0.$$

由于 Ω 本身是个非零的函数,所以上述结果意味着

$$f(M_1 - \overline{M}) + f(M_2 - \overline{M}) + \cdots + f(M_n - \overline{M}) = 0. \tag{28.2}$$

到这一步,为了得到 $f(x) = \dfrac{\varphi'(x)}{\varphi(x)}$ 的形式,高斯选择了一个特例。他说,测量值在允许变化的范围内是任意的,那么让我们选择这么一套测量值: $M_1 = M$, $M_2 = M_3 = \cdots = M_n = M - nN$,其中 M 和 N 是两个实数。对这样一组测量值,它们对应的平均值是

$$\overline{M} = \frac{M + (n-1)(M-nN)}{n} = M - (n-1)N.$$

把这个 $\overline{M}$ 和对应的 n 个 M_i 值代入式(28.2),我们得到 $f((n-1)N) + (n-1)f(-N) = 0$。由于 $f(-x) = -f(x)$,我们就得到

$$f((n-1)N) = (n-1)f(N). \tag{28.3}$$

式(28.3)意味着 f 是一个线性齐次函数,它的性质是对任意非零的常数 k 和变量 y 来说,总能满足 $f(ky) = kf(y)$。具体到我们考虑的误差变量 x,式(28.3)意味着

$$f(x) = kx. \tag{28.4}$$

由于 $f(x) = \dfrac{\varphi'(x)}{\varphi(x)}$,将式(28.4)两端同时积分,我们得到: $\ln[\varphi(x)] = \dfrac{1}{2}kx^2 + C$,也就是

$$\varphi(x) = A\mathrm{e}^{\frac{1}{2}kx^2}. \tag{28.5}$$

根据高斯的第一个假定，k一定是个负的常数，否则式（28.5）在x很大的时候趋于无穷大。令$-\dfrac{1}{2}k=h^2$，再利用拉普拉斯在1782年得到的著名积分公式$\displaystyle\int_{-\infty}^{+\infty}\mathrm{e}^{-t}\mathrm{d}t=\sqrt{\pi}$，最终我们得到高斯的误差分布

$$\varphi(x)=\frac{h}{\sqrt{\pi}}\mathrm{e}^{-h^2x^2}. \tag{28.6}$$

高斯说，式（28.6）里的常数h代表测量值的精度。注意 e 指数前面的系数$\dfrac{h}{\sqrt{\pi}}$保证在$\varphi(x)$对x从$-\infty$到$+\infty$积分以后的结果等于1。

高斯进一步评论说，式（28.6）所表达的误差分布同实际情况是有区别的。式（28.6）在整个实轴x上的值都是非零的，而在实际观测中，误差不可能大到正负无穷。但是由于式（28.6）随着x的绝对值的增加成指数性减小，所以距离真实值很远的地方式（28.6）给出的数值非常小，不影响实际应用。

不过从上面的推导我们看到，高斯的式（28.6）是从一个观测值分布的特例得到的，并非严格的数学推论。这导致后来有人批评说，以严谨著称的高斯在这个问题上偷懒取巧，甚至说，假如高斯遇上负责的评审人，这一节的数学逻辑肯定过不了关。所以严格说来，高斯找到了一个正确的方法，但未能证明这个方法在数学上的正确性。比较起来，拉普拉斯得到式（21.7）的分析过程要漂亮多了。

讲到这里，建议读者回到第十八章，看一下棣莫弗从古典二项式的概率原理导出来的式（18.3）。这是棣莫弗在分析二项式定理时，在把一枚硬币投出成千上万次以后所导出的"钟形"曲线。高斯的误差曲线不就是钟形曲线吗？今天，式（28.6）的标准表达方式是

$$\varphi(x)=\frac{1}{\sigma\sqrt{2\pi}}\mathrm{e}^{-\frac{1}{2}\left(\frac{x}{\sigma}\right)^2}, \tag{28.7}$$

其中式（28.7）右边 e 指数函数前面的系数当然也是为了使$\varphi(x)$对x从$-\infty$到$+\infty$积分以后的结果等于1。换句话说，曲线（28.7）在整个x轴（x从$-\infty$到$+\infty$）上面所覆盖的面积等于1，曲线（28.6）和（28.7）都是以$x=0$为中心的。如果曲线中心在$x=\mu$，那么只要把两个式子里的x换成$x-\mu$就好了。显然，式（28.7）中的σ^2的数值越小，$\varphi(x)$的峰越尖锐。我们现在把σ^2称为方差（variance），用它来描述变量x离开期望值μ的距离。

　　高斯的误差曲线开启了统计学的新时代。自然科学研究人员现在有了一个仅仅包含两个参数 m 和 σ（或高斯的 h）的分布曲线，它指出测量值的代数平均给出对真实值的估计，因而对最小二乘法提供了一个概率论的解释；给 σ 一个容易理解的解释，即 σ 描述测量方法的精度；同时又是对经验的误差分布很不错的模拟。

　　不仅如此，高斯的分布还能帮助我们估计拟合的置信度。从图28.2我们看到，如果以曲线的中心为起点（在 $x=\mu$ 处）向左右各迈出一步，大小为 1σ，那么从 $x-\mu=-1\sigma$ 到 $x-\mu=+1\sigma$ 这一段曲线所涵盖的面积是整个面积的68.26%。如果向左右各迈出两步，则曲线从 $x-\mu=-2\sigma$ 到 $x-\mu=+2\sigma$ 这一段所涵盖的面积是整个面积的95.44%。68% 和95%是数据拟合分析中最常见的所谓置信度。它们对应误差的置信区间分别是 $[-1\sigma,\ +1\sigma]$ 和 $[-2\sigma,\ +2\sigma]$。

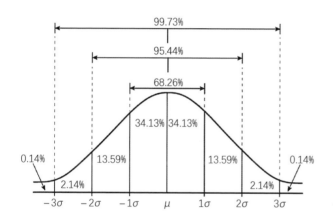

图28.2　拉普拉斯–高斯分布曲线对应的各种置信区间。显然，涵盖的 x 范围越大，置信度就越高，但是对应的误差范围也就越大。

　　在高斯的《天体运动论》出版的当年，拉普拉斯就买了一本来研读，而且马上注意到了高斯给出的等式（28.6）。二十几年前（1785年），拉普拉斯曾经发表《关于极大数函数的近似表达》（法文：Mémoire sur les approximations des formules qui sont fonctions de très grand nombres），首次证明一个概率论的重要定理，也就是后来所谓的"中心极限定理"。所以当他读到《天体运动论》中的等式，也就是式（28.6）时，一眼就看出它在概率论中的重要意义。1810年4月9日，拉普拉斯在法国皇家科学院会议上宣读了一篇论文《关于极大数的函数的近似表达的附加说明》（法文：Supplement au mémoire sur les approximations des formules qui sont fonctions de très-grands nombres）。这是拉普拉斯对自己1785年研究结果的附加说明。文章对式（28.6）从误差分析和概率论的角度进行了系统的推导。在推导过程中,他采用的还是我们在第二十七章介绍的概率计算的"基本原则"。

1812年,拉普拉斯发表了著名的《分析概率论》(法文: Théorie analytique des probabilités)。书中,拉普拉斯再次讨论了式(28.6)和中心极限定理。我们在上篇里面讲到,雅各布·伯努利已经初步证明了著名的大数定律。根据这个定律,如果把一个实验(比如检查一枚硬币出现正面或反面的次数)重复很多次,那么实验结果的平均值就越来越接近该实验特有的期待值(比如正反面出现的机会相等)。这个定律适用于相互独立而且具有同样分布的随机变量,英文叫做Independent and identically distributed random variables。这个名称太绕口了,人们把它简称为 i.i.d.随机变量,中文简称为"独立同分布"变量。拉普拉斯证明,对于n个独立同分布的测量值$x_1, x_2, \cdots,$ x_n来说,在n是很大的情况下,取这些测量值的平均值$x_C = \dfrac{x_1 + x_2 + \cdots + x_n}{n}$,那么$\sqrt{n}(x_C - \mu)$就满足分布(28.6),也就是

$$\varphi(x) = \frac{1}{\sigma\sqrt{2\pi}} e^{-\frac{1}{2}\left(\frac{x-\mu}{\sigma}\right)^2},$$

其中μ是实验的期望值。$\sqrt{n}(x_C - \mu)$的平均值等于零,而它的方差等于σ^2/n。

由于拉普拉斯的重要贡献,现在式(28.7)也被称为拉普拉斯–高斯分布。有一段时间,式(28.7)也被称为拉普拉斯第二类误差分布,同第二十七章中的式(27.7)成为一对。

拉普拉斯–高斯分布起初还是没有引起人们的注意,直到进入19世纪。最先注意到这个分布的是统计学家和人类学家,比如比利时学者凯特雷(Lambert Adolphe Jacques Quetelet, 1796—1874)。凯特雷的母语是法语,早期从事天文学工作,所以对拉普拉斯和高斯的工作比较熟悉。后来他转入社会科学,利用统计学研究人的成长规律。由于熟悉科学方法并具有坚实的数学和概率统计学基础,凯特雷开创了社会科学的统计学,被称为"近代统计学之父"。凯特雷注意到苏格兰《爱丁堡医学与手术期刊》(*Edinburgh Medical and Surgical Journal*)在1817年登载的对5 000多名苏格兰士兵胸围的测量数据,发现这组数据遵从拉普拉斯–高斯分布。从这类数据的统计学分析出发,凯特雷提出"平均人"(Average man)的概念,企图把人的物理参数(身高、体重、肩宽、臂长等等)框入一个标准的框架。我们今天观察男女初生婴儿发育状况所采用

的身高和体重指标也是他的发明，对于婴儿早期的护理很有帮助。但这种罔顾个体差异的平均是一把双刃剑，对于偏离标准的人们来说，过分强调这个标准有可能造成对他们的歧视。其实如果仔细分析人类学、社会学数据的话，就会发现，这些数据并不完全与所谓的"正态"分布相吻合，它们只是在某种程度上近似而已，而且社会学数据常常会受到采样偏差的影响。凯特雷一生利用统计学研究犯罪率、结婚率、自杀率等，企图从中找出社会学的规律，著作等身。

再比如高尔顿（Francis Galton, 1822—1911）。高尔顿是英国维多利亚时代著名的博学家，他研究人类学、心理学、遗传学、气象学和统计学，到热带地区去探险，还是优生学的创始人。是他第一次在统计学里引入相关系数的概念，我们在后面将会谈到。高尔顿注意到钟形曲线的神奇之处，他说：

> "我不知道还有什么能像误差频率分布法则这样激发人们想象宇宙秩序的奇妙形式。"

的确，无论是自然界还是人类社会，越是混沌无序的过程，似乎越是遵循这个分布法则。高尔顿因此称它为"无理之中的最高法则"（The supreme law of unreason）。为了研究这个分布法则，高尔顿甚至设计了一种游戏装置，叫做撒豆机，后人称为高尔顿板。这是一块竖直放置的板，板的下端有 n 排位置交错排列的小柱体（图 28.3），上端有一片空区（图 28.3 中标有 A 的区域）。两端相连之处有隔板。先把高尔顿板平放，把许许多多小球放入 A 区，在整个板面上盖上一块玻璃。然后把高尔顿板转成与地面垂直，让小球从 A 区自

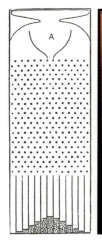

图 28.3　左图是高尔顿设计的若干"撒豆机"的一种。右图是现代教学演示用的实物。注意每一层柱体的位置正好处在上下相邻的两层柱体正中。当小球下落时，必须经过 A 下方类似漏斗形状的管道，使所有小球都从撒豆机的中间下落。

由下落，每当小球碰到一个小柱体，就会随机地向左或向右落下，然后碰到下一层的小柱体，再随机向左或向右落下。最终，小球会落至板下端的某个格子里面。如果每个小球撞击柱体后向右落下的概率等于 p，那么向左落下的概率就是 $1-p$。从上篇古典概率的知识我们知道，小球落入第 k 层格子的概率是一个二项分布 $\binom{k}{n} p^k (1-p)^{n-k}$。当大量的小球落到高尔顿板的底部时，小球的分布就近似于钟形曲线。这是棣莫弗近似的直观表达，也是中心极限定理最直接的实验演示。

到了 20 世纪，人们开始充分意识到式（28.7）的重要意义。1920 年，瑞士苏黎世联邦理工学院的匈牙利裔教授波利亚（George Pólya, 1887—1985）在德文刊物《数学期刊》（*Mathematical Journal*）上发表了《论概率计算的中心极限理论与矩的问题》（On the central limit theorem of probability calculation and the problem of moments），首次把拉普拉斯的理论称为"中心极限理论"。这个名称的意思是，误差的变化是有范围的，或者说是有极限的，而这个范围由拉普拉斯–高斯分布所限定，因此称之为极限理论。而所谓中心，其实并非指曲线的中心，而是"核心"的意思。也就是说，拉普拉斯–高斯分布是如此重要，它成为整个误差理论的核心。波利亚后来移民到美国，在斯坦福大学任教。他在概率界的影响使得"中心极限理论"这个名字被广泛接受，这个分布也称"正态分布"。这个名称是在 1870 年代由三位科学家在美国、英国、德国不约而同地叫出来的。英文 normal 这个词，在日常用语里是"正常"的意思。这个名称似乎暗示说，所有不同于拉普拉斯–高斯分布的分布曲线都不正常，属于异常分布，这其实是不正确的。

现在，不妨把第二十七章中的式（27.6）和本章的式（28.7）做一个比较（图 28.4）。拉普拉斯分布，也就是式（27.6），现在称为第一类拉普拉斯误差曲线，其中心峰既高又窄（图 28.4a）。式（28.7），也就是第二类拉普拉斯误差曲线，其中心处虽然较为低矮"肥胖"，但是在远离中心峰的地方的"尾巴"比第一类曲线要低（图 28.4b，c）。有一种解释认为，可以把第一类曲线看成是若干个第二类曲线的组合。换句话说，如果一组数据的误差变化较大，由若干个分组构成，每个分组内的数据误差大致可以式（28.7）来表示，具有自己的特征方差 σ^2，而且不同分组数据的方差不同，那么第一类分布曲线能更好地描述这组数据的误差分布。第一类曲线的弱点在于曲线在极大值的斜率不连续。从图 28.4a 我们可以看到，从 $x<0$ 逼近 $x=0$ 点的斜率是一个很大的正值，而从

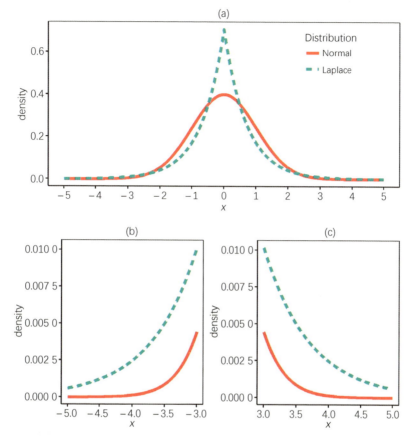

图28.4　比较拉普拉斯误差分布曲线（蓝色）与拉普拉斯–高斯分布曲线（红色）。注意蓝色曲线高而尖锐的中间部分（a）和低而宽的"尾巴"（b）和（c）。

$x > 0$逼近$x = 0$点的斜率是一个绝对值很大的负值。换句话说，曲线的导数不是连续函数，这给利用数学方法分析这类曲线带来一些困难。

　　根据数据本身的特性，第一类和第二类误差分布曲线各有自己的长处。第一类误差分布最终收敛到数据期望的中位值，而第二类误差分布收敛到期望的平均值。有人认为，对于很多经济学数据和社会学数据来说，拉普拉斯第一类误差曲线比拉普拉斯–高斯曲线更为适用。

　　那么，究竟怎样从拉普拉斯–高斯分布导出最小二乘法呢？另外，高斯也没有想到，他的《天体运动论》会给自己招来很大的麻烦，而原因也正是他的最小二乘法。这些故事，我们放到下一章来讲。

本章主要参考文献

Gauss, C. F. Theory of the Motion of the Heavenly Bodies Moving about the Sun in Conic Sections. English translation by C. H. Davis. Boston: Little, Brown and Company, 1857: 414.

Hald, A. A History of Parametric Statistical Inference from Bernoulli to Fisher, 1713 to 1935. Department of Applied Mathematics and Statistics, University of Copenhagen, 2004: 200.

Le Cam, L. The Central Limit Theorem. Statistical Science, 1986: 1: 78−96.

Laplace, S. P. Supplement au mémoire sur les approximations des formules qui sont fonctions de très−grands nombres. Mém. l'Institut, 353−415, 1809 (1810). English translation by Richard J. Pulskamp, Department of Mathematics & Computer Science. Cincinnati: Xavier University, 2010.

Stahl, S. The Evolution of the Normal Distribution. Mathematics Magazine, 2006, 79: 96−113.

Stigler, S. M. Gauss and the invention of least squares. The Annals of Statistics, 1981, 9: 465−474.

Stigler, S. M. The History of Statistics: The Measurement of Uncertainty before 1900. Cambridge, Mass.: Belknap Press of Harvard University, 1986: 398.

Teets, D. and K. Whitehead. The Discovery of Ceres: How Gauss Became Famous. Mathematics Magazine, 1999, 72: 83−93.

第二十九章　最小二乘法的发明权

高斯在《天体运动论》里给出从误差曲线导出最小二乘法的具体方法。仍然假设对一个物理量有 n 个测量值 $M_1, M_2, \cdots, M_n$，每一个测量值 M_i 相对于物理量的真实值 p 的误差是 $x_i = M_i - p$。根据前一章的式（28.1）和（28.6），所有这些误差的总概率密度是

$$\Omega = \varphi(x_1)\varphi(x_2)\cdots\varphi(x_n) = \left(\frac{h}{\sqrt{\pi}}\right)^n e^{-h^2(x_1^2 + x_2^2 + \cdots + x_n^2)}. \tag{29.1}$$

显然，测量值相对于物理量的最佳拟合结果是要使这个概率密度达到最大值，也就是使 e 指数上的 $x_1^2 + x_2^2 + \cdots + x_n^2$ 达到最小值。对于有一点微积分基础的读者来说，寻求 $x_1^2 + x_2^2 + \cdots + x_n^2$ 最小值的工作很简单。假设 x 是我们想要找到的最接近 p 的值（也就是说，x 是 p 的最大似然值），我们暂且用 x 来代替 p，令 $x_i = M_i - x$，并把它代入 $x_1^2 + x_2^2 + \cdots + x_n^2$。为了方便起见，我们给它取个名字叫 $g(x)$：

$$g(x) = x_1^2 + x_2^2 + \cdots + x_n^2 = \sum_{i=1}^{n}(M_i - x)^2, \tag{29.2}$$

这个式子最右端的求和符号内所有的项都大于或等于零，而且在 x 最接近于 p 的时候式（29.2）取最小值。此时的 x 值满足

$$\frac{dg(x)}{dx} = -2\sum_{i=1}^{n}(M_i - x) = 0, \tag{29.3}$$

也就是

$$x = \frac{M_1 + M_2 + \cdots + M_n}{n}. \tag{29.4}$$

到这里，我们回到了前一章里提到的高斯的第三个假定，就是，物理量的真实值的最大似然值是观测数据的代数平均值。

在以上的分析中，我们假定所有 n 个测量值的误差具有从统计学角度来看同样的性质，对结果的影响相等，这就是著名的"最小二乘法"最简单的形式。高斯在同一部

书里说，很容易把这个原理推广到不同测量值具有不同精确度的情况，因为对每一个测量值来说，h 反映的就是它的精度。在这种情况下，式（29.1）变成

$$\Omega = \frac{h_1 h_2 \cdots h_n}{\pi^{n/2}} \mathrm{e}^{-(h_1^2 x_1^2 + h_2^2 x_2^2 + \cdots + h_n^2 x_n^2)}, \tag{29.5}$$

然后，采用跟从式（29.2）到式（29.4）类似的步骤，就得到

$$x = \frac{h_1^2 M_1 + h_2^2 M_2 + \cdots + h_n^2 M_n}{h_1^2 + h_2^2 + \cdots + h_n^2}. \tag{29.6}$$

在式（29.6）里，每一个测量值 M_i 对应着一个参数 $w_i = \dfrac{h_i^2}{h_1^2 + h_2^2 + \cdots + h_n^2}$，它跟 M_i 在所有测量值当中的相对精度有关，代表这个测量值在我们寻求真实值过程中的权重。

高斯在讨论了最小二乘法的原理之后说：

> "我们从1795年起就一直利用这个原理来分析数据。1805年，勒让德在巴黎发表了《确定彗星轨道的新方法》（法文：Nouvelles methodes pour la determination des orbites des cometes），并在文中解释了这个原理的若干性质。为了简便起见，这些细节此处从略。"

法国著名数学家勒让德（Adrien-Marie Legendre, 1752—1833）读到了《天体运动论》里的这段话，勃然大怒。

勒让德（图29.1）在统计学、数论、抽象代数和数学分析上都做出过卓越的贡献。他是椭圆积分理论的奠基人，在天体力学和测地线理论方面的工作也令人瞩目。在几何学里，他把欧几里得《几何原理》中的定理按照逻辑重新排列，成为历史上最为成功的几何学教材。在18世纪后期到19世纪初期，法国的数学界连续出现过三位著名人物：拉格朗日、拉普拉斯和勒让德。由于这三位的姓氏的第一个字母都是"L"，又生活在同一时代，所以人们称他们为"三L"。

勒让德又是一个特立独行、极富尊严的绅士。法国大革命期间，他由于观点不同，不得不隐居，直到1795年以后才恢复研究工作。那一年法国皇家科学院改名为法兰西科学与艺术学会。1824年，改为君主立宪制的法国政府推荐一位科学家进入

图29.1　亚德利安·勒让德。这幅水彩画是目前唯一确认无疑的勒让德肖像，由法国艺术家博瓦依（Julien-Léopold Boilly，1796—1874）作于1820年，也就是勒让德68岁的时候。

法兰西学会。这是个极高的荣誉，但勒让德反对。他仍然坚持自己的意见，甚至在波旁王朝取消了他的年金以后，仍不让步。图29.1这幅肖像极为传神地画出了他的个性。他也不是为了宣传自己的研究成果而忽视别人贡献的人。比如，他曾经在一篇文章的末尾如此评论道：

> "在本文结束之前，我必须提及，本文提出的定理的很大部分已经被欧拉在他的《彼得堡新备忘录》第七卷以及其他著作中发现了。对于这个事实，在我开始此项研究之前一无所知。"

1826年，在他刚刚出版了两卷本《椭圆函数论》之后，两位年轻的数学家阿贝尔（Niels Henrik Abel，1802—1829）和雅可比（Carl Gustav Jacob Jacobi，1804—1851）改进了他的理论。他很高兴看到这些结果，并马上把这两个人的发现编入第三卷《椭圆函数论》出版。

勒让德的最小二乘法出现在他在1805年发表的《确定彗星轨道的新方法》的附录里面。他论证说，对于处理大量观测数据，从中确定物理量的真实值可以有许多方法，但是最广泛、最精确、最容易的方法是把误差平方之和最小化。实际上，"最小二乘法"（Least squares）这个名字就是勒让德发明的。他的思路就是从式（29.2）到（29.4），然后推广到不止一个变量 x，而是任意个变量 x、y、z，等等。不过他并没有给出式（29.2）的理论根据。从这一点来看，高斯的理论要完整多了。

勒让德研究最小二乘法主要是为了通过天文观测数据确定星体的运行轨道。

1793年，法国大革命正值最高峰，第一共和国政府责成法兰西学会（也就是以前的皇家科学院）改革单位制。负责单位制改革的委员会里包括3L里面的两位（拉格朗日和拉普拉斯）以及前皇家学会秘书孔多塞。摆动周期为2秒的单摆曾经是新长度单位米的最热门的选择，可是由于它随地球纬度而变化，委员会最终选择了一个大到不能再大的自然物体来定义长度单位：地球本身。拉普拉斯建议把新的长度单位称为米。这个建议得到大家的支持，定义地球从赤道沿巴黎子午线到达北极的长度，也就是地球等经度长度的四分之一，为1万千米。

勒让德恢复工作以后，参加了计算巴黎子午线长度的研究。到了1798年，他从繁杂的测量数据中导出一套数目极大的方程，并指出极有必要"平衡"数据中的误差。1805年，在撰写《确定彗星轨道的新方法》的时候，他摒弃了之前的方法，改用最小二乘法。勒让德还用最小二乘法分析了第二十七章里表27.2给出的子午线测量数据，得到了跟拉普拉斯一致的结果。

勒让德对高斯的不满，是因为科学界对发现权和发明权有一个原则，那就是以出版日期为准。他在得到高斯的著作以后，马上写信给高斯（1809年5月），明确指出自己不满之处：

> "不可能有一种新发现，一个人先说是自己的，同时又说它在几年前已经被别人发现了。如果他无法提供自己发表过这个发现的证据，他的宣称就是没有意义的，而只能伤害真正的发现者。……先生您已经有足够的宝藏了，没有必要再嫉妒别人。"

勒让德最后的语气显然具有强烈的调侃和讽刺意味。高斯觉得很委屈。自己十七八岁时就发现了这个方法，而且一直在处理天文学问题时使用它，为什么不能把这个事实公布于世呢？

现代科学史研究认为，高斯确实在还没有进入哥廷根大学的时候就开始研读德国天文学家迈耶（Tobias Mayer, 1723—1762）关于月球轨道的数值分析方法，并从中得到启发，想到了最小二乘法。在高斯同扎赫的通信当中，我们看到，他经常使用一种方法分析别人发表在科学期刊上的数据，甚至指出数据在印刷过程中出现的错误。只是他没有讲明自己的方法是什么。高斯一直认为这个方法太简单了，迈耶肯定已经知道,因此觉得没有必要总结出来发表。他的朋友和同事都知道高斯这个观点。在迈耶临近生命的末年,高斯得到几页迈耶的手稿,发现其中错误多多,这才意识到,迈耶不可能发现这个方法。这对高斯来说是一件很失望的事,因为他一直很崇拜迈耶。

两个异常珍惜自己羽毛的大数学家为此争论了一辈子。高斯曾经请几位朋友,尤其是奥伯斯来作证,证明自己确实很早就使用这个方法。勒让德死后,高斯仍然对这件事耿耿于怀,一旦有机会,一定会对同事和朋友唠叨,说自己"真的"很早就发现它了!　30年后的1839年,62岁的高斯在给青年天才阿贝尔的信中还在唠叨这个问题,不过已经没有早期的那种急迫感和危机感了。

实际上,拉普拉斯在1820年就已经把这件事说得很客观清晰:

> "勒让德先生得到了一个简单的想法,考虑误差平方之和,并取其极小值。这个想法直接给出许多我们最终使用的方程,其中需要一些修正。这位数学家是第一位将这个结果发表的,但是高斯在这个结果发表之前已经有了相同的想法,一直在使用,并且同若干位天文学家讨论过这个方法。"

若干年后,英国数学家德摩根(Augustus De Morgan, 1806—1871)也加入争论,宣称最小二乘法起源于英国人蔻茨。德摩根指出,第二十七章里的式(27.1)在形式上跟式(29.6)相同。由此他推论说,蔻茨的式(27.1)是从误差平方之和求微分取极小值得到的。但我们从蔻茨的原文里知道(见第二十七章),他的思路跟最小二乘法实际上很不相同。

在这些早期的分析中,高斯的结果最为完整,但是高斯的推导有个逻辑问题。他先假定算术平均最能代表测量物理量的真实值(现代的术语叫做最大似然值),推出误差服从式(29.6)的分布;然后反过来,从式(29.6)出发,再证明自己的假定,也就是算术平均最能代表测量物理量的真实值。其实,高斯的概率分析从拉普拉斯的基本定理出发,而那个定理属于贝叶斯概率体系的一部分。他似乎是把前置概率和后期概率混淆了。

还记得第二十章的介绍吗?　根据贝叶斯概率,如果A是一个观测事件(当时讲的是射出的红箭,这里是对一个物理量的观测),B是我们要寻找的物理量的真实值(那里讲的是那支黑箭),$P(B)$是该物理量的概率分布(在那里我们的第一个前置概率分

布假定红箭是随机分布的；在这里我们对真实值有一个大致的估计，比如测量值代数平均值），$P(A|B)$是该物理量测量值的概率分布，贝叶斯概率告诉我们，通过观测值，可以估计真实值的概率$P(B|A)$，因为

$$P(B|A) = \frac{P(A|B) \times P(B)}{P(A)}. \tag{29.7}$$

这个公式给了我们一个理论根据，可以从物理量的测量值的概率分析$P(A|B)$来反推由测量值反映的真实物理量的可信度，也就是概率$P(B|A)$。也正是如此，我们才可以从测量值的误差的概率密度式（29.1）来限定物理量的真实值。拉普拉斯说，如果误差的分布满足拉普拉斯–高斯分布（也就是前置概率），那么后期概率（物理量的真实值的概率）也满足这个分布，所以最小二乘法是我的理论的一个特例。进一步，如果误差分布的方差是有限的但是未知，那么中心极限理论证明，这个方法在测量值数量很大的情况下是适用的。拉普拉斯的理论给了高斯的结果以强有力的支持。不仅如此，我们还可以靠不断地增加观测值的办法来改进对真实值的可信度。这里，分母$P(A)$的具体形式不重要，可以通过对式（29.7）左边的概率分布总体归一来得到。

贝叶斯只分析了式（29.7）的一个特例。我们知道，式（29.1）的函数形式来自中心极限定理，拉普拉斯在1810年第一次对式（29.7）（现在称为贝叶斯原理）进行了系统的分析。可是，他的分析仍然包括了很多假定。这些假定被后人一个一个地除掉，直到1900年，一位名叫李雅普诺夫的俄国人严格地证明了式（29.7）。据说他的证明是严格按照拉普拉斯的思路进行的。同年，他的同胞马尔可夫（Andrey Andreyevich Markov, 1856—1922）又把随机变量之间必须完全相互无关这个假设拿掉了。

但是从1811年起，拉普拉斯开始偏离贝叶斯概率，从古典概率的角度去考虑最小二乘法。1812年，他发表了著名的《概率分析理论》（法文：Théorie Analytique des Probabilités；英文：Analytical Theory of Probability）。这部里程碑式的巨著包含了到1811年为止所有的概率理论，无论是古典概率还是贝叶斯概率；处理的问题也各式各样，从传统的赌博游戏，到人口统计甚至法庭诉讼，总之几乎把我们在本书前面介绍的内容都包括在内了。其中有一个章节，拉普拉斯专门讨论大量观测数据和微小误差的科学分析问题。他利用傅里叶变换和自己的中心极限定理导出了最小二乘法。不仅

解决了一个变量的最小二乘法,他还给出了处理多个变量的最小二乘法。

比拉普拉斯小28岁的高斯受到前者极大的影响,他为最小二乘法提出的第一个证明依据的是拉普拉斯1774年的概率反演理论。拉普拉斯在证明了中心极限理论以后,改用古典概率的频率主义方法来分析最小二乘法,高斯也很快改弦更张。

高斯是个独往独来的人,在纯数学领域很少与人合作,也没有耐心给别人解释自己的想法。他有一本数学日记,里面写满了新的结果和想法,证明尚不完美,他不想过早发表。不过在应用数学上他倒是经常同天文学家、大地测量学家、物理学家合作。除了对数据进行数值和统计分析之外,他还做了大量的观测工作甚至物理实验。从1818年起,他参与了汉诺威的大地三角测量工作,每年夏天去野外测量,连续8年。正是这些实地测量工作导致他在1820年代发表了他的最小二乘法的第二种版本。在这个版本里,高斯试图解决数据量较少情况下的误差分析问题。他把这类情况同古典概率里的赌博游戏来比较,认为这个问题类似于一种赌博游戏,赌客完全不可能赢,只能尽量减少输的机会。他假定,把损失最小化等同于数值分析中的取正值的误差和取负值的误差幅度相等。这个假定在适当选择损失函数的情况下可以满足,损失函数或者正比于所有误差绝对值之和,或者正比于所有误差的n次幂之和,而n是个正的偶数。选择$n=2$就导出最小二乘法。

高斯还指出,在应用最小二乘法时,没有必要事先知道精度参数$h\left(=\dfrac{1}{\sigma\sqrt{\pi}}\right)$。事实上,结果的精确度与观测数据之间的关系同$h$无关,但是$h$的数值对了解数据的质量有帮助。他采用了若干种方法来确定h,对误差的n次方求和,其中$n=1,2,3,4,5,6$,然后对这个和求n次方根。他发现,对于误差满足正态分布的数据来说,$n=2$给出最佳的结果,也就是最小的h值。

拉普拉斯和高斯的后期工作逐渐成为概率论的主流,也就是所谓的频率派。到了19世纪末,贝叶斯的理论遭到多数统计学家的攻击,几乎彻底销声匿迹,直到二次大战时期才开始复苏。不过这是后面的故事了。

本章主要参考文献

Gauss, C. F. Theory of the Motion of the Heavenly Bodies Moving about the Sun in Conic Sections. English translation by C. H. Davis. Boston: Little, Brown and Company, 1857: 414.

Hald, A. A History of Parametric Statistical Inference from Bernoulli to Fisher, 1713 to 1935. Department of Applied Mathematics and Statistics. University of Copenhagen, 2004: 200.

Harter, W. L. The method of least squares and some alternatives: Part I. International Statistical Review, 1974, 42: 147–174.

Legendre, A.–M. On Least Squares. English translation by H. A. Ruger and M. M. Walker, in A Source Book in Mathematics, Edited by D. E. Smith. New York: McGraw Hill Book Company, Inc., 1929: 576–579.

Plackett, R.L. Studies in the History of Probability and Statistics. XXIX: The Discovery of the Method of Least Squares. Biometrika, 1972, 59: 239–251.

Sheynin, O. C. F. Gauss and the method of least squares. ŚLĄSKI PRZEGLĄD STATYSTYCZNY (Silesian Statistical Review), 1999, 12: 9–37.

Stigler, S. M. Gauss and the invention of least squares. The Annals of Statistics, 1981, 9: 465–474.

Zabell, S. L. De Morgan and Laplace: A tale of two cities. Electronic Journal for History of Probability and Statistics, 2012, 8: 1–29.

第三十章　意外事件竟然也有规律？

　　我在攻读博士学位期间，第一次访问巴黎，参加国际会议。从北美到欧洲的航班一般都是夜行，入住旅馆时已经近午。我独自一人找餐馆吃饭，拿到菜单以后，发现一个英文字也没有，唯一一个我见过的法语单词是：poisson。

　　泊松（Simeon Denis Poisson, 1781—1840），我知道，太有名了。弹性力学里有泊松比，光学里有泊松光斑，电学和理论物理学里有泊松方程，数学和统计物理学里有泊松代数，信号理论里有泊松求和公式，等等。可菜单上的泊松会是什么呢？于是我用手指头在"泊松"下面的菜肴里点了一份。侍者端上来我一看，是一份奶油烤鱼。

　　有人说，泊松是19世纪最伟大的数学家和物理学家（图30.1）。这条鱼在科学的大海里畅游，处处留痕，令人赞叹不已。不过他在概率统计上的贡献却是我很久以后才注意到的。

　　西莫恩·德尼·泊松出生于巴黎南边约80公里的一个几千人口的小镇皮蒂维耶（Pithiviers）。他的父亲是平民出身的军人，退伍后成为底层的公务人员。父亲深感贵族阶层和长官的歧视，痛恨那个等级森严的社会。泊松有几个哥哥姐姐，但都幼年夭折。泊松自己也是自幼羸弱。母亲深恐这个儿子也会夭折，把他托付给一个护士全时看护，直到他过了幼年的几个重要关口。有故事说，幼年的泊松又瘦又小，有时护士想出门逛街，怕他到处乱跑，就把他拎起来，用上

图30.1　泊松的石板印刷肖像。作者德尔佩克（Francois–Seraphin Delpech, 1778—1825）。德尔佩克从1819年起连续出版了一系列的名人肖像。

POISSON.

衣的后领把他挂到挂衣钩上。这条小鱼就睁着一双圆溜溜充满好奇的眼睛，摆来摆去，从墙上观察世界。后来泊松自己开玩笑说，这个经历使他开始对自由单摆感兴趣。

泊松的父亲深深宠爱这个幸存的儿子，花了大量时间教他阅读和写作。1789年7月14日，巴黎市民攻占巴士底狱，法国大革命爆发。那一年，泊松8岁。他的父亲全力投入大革命，并成为皮蒂维耶镇的主席。

1794年，正在法国大革命高峰时期，革命政府成立了中央公共工程学院，后来改称巴黎综合理工学院（École Polytechnique）。这所大学很快成为众多法国大学里面皇冠上的珍珠，在法国以别号X著称。X备受拿破仑的推崇和呵护，连校旗和校训都是拿破仑所赠。可以说，巴黎综合理工学院的校史与法国大革命以来的法国历史一直交织并行。两百多年来，综合理工学院的毕业生中涌现出无数著名人物。为了彰显X的特殊地位，法国法律规定，每年7月14日的法国国庆游行时，X的学生必须走在所有队伍的最前面，并为共和国总统护卫。

1798年，17岁的泊松以考试第一名的成绩进入X。在以后不到两年的时间里，泊松发表了两篇重要文章，一篇涉及代数，一篇涉及微积分。这些研究得到勒让德的赞赏，并推荐发表在当时欧洲顶尖的科学期刊上。18岁的小鱼受到科学界的广泛注意，老师拉格朗日待他如朋友，拉普拉斯把他当儿子，这是罕见的殊荣，因为3L是欧洲科学界的巨擘。泊松毕业后，直接留校任教，并在25岁的时候（1806年）成为正教授。

第一共和国的寿命奇短。1804年，拿破仑称帝，建立法兰西第一帝国，一系列的战争把法国的国土一度扩大到南逼葡萄牙首都里斯本，东近俄国首都莫斯科。不久拿破仑战败，波旁王朝复辟。在这个国内外局势剧烈动荡的时期，泊松埋头于自己的研究，对政治不闻不问。复辟王朝期间（1821年）他被授予男爵的头衔，但他对这个头衔毫无兴趣，从来没有出示过"荣誉证书"，也没有使用过这个头衔。他说，"人生只有两样美好的事情：发现数学和讲授数学"。

泊松跟父母的关系十分融洽亲密。每出版一套著作，他定会给父母寄去第一版的全套。父母看不懂，但对儿子的著作极为珍视。很多泊松的著作都在他父母家里保留下来。这些书的封皮和前几页被磨得字迹模糊，而主要内容的部分则完好无缺。可以想象，年迈的父母想儿子了，就拿出他的著作，或摩挲着书皮，或一起读几句前言，内心充满了对儿子的骄傲。至于书中的实际内容，他们完全不懂，也毫无兴趣。

父亲去世以后，泊松仍然准时给母亲写信，讲述自己的工作和生活。母亲文化程度不高，信的很多地方看不懂。不懂的地方，她就在回信中把泊松信里的内容重复一遍，将主语从我改成你。比如，泊松会说，"我正在准备一部天文学的备忘录，然后考虑我的《力学专论》的第二版"。老母亲会在回信中用颤抖的手写下，"你在准备一部天文学的备忘录，然后考虑你的《力学专论》第二版"。简单笨拙的字里行间充满了母亲的温馨和关爱。

泊松一生著述甚丰。据他的学生兼挚友阿拉戈（Arago, 1786—1853）统计，泊松生前发表论文和各类科学书籍共349篇，去世后还有两篇问世。在许许多多的里程碑式的天文、物理和数学著作之外，泊松在1837年出版了一部四卷本的《刑事和民事审判中的概率学研究》（法文：Recherches sur la probabilité des jugements en matières criminelles et matiere civile）。

跟老师拉普拉斯一样，泊松非常关注法国的犯罪问题。实际上，19世纪的巴黎，犯罪是举国关注的问题。雨果（Victor Hugo, 1802—1885）的名著《悲惨世界》活灵活现地描述了劳动阶层的悲惨生活与司法系统的黑暗。当时的记录显示，一次面包价格的波动就可以使得警察当局非常紧张，因为统计数据表明，每次面包涨价都伴随着犯罪率的增加。《悲惨世界》中的冉阿让不就是因为少年时代偷了一次面包而成为罪犯的吗？什么是处理罪犯的最佳方式？在什么情况下值得考虑死刑？法国统计学会当时深深卷入了关于死刑的争论。1830年，学会以奖金悬赏关于废除死刑的最好的统计学分析，但很快就无声无息了。

最先利用统计数据来研究犯罪率的是比利时人类学家凯特雷，这个人我们在第二十八章里谈到过。他考察了从1825年到1830年期间法国法庭审判刑事犯罪的结果，列出犯罪嫌疑人数和最终判处有罪人数的比值，不过他使用的数据有错误，而且没有考虑到数据逐年变化的随机性。他得出一个结论，那就是，犯罪率在逐年降低。不久泊松也考察了这套数据，并改正了原始数据的错误。他的数据见表30.1。

表30.1　1825—1830年法国法院审判刑事犯罪的统计数据

年　份	被告人数	被定罪人数	定罪率
1825	6 652	4 037	0.606 9
1826	6 988	4 348	0.622 2

（续表）

年　份	被告人数	被定罪人数	定罪率
1827	6 929	4 236	0.611 3
1828	7 396	4 551	0.615 3
1829	7 373	4 475	0.606 9
1830	6 962	4 130	0.593 2

　　泊松首先假定，被定罪者与被告人的比例，也就是表30.1中的定罪率基本保持不变，其次假定陪审团成员的行为也不随时间和年代变化，而且陪审团成员各自独立做出判决的决定。在这种简化的情况下，在全部 N 个陪审员当中不多于 m 个陪审员做出正确判决的概率是

$$B(m, N, u) = \sum_{k=0}^{m} \binom{k}{N} u^k \times (1-u)^{N-k}, \tag{30.1}$$

其中，u 是陪审团做出正确判决的概率，它对应着表30.1中第四列被告与被定罪人数的比值（大约0.6）。式（30.1）我们应该很熟悉了，它就是帕斯卡二项式。这跟投一枚硬币的情况很类似，不过正面（正确判决）和反面（错误判决）出现的概率不同。这里，我们假定在一般情况下定罪率是正确的，所以定罪率正确的概率约在0.6到0.62之间。

　　1830年代，法国法庭的陪审团有12名成员。裁决时，必须至少有7人做出有罪的判决才算是最终判决。根据式（30.1），如果 u 代表正确的无罪判决率，那么错误的无罪判决率就是 $1-u$。根据式（30.1），一个有罪的被告被定罪的概率是 $B(5, 12, 1-u)$，而一名无罪被告被判有罪的概率是 $B(5, 12, u)$。如果用 G（guilty）代表被告确实是有罪的概率，那么总的定罪概率就是

$$P_C = G \times B(5, 12, 1-u) + (1-G) \times B(5, 12, u). \tag{30.2}$$

　　泊松假定 G 和 u 都不随时间变化，所以 P_C 也不随时间变化。这是历史上第一次采用数学模型来描述法律过程。泊松发现，在1825—1829年之间，u 等于常数这个假定基本上是正确的，但1830年的定罪率明显偏低。1830年法国发生了七月革命，波旁王朝的国王查理十世（Charles X，1757—1836）被推翻，建立了新的君主立宪政权。泊松

认为他发现了真实的司法系统的变化，可能陪审员在革命当中更倾向于判决被告人无罪。

这里，泊松考虑的是在一段给定的时间里（上面的例子是一年之内）发生事件的随机过程。在一段时间区间内，两个互斥事件（有罪和无罪）发生的数量相对独立而且随机。这样的过程后来被称为泊松过程（Poisson process）。现在我们把式（30.1）中的变量 u 用 $\dfrac{\lambda}{n}$ 来代替。这个改变是出于对泊松过程更为普遍的描述，其中 n 是所有事件的总和，λ 是在单位时间段内出现某一种事件的数目的平均值。换句话说，λ 是事件的总期待值。比如表30.1中的定罪率就是每年被定罪的人数（相当于 λ）除以每年的被告人数（相当于 n）。

现在把式（30.1）中的任意一项拿出来，就是

$$
\begin{aligned}
P(X = k) &= \binom{k}{n} \times \left(\frac{\lambda}{n}\right)^k \times \left(1 - \frac{\lambda}{n}\right)^{n-k} \\
&= \frac{n(n-1)(n-2)\cdots(n-k-1)}{n^k}\lambda^k \frac{1}{k!}\left(1 - \frac{\lambda}{n}\right)^{n-k} \\
&= 1\left(1 - \frac{1}{n}\right)\left(1 - \frac{2}{n}\right)\cdots\left(1 - \frac{k-1}{n}\right)\lambda^k \frac{1}{k!}\left(1 - \frac{\lambda}{n}\right)^{n-k} \\
&= 1\left(1 - \frac{1}{n}\right)\left(1 - \frac{2}{n}\right)\cdots\left(1 - \frac{k-1}{n}\right)\lambda^k \frac{1}{k!}\frac{(1 - \lambda/n)^n}{(1 - \lambda/n)^k}.
\end{aligned}
$$

我们知道，当 n 相对于 k 和 λ 很大的时候，$1\left(1 - \dfrac{1}{n}\right)\left(1 - \dfrac{2}{n}\right)\cdots\left(1 - \dfrac{k-1}{n}\right)$ 逼近于 1，$\left(1 - \dfrac{\lambda}{n}\right)^k$ 也逼近于1。至于 $\left(1 - \dfrac{\lambda}{n}\right)^n = \left(1 + \dfrac{-\lambda}{n}\right)^n$，我们要另外寻找帮助。数学家欧拉定义了一个神秘的无理数 $e = 2.718\cdots$，这个数的定义是

$$
e = \lim_{x \to \infty}\left(1 + \frac{1}{x}\right)^x.
$$

如果我们令 $x = -\dfrac{n}{\lambda}$，那么 $\displaystyle\lim_{n \to \infty}\left(1 - \frac{\lambda}{n}\right)^n = \lim_{x \to \infty}\left(1 + \frac{1}{x}\right)^{x(-\lambda)} = e^{-\lambda}$，所以

$$
P(X = k) = \binom{k}{n} \times \left(\frac{\lambda}{n}\right)^k \times \left(1 - \frac{\lambda}{n}\right)^{n-k} \approx \frac{\lambda^k}{k!}e^{-\lambda}. \tag{30.3}
$$

式(30.3)就是著名的泊松分布，它描述一组稀有的（不经常发生的）、在单位时间里具有给定平均发生事件数λ的离散事件（也就是以整数$0,1,2,3\cdots$来代表的事件）可能出现的概率。泊松分布的条件是这些事件的发生是随机的而且相互无关。以$\lambda=4$为例，这是任何稀有事件在单位时间里的发生数，比如一个月里发生4起抢劫事件或有4颗流星出现，一小时内打电话寻求帮助的顾客或要求赔偿的保险客户有4人，一百年内可能发生4次大地震，一个激光脉冲发射出4个光子，等等，而对应于$\lambda=4$的泊松分布描述的是在相应的时间段里平均发生4次此类事件的概率。那么，式(30.3)里面的变量k是什么意义呢？它是实际事件发生的次数，就像前面泊松考虑的判定有罪的陪审员数目。

图30.2给出$\lambda=0.7, 1, 3, 6, 10$的泊松分布。从纯数学的角度来看，式(30.3)说明，当$\lambda=0$，泊松分布在$k=0$的地方取确定值为1，因为根据定义，$0^0=1, 0!=1$。但这在概率上没有什么意义，或者说，当没有平均稀有事件发生时（$\lambda=0$），不发生随机稀有事件的概率是100%，并且对于任何$k>0$情况的概率都等于零。

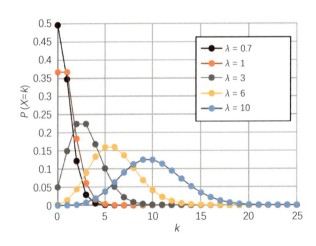

图30.2　$\lambda=0.7, 1, 3, 6, 10$的泊松分布。注意泊松分布是离散的，只在那些圆点的地方才有定义值。图中的连线只是为了读者读图方便。

从图中我们看到，当λ不等于零，但数值很小时（如$\lambda=0.7$和1），泊松分布严重偏靠在k接近于0的地方，呈左右不对称的形状。概率$P(X=k)$的最高点在k的整数值接近于λ的地方。随着k值的增加，概率迅速降低。在这种情况下，稀有事件的发生不大可能小于λ（因其值很小），且其发生在$k>\lambda$的方向的概率迅速降低。

随着λ值变大，泊松分布的形状越来越接近于钟形，也就是正态分布。你看，当$\lambda=6$时，曲线的形状已经跟图28.2的正态分布很像了，概率$P(X=k)$的最高点还是在k

的整数值接近于λ的地方。但随着k值的增加和减小,概率都迅速降低。

泊松分布还有一个有趣的性质,那就是这个分布的平均值λ恰好等于分布的方差,又等于分布的期望值。在概率论和统计学中,一个随机变量的方差描述的是这个变量的离散程度,也就是它离其期望值的距离。关于方差的概念,我们在第三十二章里会详细讨论。所谓期望值,也叫期待值,是所有可能的k的概率的平均值。在泊松分布的情况下,期待值

$$E(X) = \sum_{k=0}^{\infty} k \times P(X = k). \tag{30.4}$$

那么,这个分布有什么用处呢? 作为例子,让我们看另一个故事。

自从1871年普鲁士王国统一了日耳曼地区,成立了德意志帝国(也就是所谓的"第二帝国"),与法国争夺欧洲大陆的领导权,战争不断。全国实行征兵制,男子必须服兵役。刚建国时,德国军队有40万人,40年后,兵力翻了一番。1891年,德军总参谋长施里芬(Alfred von Schlieffen, 1833—1913)提出《施里芬计划》,德国调整了对法国和俄国的作战方案,以速战速决为原则,先在六个星期内击败法国,然后把目标转向行动缓慢的俄国,并在四个月内将其击败。这项计划在1905年圆满完成。可是一时的战役胜利不能挽救整个战略的失算。最终德国在第一次世界大战中战败,丢失了大片国土。这些领土后来归入法国、比利时、丹麦、捷克、波兰、俄罗斯和立陶宛等国。这种国耻又导致了纳粹德国(也就是"第三帝国")的兴起和第二次世界大战的悲剧,不过这些都是后话了。

在这样的背景下,1898年一位俄罗斯出生的波兰人在德意志帝国出了一本薄薄的小书,名叫《小数原理》(The Law of Small Numbers)。在这本书里,名叫波特凯维茨(Ladislaus von Bortkiewicz, 1868—1931)的作者做了一个很蹊跷的研究。

德军拥有大量的骑兵,军方注意到不时会有军士被战马踢死的事件发生。这些事件不仅发生在战时,即使在和平时期也时有发生。这种事件对士气影响很坏,军方认为有可能反映了领导不力或者军事体系出现了问题。以德国人的严谨,他们连续几十年对这类事件进行了记录。也许是应了德国政府的要求,年轻的经济统计学家波特凯维茨分析了其中20年(1875—1894)的数据(表30.2)。

在这张表格里,波特凯维茨列出在20年里14个骑兵团每年被战马踢死的骑兵的数目,一共有280个数据点。从"年合计"那一列里,我们看到,每年的死亡人数变化

很大。1880年和1890年最为不幸，每年死亡将近20人，而1875年和1894年则相对平安。总体来看，每年平均死亡人数将近10人（9.8）。如果按照不同的骑兵单团来看，第11和14团最糟糕，20年的总死亡人数25、24人；第8和15团表现最好，只有7、8人死亡。从这些数据，能对不同骑兵团的组织、领导和运作做出有意义的评论吗？

表30.2　波特凯维茨列出的每年被马踢死的骑兵人数

		骑 兵 团													
		G	1	2	3	4	5	6	7	8	9	10	11	14	15	年合计
年份	1875	0	0	0	0	0	0	0	1	1	0	0	0	1	0	3
	1876	2	0	0	0	1	0	0	0	0	0	0	0	1	1	5
	1877	2	0	0	0	0	0	1	1	0	0	1	0	2	0	7
	1878	1	2	2	1	1	0	0	0	0	0	0	1	0	1	9
	1879	0	0	0	1	1	2	2	0	1	0	0	2	1	0	10
	1880	0	3	2	1	1	1	0	0	0	2	1	4	3	0	18
	1881	1	0	0	2	1	0	0	1	0	1	0	0	0	0	6
	1882	1	2	0	0	0	0	1	0	1	1	2	1	4	1	14
	1883	0	0	1	2	0	1	2	1	0	1	0	3	0	0	11
	1884	3	0	1	0	0	0	0	1	0	0	2	0	1	1	9
	1885	0	0	0	0	0	0	1	0	0	2	0	1	1	0	5
	1886	2	1	0	0	1	1	1	0	1	0	1	3	0	0	11
	1887	1	1	2	1	0	0	3	2	1	1	0	1	2	0	15
	1888	0	1	1	0	0	1	1	0	0	0	0	1	1	0	6
	1889	0	0	1	1	0	1	1	0	0	1	2	2	0	2	11
	1890	1	2	0	2	0	1	1	2	0	2	1	1	2	2	17
	1891	0	0	0	1	1	1	0	1	0	1	0	3	3	0	12
	1892	1	3	0	0	1	0	3	0	1	0	1	1	1	0	15
	1893	0	1	0	0	0	1	0	2	0	0	1	3	0	0	8
	1894	1	0	0	0	0	0	0	0	1	0	1	1	0	0	4
	总计	16	16	12	12	8	11	17	12	7	13	15	25	24	8	196

波特凯维茨似乎不是很有创意的统计学家，但是他找到了一个最好的概率统计理论，那就是泊松分布。通过这个理论，波特凯维茨得到了一个完全意想不到的结论。

如果所有280个数据点都是相互无关的，那么在这280个数据里，每个骑兵被战马踢死的概率可以认为是相等的。各个骑兵团的人数也可以认为大致相等，那么每年死亡事件发生的平均概率可以从死亡人数和全部数据点的数目来估计，它等于196/280＝0.700，单位是人/每年/每骑兵团。从表30.2，我们可以找出每年出现零死亡的数据点的数目，每年死亡1人的数据点的数目，每年死亡2人的数据点的数目，等等，于是得到表30.3中的第一和第二列。

表30.3　波特凯维茨通过分析表30.2得到的骑兵意外死亡时间频率

年死亡人数	对应年死亡率的数据点数目	$\lambda=0.7$的泊松分布概率值	根据泊松分布计算得到的数据点数目
0	144	0.496 58	139.0
1	91	0.347 61	97.3
2	32	0.121 66	34.1
3	11	0.028 39	8.0
4	2	0.004 97	1.4
5+	0	0.000 70	0.2
总数	280		280.0

通过泊松的分析，波特凯维茨知道，上面那个0.7就是泊松分布中的λ。泊松分布只有这么一个变量，而表30.3的第一列就是泊松分布的k值。根据$\lambda=0.7$计算出来的概率分布我们已经在图30.2中画出来了，就是那些黑点，对应的数值在表30.3中的第三列。既然总的数据点数为280，那么用280乘以第三列的概率值，就可以得出泊松分布"预测"的数据点数目，这是第四列的数值。

对比第二列和第四列的数值，我们发现，泊松分布可以相当好地描述德军20年的骑兵事故数据。实际上，后来人们进一步考查这组数据，发现有几个骑兵团的日常运作跟大多数骑兵团不同。比如表30.2中那个以G为名的骑兵团是卫队，他们的人员组成、训练方式和组织结构跟战斗骑兵团有很大的不同，所以应该从这组数据中剔除。考虑了这类因素以后，人们发现泊松分布描述骑兵事故的效果比表30.3中显示的还要好。

结论是什么呢？结论是，这些不幸的意外事件都是随机发生的，它们跟骑兵团的领导和运作无关。这些数据表明，那些某年内死亡人数多的骑兵团只是在那一年里"运气"不好。这就是波特凯维茨所谓的"小数原理"。这个原理，现在有一个比较确切的名字，叫"稀有事件定律"（Law of rare events）。

现在作为练习，让我们看一个钓鱼的例子。设想一群人在一个很大的湖面上进行钓鱼比赛，假设湖里面鱼很多，而且每次钓上来的鱼与其他被钓上来的鱼没有关系。如果比赛一整天之后，平均每人钓到6条鱼，那么钓到6条鱼以下的概率是多少呢？

在这个例子里，$\lambda = 6$。根据式（30.3），我们可以对总共钓到k条鱼（$k=0,1,2,3,4,5,6$等等）的概率列出一个表来（表30.4）。

表30.4　式（30.3）给出的正好钓到k条鱼和钓到小于等于k条鱼的概率

钓到鱼的数目k	正好钓到k条鱼的概率	钓到小于等于k条鱼的概率
0	$P(X=0)=0.002\ 478\ 8$	$P(X=0)=0.002\ 478\ 8$
1	$P(X=1)=0.014\ 872\ 5$	$\sum_{k=0}^{1} P(X=k)=0.017\ 351\ 3$
2	$P(X=2)=0.044\ 617\ 5$	$\sum_{k=0}^{2} P(X=k)=0.061\ 968\ 8$
3	$P(X=3)=0.089\ 235\ 1$	$\sum_{k=0}^{3} P(X=k)=0.151\ 203\ 9$
4	$P(X=4)=0.133\ 852\ 6$	$\sum_{k=0}^{4} P(X=k)=0.285\ 056\ 5$
5	$P(X=5)=0.160\ 623\ 1$	$\sum_{k=0}^{5} P(X=k)=0.445\ 679\ 6$
6	$P(X=6)=0.160\ 623\ 1$	

从表30.4我们看到，钓到小于和等于5条鱼的概率是0.445 679 6，远远大于正好钓到平均数6条鱼的概率0.160 623 1。实际上正好钓到5条鱼的概率跟钓到6条鱼是一样的。

骑兵和钓鱼的例子都是所谓的稀有事件，也就是在大基数背景下很少发生的事件。也许是数千名骑兵中有几个被踢死的悲剧，大湖里上钩的鱼更是极少数。这些例子给我们一些有益的启发：我们的直觉在应付稀有事件的时候常常是错误的。因此如果单单依靠稀有事件来考察一个单位或一个项目的表现，而不考虑这类事件的随机性,很可能会得到错误的结论。这叫做"考察悖论"(Inspection paradox)。

　　在日常生活中,我们经常会遇到考察悖论。比如你出门,到地铁站等车,你知道每10分钟有一班车,所以你觉得平均应该等5分钟就可以赶上一趟地铁。但实际上,你几乎总是要等5分钟以上。为什么? 你到地铁站去"考察"下一班地铁的行为是个单一的过程,不代表许许多多地铁班次的平均。从概率上讲,你去地铁"考察"这个事件相对于每天几十个班次的地铁来说是一个稀有事件,而且由于你的"考察"是随机的,你碰到两个班次之间间隔较长的概率要大于平均班次间隔的概率,所以,你的"考察"从一开始就存在一种倾向于遇到大时间间隔的偏差。顺便说一句,对等地铁这个例子,我们不能简单地直接套用式(30.3),因为各班次地铁之间的关系不是相互无关的。不过统计分析理论可以证明,如果10分钟有一趟地铁,那么你平均等待的时间应该接近于10分钟,而不是5分钟。

　　在实际统计分析中,考察悖论的因素也非常重要。比如小国摩纳哥的人口平均寿命经常在全世界名列前茅。2017年,这个国家的平均寿命高达89.40岁。难道这个国家的人民都健康得不得了吗? 其实摩纳哥人的平均寿命是有很大偏差的,原因也是由于"考察悖论"。这个以赌场和银行著名的国中之国,人口的很大成分来自于移民。许多极其富有的人为了逃税,跑到这里来,他们在移民时岁数已经很大了。我们知道,每个国家都有自己的死亡年表,每个年龄段都有人不幸死亡(见第十四到十七章的故事)。而这些人在移民到摩纳哥的时候,他们都是统计数据中的幸存者,而且生活条件一直非常优厚。一个80岁的富翁移民到摩纳哥,他所期望的寿命当然是100%要高于80岁。正是这些移民人为地把摩纳哥的平均寿命推到了89.4岁。

　　在医学界,稀有事件被称为"不可能事件"(Never event)。比如手术医师下刀时割错了部位,这种事件按概率来说本来不该发生,但是正如我们以前所说,非零的概率,无论概率值有多么的小,在现实生活中仍然有发生的可能。在这类情况下,如何区分"随机"事件和"非随机"事件就变得非常重要:我们不能无故地冤枉一位兢兢业业的手术师,同时也不能让玩忽职守的人轻易漏网。详细合理的统计学分析是必不可少的。

　　关于科学数据统计分析方法的故事,到此暂时告一段落。下面,让我们转去看看利用概率统计建立科学理论模型的故事。到目前为止,我们已经讲了许多欧洲关于天文学和物理学的故事,下面我们要换一个领域,也该回到中国来看看了。

本章主要参考文献

Maltz, M. D. From Poisson to the Present: Applying operations research to problems of crime and justice. Journal of Quantitative Criminology, 1996, 12: 3−61.

Pandit, J. J. Deaths by horsekick in the Prussian army — and other "Never Events" in large organisations (Editorial). Anaesthesia, 2016, 71: 3−16.

Preece, D. A., Ross, G. J. S., Kirby, P. J. Bortkewistch's horse-kicks and the general linear model. Journal of the Royal Statistical Society. Series D (The Statistician), 1988, 37: 313−318.

第三十一章　"瘢疮怪兽"和它的克星

顺治十八年（1661年）正月初六，华北大地一片天寒地冻。北京城里，元旦的皇家大典刚过，人们都在忙着访亲拜友，准备正月十五的上元节，但是紫禁城内却一点欢乐的迹象也没有。养心殿后殿里，顺治帝躺在病榻上，脸上密密麻麻全是鱼鳞般的脓疱，脓水和着血水不断地流出来。他发着高烧，一会儿清醒一会儿糊涂。病榻前，礼部侍郎兼翰林院掌院学士王熙（1628—1703）和前内阁学士麻勒吉（?—1689）拿着纸笔，把皇上醒过来时断断续续的话记录下来：

> "……太祖、太宗创垂基业，所关至重。元良储嗣，不可久虚。朕子玄烨，佟氏妃所生，年八岁，岐嶷颖慧，克承宗祧，兹立为皇太子，即遵典制持服二十七日，释服，即皇帝位……"

遗诏留下的第二天，爱新觉罗·福临（1638—1661），也就是顺治皇帝，在养心殿咽了气，年龄还不到23岁。

福临于1643年10月进入北京登基，那时他虚岁还不到7岁。摄政王多尔衮把老北京的居民驱除，强占房屋分给随军进京的旗人住。按照八旗的布局，正黄旗、镶黄旗占据皇宫正北，正白旗、镶白旗占据正东，正红旗、镶红旗占据正西，南部为正蓝旗和镶蓝旗。他们用武力镇压汉人的反抗，不久北京的大部分暴乱就平息了，但还有一种暴乱是武力镇压不了的，那就是传染病。

让福临丧命的病是天花（smallpox），在中国古代叫做痘疮，是一种恶性传染病。自从满族人入关，天花就如同幽灵一般，死死缠住清王朝。满族人对天花病毒没有免疫力，一旦感染天花，只能听天由命，所以他们对天花的恐惧甚于其他任何疾病。顺治在位18年，北京爆发了至少9次天花。每次爆发，福临就躲到北京城外南苑的保护区里，那里是皇家的狩猎场，多尔衮在1640年代就建立了一座"避痘所"。顺治二年，还下了严格的命令，把感染天花的汉族居民赶到城外40里以外隔离。为了逃避天花，福临经常不上朝。顺治八年冬天，京城天花大爆发，顺治不得不带着皇后跑到遵化一带的荒山野岭之中，在冰天雪地里呆了好几个月。尽管如此小心，福临最后还是死于天花。不光顺治帝自己，他的宠妃董鄂妃在半年前也死于天花，这让他肝肠寸断。三子玄烨则从一出生就被送到西华门外的福佑寺躲避天花，两岁时被感染，挺过生死劫难之后才被接回宫中。

据说，福临在大年初一发现自己染上天花，马上就想到皇储问题。他最喜爱的是次子福全，因为那是宁悫妃董鄂妃所生，而顺治的母亲孝庄皇太后则坚持要立三子玄烨，于是福临征求钦天监监正汤若望（Johann Adam Schall von Bell, 1592—1666）的意见。福临最为信赖这位明清两代三朝元老治下的耶稣会老传教士，私下里管他叫爷爷。汤若望给出的理由很简单：玄烨已经出过天花，对这种可怕的疾病终生免疫。

一场天花，使玄烨成为未来的康熙帝（1654—1722），而他脸上的麻子是每个拜访他的外国人第一眼就注意到的。我们在上篇第二章里提到过的法国耶稣会会士白晋，在给国王路易十四有关清朝的考察报告中，就对康熙皇帝的容貌有过这样的描述："他与他的王位很相称，威武健壮，身体匀称，比普通人要高，五官端正，两眼有神。鼻子鹰钩状，脸上有天花留下的疤痕……"

天花是一种非常古老的烈性传染病。有基因证据说明，在一万多年前，这种疾病便从非洲的鼠类传到人类身上了。它经天花病毒（Variola virus）诱发，一般通过呼吸系统进入人体。起初的症状是发烧、疼痛和萎靡不振。几天之后，周身出现大量满是脓水的脓包，主要集中于脸部和手足。其扩散过程，从斑点到丘疹再到脓包最后成痂，大约两周左右的时间。如果病人侥幸活下来，这些痂就会脱落，但造成大量失明和毁容。几千年来，天花一直是平民的杀手，帝王的刺客，它的致死率可能比任何其他病毒都高。从古埃及的木乃伊那里，我们知道法老拉美西斯五世（Ramesses V, ？—公元前1149）的脸上就有天花瘢痕，他有可能是死于天花。天花从非洲流传开来，成为两千年来各地最要人命的地方性传染病之一。这头"瘢疮恶兽"无影无形，走到哪里，那里三分之一的人口就要遭殃。它于公元前15世纪到达印度，公元前12世纪抵达中国，隋唐时期传入日本。公元735—737年，日本天花大流行，据信造成三分之一的人口死亡。在欧洲，有人认为从古罗马时代便有天花流行，也有人认为是7世纪阿拉伯人带过去的。不过，最严重的天花大流行是十字军东征以后。到了16世纪以后，天花已经传遍了整个世界。不仅是欧亚非，欧洲的殖民者和非洲的奴隶把天花带到美洲，使北美原住民减少了百分之八九十。名人如英国女王伊丽莎白一世，一辈子靠脂粉化妆来掩盖脸上的麻子。苏联最高领导人斯大林则下令，自己的照片都必须经过特殊处理，消除麻点。1751年，19岁的乔治·华盛顿在访问加勒比海岛巴巴多斯（Barbados）时染上天花，大病了一个月，差点死掉，痊愈后，也留下了一脸麻子作为纪念。

在古代的中国和印度，人们很早就找到了一种对付天花的办法，那就是人痘接种术。在中国，医生把患者身上的痘痂制成浆，用小刀把受种人的表皮轻轻划破，把疫浆涂在伤口上。另外还有所谓"痘衣法"，就是把患者的衣服给受种者穿上。由于受种者不是通过空气在肺部感染的，症状一般都比较轻，多数只会出现轻微的天花症状，痊愈后得到免疫。但也有人就此染上天花而丧命。在印度，婆罗门教士每年在春季也就是天花的流行季节开始之前出游。他们通常是每四人一组，走向四面八方，进入各村各户，一面向天花女神背诵祈祷，一面为易感者接种痘种。他们的方法跟中国不同，通常是把头一年采集的痘痂粉（其传染性较弱）撒在划破的皮肤表面。

帝位巩固之后，康熙开始对天花采取主动的防治措施。他在太医院专门设立痘诊科，广征各地名医，又设立了一种叫做"查痘章京"的职位，专门负责八旗的天花防治。康熙时代中期，又把南方传统的人痘接种术引到北方，防疫效果大大提高。1681年，康熙把江西名医朱纯嘏（1634—1718）招入宫内，为皇上和嫔妃们种痘。朱纯嘏后来在所著《痘疹定论》中说，人痘接种术早在北宋时期（公元11世纪）就流行了。但由于作者本人找不到佐证，姑且存疑。不过康熙时期的中国在防治天花方面确实名声在外，据清代学者俞正燮（1775—1840）所著《癸巳存稿》记载，"康熙时，俄罗斯遣人到中国学痘医，由撒纳特衙门移会理藩院衙门，在京城肆业"。

天花在古代还有个名字，叫百岁痘。意思是说，得过天花大难不死的人，一般都长寿。康熙活了68岁，当了60年皇帝。在他身后一百多年里，紫禁城内很少有染上天花的。

就在康熙生命将尽的时候，又一场天花大瘟疫正在英国流行，举国上下人心惶惶。伦敦的一座寓所里，一位举止优雅的女士在恳求她的家庭医生，为女儿做一件在医生看来十分不妥的事。这位女士名叫玛丽·蒙塔古（Mary Wortley Montagu, 1689—1762）（图31.1），曾经伴随先生蒙塔古（Edward Wortley Montagu, 1678—1761）出使奥斯曼帝国，在帝国首都君士坦丁堡（今天土耳其的伊斯坦布尔）居住过几年。在那里，她了解到当地人们用种痘的方法为孩子们防疫，这种方法据说是从更加古老的东方传

图31.1　玛丽·蒙塔古肖像。作者是小理查逊（Jonathan Richardson the younger, 1694—1771）。

来的。玛丽自己小时候也得过天花，美丽的面孔上留下不少麻瘢。有人说，天花还使她失去了睫毛，眼睛终生刺痒难受。

医生名叫麦特兰德（Charles Maitland, 1668—1748），给蒙塔古一家做家庭医生已经很多年了。蒙塔古出使奥斯曼帝国，他也随一家人到了君士坦丁堡。那里流行天花时，玛丽曾经请求麦特兰德医生，按照奥斯曼贵妇人告诉自己的法子给儿子爱德华种痘。麦特兰德请到一位希腊裔种痘师，亲眼看着她给爱德华种痘，孩子果然得到了免疫。因此，回到英国以后，玛丽便极力鼓励英国民众接受种痘，可是普通大众和英国医生都对这种外来的疗法深存怀疑。玛丽坚持要为女儿小玛丽种痘，麦特兰德感到很为难。于是，他专门请了三位医师作为证人来观察小女孩种痘的过程，大概是希望万一将来有了麻烦，有人可以证明自己是出于无奈。

这是英国历史上第一次人工种痘。麦特兰德用小刀轻轻划开小玛丽手臂的表皮，然后取出一个贝壳，贝壳里装了一些灰色的粉末，那是从天花患者结痂的表皮上取来的。他把粉末小心翼翼地涂到伤口上。几天以后，小玛丽开始出现轻微的天花状况。麦特兰德每天仔细观察小玛丽的状况，直到她完全恢复。证人们看到了小玛丽从种痘开始到完全恢复过程的每一步。证人之一马上要求麦特兰德给自己6岁的儿子种痘，因为他的前几个孩子都死于天花。在西方，"玛丽太太"（Lady Mary）的名字从此几乎尽人皆知。

玛丽太太给女儿种痘的证人之一是国王的医生。于是第二年，也就是康熙在中国去世的那一年，麦特兰德领到了皇家证书，允许他在6个犯人身上进行种痘实验，结果6个人全都存活了下来。按照合约,这6个人在那年年底获得释放。

种痘在英国的推广起初面临很大的阻力。很多人认为,这种涂抹别人皮屑的方法很恶心。宗教界人士分成两派,一些人认为天花是上帝送来处罚人类的,种痘是干预上帝的工作。另一些人则认为,种痘是上帝送给人类的礼物,用来战胜灾疫。当时的医学界对免疫的了解非常有限,多数人把种痘理解成是一种处理天花的半医学疗法,跟放血疗法差不多。

从1723年到1727年,一位名叫祝林(James Jurin, 1684—1750)的英国医生兼科学家发表了一系列名为《天花种痘的成功记录》(An Account of the Success of Inoculating the Small-Pox)的小册子,分析天花的死亡率和种痘对抵抗天花传染的效果。他利用与格朗特类似的统计方法(见第十四章),检查伦敦在1723年之前14年的死亡记录,得到结论,平均十四分之一(大约7%)的死亡人口可归因于天花。而在天花大流行的年份,高达40%的死亡人口可以归咎于天花。图31.2是伦敦从1629年到1902年的天花死亡统计数据。几乎每隔两三年,天花就爆发一次,从1700年到1750年之间因天花而死亡的百分比,可以大致看出祝林分析的结果。祝林首次引入了"风险"(risk)的概念,计算出当时种痘造成死亡的概率是2%,而感染天花的死亡率是13%,所以从风险的角度来看,不种痘的风险远远大于种痘。在18世纪之前,医生在讨论病人恢复问题

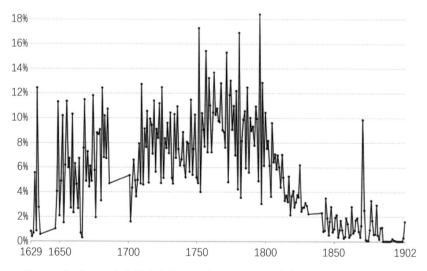

图31.2　从1629年到1902年伦敦市每年因天花而死亡的人数占总死亡人数的百分比。整个18世纪,平均每13个死亡者里就有一位死于天花,其中又以儿童占大多数。

时，往往使用诸如"运气"（luck）、命运（fate）、天意（providence）一类的词。"风险"这个概念从此被医学和统计学者所采纳。祝林的工作极大地推动了种痘术在英国的推广。

到了1750年代，种痘开始在欧洲大陆传开，同样遭到不少人以类似理由反对。1760年3月22日，法国科学家拉贡丹门（Charles Marie de la Condamine, 1701—1774）在法国皇家科学院代表一位瑞士物理学家宣读论文《关于天花造成的死亡率与种痘预防天花优势的分析》（法文：Essai d'une nouvelle analyse de la mortalité causée par la petite vérole；英文：An attempt at a new analysis of the mortality caused by smallpox and of the advantages of inoculation to prevent it）。还记得第二十六章测量地球形状的故事吧？拉贡丹门从头到尾参与了在秘鲁的测绘工作，从1735年到1745年，整整在南美洲闯荡了10年，其间有许多意外的发现，比如橡胶树、富含奎宁的金鸡纳树、印加帝国的废墟等等。

拉贡丹门也是一脸麻子。由于小时候罹患天花的经历，他对推行种痘十分积极。他文章写得漂亮，又有亲和力，成为联络伦敦、柏林、圣彼得堡、博洛尼亚等欧洲各地科学家的主要人物，热情洋溢地推广种痘术。

被拉贡丹门替代宣读论文的那位瑞士学者名叫丹尼尔·伯努利。读者也许还记得上篇里面的伯努利兄弟。丹尼尔是约翰·伯努利的儿子，雅各布·伯努利是他的伯父。作为数学家的父亲希望儿子经商，但是他坚持从事医学和数学，这好像是伯努利家族的传统。据说他和父亲的关系很不好，这主要是由于约翰性格的乖张。他们父子俩曾经同时参加巴黎大学的科学竞赛，当父亲的觉得跟儿子一起比赛很"耻辱"，于是把丹尼尔逐出家门。这位父亲后来还抄袭丹尼尔的名著《流体力学》（拉丁文：Hydrodynamica），将其中一部分内容以《水力学》（Hydraulica）的书名出版，甚至伪造初稿日期，使它看上去早于丹尼尔的著作。儿子屡次试图和解，但老子至死也不愿意。从这些事情，我们或许可以想象当年雅各布的纠结。

1725年，25岁的丹尼尔跟兄长尼古拉（Nikolaus Bernoulli, 1687—1759）一起受聘于俄国圣彼得堡科学院，在那里研究数学。著名数学家、约翰·伯努利的学生欧拉当时也在那里，三个人合作十分愉快。不过丹尼尔不喜欢俄国，8年后，他终于回到了伯努利家族的老家巴塞尔，在巴塞尔大学同时担任解剖学和园艺学教授。10年后（1743年），他改教生理学，后来又得到了物理学教授的头衔（1750年）。这是一位名副其实的多面手，曾经十次拿到巴黎科学院的大奖。他也是第一位系统地使用微积分理论进行统计模型检验的人。

面对天花在欧洲各国的泛滥,丹尼尔·伯努利问自己:如果能把天花从致死因素里面排除掉,人的预期寿命会延长多少?我们在中篇里讲过,准确估计预期寿命对年金的设计至关重要。下面,我们用现代数学的表达方法简单地介绍一下丹尼尔的天花模型(图31.3)。

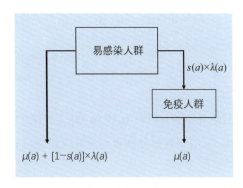

图31.3　丹尼尔·伯努利关于天花死亡概率的计算模型。

在丹尼尔的模型里,他把天花看成是生命的"乐透奖"(这是拉贡丹门的评语)。疫情袭来,每个人都可能感染,这叫做易感染人群。他假定每人一生感染天花不超过一次。设年龄为a的人接受种痘的人数比是$s(a)$,那么不接受种痘的人数比就是$1-s(a)$。再设经过种痘过程而死亡的概率是$\lambda(a)$,那么进入免疫人群的人口减少率就是$s(a)\lambda(a)$。没有种痘的人群由于感染天花而死亡的概率应该也是$\lambda(a)$,这个人群因天花造成的死亡率是$[1-s(a)]\lambda(a)$。假定人们由于其他疾病造成的死亡率$\mu(a)$与天花造成的死亡率无关,也与对天花是否免疫无关,那么经历一场天花疫情之后,免疫人群的死亡率就是$\mu(a)$,而没有种痘的人群的死亡率是$\mu(a)+[1-s(a)]\lambda(a)$,这里面,两个最主要的参数是$s(a)$和$\lambda(a)$。根据当时的疫情数据,伯努利选择$\lambda(a)=1/8$,也就是每年12.5%,并且与年龄无关,是个常数。不过在下面的推导过程中,我们还是先按照变量来对待它。

如果用$u(a)$来表示一个新生婴儿活到年龄a而进入易感染人群的概率,那么$u(a)$随年龄的变化可用下面的微分方程来描述:

$$\frac{\mathrm{d}u}{\mathrm{d}a} = -[\lambda(a) + \mu(a)] \times u, \tag{31.1}$$

初始条件是$u(0)=1$。这个婴儿在年龄a仍然存活且得到免疫的概率$w(a)$可以通过下式得到:

$$\frac{\mathrm{d}w}{\mathrm{d}a} = s(a)\lambda(a)u(a) - \mu(a)w, \tag{31.2}$$

初始条件是 $w(0)=0$。这两个方程的解是

$$u(a)=\exp\{-[\varLambda(a)+M(a)]\}, \tag{31.3}$$

$$w(a)=\mathrm{e}^{-M(a)}\int_0^a s(\tau)\lambda(\tau)\mathrm{e}^{-\varLambda(\tau)}\mathrm{d}\tau, \tag{31.4}$$

其中 $\varLambda(a)=\int_0^a \lambda(\tau)\mathrm{d}\tau$，$M(a)=\int_0^a \mu(\tau)\mathrm{d}\tau$。如果用 $l(a)$ 来表示婴儿存活到年龄 a 的概率，那么，由于获得免疫者与没有获得免疫者互补，我们得到

$$l(a)=u(a)+w(a), \tag{31.5}$$

而没有染上天花的人群的存活函数是

$$l_0(a)=\mathrm{e}^{-M(a)}. \tag{31.6}$$

染上天花的人群的存活函数可以用 $l_0(a)$ 和一个与自然死亡率无关的因子来表达，这个因子只跟天花对寿命的影响力 $\lambda(a)$ 和天花死亡率有关：

$$l(a)=l_0(a)\left[\mathrm{e}^{-\varLambda(a)}+\int_0^a s(\tau)\lambda(\tau)\mathrm{e}^{-\varLambda(\tau)}\mathrm{d}\tau\right]. \tag{31.7}$$

下一步，令易感染人群在年龄 a 的患病率 $\dfrac{u(a)}{l(a)}=x(a)$，免疫人群在年龄 a 的患病率 $\dfrac{w(a)}{l(a)}=z(a)$，那么，由于天花的感染期只有几周时间，而人的易感态与免疫态是以多少年来计算的，所以这两个函数之间基本满足 $z(a)=1-x(a)$。丹尼尔·伯努利得到一个同普遍死亡率 $\mu(a)$ 无关的微分方程

$$\frac{\mathrm{d}x}{\mathrm{d}a}=-\lambda(a)x(a)\{1-[1-s(a)]x(a)\}, \tag{31.8}$$

初始条件是 $x(0)=1$。式（31.8）中，$[1-s(a)]=c(a)$ 是天花造成的死亡率。式（31.8）说明，在天花造成的死亡率大于零的情况下，每个年龄的易感染人群患病率的减小速率降低。丹尼尔的伯父雅各布已经找到了类似于式（31.8）的微分方程的通解，就是著名的"伯努利方程"。式（31.8）的解具有如下形式：

$$x(a)=\frac{\mathrm{e}^{-\varLambda(a)}}{\mathrm{e}^{-\varLambda(a)}+\int_0^a s(\tau)\lambda(\tau)\mathrm{e}^{-\varLambda(a)}\mathrm{d}\tau}. \tag{31.9}$$

丹尼尔用哈雷的生命年表来代表式(31.7)中的$l_0(a)$,以得到$l(a)$。那个生命年表我们在第十七章的故事里介绍过。根据疫情的数据,他假定$s=0.125$,而且与年龄无关。计算之后,伯努利给出一张生命年表。为了直观起见,我们把他的数表做成图31.4,其中虚线是哈雷的生命年表,也就是图17.2中的橙色曲线;实线是考虑到天花影响的伯努利模型。乍看上去,这两条曲线似乎没有太大的不同。但是请注意在存活概率的中点0.5处的短红线。它表明,在存活率中间点的地方,一场天花就可能把存活率为0.5处的预期寿命从25.5岁减少到11.5岁。换句话说,预期寿命减少了14年!对于一个发放年金的政府和金融企业来说,天花在财政方面造成的影响是巨大的。

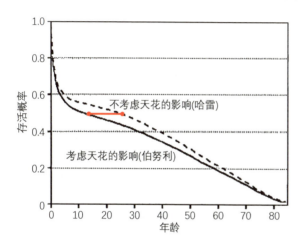

图31.4 伯努利根据哈雷的生命年表(虚线)得到的天花对生命年表的影响(实线)。

接下来,伯努利还估算了如果消除天花,人类预期寿命会是什么样子的。他假定婴儿从一出生就种痘,那么,相对于哈雷的生命年表,第一年的婴儿存活率会增加1.7%,第二年增加3.1%,等等。总的来说,对于小于7岁的儿童,天花免疫会使他们未来的寿命延长2—4年。

伯努利的模型提供了一种对疾病传染机制的新的理解,给出对未来传染的预测,以及控制传播的手段。他的模型有很多缺陷,但是提出了一种全新的眼界和思路。后人不断地完善,逐渐建立起传染病学的数学模型。

与此同时,种痘的实践也在进步。1768年,英国手术医生福斯特(John Fewster, 1738—1824)注意到一个感染过牛痘的农夫对天花免疫。牛痘(cowpox)是牛身上的一种传染病,由牛痘病毒引发,通常是在母牛的乳房部位出现局部溃疡。如果挤奶女工的皮肤上有伤口,牛痘便可能通过与母牛的接触传染给人类。患者的皮肤会出现丘疹，慢慢发展成水泡、脓疱，还会出现发热、淋巴结炎、淋巴管炎等症状。不过感染牛痘的人通常经过3至4周自己就可以痊愈。福斯特的朋友詹纳医生（Edward Jenner, 1749—1823）知道了这件事，敏锐地意识到，牛痘可能和人类的天花有密切的联系。挤奶女工染上牛痘，其免疫作用是不是和人工种痘一样呢？

　　1796年5月14日，詹纳在一个8岁男孩菲普斯（James Phipps, 1788—1853）身上检验自己的假定，这孩子是詹纳家里花匠的儿子。在此之前，詹纳已经在16个大人身上做过不同的测试，所以他对菲普斯的实验信心十足。一位患过牛痘的挤奶女工从奶牛身上采集了牛痘的脓水，詹纳把她手掌中的脓水涂到菲普斯两条上臂的划痕里。菲普斯发了点烧，有几天感到不舒服，但很快就过去了。之后，詹纳又在他身上注射了含有天花病毒的物质，这孩子一点不舒服的反应也没有。

　　詹纳证明了牛痘对天花的免疫作用，他给促成天花免疫能力的物质取了个名字叫做疫苗（vaccine）。这个词来自拉丁文vacca，也就是牛，所以中文把这个疫苗叫作牛痘是很恰当的。

　　但疫苗的普及也不是一帆风顺的，它遭到许多保守人士的反对和攻击。一些人们宣称，把牛身上的物质注射到人体内会造成人体的变异，身体各部位会长出小牛来（图31.5）。这个想法现在看来荒唐可笑，可当时确实有很多人坚信不疑。

　　要想真正了解接种疫苗的作用，需要谈谈传染病学模型中的一个重要指数，也就是基本再生数（Basic reproduction number）R_0。它表示一个病例进入易感染人群以后，在理想条件下可感染的第二代的病例数，常被用来描述疫情的传染速率，可以反映传染病爆发的潜力和严重程度。如果R_0大于1，那么这种传染病就可以传遍整个人群；而如果R_0小于1，传染病则趋于消失。以R_0等于2为例，一个第一代病人传染两个第二代病人，这两个病人当中的每一个又可传染两个第三代病人，等等，所以到了第n代，传染人数是2^{n-1}。这种逐代翻番的传染速度是很恐怖的。而如R_0等于1/2，那么到第n代时传染人数是$\left(\dfrac{1}{2}\right)^{n-1}$，逐代减半，几代之后，疫情自己就消失了。而天花的$R_0$在4到6之间，这意味着一个病人传染到第四代就可能感染超过200人。

　　除了病毒本身的特征，影响R_0的主要外在因素有疫情开始时易感染人群在所有人口中的比例和人口密度。跟基本再生数相关的是有效再生数（Effective reproduction number）R_e，这是在疫情期间任意一个时间的再生数。影响它的因素包括被感染的人

图 31.5　英国讽刺漫画家吉尔雷（James Gillray, 1757—1815）的作品《新种痘术的神奇效用》，展示了那些惧怕天花疫苗的接种者所想象的不良后果：身体的各个部位长出小牛来。

数以及同被感染者接触的易感染人数。

在理想情况下，任意一个时间里有效再生数取决于 R_0 和对该疫情免疫人口在总人口中所占的比例 P_i：

$$R_e = R_0 \times (1 - P_i). \tag{31.10}$$

图 31.6 给出这个关系在不同免疫人口比例下的趋势：免疫人口比值越高，R_e 值越小，也就是说，传染的效率越低。对于天花来说，R_0 可能高达 6，要想把 R_e 压至 1 以下，免疫人口必须达到 80% 以上。

到了嘉庆年间，詹纳的牛痘免疫法已经传到中国南方的口岸城市。可是在紫禁城内，康熙时代的创新开放精神已经丧失殆尽，御医们墨守成规，甚至倒退了几百年，在故纸堆里求医术。

1875 年，同治皇帝，慈禧太后的长子爱新觉罗·载淳（1856—1875）也患了天花。

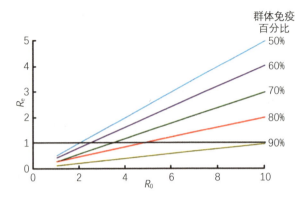

图31.6 群体免疫率与基本再生数 R_0 和有效再生数 R_e 之间的关系示意图。如果群体免疫率达到90%，那么即使 R_0 高达10，也可以把 R_e 降到1以下。因此增加免疫人口是缩小有效再生数的最有效的方法。

载淳患病期间，慈禧没有寻求科学疗法，而是在皇宫内外到处举办"恭送痘神"的仪式。王公大臣身穿花衣上朝办公，慈禧、慈安两宫太后亲自到寿皇殿，祈求祖宗神灵保佑。同治十三年腊月初五（1875年1月12日），满身疮痍的载淳在养心殿断了气。载淳与祖先福临有许多类似之处。两人都以"治"字为帝号，都死于养心殿。顺治死于正月初七，享年22岁，而同治死于腊月初五，年仅18岁。不同的是，顺治死后，清朝刻意改革，蒸蒸日上；而同治登基之前，大清帝国已经江河日下了。

一百年后，联合国世界卫生组织在1979年12月9日正式宣布，已在全球消灭了天花，并建议终止接种天花疫苗。世卫组织对世界各国千百万卫生工作者为消灭天花做出的努力表示敬意。

本章主要参考文献

Daw, R. H. Smallpox and the double decrement table: A piece of actuarial pre-history. Journal of the Institute of Actuaries, 1979, 106: 299–318.

Dietz, K., Heesterbeek, J. A. P. Daniel Bernoulli's epidemiological model revisited. Mathematical Biosciences, 2002, 180: 1–21.

Erksen, A. Cure of Protection? The meaning of smallpox inoculation, ca 1750—1775. Medical History, 2013, 57: 516–536.

第三十二章　另一位种豆人和他的学生

在本书的引子里，我们讲到孟德尔在1855年前后通过豌豆来研究生物遗传因子的故事。在英国，也有人做这方面的研究，其中一位就是我们在前面提到的高尔顿。

早年在英国有一位著名的医生、诗人兼发明家，名叫伊拉斯谟斯·达尔文（Erasmus Darwin, 1731—1802）。他结过两次婚，生下14个孩子。第一个婚姻里生了4个儿子和3个女儿（3个是婚外情的产物），老三是《物种起源》的作者、演化论之父查尔斯·罗伯特·达尔文（Charles Robert Darwin, 1809—1882）的父亲；第二个婚姻又生了4个儿子和3个女儿，大女儿后来成为高尔顿的母亲。达尔文和高尔顿这表兄弟俩虽然都没有见过自己的祖父/外祖父，但很可能都继承了他的高智商。

高尔顿与孟德尔同岁，但是由于兴趣过于广泛，在生物遗传方面的研究比孟德尔晚了几年。30岁以前，高尔顿的主要兴趣是探险。进入剑桥大学以前，他曾经只身横穿东欧，抵达君士坦丁堡。23、24岁时，又到非洲探险，从埃及沿尼罗河而上，进入苏丹，再到贝鲁特、大马士革，最后折回约旦。表哥达尔文的《物种起源》发表时（1859年），高尔顿已经37岁了。他读到第一章"家养下的变异"，一下子关心起人的遗传问题来。后来他说，表哥的研究改变了自己的生命进程。高尔顿想出一个办法来研究人的素质的遗传问题。他认为，如果素质是遗传的，那么杰出人士的亲戚当中的知名人士应该比普通人中出露头角的人要多。为了检验这一点，他以颁发奖金的方式收集名人传记和家庭记录，从这些传记中获得广泛的数据，再用不同的方式将统计数据制表并进行比较，计算有名的杰出男性的亲戚当中的杰出人物。1869年，也就是《物种起源》发表10年后，高尔顿在《遗传的天才》中详细描述了自己的研究结果。他用传记的数据说明，从直系亲属到第二级的亲属，再从第二级到更远一些的第三级亲戚，杰出人物出现的数量逐级下降。他把这个统计结果归结为素质传承的证据。

这样的研究显然存在很多问题。传记、名人录等的记录不可能很完整，数据存在不少缺陷和漏洞。更重要的是，它完全排除了后天环境的影响。实际上，一个衣食无忧而且具有深厚教育背景的家庭，同贫困、缺乏教育、整天为温饱而奔劳的家庭对后代的影响显然是很不一样的。高尔顿知道自己研究结果的局限性，于是引入"相关性"

的概念。比如 A 不是造成现象 X 的唯一原因，但 A 促成了 X 的产生。X 的发生可能是由几个、也许很多原因如 B、C、D、E 等造成的，其中有些原因我们不了解，或许永远也不能完全了解。我们无法通过数学分析把这些其他原因的影响排除在外，但可以把 A 对 X 的影响做定量的分析，再比较 B、C、D、E 等对 X 的影响，以此来评估 A 造成 X 的程度有多大。这种分析给出 A 与 X 之间的"部分因果关系"，也就是相关性。

高尔顿的相关性概念对科学研究产生了深远的影响。在遗传学里，父系和母系的因子都不可能完全决定下一代的素质和外观。父亲和母亲的上一代的影响也很重要，环境的影响同样不可忽视。遗传是很多因素综合在一起的总体效应。相关性不能代表因果性，但是不同原因 A、B、C、D、E 等对结果 X 的相关程度确实更能帮助我们理解复杂现象发生的主要原因。

传统物理学分析 A 与 X 之间因果关系的过程建立在一个重要的基本假定上面，那就是在诸多可能的原因 A、B、C、D、E 等当中，A 与 X 之间存在最大的相关性。高尔顿的学生皮尔逊后来在为高尔顿作传记的时候说，老师的相关性概念对物理科学也产生了深刻的影响，使得物理学中的因果概念"碎如齑粉"（crumble to pieces）。这就未免有点夸大其词了。很多物理研究是可以通过实验控制把不同的影响因素尽可能地分离开来的。当然，相关性确实为物理学和其他自然科学提供了研究因果联系的新思路和新手段。

孟德尔报告了豌豆实验之后 20 年，他的研究结果仍然默默无闻，而此时高尔顿则开始研究甜豆了。高尔顿研究甜豆是迫不得已，他真正感兴趣的是人的遗传，但是在花费大量时间和精力仍然收集不到足够的数据之后，他只好转向甜豆。1875 年，高尔顿选择了一批甜豆种子，把它们分成 7 份，每一份里面的豆粒大小（直径）一样，但 7 份豆种的直径不同。他把这 7 份种子分别寄给 7 位朋友，请他们种植甜豆。这些朋友收获了第二代豆子以后，寄回给高尔顿。高尔顿在后来的文章里分析并报告了这个实验结果。报告里每份第二代的豆粒都是 100 粒。表 32.1 是他报告的甜豆豆粒直径的数据，这里，直径的单位是百分之一英寸，也就是 0.254 毫米。注意，虽然对应每一份豆种的直径只有一个子豆粒的直径，但那是 100 颗豆粒测量的平均值，我们用 y_i 来表示。子豆直径的变化范围在表中第四列。

高尔顿把结果画成图，如图 32.1 所示。豆种的颗粒变化范围较大，从 15 到 21，而子豆平均直径的变化范围要小很多，从 15.61 到 17.5。如果对豆种和子豆的颗粒分别

表 32.1　高尔顿测量的甜豆直径的实验数据

豆种的直径, x_i	子豆的平均直径, y_i	每组子豆的数目	子豆直径的实际变化范围	子豆直径的预测值, $\hat{y}_i$
15	15.612 44	100	13.77—19.77	15.402
16	16	100	14.28—20.28	15.711
17	15.6	100	13.92—19.92	16.021
18	16.3	100	14.35—20.35	16.330
19	16	100	14.07—22.07	16.639
20	17.3	100	14.66—22.66	16.949
21	17.5	100	14.67—22.67	17.258

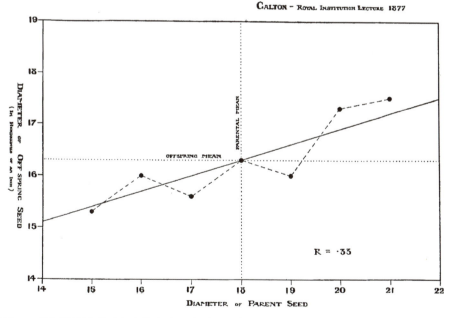

图 32.1　高尔顿通过甜豆实验做出的两代甜豆果实颗粒直径的关系。这是高尔顿 1877 年在皇家研究院(Royal Institution)讲座中展示的,后来被皮尔逊放在他为高尔顿所作的传记《高尔顿的生活、文字和工作》(*Life, Letters, and Labours of Francis Galton*)里。图上方的标题是:甜豆粒大小的传承。横轴是种豆的直径,纵轴为子豆的直径(单位为百分之一英寸)。横向和纵向的两条虚线给出母豆与子豆的平均直径。黑实线是对数据作线性拟合得到的,它给出母豆与子豆直径之间的相关系数(R)为 0.33。皮尔逊宣称这是科学史上第一条拟合直线。

作平均，全部种豆颗粒的平均直径是18，而全部子豆颗粒的平均直径是16.33，这相当于图32.1中间垂直的和水平的虚线。

通过这张图，高尔顿得到了一个重要的结论，就是所谓"向均数回归"（Regression to the mean）。简单地说，如果把豆子看成是人，比人均身高要高的父母的子女成长起来，他们的身高倾向于比父母要矮；而比平均身高要矮的父母的子女的身高则倾向于比父母要高。换句话说，后代的身高在总体上倾向于人的平均身高。子豆直径的平均值落在16.33，同个体豆子颗粒直径变化的范围比起来，这个值非常接近豆种的平均值18。实际上，豆种直径的平均值大于子豆，很可能是高尔顿选择豆种时无意中选取了大颗粒的种子，并不代表真实的豆种平均直径。在现实情况中，豆种直径的变化范围应该同子豆没有太大区别。"向均数回归"的意义是，对于很多变量来说，自然过程是一种"衰阻"过程：它不鼓励极端现象的出现，而总是倾向于把个体变化拉向平均值。

从统计学角度来看，向均数回归是说有些现象暂时偏离了正态分布的中心值（也就是均数），当这些现象重复出现的时候，它们更倾向于回到接近中心值位置。比如一个球星在某年度表现特别出色，得到最佳球员奖。除非这位球员真的是个杰出的天才，否则下一年他很可能就没有那么出色了。广大观众可能很失望，但其实这是意料之中的。

在数据变化的范围以内，种豆与子豆的直径之间的关系可以用线性关系来近似（图32.1）。假如把表32.1中的数据看成每个x_i对应一个单独的y_i，那么利用最小二乘法，拟合直线很容易得到。

假定数据满足线性关系

$$y = a + bx, \tag{32.1}$$

那么，对每一对数据(x_i, y_i)，式（32.1）都应该近似满足。如果式（32.1）中的系数a和b被确定了，对于每个豆种的直径x_i，我们都有一个对y_i的预测值$\widehat{y_i}$，满足$\widehat{y_i} = a + bx_i$。相对的预测误差是

$$e_i = y_i - \widehat{y_i}. \tag{32.2}$$

最小二乘法告诉我们，寻求下面这个表达式的最小值：

$$Q = \sum_{i=1}^{n} e_i^2 = \sum_{i=1}^{n} [y_i - (a + bx_i)]^2, \tag{32.3}$$

就可以得到最佳拟合直线。这条最佳拟合直线也叫回归线。"回归"（regression）这个词就来自于高尔顿的"向均数回归"概念。

怎样从式（32.3）中得到回归线的系数 a 和 b 呢？根据微分原理，当式（32.3）在它关于 a 和 b 的一阶导数等于零的时候取最小值。令式（32.3）对 a 的导数等于零，我们得到

$$\frac{\partial Q}{\partial a} = -2\sum_{i=1}^{n}(y_i - a - bx_i) = 0, \tag{32.4}$$

由此我们得到

$$a = \frac{1}{n}\sum_{i=1}^{n}(y_i - bx_i) = \bar{y} - b\bar{x}, \tag{32.5}$$

其中，$\bar{y} = \frac{1}{n}\sum_{i=1}^{n}y_i$，$\bar{x} = \frac{1}{n}\sum_{i=1}^{n}x_i$，是两个变量测量值的代数平均。同理，令式（32.3）对 b 的导数等于零，我们得到

$$\frac{\partial Q}{\partial b} = -2\sum_{i=1}^{n}(y_i - a - bx_i)x_i = 0, \tag{32.6}$$

再把从式（32.5）得到的 a 值代入式（32.6），就得到

$$b = \frac{\sum_{i=1}^{n}(x_i - \bar{x})(y_i - \bar{y})}{\sum_{i=1}^{n}(x_i - \bar{x})^2}, \tag{32.7}$$

这样，我们就确定了回归线

$$\hat{y} = a + bx. \tag{32.8}$$

读者如果熟悉微软的 Excel 的话，可以自己对表 32.1 的数据做一个线性拟合。拟合的结果应该是 $a = 10.761$，$b = 0.309\,4$，外加一个看起来挺奇怪的东西：$R^2 = 0.749\,4$。我们暂时先不考虑这个 R^2，把注意力放在式（32.8）这条直线上。对应于每一个 x_i，通过式（32.8）我们可以计算出相应的 $\hat{y}_i$，它是对一个给定的豆种直径 x_i 我们所期望的子豆的直径。表 32.1 最右边的一列数据就是这样得到的子豆直径的期望值。

高尔顿就是这样得到了图 32.1 中的那条黑实线——科学史上第一条回归线。注意，由于我们在表 32.1 里只给出了每一组子豆的平均直径值，而不是对所有的原始数

据采用权重来回归，所以结果跟高尔顿的稍有不同。高尔顿的 b 值（也就是图 32.1 中的 R）是 0.33，而我们得到的是 0.309 4。

从以上分析我们知道，回归线一定要穿过 $(\bar{x}, \bar{y})$ 这个点。这是因为当 $x = \bar{x}$，$\hat{y} = a + b\bar{x}$，而根据式（32.5），$a = \bar{y} - b\bar{x}$，所以 $\hat{y} = \bar{y}$。这就是图 32.1 中水平与垂直虚线相交的那个点。

严格说来，对数据进行简单线性回归的模拟需要满足四个条件，它们是：

1. 在给定的 x_i 值下，有多个不同的 y 值，这些 y 值的平均值与 x_i 满足线性关系。

2. 所有的误差，定义如式（32.2），都是相互独立的。

3. 对每个给定的 x_i 值，与之相关的 y 值的误差遵从拉普拉斯-高斯分布，也就是正态分布。

4. 对每个给定的 x_i 值，与之相关的误差的方差（σ^2）相等。

这四个条件中后两个恐怕不大容易理解，我们用图 32.2 来说明。对应于每一个给定的 x 值，有 m 个 y 值，它们的分布大致满足拉普拉斯-高斯的钟形分布（也就是图 32.2 中的那个正态分布）。这样的分布要求对应于一个给定的 x 值，有关的 y 值数据的分布相对于平均值 $\bar{y}$ 对称，而且在 $\bar{y}$ 附近数据出现的概率最高；距离 $\bar{y}$ 越远，数据出现的概率越低。与这个分布对应的是方差 σ^2。条件 4 要求，对应于所有 x 值的 y 值数据分布具有相同的方差，这样的要求在实际数据当中是很难达到的。

这四个条件，线性（Linear）、相互独立（Independent）、正态分布（Normal distribution）、等方差（Equal variance），它们英文的第一个字母正好构成英文单词 LINE（线），这就是我们要找的回归线。记住这个单词，也就记住了这四个条件。

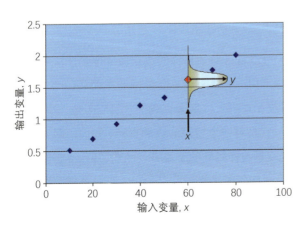

图 32.2　关于线性回归的第三个条件的示意图。对应于每一个给定的 x 值，m 个 y 值的分布基本满足拉普拉斯-高斯的钟形（正态）分布。

应该指出的是，高尔顿的数据虽然对应每个 x_i 有 100 个 y 的数据点，但这 100 个数据点并不满足正态分布，也就是第 3 条，因此也就不满足第 4 条。虽然图 32.1 中黑实线所显示的趋势看起来同数据吻合得挺好，但还不能说明这条回归线能准确表达两代甜豆的直径的变化规律。要想进一步考察这个简单的甜豆生长"模型"的可靠性，还需要更进一步的研究。

参考拉普拉斯–高斯误差分布，定义数据的方差为

$$\sigma^2 = \frac{\sum_{i=1}^{n} (y_i - \bar{y})^2}{n-1}, \tag{32.9}$$

其中，分子是对应每个 x_i 的所有 y_i 值与平均值 $\bar{y}$ 之差的平方和，分母不是 n 而是 $n-1$。$\bar{y}$ 其实是对拉普拉斯–高斯分布的位置参数 μ 的大致估计（参见第二十七章）。由于我们不知道这组数据的平均 μ 值，只能用 $\bar{y}$ 来代替它。又因为我们用 $\bar{y}$ 来代替 μ 值，我们的"自由度"（也就是所有独立变量的数目 n）就减少了一个，所以分母不是 n 而是 $n-1$。

表 32.1 的数据包括 7 个子数据组，对应 7 个豆种的直径 x_i。一般情况下，子数据组（也就是 x_i）可以有很多个（$i=1, 2, 3, \cdots, n$）。而对应于一个给定的 x_i，y 值也可以有很多个。注意对应于一个给定的 x_i，y 值的数目 m 一般不等于 n，而且与 n 无关，所以拥有自己的平均值。在高尔顿的例子里，对应于每一个 x_i，y 的数目都是 $m=100$。我们在表 32.1 里给出的是对应每个 x_i 的平均值 $\hat{y}_i$。这些平均值可以用来近似对应于每个 x_i 的 100 个 y 的 μ 值，也就是 μ_i。在这种情况下，一般是采用均方差（Mean square error，简写为 MSE）来估计误差：

$$\text{MSE} = \frac{\sum_{i=1}^{n} (y_i - \hat{y}_i)^2}{n-2}, \tag{32.10}$$

这个式子跟式（32.9）相似，但是分母变成了 $n-2$。这是因为我们又引入了一个新的参数 $\hat{y}_i$（相对于 x_i 的 100 个 y 的平均值），从效果上，这是用式（32.8）里的 a 和 b 两个参数来估计 μ_i，所以在这里"自由度"少了两个。

为了考察回归的结果与观测数据的符合程度，让我们再引入几个指标。第一个指标叫"回归方和"（Regression sum squares，简称 SSR）：

$$\mathrm{SSR} = \sum_{i=1}^{n} (\widehat{y_i} - \overline{y})^2, \tag{32.11}$$

第二个指标叫"误差方和"，也就是误差之和的平方（Error sum of squares，简称SSE）：

$$\mathrm{SSE} = \sum_{i=1}^{n} (y_i - \widehat{y_i})^2, \tag{32.12}$$

第三个指标叫"总方和"（Total sum of squares，简称SSTO）：

$$\mathrm{SSTO} = \sum_{i=1}^{n} (y_i - \overline{y})^2, \tag{32.13}$$

很容易证明，

$$\mathrm{SSTO} = \mathrm{SSR} + \mathrm{SSE}. \tag{32.14}$$

从这些定义出发，描述回归线的著名的R^2就容易定义了，它是

$$R^2 = \frac{\mathrm{SSR}}{\mathrm{SSTO}} = 1 - \frac{\mathrm{SSE}}{\mathrm{SSTO}}, \tag{32.15}$$

这就是我们前面在使用微软Excel做线性回归时得到的R^2。行文至此，我们总算可以讨论所谓的相关系数了，它的定义是：

$$R = \pm\sqrt{R^2}, \tag{32.16}$$

这个指标被称为皮尔逊积矩相关系数（Pearson product-moment correlation coefficient，简称PPMCC）。在图32.1中，子豆的直径随着豆种直径的增加而增加，所以两代豆子的直径成正相关，因此R值为正，二者之间的关系称为正相关。假如子豆的直径随着豆种直径的增加而减小，那么R值就取负值，二者之间的关系称为负相关。根据定义，显然$-1 \leqslant R \leqslant 1$。从我们前面得到的$R^2 = 0.749\,4$，我们知道，对于子豆的平均直径来说，$R = 0.865\,7$。这个数值接近于1，也就是说，两代甜豆之间的直径确实存在一定的正相关关系。

实际上，相关系数的定义最早是法国晶体学家布拉维（Auguste Bravais，1811—1863）在1844年提出的。在科学史上，类似的现象极为普遍，许多做出最早发现的人都没有得到命名的荣誉。

图32.3　弗朗西斯·高尔顿（右）与卡尔·皮尔逊的合影。大约摄于1909年。

　　这里需要再重复一遍，相关性不等于因果关系。举个例子，某小学对所有一到六年级的学生进行统一作文比赛，又统计了学生们脚上鞋子的尺码。统计的结果发现，学生的鞋子尺码跟作文的分数呈正相关，但这是不是说学生的语文程度跟脚的大小有关呢？当然不是。真正的原因是，高年级的学生年龄大，多上了几年课，多认了很多字，他们的作文水平当然比低年级同学要高。

　　皮尔逊是老师高尔顿的忠实信徒（图32.3），坚信研究生物遗传问题只能靠概率统计的方法。他一生致力于扩展概率统计思想，提出了许多新的概念，为现代概率统计的定量化奠定了基础。比如从表32.1中的数据来看，豆种和子豆的直径确实有相关性。用现代概率统计语言来说，式（32.8）提供了一个两代豆子直径关系的模型：颗粒较大的豆种结出来的子豆也较大。但是我们前面又强调说，相关性不代表因果性。如何从概率统计的角度来判断这个模型是否成立呢？

　　为此，皮尔逊提出"卡方检验"（χ-square test，又写作 Chi-square test）的概念。我们不知道两代豆子的大小是否存在因果关系，那么就先假定数据之间任何确定的关系都不存在，这叫做"零假定"或"无假定"（Null hypothesis）检验。如果通过概率统计分析发现，零假定不能满意地解释两代豆子直径的测量数据，那么至少可以断定它们之间很可能存在某种因果关系。

　　皮尔逊用观测值与预测值之差的平方来定义卡方：

$$\chi_n^2 = \sum_{i=1}^n \frac{(O_i - E_i)^2}{E_i}, \tag{32.17}$$

其中χ的角标n是数据的"自由度"，简单地说，就是数据的数目，O_i是第i个观测数据，

E_i是对应于O_i的预测值。显然，卡方值越小，零假定成立的概率也越小。换句话说，预测值越接近观测值，说明具有相关关系的模型对观测值的描述越精确。所以，一个好的模型应该对应很小的卡方值。实际上，卡方和相关系数这两个指标是有关联的，这可以从R^2的定义式（32.15）看出来。这两个指标的分子都是观测值与某种预测值之差的总和，但是相关系数R有个"归一化"的分母，使$-1 \leqslant R \leqslant 1$，而卡方则可以取任何正的数值。如果卡方为零，那么预测值就完美地描述了观测值，但这种情况在实际研究中发生的概率小到几乎不存在。

回到表32.1，其中最右边一列给出的$\hat{y}_i$值就是根据式（32.8）回归得到的预测值，左边第二列的y_i是观测值。从表32.1的数据，假定等权重，我们得到一个很小的卡方值0.000 479。这说明式（32.8）的回规拟合直线（$a = 10.761$，$b = 0.309\ 4$）对观测数据给出了相当不错的描述。这同前面通过相关系数R得到的结论一致。

现在我们不妨回到第一章，看看表1.1中克里奇硬币实验的结果。我们问，他所用的硬币是公正的吗？为此，我们先作零假定：克里奇的硬币不是公正的。首先，一枚硬币只有出现正面（1）和反面（0）两种情况，对应于式（32.17）的$n = 2$。根据表1.1，在克里奇投了30次之后，硬币的正面出现了17次，反面出现13次，它们是克里奇实验在$j = 30$时的观测值O_i。而如果克里奇的硬币是公正的，我们期望出现正面和反面的次数是一样的，都等于15，这是我们的预测值E_i。根据式（32.17），我们便得到

$$\chi_2^2 = \frac{(17 - 15)^2}{15} + \frac{(13 - 15)^2}{15} = 0.533.$$

类似的计算，我们可以从投第二次硬币开始，一直做下去。图32.4给出表1.1里面次数编号从2到100结果的卡方计算。为了比较方便，我们把图1.3也包括在这张图里面（图32.4a）。从图32.4b我们看到，卡方值在次数小于10时数值很大，而且随着投掷次数的增加飞快减小，但变化不是单调的。在次数大约为40与60之间，卡方值接近于0。这对应着图32.4a中出现正反面的次数比非常接近于0.5。这似乎说明，克里奇的硬币是比较公正的。可是，在投掷次数高于60以后，出现正面的比值反而降低了，对应的卡方值也开始增加。根据图1.4，克里奇投掷硬币的数据要到高于1 000次以后，出现正面和反面的机会才逐渐相对平稳地接近于相等，那时我们才能期待卡方值平稳地接近于0。显然在这种分析中，仅仅依靠一个卡方值是不能评估一枚硬币是否

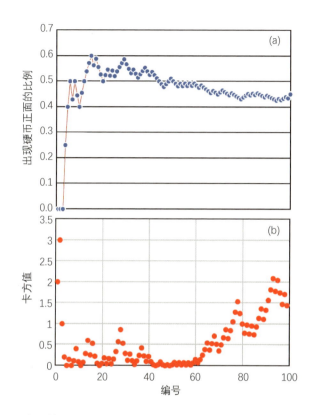

图32.4　克里奇投币实验的卡方分析。图a是硬币正面出现的次数比（图1.3），图b是根据式（32.17）得到的每一个次数编号情况下的卡方值。

公正的。

为了进一步对零假定进行检验，皮尔逊又定义了一个指标，叫做p-值（p-value；又称拟合概率值，Probability value），这个指标是从卡方衍生出来的。他证明，如果观测值与预测值之间的误差遵从拉普拉斯－高斯分布，那么p-值可以通过下面的式子来计算：

$$p = \frac{\iint\limits_{\chi}^{\infty} e^{-\frac{1}{2}\chi^2} dy_1 dy_2 \cdots dy_n}{\iint\limits_{0}^{\infty} e^{-\frac{1}{2}\chi^2} dy_1 dy_2 \cdots dy_n}. \tag{32.18}$$

这个式子看上去有点吓人，但实际上很简单。我们讲过，积分符号（$\int$=拉长的字母S）的意思就是求和。为了简单起见，我们先考虑只有一组y值的情况。假设这组数据的误差遵从拉普拉斯－高斯正态分布，如图32.5所示，那么，式（32.18）分子的积分或求和就是计算在误差绝对值大于一个卡方值χ^2情况下所有误差之和，这其实就是

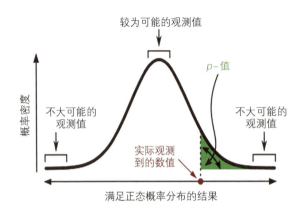

图 32.5   关于 p-值含义及其计算的示意图。

正态分布曲线下面大于某个误差值的面积（图 32.5 里绿色的区域）。而式（32.18）的分母则对应着正态分布曲线在极大值右侧的全部面积。

同理，在存在 n 组数据点的情况下，式（32.18）右边的分子表示对 n 组数据点中所有绝对值大于一个给定卡方值 χ^2 的误差在正态分布曲线之下的面积，而分母对应于所有正态分布曲线在极大值右侧下面的面积。这两个面积的比值就是零假定在大于一个给定卡方值 χ^2 时能否存在的概率。零假定存在的概率越小，p-值就越小，也就意味着拟合回归得到的结果存在的概率越大。

以上这些指标对后来科学数据统计分析的影响十分巨大。直到今天在许多领域，尤其是在数据量不很大的情况下，仍然是绝大多数研究人员使用的主要工具。

让我们再换一个角度来看看表 1.1 给出的硬币数据。我们把计算得到的硬币正面出现的比值分成若干个小"格子"，比如 0 到 0.05，0.051 到 0.1，0.101 到 0.15，等等，然后把图 1.1（也就是图 32.4a）的比值数分别装入这些格子，就得到图 32.6。这张图清楚地显示，绝大多数的比值出现在 0.4 与 0.6 之间。读者大概已经猜到：如果投币的次数足够多，比值的格子分得足够细，我们就得到一个近似于正态的分布。这个分布到底是不是"正态"的？它的中心是不是在 0.5 呢？利用 p-值来进行检验就可以了。

皮尔逊在 1900 年发表 p-值的文章时意识到，p-值的计算步骤相当复杂，于是他建议把在不同 χ^2 和自由度 n 数值下的 p-值事先计算出来，制成表格，供研究人员查找。现在有很多软件可以用来直接计算 p-值了。对表 32.1 的数据进行 p-值计算，我们得到 $p=0.000\,003$。这意味着种豆与子豆颗粒大小之间不存在相关性的概率很小，所以有理由相信，从颗粒较大的种豆收获的子豆颗粒也较大，这正是高尔顿想要寻找

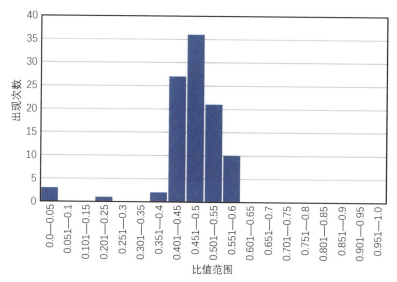

图 32.6　克里奇投币数据的另一种表达形式：在界定的比值范围内出现正
面相对于反面的比值的次数。

的父母的遗传。

回想第二十八章的图 28.2，它告诉我们，从 μ 值（也就是正态分布曲线的极大值处）向两侧扩展到 $\pm 2\sigma$，这一段分布曲线所涵盖的面积是分布曲线总面积的 95.44%，或者说大约 95%。从 $p-$ 值的角度来看，当图 32.4 中的红点落在距离偏离正态分布曲线中线 2σ 的时候，$p-$ 值等于 0.05。这样，通过 $p-$ 值我们可以建立一个非常方便的评估模型能否成立的判据：如果 $p < 0.05$，说明零假定成立的概率低，也就是说，我们的模型从统计学上说能更好地解释观测数据。这个方法太简便了，皮尔逊建立这个指标 100 年以来，越来越多的人开始误用。这个问题我们后面再讲。

我们已经说明过，表 32.1 对高尔顿的原始数据做了重要的简化，采用平均值来代替真正的观测值。这只是为了用简单的语言来解释概率统计基本概念。为了避免误解，我们用图 32.7 把高尔顿的全部数据都显示出来，你就会发现，高尔顿的结果其实相当复杂。虽然对应一个给定的 x 值我们在图 32.7 只能看到七八个 y 值的点，但实际上每个点包含了几个甚至几十个数据值（它们拥有同样的 y 值，所以重叠在图中）。总的趋势是，y 值越小，子豆的数目越多。每个 y 的最小值含有 20—40 个数据点，而最大值只有 1—2 个数据点。

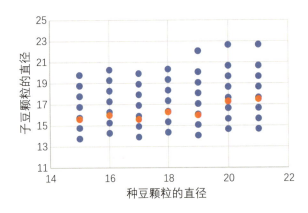

图 32.7　高尔顿甜豆数据的实际分布（蓝色点）。代数平均值（橘红色点）都处于 y 值分布偏下方的位置，这是因为子豆颗粒小的数据量远大于颗粒大的数据量。

　　这种复杂性要求研究人员在实际分析中，必须对不同数据点采用加权重的方法来处理。而到目前为止，我们所做的分析都是假定表 32.1 中的每个数据点具有相等的权重。这就是为什么皮尔逊在介绍高尔顿工作的时候，选择只给出平均值（图 32.1 和表 32.1）。这也是为什么我们利用式（32.8）对表 32.1 的数据做等权重回归时得到的结果跟皮尔逊给出的不同。

　　原始数据（如图 32.7）与经过某种"处理"（英文里，研究人员常用 massage，也就是"按摩"，来讽刺这种"处理"过程）的数据（图 32.1）可以有很大的不同，其结果也就可能有很大的不同。由此我们也看到，对数据进行概率统计的步骤和细节对最终结果会产生十分重要的影响。这一点在实际分析当中，值得格外注意。

　　高尔顿和皮尔逊都是颇有成就的科学家，但两个人又都是优生学（Eugenics）最早的鼓吹者，优生学这个名字本身就是高尔顿创造的。他在读了表哥的《物种起源》之后，开始考虑改善人种的问题，建议通过非自然的人为手段来改进国民遗传素质，操纵控制特定人口的演化进度和演化方向。1873 年，高尔顿给英国《泰晤士报》写信，倡议把华人移民到非洲去。理由是，中国虽然在近代几个王朝景况不佳，但文明还是高度发达的，可以用中国人的遗传因子来改变落后的非洲。他的倡议引起很大的争议。优生学后来在纳粹德国被推向极端，用来作为科学论据支持创造所谓"优等民族"。德国国会很早就通过了法案，可以对各种遗传病患者和严重酗酒者进行外科绝育。1933 年，纳粹更是开始推行《防止具有遗传性疾病后代法》，把数十万有遗传性疾病的人强制绝育。同年又在另一项法律中强调对"伤风败俗者"进行绝育处理。第二次世界大战期间，干脆开始利用优生学学说屠杀德国残疾人口。

　　皮尔逊是个社会达尔文主义者。他认为，演化论从逻辑上就隐含了对"下等民族"宣战的意味。他反对犹太人移民英国，说这些人会成为一个"寄生"民族。他又是一个无神论的社会主义者，并因为自己的理念拒绝了大英帝国勋章（OBE）和骑士的荣誉。

　　皮尔逊在为高尔顿作传时预言，未来的人们将更会记住高尔顿。他说，比起表哥达尔文来，高尔顿具有更为广博和过人的才能。但他没有想到，优生学是一把双刃剑，尤其在二战前后，这把剑把这师徒俩都伤得不轻。100年后，他的预言不但没有实现，高尔顿和皮尔逊的名字反而在最近被系统地从英国各个大学里清除。除了研究概率统计和遗传学历史的人们，高尔顿的名字快被逐渐忘却了。

本章主要参考文献

Pearson, K. On the Criterion that a given System of Deviations from the Probable in the Case of a Correlated System of Variables is such that it can be reasonably supposed to have arisen from Random Sampling. Philosophical Magazine. Series 5. 1900, 50: 157–175.

Pearson, K. Notes on the History of Correlation. Biometrika, 1920, 13: 25–45.

Pearson, K. The Life, Letters, And Labours of Francis Galton, Vol. IIIa, Correlation, Personal Identification, and Eugenics. Cambridge at the University Press, 1930: 439.

Stanton, J M. Galton, Pearson, and the Peas: A Brief History of Linear Regression for Statistics Instructors, Journal of Statistics Education, 2001, 9: 1–13.

Wasserstein, R. L., and Lazar, N. A. The ASA Statement on p-Values: Context, Process, and Purpose. The American Statistician, 2016, 70: 129–133.

第三十三章　孟德尔的数据是伪造的吗？

物理学家兼数学家戴森（Freeman Dyson, 1923—2020）说过这样的话："有些数学家是鸟，另一些是青蛙。鸟高高翱翔在天空，俯瞰延伸至遥远地平线的广袤的数学远景。他们喜欢那些统一思想、并将不同领域的诸多问题整合起来的概念。青蛙则生活在天空下的泥地里，只看到周围生长的花儿。他们乐于探索特定问题的细节，一次只解决一个问题。"

其实，任何一个科学领域都有这两类人。在我们的故事里，达尔文是鸟。他花了5年的时间周游世界，广泛观察，横观世界，纵思历史，写出了《物种起源》。他指出，所有的动植物都是由早期的、比较原始的形式演变而来。这种演变是由"天择"，也就是自然选择所致（所谓适者生存），而且演化是长期连续性的缓慢改变（也就是"渐变"），不是间断性的变化。达尔文的理论是革命性的，它震撼了整个西方科学界、伦理界和宗教界。但这个理论并不完善，它过分强调环境对演化的影响，而没有给出一个物种本身遗传的因素。达尔文简单地假定每一种生物体内有某种粒子，从父辈传到子辈。父母双方的粒子在子女体内按照不同的比例混合，使子辈继承父辈的特征。人们很快就发现，这个所谓的"泛生论"（Pangenesis）有一个无法克服的困境：如果遗传粒子的总数是守恒的，那么子孙后代身上的粒子数应该按照几何比例一代一代减少，以至消失。如果是不守恒的，那它们又是如何再生的呢？个体之间的差异和观察到的物种的变异又是如何产生的呢？这在当时是科学界最为瞩目的难题之一。高尔顿在研究人类能力的遗传过程中看到这些问题，认为可以用间断性的变化来解释遗传和物种变异。但英国科学界对达尔文推崇备至，任何不利于达尔文的理论都受到忽视，连托马斯·亨利·赫胥黎（Thomas Henry Huxley, 1825—1895）对渐变论的质疑也不例外。

孟德尔是典型的青蛙。他花了8年的时间在不满500平方米的菜园子里种豌豆。他和达尔文是同时代人，但两个人从未会面。他的实验也遭到忽视，长达30年。在今天看来，他的理论同达尔文简直是天作之合，假如当时同时被人们接受，生物学的进展可能要早一个世纪。当然，历史是没有假如的，于是就有了下面的故事。

　　1878年，英国的剑桥大学有三个年龄相仿、个性极强的本科生。国王学院（King's College）的皮尔逊年龄稍长，还有一年就要毕业了；圣约翰学院（St. John's College）的维尔登（Walter Frank Raphael Weldon, 1860—1906）和贝特森（William Bateson, 1861—1926）都刚入学不久。这三个人都是高尔顿的忠实追随者，后来对概率统计和群体遗传学的发展都做出了重要贡献；又由于科学观念不同而反目成仇，大吵大闹，一直持续到生命的尽头。科学史学家说，假如（又是一个假如）他们三人能互相包容，同心协力，关于遗传基因的理论很可能提前半个世纪就出现了。

　　我们已经在前一章里介绍了皮尔逊在概率方面的工作。他本科学的是数学，成绩优异，但毕业后却跑到德国去攻读哲学、法律和德国古典文学，并发表了相当多的作品，其中关于康德（德文：Immanuel Kant, 1724—1804）星云说的著作是爱因斯坦年轻时认为必读的作品之一。27岁时，皮尔逊成为伦敦大学学院应用数学与力学系主任，1891年又成为著名的格雷善姆学院（Gresham College）的几何学教授。这个学院没有学生，教授只做研究。皮尔逊本来没有任何研究遗传学的背景，但当他读到高尔顿的《自然的遗传》（*Natural Inheritance*）以后，一下子变得对这个领域极感兴趣。在格雷善姆学院，皮尔逊结识了动物学专家维尔登（图33.1），后者急切地想要了解如何在遗传学研究中使用精确的数学手段，两个人一拍即合。通过维尔登，皮尔逊这才对高尔顿的遗传理论有所了解，之后便成为高尔顿坚定的崇拜者和追随者。皮尔逊从此对用统计学处理生物遗传问题的方法坚信不疑，穷尽余生之力用概率统计学方法研究遗传。他们定量分析了许多物种的变化，认为连续变化是演化论的唯一动力。

　　维尔登本科修的是动物学，毕业后，跑到意大利南部研究海洋生物。1882年，年仅22岁的维尔登回到剑桥

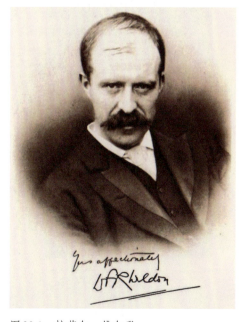

图33.1　拉菲尔·维尔登。

大学做讲师，教授无脊椎生物形态学。1889年，他成为伦敦大学学院动物学系主任。同年，高尔顿的《自然的遗传》出版。书中，高尔顿用简单的概率分析手段处理复杂的生物遗传问题。他做了诸多的假定，计算处理的方法有时还互相矛盾，引起后人众多的非议。不过在当时，这本书的影响非常大。它显示，可以用概率统计的方法对遗传学问题进行定量分析，同时明确反对达尔文演化的理论，认为物种的变化是跃变而非渐变。维尔登读了以后兴奋异常，觉得高尔顿的概率统计方法可以处理很多动物形态学方面的现象。次年，他转入牛津大学任教。维尔登的数学底子不怎么样，但在皮尔逊的影响下，他在数学方面做了很大的努力，曾经把一套12个骰子连投了26 306次，期望从这些枯燥的数据中得到一些概率统计方面的知识。他的数据后来被许多概率统计研究者所分析，这些数据是皮尔逊提出卡方概念的根据之一。这些研究的努力使维尔登成为利用概率统计学研究遗传学的坚定支持者，他断言说："达尔文假说所提出的问题都是纯粹的统计学问题；目前统计学是唯一可以用来通过实验检验这个假说的方法。"

贝特森（图33.2）入学比维尔登晚一年，但成绩也是名列前茅，他个性孤僻，很少有朋友，但是在维尔登毕业之前，两个人极为要好。维尔登生物研究的背景也多一些，对贝特森帮助很大，被贝特森视为自己的老师。贝特森最初的兴趣在胚胎学。在维尔登的建议下，他毕业后到了美国，在霍普金斯大学（Johns Hopkins University）生物系教授布鲁克斯（William Keith Brooks, 1848—1908）的指导下研究一种叫做柱头虫的海洋生物。这种状似蚯蚓的生物介于脊椎生物和无脊椎生物之间，使贝特森对脊椎生物的演化过程产生了极大的兴趣。个性孤僻的贝特森同布鲁克斯建立了非同一般的师生情谊。两

图33.2　威廉·贝特森。

年的时间里,二人做过无数次深入的探讨,常常是身患先天性心脏病的老师和衣躺在床上,贝特森坐在床边,一谈就是几个小时。布鲁克斯认为,物种演化有连续变化也有不连续的变化,而达尔文却过高地估计了渐变的作用,这种想法影响了贝特森的一生。在美国的工作结束后,贝特森又到了俄国,研究环境对物种变化的影响。1887年他回到圣约翰学院,研究物种变化和遗传。读到《自然的遗传》以后,贝特森也变成了高尔顿的忠实追随者。但他注重的是物种的不连续变化,而皮尔逊和维尔登强调的是概率统计分析的方法。1894年,贝特森发表了《物种变异研究资料,侧重于物种起源不连续性的处理》(*Materials for the Study of Variation, Treated with Especial Regard to Discontinuity in the Origin of Species*),其中列举了886个例子,说明物种的变化是不连续的。在这本书里,他首次使用遗传学这个词来描述遗传和变异的规律。高尔顿和赫胥黎也对达尔文的渐变论有疑问,因此对贝特森的巨著评价极高。但是维尔登写的书评却相当负面,甚至暗示书中所有的结果都是错的。这大大地激怒了敏感的贝特森,两个人从此争论不休,直到维尔登突然去世为止。

这三位都是个性极强的人,皮尔逊性格强势,得理不饶人,难以接受不同意见;维尔登自幼孤独,体质羸弱,但一旦工作起来死活不顾;贝特森不仅孤僻而且极为敏感,经常以为自己遭到攻击,而且必定全力反击。三个人都是皇家学会生物进化委员会成员,委员会会议常常变成三人争吵辩论的战场。为了几个科学问题,他们在《自然》期刊上发文互相攻击,以致《自然》编辑部几次拒绝刊登他们的争论文章。也正是由于贝特森支持突变论,使维尔登和皮尔逊感到皇家学会期刊已经不是他们说话的地方,于是说服高尔顿,三个人创立了一本新的科学期刊《生物计量学》(*Biometrika*),重点就放在利用概率和统计研究生物计量学(Biometrics)。皮尔逊坚持用Biometrika而不用Biometrica,因为他的名字(Karl)的头一个字母是k。

1889年,荷兰植物学家德佛里斯(Hugo Marie De Vries, 1848—1935)著书修正达尔文的泛生论。他提出一个假说:生物依靠体内无数个各不相同的粒子把特性从一代传给下一代。他把这种粒子叫做pangenes。20年后,这个名字被砍掉一半,变成了genes,也就是我们今天经常使用的"基因"。至于物种的变化,德佛里斯是"突变"(mutation)这个生物界特指名词的创造者。为了检验泛生论的假说,德佛里斯进行了一系列的植物杂交实验,发现了跟孟德尔类似的结果。德佛里斯采用显性、隐性、分离以及独立分配定律(Laws of dominance, recessive, separation, and independent distribution）来解释他的结果，想法同孟德尔不谋而合。在撰写论文的时候，他发现孟德尔早已报告了关于豌豆的实验结果。不久，德国的柯伦斯（Carl Correns, 1864—1933）和奥地利的契马克（Erich von Tschermak, 1871—1962）也在各自独立的研究中发现了这些定律。1900年，德佛里斯在发表自己的研究结果时采用了孟德尔的用语，但却只字不提孟德尔的工作。直到柯伦斯指出这一点，德佛里斯才承认有孟德尔的工作在先。

顺便说一句，"基因"这个中国词的翻译者是著名遗传学家谈家桢（1909—2008）。"基"本的"因"子，发音又非常接近英文的gene。这是把外文概念引入中文词汇的典范。

1900年5月8日，在前往皇家园艺学会参加会议的路上，贝特森第一次读到孟德尔的文章，惊喜万分。孟德尔的结论证实了他自己正在构思的理论，于是他马上动手修改准备讲授的论文，把孟德尔的理论加入其中。在英国，达尔文的影响是巨大的。达尔文关于物种演变的渐变论一直是生物界的主流，不少人认为孟德尔的理论违反了达尔文理论，但是贝特森决意要改变现状。

以皮尔逊和维尔登为首的"生物计量派"人士坚信渐变论，不屑以贝特森为首的"孟德尔派"的理论甚至怀疑他们的观察和实验数据。双方开始了持续数年的论战，在英国演化论年会上，两派经常争论得硝烟四起，口沫与汗水齐飞。贝特森的概率统计底子比维尔登还要差，但是经过仔细的研读，他吃透了孟德尔理论的精髓，而且具有杰出的实验研究技能，他不需要用概率参数来说服骑在墙头的同行们。维尔登的学生达比夏（Arthur D. Darbishire, 1879—1915）在老师的指导下对老鼠进行杂交实验，连续四五年的时间里，不断发表数据支持渐变论，反对孟德尔的遗传理论。但是贝特森在与达比夏私下交流中发现，这些实验存在不少的问题，比如第一代老鼠不是纯种，因而对下一代的性状无法精准地控制；另外报告只提到数据的一部分，还有一些对报告结论不利的数据，作者却根本不提。在贝特森的指导下，达比夏逐渐意识到，这些不利数据其实正是孟德尔理论所预测的。

1902年1月起，维尔登在《生物计量学》上陆续发表数篇文章，对孟德尔发难。他首先指出，孟德尔的数据从概率论的角度看上去，过于完美。维尔登本来可以用皮尔逊的卡方分析来对孟德尔的数据进行深入研究，但他没有这么做。他只是指出，豌豆的许多特征并不像孟德尔文章里的数据那样清晰无误。绿色的豌豆有时带一点黄，豌豆皮也不是要么光滑如婴儿，要么褶皱如老翁。总之，判定豌豆的特征带有不可避免的主观因素。

然后维尔登对孟德尔的理论进行了批判。维尔登在与人辩论时似乎有忍不住要歪曲别人论点的倾向。他的批判实际上说明他没有读懂孟德尔的理论，贝特森抓住这一点，毫不留情地反击。贝特森把孟德尔的文章翻译成英文，并按照自己的思路详细解释孟德尔的遗传理论，指出维尔登在援引孟德尔时的谬误之处。最后，他干脆对整个生物计量派发起了攻击：

> 我们近来被不止一次地告知，生物学必须成为精确的科学。这也是我的热望。但是，数值的精准并不总能达到科学的确切。有许多大自然的学生，他们不大熟悉概率统计的妙招，但是追求真理的直觉使他们免于不正当的推论、乱七八糟的论证、对权威的反复和荒诞的误用。

确实，概率统计可以帮助研究人员评估一个模型成功或失败的程度，也可以帮助寻找某些在观测之前想象不到的因素对观测结果的影响。但是如果没有创新的思想，只是利用各种指标算来算去，很难做出新的发现。我们在第三十二章那些公式里就能感觉到皮尔逊转来转去寻找不同指标来描述同一类问题的倾向。概率论遇到遗传学，急需新的思想和研究方法，但皮尔逊等人只是在老旧的理论里转圈子。

这场长达十几年的"战争"给维尔登带来了极大的精神压力。1906年，他在与妻子度假当中仍然不停地工作，结果染上风寒，转成肺病，不得不放弃假期。回到伦敦后，他仍然坚持工作，很快一病不起，终年46岁。维尔登的老师和学生也都很不幸。他的大学老师巴尔佛尔（Francis Maitland Balfour, 1851—1882）死于登山事故，年仅31岁。他的学生达比夏在第一次世界大战期间参军，于军训中罹患脑膜炎，36岁去世。

贝特森的孟德尔派在英国逐渐站稳了脚跟，人们开始怀疑达尔文物种演化的细节。1908年，剑桥大学得到匿名捐助，要求设立一个遗传生物学教授的职位，剑桥大学把这个职位给了贝特森。

1909年是达尔文诞生100周年、《物种起源》发表50周年，剑桥大学举行了盛大的纪念活动。剑桥的国王街上，一端正在把达尔文许多尚未发表的手稿装订成册，另一端走来刚刚入学的罗纳德·费舍尔（Ronald Aylmer Fisher, 1890—1962）。这个19

岁的年轻人正在辗转犹豫，到底是学生物还是学数学。他天性聪明，早期在中学就在老师的影响下对生物充满了极大的兴趣。他又天生眼疾，读起数学公式来有困难，总是想办法将复杂的公式转变成几何问题闭上眼睛进行分析。直到有一天，他在自然博物馆里看到了一个鳕鱼头骨的展品。头骨被仔细地拆分开来，摆满了整个展示柜。近百片骨头，每一片都有特殊的拉丁文名字。费舍尔不想把时间花在枯燥的死记硬背上面，于是决定主攻数学。三年后，费舍尔以第一名的成绩从数学系毕业。而从入学开始，他就带着全套的达尔文全集，书架上摆着长长的一排，总共13卷。整个大学期间，在本科课程之外，他反复阅读达尔文的《物种起源》和贝特森的《孟德尔遗传学原理》。

毕业后，他得到了奖学金，又花了一年的时间到著名的卡文迪许物理实验室（Cavendish Laboratory）学习统计力学、量子理论和误差分析。严谨扎实的数学、生物学、物理学背景为他的未来铺就了一条康庄大道。不过由于过度用功，他的视力变得更加糟糕，于是跑到加拿大一座农场去休养。返回英国不久，第一次世界大战爆发。他因眼疾不能参军入伍，只好留在伦敦从事统计员工作，同时在伦敦的公立中学里讲授数学和物理课程。业余时间，他就用来研究达尔文的《物种起源》和孟德尔的遗传理论。

1918年，他发表了《孟德尔遗传假定下的亲属之间的相关性》(The Correlation Between Relatives on the Supposition of Mendelian Inheritance)（以下简称《相关性》），第一次引入统计学的变异值（variance）分析方法。所谓变异值就是方差，我们在第三十和三十二章里已经提到了，方差等于标准偏差的平方。这个概念在费舍尔以前就有了，不过variance这个词是费舍尔发明的。更重要的是，费舍尔证明，随机而且相互无关的变量的方差可以简单相加。利用这个原理，他分别考查显性基因、异位显性基因之间的相互作用，以及选型交配、多重等位基因，和亲属之间相关性的链接等各种因素的影响，然后根据方差的特性把这些因素叠加起来，考虑总体的遗传效果。他把孟德尔著名的分离定律（Law of segregation）应用到一个生物群（比如人类），证明孟德尔的显性因子和隐性因子的相互作用会使亲属之间的相似性变得模糊而连续。这样，费舍尔就从概率理论上证明，生物计量学观察到的事实不但同孟德尔的理论没有矛盾，而且正是多个单独的孟德尔效应协同作用的结果。同时，这个理论也说明，等位基因频率会随着自然选择而演化，从而解释了达尔文的自然选择机制。

一个不为人知的年轻人，就这样用一篇文章，把皮尔逊、维尔登、贝特森十几年的战火硝烟消弭得一干二净。

《相关性》实际上在1916年就已经写好了，先投到《伦敦自然科学会报》（*Philosophical Transactions of Royal Society of London*），但是被拒稿。两个评审人皮尔逊和庞奈特（R. C. Punnett, 1875—1967）都承认没有读懂。这并不说明这两个人能力不够，而是费舍尔的文章都相当晦涩难懂，这一篇尤其如此。但是两位评审人在给编辑部发表推荐意见时，却又说这篇文章没有重要价值。不仅如此，皮尔逊还给费舍尔写信，以长辈的姿态教训了26岁的年轻人，这让高傲的费舍尔非常恼火。早在1914年读本科的时候，费舍尔就给《生物计量学》投过稿子，批评皮尔逊在使用卡方进行统计分析过程中存在的问题。费舍尔觉得皮尔逊是记仇故意刁难自己。1918年，达尔文的第四子伦纳德（Leonard Darwin, 1850—1943）帮助费舍尔把《相关性》发表在《爱丁堡自然科学会报》（*Transactions of the Royal Society of Edinburgh*）上。这是一篇里程碑式的文章，它将达尔文与孟德尔的学说圆满地结合起来，开创了计量遗传学（Biometric genetics）的先河。不仅如此，费舍尔在处理遗传问题时对于变异值（也就是方差）的分析又开创了概率统计学定量分析的新时代。当时费舍尔只有28岁。而按照他女儿后来的说法，早在1911年，也就是他本科三年级的时候，《相关性》中的思想就已经成熟了。

费舍尔的《相关性》虽然不好懂，但引起了广泛的注意。1919年，有两个地方同时想招聘他。一个是皮尔逊担任所长的伦敦大学学院高尔顿实验室，另一个是英国最老的农业研究机构罗森斯特实验站（Rothamsted Experimental Station）。费舍尔不喜欢皮尔逊，在加拿大的经历又使他对经营农场的兴趣大增，他放弃了当时声名卓著的高尔顿实验室，跑到罗森斯特做了个临时统计分析员。这个实验站从1842年开始在农田里进行实验，积累了海量的数据。费舍尔使用自己的变异值分析方法分析了这些数据，发表了《农作物变异分析》（Studies in crop variation）。皮尔逊实验室的厄文（Joseph Oscar Irwin, 1898—1982）为了了解费舍尔的方法，专门转到罗森斯特在费舍尔手下做事。后来，厄文写了不少介绍费舍尔工作的文章。许多后来的统计学家是依靠厄文的介绍才理解费舍尔的。

费舍尔在罗森斯特工作了14年。在分析化肥与有机肥对农作物影响的数据的同时，他仍然继续研究概率统计和遗传学。他在家里养了大量的动物，如猫、狗，以及数千只杂交的老鼠。他对每一种动物几代的特性都有仔细的记录。1925年，他发表专著《研究人员的统计学方法》（*Statistical Methods for Research Workers*）。这是20世纪最有影响力的统计学方法专著，到1970年已经出到第14版。1930年，费舍尔发表了《自然选择的普遍理论》（*The General Theory of Natural Selection*）。这本书成为现代演化理论的核心，它帮助定义了群体遗传学，并重新激活了达尔文的性选择理论。这本书被许多教科书引用，因为它解释了很多生物演化中奇奇怪怪的现象。他说："自然选择是一个能够产生极高的不可能性的机制。"

费舍尔的名声越来越大。1933年，他受聘到伦敦大学学院优生系当系主任，继续在遗传学和概率统计学两个领域推陈出新。1935年，他发表《实验设计》（The Design of Experiments），介绍了概率统计在实验设计上的重要作用。1937年，他又提出群体动力学的费舍尔方程。在教书与研究的空隙，他决定把孟德尔报告中的数据用概率统计学方法从头到尾分析一遍。他想把孟德尔的天才整个展现给生物界，因为真正下功夫读孟德尔德文原著的人太少，多数研究人员都在人云亦云。

可是，谁也没想到，费舍尔在把孟德尔拉到与达尔文比肩齐背的地位之后20年，似乎在不经意之间又把他拉下来了。

在重新分析了孟德尔的数据以后，费舍尔意外地发现：整个数据过于完美了。比如，孟德尔关于豌豆颜色和外皮光滑程度的数据给出"黄色/光滑"对"黄色/褶皱"对"绿色/光滑"对"绿色/褶皱"豌豆的数量比是9.05比2.93比3.11比0.91。孟德尔的理论比值是9比3比3比1。对于这个有$n=4$个观测量的问题，自由度$n-1=3$，费舍尔得到的卡方值为0.47。查皮尔逊给出的卡方与p-值对照表，得到一个很大的p-值0.925。如果把孟德尔所有的数据都考虑进来，一共有84个自由度，对应的p-值$=0.99997$。这是什么意思呢？让我们再看一下图32.5。按照费舍尔的分析，99.997%的正态分布曲线都落在孟德尔数据的外边。也就是说，图32.5右边的绿色区域占据了整个正态分布曲线下面49.9985%的面积。与这个区域相对称，正态分布的左边应该也有相同的49.9985%的区域落在所对应的p-值范围里。换句话说，做10万个实验，只有3个可能比孟德尔的结果更接近他的理论，也即零假定成立。于是费舍尔得出一个惊人的结论：孟德尔的数据有造假的嫌疑！

孟德尔"作弊"，如同参加竞选的政治人物被人甩上泥污，沾上后说不清道不白。费舍尔在文章里比较客气，说可能是实验助手为了迎合孟德尔的意图而修改了数据，但私下里,他对同事说,孟德尔的做法"可恶"、"令人震惊"。

　　费舍尔的文章发表30年后,生物界和统计学界对这个问题的讨论变得越来越激烈,发表文章的数目逐年增加。有人认为,孟德尔必须对自己的数据负责。另一些人认为,对豌豆的形态的判别带有某种主观因素。比如,维尔登早就指出过,观测豌豆的颜色、褶皱程度等有时需要观测者凭主观来判断。其实孟德尔在文章里明确指出,有些豌豆实验结果被排除在外。还有人说,在统计数据之前,孟德尔或他的助手可能下意识地对实验的豌豆做了筛选。毕竟这是在一百五六十年以前,生物科学中的实验规程还没有完全建立起来,概率统计学分析的手段也非常落后。用现代的标准来要求150年前的孟德尔是不大公平的。也有人认为,费舍尔在对数据采集过程完全无知的情况下,对孟德尔报告的数据进行理想的概率分析,必须依靠许多假定,而这些假定大多数是没有根据的。

　　有人近乎开玩笑地评论说,对于遗传学和统计学界的某些人士来说,孟德尔－费舍尔的争议犹如疯狂影迷观看著名电影《卡萨布兰卡》(*Casablanca*):看完一场马上期待下一场。但越来越多的人注意到,费舍尔在分析中也犯了一个错误——他把两组不同的数据放到一起去分析。如果把第二组数据除去,含数据量最大的第一组数据跟费舍尔期望的概率之间没有很大的区别。而他的"小错误"就是甩泥巴的棍子,让孟德尔灰头土脸七八十年。

　　从外表来看,费舍尔比普通人还要普通(图33.3)。他总是眯缝着眼睛,即便戴着比汽水瓶底还要厚的眼镜,仍然看不清一两米以外的东西。他不修边幅,身上的衣服

图33.3　罗纳德·费舍尔。

总是皱皱巴巴的，好像从来没洗过。他一时一刻也离不开烟，即便在游泳池里也叼着烟斗。他又是一个性格怪癖、不易相处的人。在跟别人交谈的时候，如果他对谈话内容不感兴趣，会从嘴里抠出假牙来，在众目睽睽之下坦然地擦拭。他在伦敦做教授时，把老婆孩子丢在乡下农场，只给他们一点点可怜的零花钱。他把别人的批评全都解释为个人攻击，经常在同一个时间跟好几位科学家争辩，有时言辞之刻薄令人久久无法原谅。而在骨子里，他也并没有因此而从中得到释放；恰好相反，他自己也受到敌意的侵蚀。不过在概率统计领域内，他在多数情况下是对的。

跟高尔顿、皮尔逊一样，费舍尔也是坚定的种族主义者。1950年，联合国教科文组织邀请世界上著名的人类学家在巴黎就种族问题起草《关于种族的宣言》(Statement on Race)。宣言指出"种族"或"人种"在概念上的混乱以及滥用的危险性，主张用"族群"(Ethnic group)来取代。这些人类学家认为，构成族群差异的主要是文化。从生物学的角度来看，对于"人种"最基本的认知大概可以总结为"根据体质形态和遗传特征显著的指标，将人类分出的不同类型的群体"。但是所谓的指标具有明显的主观因素，比如头颅的特征，鼻子的特征，肤色，头发、眼睛的颜色等。宗教人士、人类学家、社会活动人士等都可以根据这个定义而发展各自的理论。

费舍尔明确表示反对《宣言》的宗旨，认为人种就是有高下的，问题是如何和平共处。他太有名了，教科文组织在发表1952年版的《人种的概念》(The Race Concept)时，把费舍尔的反对言论附在后面，供读者参考。

费舍尔不仅反对种族平等，也反对戒烟。他自己平时烟斗不离口，在科学界开始发出戒烟的呼声后，他连篇累牍地在《自然》杂志上发表文章，指出肺癌与烟草的相关性不等于因果性（单从相关性的逻辑上来说，这并没有错），然后说有烟瘾的人可能体内有一种什么东西，跟没有烟瘾的人不同，是这些天生的"东西"造成肺癌（这就可笑了），等等。实际上，他在背后得到了英国和美国几个大烟草公司的巨量好处。

本章主要参考文献

Dietrich, M. R. and R. A. Skipper, Jr. R.A. Fisher and the Foundations of Statistical Biology. Dartmouth Faculty Open Access Articles, 2013, 33.

Edwards, A. W. F. The Genetical Theory of Natural Selection. In: Perspectives: Anecdotal, Historical and Critical Commentaries on Genetics. Genetics, 2000, 154: 1419–1426.

Fisher, R. A. The causes of human variability. Eugenics Review, 1919,10: 213−220.

Hartl, D. L., Fairbanks, D. J. Mud sticks: On the alleged falsification of Mendel's data. Genetics, 2007, 175: 975−979.

McGrayne, S. B. The Theory that Would not Die. New Haven: Yale University Press, 2011: 320.

Moran, P. A. P. and C. A. B. Smith. Commentary on R. A. Fisher's Paper on The Correlation Between Relatives on the Supposition of Mendelian Inheritance. Cambridge University Press, 1966: 61.

Provine, W. B. The Origins of Theoretical Population Genetics. Chicago: The University of Chicago Press, 2001: 209.

Visscher, P. M., and J. B. Walsh. Commentary: Fisher 1918 the foundation of the genetics and analysis of complex traits. International Journal of Epidemiology, 2019, 48: 10−12.

第三十四章　啤酒厂的假"学生"

　　吉尼斯（Guinness）好像是世界上排名第十的古老的啤酒厂。它1759年建厂，至今已有260年了。创建人阿瑟·吉尼斯（Arthur Guinness, 1725—1803）出身贫寒，他父亲是爱尔兰一位大主教阿瑟·普莱斯（Arthur Price, 1679—1752）家的老佃户。爱尔兰历史上，90%以上的土地一直被少数富有的家庭把持着，他们把土地租赁给农民。农民必须向土地拥有者缴纳一定的租金，然后再向教会和政府缴纳税金。到了1870年前后，竟然97%的爱尔兰土地都被地主占有。阿瑟出生后，奉普莱斯为教父，阿瑟的名字可能就是来自这位大主教吧。1752年普莱斯去世，给吉尼斯父子留下100英镑的遗产。几年后，30岁的阿瑟利用这笔钱开办了一个小啤酒厂。1759年，他签下一纸年租金45英镑，长达9 000年的租约，租下位于都柏林的圣詹姆士门酿酒厂（St. James's Gate Brewery）。经过10年的努力，吉尼斯第一次把6桶（barrel）烈性啤酒海运到了英格兰。不久，吉尼斯黑啤酒成为爱尔兰最著名的啤酒产品。

　　啤酒是中世纪欧洲人的主要饮料。制作啤酒的原料是大麦，经过浸泡之后，发芽成为麦芽。发芽后的大麦产生一种酶，把麦粒中的淀粉转换成麦芽糖，再经过发酵把糖转化为酒精。麦芽富有营养，在中国是一味中药。麦芽酿制的、酒精含量很低的淡啤酒则是中世纪欧洲人的主要营养来源。这种早期的爱尔（Ale）啤酒也是人们的主要饮水来源。那时没有消毒手段，喝生水很容易患上传染病。啤酒的制造需要高温消毒，酒精也有消毒和防止细菌繁殖的作用，所以中世纪时连孩子们都把淡啤酒当成饮料。有记载说，当时的人们每天要喝上一两个加仑的淡啤酒（1加仑等于3.8升）。高酒精含量的啤酒是后来发展起来的奢侈品。我们在第十二章里，讲过苏格兰的玛丽在被关押期间，利用啤酒桶的塞子传递信息的故事。玛丽是高级犯人，啤酒是不可少的。

　　到了19世纪下半叶，吉尼斯成为全世界最大的啤酒厂，每年生产120万桶黑啤。阿瑟的重孙爱德华（Edward Guinness, 1840—1915）把酒厂扩建成为都柏林的城中之城，甚至拥有自己的铁路和消防队。他继承了父亲本杰明（Benjamin Guinness, 1798—1868）的管理风格，为吉尼斯的雇员和都柏林的劳工阶层提供廉价住房。吉尼斯的工人享受都柏林市里最高的工资和整个爱尔兰最早的退休金及优惠医疗服务。

进入20世纪,吉尼斯成为国际品牌。1901年,吉尼斯设立实验室,用科学方法研发新工艺,改进啤酒制作。实验室高薪招聘"最有潜力的"科学家,并鼓励他们同大学研究机构合作。这在当时是最先进的工业研究室,类似于今天谷歌的实验室。年轻的研究人员住着吉尼斯提供的住房,一起在啤酒厂吃饭,业余时间一起滑雪骑车打高尔夫球,许多人成为亲密的朋友。在这样的背景下,威廉·戈赛特(William Sealy Gosset,1876—1937)刚刚从剑桥大学毕业就加入了吉尼斯。

吉尼斯黑啤也是一种爱尔啤酒,不过制作这种啤酒的麦芽,一部分被蒸过以后碾压,另一部分则经过烘烤,这种独特的酿制方法给它带来独特的颜色和口味。吉尼斯黑啤看上去颜色很深,似乎酒劲很大,但实际上对于烈性啤酒来说,它柔和香醇,可以与大多数食物相配,因而受到广泛的欢迎。跟大多数啤酒一样,吉尼斯在酒里加啤酒花。这种蛇麻草开出的花朵在啤酒酿制过程中产生一种精油,不仅能为酒液杀菌消毒,增加保存期,而且产生一种微妙的苦味,使人更能感受啤酒的香味。吉尼斯在1900年前后每年需要数百万磅的啤酒花。不过啤酒花的种类很多,对啤酒最终的味道影响也不同。如何选择啤酒花是酿制啤酒过程中一个很重要的问题。当时面对这个问题,唯一的办法是看和闻,也就是在酿制过程中不断地用眼睛观察酒液的颜色,用鼻子闻酒液的味道。在大量生产过程中,这种原始的质量控制方法既费时又不精确,而且一旦失手,大量的啤酒就损失掉了。

戈赛特的上司卡斯(Thomas B. Case)认为,确定啤酒花质量的最佳方法是计算从啤酒花里提炼出来的软树脂和硬树脂之间的比例。卡斯决定从英格兰肯特郡选择不同批量的啤酒花,从少量的样品里计算软树脂对硬树脂的百分比。他从一批8个样品里得到软树脂的平均比例为8.1%,另一批14个样品里得到软树脂的平均比例为8.4%。怎样估计这些比例对啤酒的影响呢?卡斯感到毫无头绪,于是把解决这个问题的任务交给了戈赛特。戈赛特在大学主修的是化学(这也是他为什么选择了吉尼斯),但他不怕数学,接到这个活儿之后,他开始琢磨。

如果采样数目非常大,那么从前几章的故事我们知道,可以近似地使用那个似乎无所不在的拉普拉斯-高斯分布,也就是所谓的"正态分布",来描述软树脂对硬树脂的变化特征。可是在每一分钱的消耗都要仔细考虑的酿酒厂,怎么可能期待无穷大的采样数目呢?戈赛特的目标,首先是要搞清楚在采样数量很小的情况下,用一个样品来代表所有可能样品的期望值,误差会有多大。换句话说,靠少数几个采样估计出来的误差分布，比起从成千上万个采样得到的误差的正态分布，到底有多大差别？

戈赛特选择了麦芽精作为突破口。麦芽精是制作啤酒的重要原料之一。多年的经验说明，最好的啤酒需要麦芽精的甜度在133度，误差不能超过0.5%。酒精的含量取决于麦芽中糖的含量。过甜，酒精的含量高，必须多交税（当时政府按照啤酒里的酒精含量收酒精税）；糖少了，酒精含量低，顾客不满意。戈赛特想知道究竟需要几个含糖量的观测值能够在这个误差范围内确定麦芽精的甜度。吉尼斯有一批麦芽精，已经从中采取了大量的数据，于是他决定采用模拟的方法研究小样本采样的结果。他先从这批数据中随机提取一批两个观测点的模拟数据。他发现，在这些模拟数据里，大约80%的情况下都可以得到与真实甜度的误差不超过0.5%的结果。之后，他模拟三个观测点的数据，发现约在87.5%的情况下，结果与真实甜度误差在0.5%以内。四个观测点呢？他发现百分比增加到92%。这样一直做下去，等到模拟到每群数据含有82个观测点的时候，他发现，得到误差在0.5%以内接近真实甜度的结果的似然率可以在实际工作中无限接近真实值。

从这个实验，吉尼斯啤酒厂知道，从每一批的许多桶麦芽精里面，只需要抽选四个测试点，就有九成把握判断这批麦芽精的含糖量。他们不再需要依靠人工从头到尾查看大麦、麦芽来决定麦芽精的质量。吉尼斯的主管们对戈赛特的发现兴奋无比，他们可以在有限的化学采样基础上对酿酒的材料做出有根据的决定了。这一点，当时其他酿酒厂都做不到。

可是戈赛特不满意这个经验关系，他要搞明白小样本推测的数学方法。于是，他对主管们说，想去咨询一些数学专家们。吉尼斯当时非常支持这种活动，把他送到伦敦大学学院皮尔逊的研究室去，给了他一年的"学术休假"，工资照付。

戈赛特性情谦和，稍稍有些疯狂，酷爱赛车和英式橄榄球。他本来是想继承父亲的职业，在军队里面供职，可是由于视力太差，被淘汰了，这才去学化学。尽管皮尔逊是个很难相处的人，但戈赛特跟他关系非常融洽。在伦敦研究的一年对他来说收获极大，把小样本的问题搞清楚了。

首先是小样本的误差分布。假设有n个测量值$x_1, x_2, \cdots, x_n$，这些测量值在n很大的时候遵从拉普拉斯–高斯分布，对应一个μ值，也就是平均值。可是在n很小的情况下，我们无法估计平均值。不过，我们总可以按照大测量数据的方式来定义"样本均值"：

$$\overline{x}_n = \frac{x_1 + x_2 + \cdots + x_n}{n}。 \tag{34.1}$$

我们也可以按照类似方差的办法（见第三十二章）来定义"样本方差"：

$$S_n^2 = \frac{1}{n-1} \sum_{i=1}^{n} (x_i - \overline{x}_n)^2, \tag{34.2}$$

唯一的区别是现在 n 很小，它不等于大数据量的、但对我们来说是未知的方差 σ^2。这两个方差的区别，前人似乎从来没有注意到。

根据前面的假定，随机函数 $\dfrac{\overline{x}_n - \mu}{\dfrac{\sigma}{\sqrt{n}}}$ 服从正态分布，而且平均值为0，方差为1。但

这里有两个未知参数。让我们用 S_n^2 来近似 σ^2，定义

$$t = \frac{\overline{x}_n - \mu}{S_n / \sqrt{n}}。 \tag{34.3}$$

戈赛特证明，函数 t 的概率密度函数是

$$f(t) = K(\nu) \left(1 + \frac{t^2}{\nu}\right)^{-\frac{\nu+1}{2}}, \tag{34.4}$$

其中，$\nu = n-1$ 是该组数据的自由度，$K(\nu)$ 是一个跟变量 t 无关的函数：

当 ν 是偶数，且 $\nu > 1$ 时，

$$K(\nu) = \frac{(\nu-1) \times (\nu-3) \times \cdots \times 5 \times 3}{2\sqrt{\nu}(\nu-2) \times (\nu-4) \times \cdots \times 4 \times 2}, \tag{34.5}$$

当 ν 是奇数，且 $\nu > 1$ 时，

$$K(\nu) = \frac{(\nu-1) \times (\nu-3) \times \cdots \times 4 \times 2}{\pi\sqrt{\nu}(\nu-2) \times (\nu-4) \times \cdots \times 5 \times 3}。 \tag{34.6}$$

这样得到的概率密度从形貌上看跟正态分布非常相似，也是左右对称，曲线下的总面积为1，只是这种所谓"t-分布"的"尾巴"比较宽大，也就是说，曲线比较宽松。

图34.1给出 $\nu = 1, 4, 8, 12$ 的 t-分布同正态分布 $N(0, 1)$（也就是 $\nu = \infty$）的比较。$N(0, 1)$ 这个符号表示,正态分布的中心在变量 $= 0$ 处,方差 $= 1$。

这个结果在概率统计学里有很重要的意义。它说明,只要数据服从正态分布,小样本分析仍然可以得到正确的期望值,只是误差分布范围变大,样本量越小,误差范围越大。从图34.1我们看到,当 $\nu = n - 1 = 12$ 的时候, t-分布的样子同正态分布已经很接近了。在统计学中,一般以 $n = 30$ 作为两种分布的大致分界线,小于30用 t-分布,大于30用正态分布。

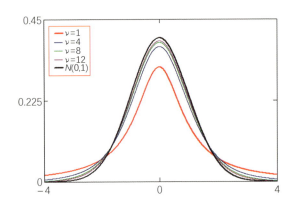

图34.1 t-分布同正态分布 $N(0, 1)$ 的比较。随着自由度 $\nu = n - 1$ 的增加, t-分布逐渐逼近 $N(0, 1)$,也就是 $\nu = \infty$。

从实用角度来看,让每个使用者去自己计算"t-分布"比较麻烦,因为表达式 (34.4) 的形式取决于自由度是奇数还是偶数。戈赛特把 t-分布按照自由度列成表格,供使用者查询。附录一给出最简单的 t-分布数值表。

从 t-分布出发,利用 p-值也就是置信度的概念,还可以通过小样本观测对研究分析中的假设做出检验判断。检验的原理同大样本观测利用正态分布的分析是一样的（见第三十二章）,只不过把正态分布换成 t-分布而已。

举个例子。1797年到1798年之间,英国科学家卡文迪许（Henry Cavendish, 1731—1810）在伦敦南郊自己的庄园里建造了一座实验室,在那里进行了著名的万有引力实验,首次测得地球的平均密度。卡文迪许的实验在当时的技术条件下极为困难,被认为是实验物理的典范。他一共报告了29个数据值,除去6个有点问题的测值,我们把剩下的23个数据值列在表34.1中。这些密度的数值是按照相对于水的密度的倍数报告的。我们知道,在室温条件下水的密度是1克/立方厘米,所以这些数据的单位就是克/立方厘米。

表34.1　卡文迪许的地球平均密度数据及其标准偏差的计算

序号,i	密度,x_i	$x_i - \bar{x}_{23}$	$(x_i - \bar{x}_{23})^2$
1	5.36	−0.123 48	0.015 247
2	5.29	−0.193 48	0.037 434
3	5.58	0.096 522	0.009 316
4	5.65	0.166 522	0.027 730
5	5.57	0.086 522	0.007 486
6	5.53	0.046 522	0.002 164
7	5.62	0.136 522	0.018 638
8	5.29	−0.193 48	0.037 434
9	5.44	−0.043 48	0.001 890
10	5.34	−0.143 48	0.020 586
11	5.79	0.306 522	0.093 956
12	5.10	−0.383 48	0.147 055
13	5.27	−0.213 48	0.045 573
14	5.39	−0.093 48	0.008 738
15	5.42	−0.063 48	0.004 029
16	5.47	−0.013 48	0.000 182
17	5.63	0.146 522	0.021 469
18	5.34	−0.143 48	0.020 586
19	5.46	−0.023 48	0.000 551
20	5.30	−0.183 48	0.033 664
21	5.75	0.266 522	0.071 034
22	5.68	0.196 522	0.038 621
23	5.85	0.366 522	0.134 338
	$\bar{x}_{23} = \dfrac{1}{23}\sum\limits_{i=1}^{23} x_i = 5.483$	$\sum\limits_{i=1}^{23}(x_i - \bar{x}_{23}) = 0$	$S_{23}^2 = \dfrac{1}{22}\sum\limits_{i=1}^{23}(x_i - \bar{x}_{23})^2 = 0.036\ 26$

这套数据，$n=23$。根据式（34.1），可以得到样本均值为 $\bar{x}_{23}=5.483$。为了计算样本方差，我们先计算每个数据点同平均值的差（表34.1中的第三列），然后计算这些差的平方（表34.1第四列）。根据式（34.2），我们得到样本方差 $S_{23}^2=0.036\,26$。已知通过现代技术测得地球的平均密度是5.514克/立方厘米。显然，卡文迪许的平均密度值比现代地球平均密度值要低。但我们想知道在某个给定的概率置信度范围内，卡文迪许的实验结果同现代地球平均密度值是否吻合。这个例子在科学研究中有重要意义。比如，两个实验室对同一个物理现象做了研究，得到两套不同的数据。它们在多大的概率置信度上可以认为是吻合的？如果在某个给定的概率置信度范围内，二者并不吻合，那就需要两个实验室来考察实验在什么地方出了问题。

考察这样的问题，我们等于面临两个假设。一个是零假设，也就是假设卡文迪许的数据与现代地球平均密度值 $\mu=5.514$ 在统计意义上没有区别。我们把这个假设记作 H_0，它是假定在统计意义上，$\bar{x}_{23}=\mu$。另一个是替代假设，它假定卡文迪许的数据跟现代地球平均密度值不吻合。根据这个假设（我们称之为 H_a），$\bar{x}_{23}<\mu$。我们的目的是利用 t–分布和概率统计分析来估计这两种不同假设的概率置信度分别是多少。

类似的问题我们在很多情况下都会遇到，比如对工厂生产的产品做抽样检查，考察检查结果是否在一定概率条件下符合事先给定的产品合格率。或者是通过对病人的一些化验指标来估计该病人在某种概率条件下是否罹患某种疾病。

我们现在已经知道下面的事实：

卡文迪许的观测值数目：$n=23$，样本均值：$\bar{x}_{23}=5.483$，真实值：$\mu=5.514$，样本标准方差：$S_{23}^2=0.036\,26$。把这些数值代入公式（34.3），得到

$$t=\frac{\bar{x}_{23}-\mu}{S_{23}/\sqrt{n}}=-0.768\,7, \qquad (34.7)$$

结果是负的，当然是因为 $\bar{x}_{23}<\mu$。这个事实我们已经知道了，不需要这些复杂的计算。我们现在想要知道的是在一个给定置信概率区间的条件下，判断卡文迪许的地球平均密度值是否跟现代的密度值相吻合。

假定我们考虑的置信度是95%。注意到 t–分布关于 $t=0$ 点对称这个事实，我们查询附录一的 t–分布表，可以找到对应于置信区间为95%以上 t 的临界值。这个值通常记作 $t_{\alpha,\nu}$，其中 α 值为 0.05（$=1-0.95$），$\nu=n-1=22$。查表得到 $t_{0.05,22}=1.717$。

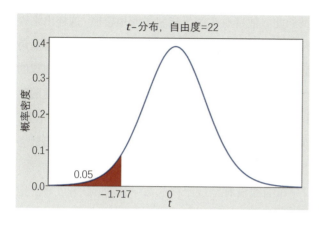

图34.2 自由度为22的t–分布曲线。

这是什么意思呢？为了说明，我们把$\nu=22$的t–分布曲线画在图34.2里。这条曲线是左右对称的，但是我们知道，卡文迪许的平均地球密度小于现代测量值，因此，我们需要考虑的是$t<0$的情况，也就是$t_{0.05,\,22}=-1.717$。图34.2中曲线最左侧的棕红色区域的面积是整条曲线下面积的5%，对应的是概率$\alpha=0.05$；棕红色面积之外的曲线全部都属于置信区间以内；棕红色面积右边开始的地方对应的是$t_{0.05,\,22}=-1.717$。只有当$t\leqslant-1.717$的时候，考虑的数据才落入棕红色区域，跑到95%置信区间的外面。只有在这种情况下，我们才可以说零假设不成立，而替代假设成立。

根据式（34.7），卡文迪许数据的t值是$-0.768\,7$，没有达到临界值-1.717，因此，替代假设可以排除，而零假设成立。所以结论是，卡文迪许的数据同现代测量的结果是吻合的。

顺便说一句，地球表面的岩石密度一般在3上下。地球的平均密度等于5.5意味着什么呢？它说明地球深部的密度非常之大，对不对？这是人们最早意识到地核可能是金属的原因。

需要重申一下，以上的分析和结论基于下面这些假定：

1. 数据x_i服从正态分布。

2. 样本均值［式（34.1）］与样本方差［式（34.2）］相互无关。

在实际数据中，这些条件是很难完全满足的。但是这个分析方法仍然有重要的指导意义。

卡文迪许是个不寻常的人。首先，他害羞到了极致。他只能在面对一个人时才能讲话，而且这个人必须是男人，面对女性，他完全举止失措。所以他尽最大可能避免接触女人，即使是家里的仆人亦是如此。他特意在家里安装了专用楼梯，这样出来进去不需面对任何人。他把整理家务的指示用纸条的方式传达给女佣。从现代医学角度来看，他可能患有严重的自闭症，但他的实验技巧是无与伦比的。为了测量地球的密度，他专门设计了实验房间，使实验设备与外面完全隔绝，不受温度和空气流通的影响。他利用望远镜和镜子观察两个石头球之间的引力作用，猫一般轻盈地走来走去，避免震动对测量的影响。他的实验室成为历史名迹，直到今天，周围的邻居们仍然会骄傲地指给外来人看，说那里是"尊敬的卡文迪许先生给地球称重的地方"。

言归正传。戈赛特得到的 $t-$ 分布曲线没有经过严格的数学证明，心里没底。他找到《生物计量学》第一卷里一份报告的数据，想利用这些数据来验证一下自己的结果。这套数据从今天的角度来看相当奇特，它报告了 3 000 名罪犯的身高、头的长度和宽度，还有左手中指的长度。它的目的是想从这些数据里找到罪犯生而带来的某些特征，以便在犯罪之前就认定他们。换句话说，研究的前提假定是，有些罪犯天生就与常人不同。我猜这套数据是皮尔逊介绍给戈赛特的，因为皮尔逊是《生物计量学》的创刊人之一。

3 000 名罪犯的数据数目很大，报告给出数据的分布基本遵从正态分布。戈赛特想从这些数据里随机抽出一些来，组成小数据组，用自己的方法进行分析。他把 3 000 名罪犯的身高和中指长度分别写在 3 000 张一模一样的卡片上，将它们混合在一起，使尽各种办法，尽量使它们的分布成为完全随机的，然后把 3 000 张卡片分成 750 组，每组 4 张。戈赛特分析了所有 750 组数据的样本均值和样本方差。通过这些数据，他成功地验证了自己的结果。戈赛特这种抽选样本的办法，成为今天最为广泛地使用的统计模拟方法——蒙特卡洛法（Monte Carlo method）的先祖。

在得到 $t-$ 分布和统计分析方法之后，戈赛特想把结果发表在皮尔逊主编的《生物计量学》杂志上，以表示对后者的感谢。吉尼斯的主管们同意了，但要求他必须使用笔名，这很可能是一种知识产权的保护措施。虽然戈赛特在文章里根本没有提到"啤酒"两个字，但是从他的名字，吉尼斯的竞争对手们有可能猜到文章内容跟他的职业有关。戈赛特同意了，于是幽默地使用了斯图登特（Student）这个名字（图 34.3）。

费舍尔上剑桥大学不久，就看到了斯图登特的《平均值的可能误差》(The Probable Error of a Mean)。他意识到内容的重要性，也发现其中的主要内容缺乏数学证明。1912 年，也就是在他大三的时候，费舍尔对戈赛特的文章给出了数学证明。他

的老师读了以后,把费舍尔介绍给戈赛
特。戈赛特读后非常高兴,建议把费舍
尔的证明送到《生物计量学》上发表。
可是皮尔逊不同意,说他看不懂费舍尔
在讲什么,这使得费舍尔的证明在三年
以后才得到发表。到了1925年,费舍
尔进一步改进了证明,并建议使用式
(34.3),将它称为 "Student's t"。在戈赛
特(图34.4)1908年的文章里,他采用的
是z-分布,z和t之间有着非常简单的关
系:$z = \dfrac{t}{\sqrt{n-1}}$。

　　顺便说一句,费舍尔跟吉尼斯
啤酒家族也有直接的联系,他的妻子
露丝·吉尼斯(Ruth Guinness)是阿
瑟·吉尼斯的重孙女。露丝刚满17岁
就嫁给了费舍尔,一连给他生了9个子
女,大概是费舍尔要以身作则用自己的
高智商来提高英国的人口素质。不过
这些儿女都是露丝一人带大的,费舍尔
什么也不管。第二次世界大战期间,露
丝由于受不了费舍尔的自私和怪癖而
离婚。

　　戈赛特在发表t-分布的前一年还
发表过另外一篇文章,是关于如何评
估在测量酵母细胞浓度时的误差。酵
母在酿酒过程中起着关键的作用。酿
制爱尔啤酒的酵母在发酵期间会慢慢
上升,浮到啤酒表层,因此又称顶层发

OXFORD JOURNALS
OXFORD UNIVERSITY PRESS

Biometrika Trust

The Probable Error of a Mean
Author(s): Student

图 34.3　戈赛特1908年的文章的标题和
署名。

图 34.4　1908年前后的"学生"戈赛特。

酵酵母。属于这一类的啤酒包括爱尔、麦啤、司陶特等。酿制拉格（Larger）的酵母属于窖藏酵母，用于底层发酵。这种发酵往往采用低于顶层发酵的发酵温度，发酵时间较长。到发酵末期，酵母菌下沉到酒桶底部，使啤酒的酒色较为透明。1857年，法国科学家巴斯德（Louis Pasteur, 1822—1895）发现，在酿酒过程中，当酵母的细胞量增加时，酒精的生成量减小，这种现象被称为巴斯德效应。

酵母细胞的大小约在头发丝的十分之一以下，要想知道酵母细胞的含量，必须在显微镜下对细胞量进行估计。在当时这项工作是利用血细胞计数板（hemocytometer）来进行的。所谓计数板，是一个带有计数室的载玻片（也就是长方形的玻璃片）。计数室画着精确的格线，每个单元格的大小相等，并且格子的深度也相同（0.1毫米）。测量人员需要把一滴正在发酵的啤酒液滴在血细胞计数板上，在显微镜下仔细地数一个个格子里（体积确定的液体中）的细胞个数。利用这个方法测量细胞数目有两个主要的误差来源，第一个误差是含有酵母细胞的液滴可能不代表啤酒桶里全部液体的酵母细胞浓度；第二个误差是血细胞计数板上不同格子里的酵母细胞数目可能有很大的差异。第一个误差是大范围的，可以靠多次取样来消除。第二个误差是小范围的，也就是在一滴液体里细胞分布不均匀。这种不均匀性使得测量得到的数据变化范围很大，而且多次测量得到的数据的平均值经常跟正态分布或者泊松分布的理论平均值有很大的差别。

对于符合正态分布的数据来说（第二十八章），测量数据相对于分布中心（也就是理论平均值）的变化范围是用方差 σ^2 来描述的［见式（28.7）］。σ^2 的值越小，正态分布的峰就越尖锐，换句话说，数据的变化范围就越小。变化范围大的情况，在统计学里称为离散（dispersion）。我们在第三十章介绍了泊松分布，那是一个对处理离散数据很有用的分布。如果数据变化范围非常大，测量数据的平均值偏离理论平均值很远，这在统计学里叫做"过度离散"（overdispersion）。戈赛特面对的问题就是如何处理过度离散的数据。测量时，在显微镜下慢慢移动血细胞计数板，寻找酵母细胞。他假定找到每一个酵母细胞的概率是不变的，把它记作 p。在移动计数板 n 次后，找到 r 个细胞的概率是

$$P(n) = \binom{r-1}{n-1}(1-p)^{n-r}p^r, \; n = r, \; r+1, \; r+2, \; \cdots \qquad (34.8)$$

　　式（34.8）表达的是离散随机变量在给定的 n 和 r 取值上的概率，称为概率质量函数（Probability mass function）。在第二十七、二十八章里，我们在谈到拉普拉斯和高斯的概率分布时把它们叫做概率密度函数，可是在这里以及在谈到泊松分布的时候，我们却把它们叫作概率质量函数。这是为什么呢？原因就是拉普拉斯–高斯分布是连续的函数，在计算概率时需要把它们在某个变量区间内求和（或积分）。这有点像物理里面讨论的物质的密度，想要知道质量，需要把密度在给定物质的体积里积分。而泊松分布是式（34.8）描述的离散概率分布，它们本身就是概率，就像经过对密度积分之后得到的质量，所以称为概率质量函数。

　　从数学表达形式来看，式（34.8）跟式（30.1）的求和符号里面的各项很相像，是不是？这是因为这两种概率分布都是离散的，而且都可以用帕斯卡的二项式来表达。实际上，早在戈赛特之前200多年，帕斯卡就已经提到了这样的概率表达式，那是他在计算投掷硬币和骰子的游戏的概率时提出的。后来，另一位法国数学家德蒙莫尔（故事见第十章）更加明确地给出了这个表达式。比如，在投掷骰子游戏的概率计算中，p 是得到某一个数（如3）的概率（$p=1/6$），式（34.8）则代表在投掷了 n 次骰子后，r 次得到数字3的概率。所以这个分布现在称为帕斯卡分布。

　　在式（34.8）中，n 是所有测量尝试的次数，其中 r 次是成功的（如找到了酵母细胞，或得到了骰子的数字3的那一面），那么 $n-r=k$ 次就是失败的。因此式（34.8）还可以用下面这种方式表达：

$$P(X=k)=\binom{r-1}{k+r-1}p^{r}(1-p)^{k},\ k=0,\ 1,\ 2,\ \cdots \tag{34.9}$$

其中 k 是失败的次数，r 是成功的次数，p 是事件成功的概率。在这个概率质量函数中，一共有 $k+r$ 次独立同分布的事件，成功 r 次、失败 k 次的事件的概率为 $(1-p)^{k}p^{r}$。它的数学解释很简单：由于第 r 次成功是最后一次实验，所以应该在 $k+r-1$ 次实验中选择 $r-1$ 次成功。而排列组合给出的二项式系数代表获取所有可能的选择数目。

　　帕斯卡分布又称负二项式分布，这是因为它的二项式系数

$$\binom{r-1}{k+r-1}=\frac{(k+r-1)(k+r-2)\cdots(r)}{k!}=(-1)^{k}\binom{k}{-r}$$

是一个带有负值的二项式。

对于泊松分布，我们知道，平均值等于其方差和期望值。对于帕斯卡分布，这三个参数各不相等，它的方差是 $r\dfrac{1-p}{p^2}$，而期望值是 $r\dfrac{1-p}{p}$。这个区别使得帕斯卡分布能够更好地描述所谓"传染性的"（contagious）离散事件，比如台风暴发、传染疾病流行等。

戈赛特是历史上第一位把帕斯卡分布带入统计数据分析的人。他一生保持着诙谐幽默、随和谦逊的性格。比如，费舍尔曾经请他为自己学生麦肯齐的硕士论文做评审，戈赛特在回复费舍尔时说：

> "我想，让我评审的原因是论文的内容跟大麦有关，于是当然需要酿啤酒的来评审，否则就有点奇怪了。不过我担心，麦肯齐小姐的数学对我来说有点儿太'显然'了。"

他这是拿费舍尔来调侃。费舍尔文章的晦涩难懂是出了名的，他经常在文章中使用"明显"、"显然"这类词。戈赛特不止一次抱怨过，费舍尔的每一个"显然"对自己来说，都意味着"仔细琢磨两小时之后才搞明白是怎么回事"。

相比之下，皮尔逊、费舍尔都未免太把自己当回事了。

本章主要参考文献

Box, F. J. Guinness, Gosset, Fisher, and small samples. Statistical Science, 1987, 2: 45–52.

Lehmann, E. L. "Student" and Small-Sample Theory. Statistical Science, 1999, 14: 418–426.

Student. On the Error of Counting with a Haemacytometer. Biometrika, 1907, 5: 351–360.

Student. The Probable Error of a Mean. Biometrika, 1908, 6: 1–25.

Zabell, S. L. On Student's 1908 Article "The Probable Error of a Mean". Journal of the American Statistical Association, 2008, 103: 481（1–7）.

Ziliak, S. T. Guinnessometrics: The Economic Foundation of "Student's t". Journal of Economic Perspectives, 2008, 22: 199–216.

第三十五章　贝叶斯与频率派之战

虽然优生学早在1883年就由高尔顿提出，但有组织的优生学的真正兴起是在20世纪第一个十年。它从英联邦、德国和美国开始，很快蔓延到法国、挪威、瑞典、丹麦、俄国，甚至古巴、巴西、墨西哥、加拿大和日本。在英国，皮尔逊和费舍尔都是优生学的极力鼓吹者。皮尔逊这个人，有学者形容他"极富争议、野心牢不可摧、果决而粗暴"。他是坚定的社会达尔文主义者，崇拜德国文化，推崇优生论。在种族主义方面，他比老师高尔顿更为极端，公然宣称："高级人种和低级人种不可能共存。要想让前者有效地使用全球的资源，必须根除后者。"对自己的族类也是如此，为了挽救大英帝国，他呼吁上流社会必须多生孩子，而贫困者必须戒除性生活。他多年控制着英国统计学界的数学家们，在两代应用数学家当中引入了类似于中小学生一般的互相争斗和欺侮。

卡尔·皮尔逊继承高尔顿，成为高尔顿优生学实验室主任，一直做到退休（1933年）。后来伦敦大学学院决定把优生学实验室分成两个系，一个是优生学系，由费舍尔担任系主任；另一个

故事外的故事

生物计量学在20世纪初的英国被广泛应用于优生学。这张照片摄于1937年，老师在课堂里演示如何测量头颅的指标。头颅的形状被认为是一个人质量高低的主要指标之一。亚洲、非洲人种的头颅指标被认为属于低等人种。据说，罪犯的头颅指标也跟正常人不一样，似乎犯罪是可以事先预测的。

▼

故事外的故事

1920年代伦敦的优生学宣传广告。广告的大标题是：只有健康的种子才能允许播种！ 1931年，英国议会驳回了给不健康者强迫避孕的议案。而几年后，类似的议案在美国三十几个州通过。

是应用统计学系，由皮尔逊的儿子伊冈（Egon Pearson, 1895—1980）担任系主任。费舍尔从念大学起就跟卡尔·皮尔逊因为概率理论产生了矛盾，二人关系恶劣。其实，虽然两个人一辈子互相仇视，但费舍尔跟皮尔逊一样，也是个极端的优生主义者，坚信可以用科学的方法交配出大不列颠"超人"来。早在剑桥大学读书期间，费舍尔就参与组织优生学会。他为英国优生教育学会写过200多篇综述。他的固执的种族主义偏见我们在前面已经讲过了。一些科学史研究人员认为，皮尔逊和费舍尔研究概率统计的最终目的就是为了推行他们的优生学，其背后的动力就是严重的种族主义。费舍尔在遗传学著作里，不惜违反他自己建立的概率理论原则，使用没有根据的"数据"来支持自己的优生学观点，而不少崇拜他的生物学家多年来对此讳莫如深。

但是费舍尔对概率统计理论的贡献是不容置疑的。在清理皮尔逊理论中前后矛盾的问题的过程中，费舍尔建立了较为完整的概率论体系。从1910年代到1930年代，他先后提出方差分析、最大似然估计、随机化过程、采样理论、显著性检验、实验设计等一系列方法。1925年，他发表《研究人员的统计学方法》（*Statistical Methods for Research*

Workers）。这本书经过 8 次再版，是许多非专业人士搞统计分析的实用"菜谱"。费舍尔的文章在理论上并不严密，但是很适合应用。许多方法的目的在于帮助人们在那个没有计算机的时代简化计算，但跟费舍尔的其他著作一样，这本书也写得很难懂。因此有教授开玩笑说，学生不应该读这本书，除非他已经读过。

费舍尔的脾气比皮尔逊还要糟糕。他把任何人对他的科学提问都看成是对自己人格的攻击。他不断与人争吵，说出的话"连圣人也不大可能原谅"。他这种个性让很多人望而生畏，他的一些同事甚至怀疑，费舍尔的理论之所以得到很多人的采纳，是否是因为惧怕。就连他的女儿也不得不承认父亲严重的性格缺陷。在为费舍尔所作的传记里，她说："他在成长过程中没有学会考虑旁人的感情，对自己行为如何影响别人毫无意识，对表达爱意毫无能力。""他会无缘无故地发怒，对一些哪怕十分微小的不便也不能容忍，脾气不可揣测。"

优生学系与应用统计学系在同一座大楼里，但这两拨人从不聚在一起。应用统计学系的人每天下午三点半到四点一刻在会客室里喝印度茶，优生学系的人在他们后面喝中国茶。伊冈有一位波兰合作者名叫尼曼（Jerzy Neyman, 1894—1981），两个人从 1920 年代初就一直合作，建立了著名的尼曼－皮尔逊引理（Neyman–Pearson Lemma），这个引理在统计学里占有很重要的地位。在古典概率以及后来直到皮尔逊、费舍尔等人的概率理论里面，一个事件的概率对应的是该事件在许许多多重复事件当中出现的频率。我们把采用这种思维的人称为频率派（frequentist）。在频率派看来，只有对纯粹的随机变量才能定义概率。这些随机变量在一系列重复的"试验"中在某种意义下变化。满足这种概率的例子我们在前面的故事里已经看到很多了，比如投掷一枚"完全公正"的硬币或骰子，一个物理量的测量中所包含的随机误差，等等。根据这种思路处理问题，假设是没有概率的。假设或者成立，或者不成立，必须用前几章介绍过的 t－检测或是 p－值检测来评估。尼曼－皮尔逊引理给出了频率派检验假设最为有力的工具。

但费舍尔反对尼曼－皮尔逊引理，坚持使用自己的 p－值方法，并为此跟尼曼争论不休。其实，这两种方法给出了类似的结果，而尼曼－皮尔逊在数学基础理论上更为牢固一些。除了在学术上霸道，费舍尔的反对还有更为隐秘的私意。在伊冈的帮助下，尼曼于纳粹德国占领波兰之前移民到了英国，在应用统计学系里教书。费舍尔坚持要尼曼使用自己的教材，当尼曼拒绝了他的要求以后，费舍尔公开宣称要尽全力反对他。伊冈自小在老爸的阴影里成长起来，个性柔弱，而尼曼则不然。尼曼和费舍尔之间的"战争"持续了30年。二战爆发前夕，尼曼移民去了美国，在加州伯克利分校做教授，"战火"于是越过大西洋，烧到美国西海岸。尼曼的数学底子比费舍尔要坚固，他在统计学界的影响力越来越大，尼曼－皮尔逊引理成了伯克利统计学的标志和徽章。这更促使费舍尔加强了火力。

与尼曼"交火"的同时，费舍尔又对贝叶斯概率发起攻击。我们在中篇里已经看到，贝叶斯对概率采用一种跟频率派完全不同的解释，贝叶斯概率把相对模糊的"可能性"的影响也包含在内。当然，这种"可能性"最终必须赋予一个准确的意义，以便定量地应用。贝叶斯理论认为，概率论的数学工具不仅仅局限于计算随机变量出现的频率，而是具有广泛得多的应用范围。这种看法诞生于贝叶斯，因而持这种观点的人也就被称为"贝叶斯派"了。相对应的频率派有时也被称为"费舍尔派"。实际上，贝叶斯的理论经过二百年的漫长发展过程，直到20世纪中叶才逐渐被人所重视。人们采用了贝叶斯思想的精华，而贝叶斯理论的具体内容和方法已经发生了翻天覆地的变化。利用这种思路处理问题，假设也可以有概率，概率越高的假设，成立的可能性越大。然而即使在今天，仍然有很多人认识不到贝叶斯理论的重要性，或者以为它不够科学。

指责贝叶斯概率"不够科学"的主要根据是"前置概率"的某些任意性。我们在中篇里看到，那位老者在猜测黑箭位置的起初，先假设红箭可以落在靶子的任何地方，这种"等值前置概率"的假定让许多人感到不自在。科学发展到20世纪初，似乎整个世界都可以用机械过程来描述，而验证物理理论的基础是实验。没有实验验证的假定是主观的，不可信的。"前置概率"的任意性让一些人认为贝叶斯概率是主观的，因而是不可信的。

首先对贝叶斯理论表示不安的是卡尔·皮尔逊。他很少有拿不定主意的时候，而贝叶斯概率恰恰是其中之一。为什么呢？因为概率统计的重要应用之一是"概率反演"（后来改称概率推断），也就是通过概率分析反过来评价理论假说。在频率派的工具箱里找不到合适的反演工具，他只能用贝叶斯派的方法。费舍尔则理直气壮地否定贝叶斯派。费舍尔本人是遗传学家，概率统计是他的副业。我们在前面提到过，他在自己家里进行小动物杂交实验，所以实验数据量相对有限，而且数据的性质明确客观，不大需要做主观判断。所以他用实验数据的相对频率来评估误差，而不需研究数据的相对概率,认为频率派理论无所不在。他称贝叶斯理论是"无法穿越的原始森林",是"一个错误,可能是数学界深深陷入无法自拔的唯一错误"。他认为前置概率的构成是一个"惊人的错误",宣称"概率反演理论是建筑在错误之上的,必须彻底推翻"。这种傲慢,这种夸大其词,也就只有费舍尔才能说出。其实,费舍尔的一些理论本身就包含了贝叶斯的元素,比如他的最大似然原理其实从本质上就是贝叶斯原理。但是由于他几十年如一日的狂轰滥炸,使许多搞统计的专业人士谈贝叶斯而色变。这样,不论是在理论上还是在个性上,费舍尔都为抵制贝叶斯理论铺平了道路。

　　有趣的是,视费舍尔如寇仇的尼曼也是贝叶斯派的坚定反对者。在对待贝叶斯派的问题上,频率派空前的一致。他们把自己局限于理论上可以重复无数次事件的那些问题里,把取样视为唯一的信息来源,把每一套新数据当成是一个不同的问题来对待,如果数据整齐干净,具有统计上的显著性,就采纳它们;反之则弃之不用。他们禁止使用"主观的"前置概率,尼曼甚至称其为"违法"。于是在1930和1940年代里,概率统计学界一片困惑迷茫,许多人感到无所适从,这被称为统计学历史上最大的裂痕(widest cleft in statistics)。概率论的黄金时代变成了两个阵营频繁交战的三重战线,费舍尔和尼曼一面互相攻讦,一面联合起来表达对贝叶斯理论的憎恶。统计数学的领袖之间缺乏理性的论述,众人如处漩涡混沌之中,使贝叶斯理论的发展推迟了几十年。

　　这个裂痕反映出频率派和贝叶斯派在哲学上的重大分歧。频率派要找的是在已知全部原因条件下数据的概率,而贝叶斯派则是要通过数据来寻求对原因做出更好的理解。贝叶斯派可以讨论单独事件的概率,比如明天是否会下雨。他们把一些主观信息装进前置概率,然后按照新的信息不断地改进从直觉而来的猜测。他们尽可能地把所有可能的数据都包括在内,因为每一个数据都可能使最终答案有一些小小的改变。这在频率派看来简直不可思议。

　　在这种环境中,唯一敢于挺身站出来维护贝叶斯的,是一位地球物理学家哈罗德·杰佛里斯(Harold Jeffreys, 1891—1989),他在剑桥大学教过数学和地球物理学,后来成为天文学系教授。他在面试时说自己很适合天文学教授的职位,因为地球也是一颗行星,他主要研究地震和海啸。早在1924年,他就发现了一种求解线性和二次微分方程的近似方法。两年后,量子物理学家薛定谔(Erwin Schrödinger, 1887—1961)提出了著名的薛定谔方程。为了求解这个复杂的方程,文策尔(Gregory Wentzel, 1898—1978)、克拉莫(Hendrik Kramers, 1894—1952)和布里渊(Léon Brillouin, 1889—1969)

一起提出了同杰佛里斯一样的近似方法，现在称为JWKB或WKBJ近似。这个近似方法不仅在物理学界，而且在地震学界分析地震波传播中也具有极其重要的作用。由于杰佛里斯的贡献，1939年他被任命为国际地震综合站（International Seismic Summary）的第一位主任。这个综合站后来变成国际地震中心（International Seismic Center），至今仍然是地震学界最主要的研究机构之一。

　　据说，杰佛里斯的办公室里满地丢的都是书，几乎可以埋到脚面。在研究地震和海啸的过程中，他研究出了可以用在科学数据分析上的贝叶斯理论，并给出选择前置概率的规则。他批评频率派的思维逻辑说："一系列的研究人员没有去努力寻找更为令人满意的前置概率，反而宣称前置概率没有意义；既然概率反演不能没有前置概率，于是概率反演也就没有意义了。"在他看来，所有的不确定性都可以用概率来考虑，即使确定的物理定律也是如此，这同量子力学的精髓不谋而合。而频率派一般只把概率局限在依据理论可以重复的数据的误差上面。

　　1934年，退休的系主任卡尔·皮尔逊在为他举行的退休酒会上说，他所倡导和研发的生物计量学和优生学的高潮是在未来，是在纳粹刚刚掌权的德国，在于希特勒"重新培育的德国人民的提案"。5年以后（1939年），英国对德宣战，第二次世界大战启幕，伦敦大学学院关闭了优生学系，费舍尔教授竟然失业了。他只好回到罗森斯特实验站继续分析化肥和有机粪的资料。直到1943年，剑桥大学聘请他为遗传学教授，其成为杰佛里斯的同事。

于是频率派和贝叶斯派的战争又扩大到了剑桥，只是这一回费舍尔遇到了对手。杰佛里斯（图35.1）性格内向而羞怯，但一旦认定自己是正确的，他锲而不舍，毫不留情。在两年的时间里，这两位剑桥大学的教授宛如古罗马的角斗士，把充满激情的论文像标枪一样投向对方，批评，反驳，探讨，争论，其中不乏精辟的澄清，直到皇家学会的编

图35.1　哈罗德·杰佛里斯。

辑们受够了,强令角斗士们停止并熄火。

杰佛里斯和费舍尔很相似又很不同。两个人都不是专业的统计师,都是为了科研而钻研概率统计,他们都毕业于剑桥,都非常内向,而且课讲得都很糟糕,声音小,言语含糊不清。有个学生算过,有一次杰佛里斯在课堂上5分钟内竟然"呃,呃"了71次。剑桥还有个说法:剑桥有两位世界级的概率统计专家,一个在天文学系,一个在遗传学系。但杰佛里斯是个真正的绅士,他对费舍尔说:"在很多事情上我们的看法是一致的,对于不一致的地方,我们应该都对自己抱有一点点怀疑。"这一点,费舍尔同意了。

杰佛里斯特别接受不了费舍尔用p-值和显著性水准来测量数据的不确定性。我们从前几章里看到,p-值是在给定假定的条件下关于数据的概率表述。这个想法来自于卡尔·皮尔逊,后来由于费舍尔关于农作物的工作被广泛接受。比较两种假定,他可以从出糠多还是出麦子多这样的数据,得到一个简单的p-值,用来决定化肥或有机肥的作用。

p-值为实验人员提供了一个非常方便的指标,用来表述实验结果相对某个假定在统计学上的显著性。如果在一个假定下,结果的出现只有很小的概率,那么这个假定就应该被否决。但杰佛里斯指出,频率派的这种思路有严重的逻辑上的矛盾:既然概率是只能依靠重复出现的事件来确定,对于还没有出现的事件,频率派怎么能考虑它们的概率呢?换句话说,频率派有什么理由进行预测?杰佛里斯感兴趣的是如何通过地震波和海啸来估计一个地震发生的地点,怎么可能用还没有发生的地震来决定地震的震中呢?类似地震的自然现象是不可能人为地重复的。另外,p-值是对数据的表述,而杰佛里斯想要知道的是,根据手中的数据,如何判别不同的假定。因此他提出,应该通过贝叶斯概率,依靠现有数据来计算一个假定是否成立的概率。

如同费舍尔把拉普拉斯晚年的频率派理论发扬光大,杰佛里斯则从年轻时代的拉普拉斯的手里接过接力棒,把贝叶斯理论变成了对实验科学人员十分有力的研究工具。1939年,杰佛里斯发表了《概率论原理》(*Theory of Probability*),详细介绍了他的贝叶斯理论,成为现代贝叶斯概率统计的奠基人。80年后,这本书仍然是贝叶斯概率的经典之作。遗憾的是,作为当时最有名的地球物理学家,杰佛里斯拒绝接受地球运动的板块理论,直到98岁离开这个世界。那时候,世界上拒绝板块理论的地球物理学家已经屈指可数了。

皮尔逊和费舍尔的 p-值在科学界的滥用则成为越来越多研究人员的忧虑。2015年，《基础与应用社会心理学》杂志决定在该杂志的文章中禁止使用 p-值。2016年，美国统计学学会（The American Statistics Association，简称ASA）召集了统计学专家，对 p-值的使用范围和统计学价值进行了讨论，之后发表声明，为统计学分析使用 p-值给出六点指南。声明明确指出，p-值本身不能对假定或模型提供有效的量度（By itself, a p-value does not provide a good measure of evidence regarding a model or hypothesis.）。

二次大战后，高尔顿、皮尔逊、费舍尔等人的种族主义对科学和社会的负面影响逐渐被人们所关注。1963年，高尔顿国家优生学实验室改名为人类遗传学和生物计量学系的高尔顿实验室，"国家"和"优生学"两个词都不见了。1996年，整个系改名为生物学系，"生物计量学"这个词也不见了。进入21世纪，高尔顿等人的遗产受到越来越多的质疑，目前伦敦城市大学和剑桥大学正在系统地把这些人的名字从建筑物和实验室的名字里拿掉，免得它们经常提醒人们这段不光彩的历史。

本章主要参考文献

Louca, F. Should The Widest Cleft in Statistics — How and Why Fisher opposed Neyman and Pearson. Working Papers Department of Economics 2008/02, ISEG　— Lisbon School of Economics and Management, Department of Economics, Universidade de Lisboa.

Matthews R. Bayesian critique of statistics in health: The great health hoax（1989）. Available at: https://www2.isye.gatech.edu/～brani/isyebayes/bank/pvalue.pdf. Accessed on June 14, 2020.

McGrayne, S. B. The Theory that Would not Die. New Haven: Yale University Press, 2011: 320.

Wasserstein, R. L. and N. A. Lazar. The ASA Statement on p-Values: Context, Process, and Purpose. The American Statistician, 2016, 70: 129–133.

第三十六章　不幸的二战英雄

1920年代末期的世界经济大萧条给德国魏玛共和国的经济政治带来严重打击。1932年，德国失业率逼近30%，政治转向极端主义，不满的民众开始疯狂地支持纳粹党。1933年1月，希特勒成为魏玛共和国总理，纳粹党开始清除德国国内的一切反对党派。次年，希特勒通过全民公投正式成为国家元首，一切权力都集中在他手中，其辞令高于一切法律。纳粹政府没收犹太人、不同政见者和宗教人士的财产，大规模增加军费支出，同时广泛开展公共工程如高速公路系统的建设。这些手段在短期内有效地恢复了经济的稳定，结束了大规模失业的局面。虽然少数有识之士对纳粹的理念和野心忧心忡忡，但大多数老百姓对纳粹政权的欢迎度极大提高。第一次世界大战战败国的身份使德国民众倍感耻辱。一千多年来，德意志民族渴望成为欧洲的头羊，屡次在"神圣罗马帝国"的名头下企图领导世界，却被讥笑为"既不神圣、亦非罗马"。因为稍有些历史知识的人都知道，当古罗马傲视世界的时候，日耳曼还是一片蛮荒。德国人渴望一个强大

故事外的故事

纳粹德国的优生学广告。纳粹通过法律，对有遗传疾病者强迫节育。广告的德文内容是：你在承担着重负！每个具有遗传疾病的人活到60岁时将耗费国家5万帝国马克！

▼

故事外的故事

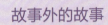

1924年，美国弗吉尼亚州通过《人种廉洁法案》，禁止异族通婚。这是一张当时医生签署的"优生证书"，上面说，这对夫妇二人通过了医生检查，身体、精神健康，并具有"非同寻常强烈的优生之爱"，"可确保人种未来之禔"。

的德国。纳粹利用这种心理，极力宣传日耳曼血统的优秀和纯正。由于北欧诸民族历代同德意志族裔混血，很多以讲德语为主，那么就是北欧（Nordic）的血统了。一些假学者投机家开始著书立说，论证伟大的罗马帝国是在北欧的智慧下建立的，这个优秀的种族必须依靠优生学来保持优秀和纯粹的血缘。他们把神圣罗马帝国称为第一帝国，把1871年到1918年之间以普鲁士王国为主的德意志帝国称为第二帝国，把希特勒的纳粹德国奉为第三帝国。这么一来，似乎古罗马帝国就成了纳粹德国的滥觞，纳粹一下子变成有两千多年传承的伟大帝国了。

在两次世界大战的间歇期间（1919—1939年），最紧密的优生学国际联系发生在美国与德国之间。坐落在美国纽约州长岛冷泉港市（Cold Spring Harbor）、隶属于卡耐基基金会的优生学文献办公室（Eugenics Record Office），在美国优生学运动中起了决定性的作用。办公室创始人戴文波特（Charles Benedict Davenport, 1866—1944）和主管拉夫林（Harry Hamilton Laughlin, 1880—1943）竭一生之力试图论证"美国人种"（American Race）的优越性，硬说它具有最纯洁的北欧血统。为了保持血统的纯洁性，必须排斥一切非"盎格鲁-撒克逊"的移民。为此，他们坚决反对被希特勒驱逐的犹太移民进入美国。另一方面，对于"纯种"的美国人，他们又鼓吹不惜一切代价维持种族的纯洁性和高质量。所有不健康的人都必须强制绝育，免得影响下一代。实际上任何一个物种都会有一些不健全的后代出生，没有任何科学证据说明这些后代会影响整个物种的未来。拉夫林是一个极有成效的法案推进者。在他的影响下，"世界民主的旗帜"美国有30多个州先后推出一系列反移民、强制绝育、禁止跨种族通婚的法案。在大西洋对面的德国，希特勒极力赞赏美国的这些做法。这些法案也得到美国各界不少白人的支持，福特汽车公司总裁福特（Henry Ford, 1863—1947）、发明家爱迪生（Thomas Alva Edison, 1847—1931）、首任斯坦福大学校长乔丹（David Starr Jordan, 1851—1931）等都在支持者之列。将自然科学理论滥用于人类社会，以科学的名义宣扬种族歧视，这是20世纪科学发展史上最可悲的事件之一。另一个美国律师兼作家、白人至上主义者格兰特（Madison Grant, 1865—1937）也是优生学的坚定支持者。他的书《伟大人种的消亡》（*The Passing of the Great Race*）被希特勒奉为"我的圣经"。纳粹最终以种族灭绝的方式对待犹太人，跟这些所谓的优生学理论不无关系。

　　从某种意义上说，不少优生学和种族灭绝的想法并非始于第三帝国，而是从英国和美国传到那里去的。英美的白人至上主义者即使在二次大战期间仍然同纳粹保持着密切的联系。在美国，他们通过纺织机制造商德雷珀尔（Wickliffe Draper, 1891—1972），一个希特勒的敬仰者，建立了开拓者基金会（Pioneer Fund），为传播种族歧视的所谓"科学理论"提供经济支持。虽然1939年卡耐基撤销了冷泉优生学文献办，但种族主义在美国依然根深蒂固，开拓者基金会至今仍然完整而有效率地工作着。

> 　　"当前美国共和国最为迫切的危机，正是我们之间遗传特征的凋零。我们通过这些特征去制定宗教、政治、社会基础的原则，而它们却被不高尚品格的（遗传）特征阴险地取而代之。"

这是有人为格兰特《伟大人种的消亡》所作序言中的一段话，它写于1900年以前。二战期间，日本裔的美国公民被赶出大城市，关进不毛之地的集中营，而更多的德裔美国公民则安然无恙。至今，类似的观念仍然是白人至上主义者行动的动力。了解

▼

故事外的故事

这张照片摄于二战后的 1961 年，美国乔治亚州的乔治亚大学。白人至上主义者示威反对跨越种族通婚。

了这些情况，美国野火烧不尽的三K党和特朗普上台后汹涌的种族歧视浪潮就不难理解了。

整个 1930 年代，德国磨刀霍霍，准备收复自己的"失地"，不断地挑起事端。欧洲其他国家忧心忡忡，积极备战，而美国国会连续三次立法，强调对欧洲事端采取中立。1938 年起，德国开始大规模行动，先吞并奥地利，后占领捷克斯洛伐克。1939 年 9 月 1 日，德军又入侵波兰。两天后，英法两国对德宣战，二次大战正式拉开序幕。

英国对德国实行全面海上封锁。英伦三岛的粮食和原材料严重依赖进口，而进口的煤炭和石油等资源对德国的军事扩张更是事关重大。当时几乎整个欧洲的石油资源完全依赖于进口，于是德英双方展开了激烈的海上控制争夺战。这场所谓的大西洋海战（Battle of the Atlantic）从 1939 年一直持续到 1945 年，是世界历史上规模最大、持续最久的海空大战。

德国U型潜艇（U-boat）在第一次世界大战中就表现出强大的威慑力。经过 20 年的改进，U型潜艇在大西洋海战中对英国海军造成最严重的威胁。德国海军元帅邓尼茨（Karl Dönitz, 1891—1980）施行"狼群战术"，利用新型U型潜艇给英国海军以重创。

德军首先以单舰和侦察机锁住目标,然后一面跟踪,一面用无线电通知总部关于敌舰团队的航行路线、规模、护航舰数目等信息,并等候邻近潜艇集结埋伏,包围后,一般在夜间展开突袭。从开战起到1941年3月,U型潜艇的狼群战术对英国商船和运输队的袭击几乎百发百中,使英国的海上运输线完全瘫痪。这段时间被德国人称为"美好时光"(Happy time)。英国首相丘吉尔(Winston Leonard Spencer Churchill, 1874—1965)后来回忆说:"战争中,最使我心惊胆战的就是德国潜艇的威胁。"在危难关头,丘吉尔向美国发出呼救。1941年3月,美国民心转为反对孤立主义,美国总统罗斯福利用中立法里面的《租借法案》,派遣大批美国海军老式驱逐舰横渡大西洋,编入英国皇家海军,进行反潜护航作战,战局才开始发生转变。

U型潜艇使用狼群战术,密码通信是关键。早在第一次世界大战结束前夕,德国人发明了一种复杂的加密设备,取名叫Enigma Machine。enigma这个词的本义是捉摸不定,扑朔迷离。我们就叫它为"迷离机"好了。迷离机的核心是一系列的转子,每个轮状的转子上有26个线路结点,每个结点代表一个字母。操作员可以在一个转子的26个字母里选择任意一个,把它变成下一个转子的任意一个字母。最早的迷离机有三个转子,每个转子有26个字母,所以三次取代加密以后,一共有$26 \times 26 \times 26$种加密字母转换方式。但是在转动第一转子时,第二和第三转子需要先在一起转动,这种机械耦合的需要使第二转子少了一个选择,所以真正的加密方式有$26 \times 25 \times 26 = 16\,900$种。后来,随着加密要求的增加,每台迷离机装备5个不同的备用转子,操作员可以从中任取3个来使用。转子的五取三的使用方式有$5 \times 4 \times 3 = 60$种组合,于是总的加密方式也就增加了60倍,变成$16\,900 \times 60 = 1\,014\,000$种。

再后来又增设了更为复杂的接插器。接插器有13条插线,可以跟第一转子的26个插头(也就是字母)中的任何一对字母相连,使这对字母之间又产生一层加密互换。使用者可以选择从0到13之间任何数目的线。对于n条插线来说,接插器产生的可能的排列方式有N种:

$$N = \frac{26!}{n!\,(26 - 2n)!\,2^n}. \tag{36.1}$$

由于n可取从0(相应的$N=1$)到13($N=7\,905\,853\,580\,550$)当中的任何一个整数,把所有可能的连接方式都按照式(36.1)考虑进来,一共有$532\,985\,208\,200\,000$种。

德国人一般使用 10 条插线，根据式（36.1），$n = 10$ 时，$N = 150\,738\,274\,937\,250$。这是对于一个给定的 n 值，排列方式最多的接插方式。

单单把 $n = 10$ 的接插加密方式考虑进来，迷离机一共可以有多少加秘方式呢？答案是 $152\,848\,610\,786\,371\,500\,000 \approx 1.5 \times 10^{20}$。这可是个天文数字啊，所以德国人骄傲地说，破解迷离机的密码是不可能的！

图 36.1 是迷离机的工作原理示意图，它给出迷离机中 1.5×10^{20} 个加密状态之中的一个。最右侧的 26 条短线对应从 A 到 Z 的 26 个字母，它们的顺序在图 36.1 显示的 5 个长方形单元里都保持不变。字母的置换是通过电子线路来完成的，在图中由那些细线表示。我们只看用蓝色标出的线路。字母 L 经过接插器变成 K，从第一转子出来变成 F，从第二转子出来变成 U，再经第三转子变成 Y。进入反射单元后，Y 变成 A，经第三转子变成 F，经第二转子变成 G，再经第一转子变成 M。M 没有连接插器里的插线，所以第一转子给出的 M 经过接插器直接输出为 M。

从外表来看，迷离机跟打字机很相像（图 36.2）。打字员敲下一个字母以后，三个转子当中的一个就转动一个轮齿，按照字母的顺序从一个字母跳到下一个字母。换句话说，在一段文字里，每一个字母都对应着一个不同的加密方式。明码文字当中相同的字母在加密后，会自动变成不同的字母。这使古老的依靠字母出现的频率来解密的

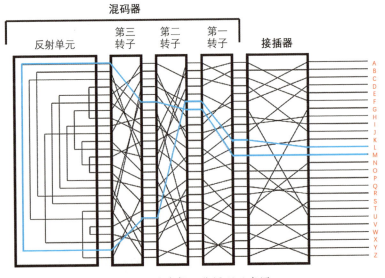

图 36.1　迷离机工作原理示意图。

方法变得完全不可能。

为了自己人解密方便，迷离机里设置了反射单元（图36.1最左侧）。它也有13条线，把两个字母连接起来。反射单元的功能是把加密的步骤自动反方向操作。这样，接收信息的一方只要把迷离机的三个转子调到和发出信息的一方同样的状态，在键盘上直接敲入加密的信息，信息就变回到加密前的信息。怎样把收信一方的迷离机调到跟发信一方相同的状态呢？这简单地取决于发信方敲下第一个字母之前三个转子的状态。请看图36.2中的三个转子，每一个转子旁边有一个显示孔。发信人记下这三个显示孔出现的字母，比如Y、B、K，他在发出的信息前面敲下这三个字母，字母经过复杂的加密过程，比如说变成E、W、H。收信的一方先把自己的迷离机的三个转子调到E、W、H，

图36.2　迷离机的外观和主要部件。

然后按照加密的文字逐字敲键，由于迷离机的自动反向操作功能，打出来的直接就是解密后的文字——多么聪明啊。

1931年，法国情报人员得到了两份有关简单商用迷离机的操作和转子内部线路的资料。法国的密码专家试图破译，但没有成功，因为迷离机的设计要求之一就是要在机器被缴获后仍具有高度的保密性。而在第一次世界大战中刚刚独立的波兰夹在德国与俄国之间，痛感处境的危险，急于想了解俄德两国的内部信息，这种险峻的形势造就了一大批优秀的密码学家。波兰利用跟法国之间的军事合作协议得到了迷离机的情报。密码研究领域的"波兰三杰"，雷耶夫斯基（Marian Adam Rejewski, 1905—1980）、鲁日茨基（Jerzy Witold Różycki, 1909—1942）和佐加尔斯基（Henryk Zygalski, 1906—1978）联合努力，成功破解了商用迷离机。他们针对商用迷离机的工作原理，

设计了专门破译迷离机的设备"破译炸弹"（波兰文：Bomba kryptologiczna）。这种机器实际上是具有特殊线路的最早的机电计算机。他们猜到，密码信息的最开始的6个字母跟转子的初始位置有关。前三个是发报员第一次敲入三个转子初始字母位置经过加密得到的，后三个是发报员第二次敲入相同的转子初始字母后得到的。由于这两套三字母对应的是明码的同一套三字母码，一下子把加密的可能性数目大大减少，因而得以成功破译早期的德军密码。

但是在第二次世界大战爆发时，德国的军用迷离机技术已经得到巨大的发展，转子的数目不断增加，最后变成从8个转子中选5个。单单这一项改进就把转子本身的选择数目从60增加到 $8 \times 7 \times 6 \times 5 = 1\,680$，这相当于给 1.5×10^{20} 再乘上一个28。德国人又改进了传递转子位置的加密方法，把三个字母的指示符再进行加密。这种改变使发报员可以在同一天使用不同的转子初始位置。另外，不再发送转子初始位置指示符的密码，而是把每天使用的密码用手册的方式发给发报员。这些改进使波兰人的"破译炸弹"变得毫无用处。德军每个月发放一张表格，规定每一天使用的转子选择和起始字母配置。表格是绝密的，海军的表格使用一种盐作为墨水打印，一旦被海水浸湿，字迹就会消失。

大西洋上空和德军前线，到处飘散着加密情报的电波，而盟军束手无措。

英国海陆空军和军情六处的情报组雇佣了上万人进行拦截和破译密码的工作，将近九成是女性。他们采用五花八门的方法来猜测密码，试图建立字符对应表。可德国人的密码每天更换，即使上万人参加破译，24小时连班倒，但成功破译的内容微乎其微。

1939年9月4日，也就是英国对德国正式宣战的第二天，一个27岁的年轻人来到军情六处位于布莱切利园（Bletchley Park）的政府密码学校（Government Code and Cipher School）报到。他被分派到八号小屋（Hut 8），领导那里的破译研究工作，专门负责破译德国海军的密码。这个年轻人就是阿兰·图灵（Alan Mathison Turing, 1912—1954）。图灵在1934年以优异成绩从剑桥大学的国王学院毕业，第二年由于一篇中心极限定理的论文当选为国王学院研究员（Fellow of the King's），成为国王学院历史上200多位获此殊荣的院友之一，当时他只有23岁。1936年，图灵发表论文《论可计算数及其在判定问题上的应用》（On Computable Numbers, with an Application to the Entscheidungs Problem），对哥德尔（Kurt Gödel, 1906—1978）1931年的证明和计算的限制作了重新论述,并用一种简单形式的抽象装置代替哥德尔以通用算数为基础的形式语言。这种装置现在被称为图灵机。图灵证明,这样的机器有能力解决任何可以想象的、用数学式表达的数学难题。这是现代电子计算机的胚胎。直到今天,图灵机还是计算理论研究的中心课题。

图灵非凡的数学才能引起了英国政府的注意,所以他刚从普林斯顿大学获得博士学位后回到英国,就被招聘来负责德军密码的破译工作。当时密码学校的破译人员一致认为,迷离机的密码是无法破解的。然而图灵不这么看,他的理由很简单。他说,这种密码可以破解,因为破解它太有意思了!在八号小屋里,图灵发明了许多加快解密的技术,包括改进波兰人的破译方法和设计组建绰号也是"炸弹"(Bombe)的机电破译机。

破译密码最简单的方法是依靠强大的计算能力,把所有的可能性逐个排除,最终找到正确的答案。这叫做穷尽法。但是,对于10^{20}甚至更多的可能性,即便有强大的计算机,每一条信息需要多长时间才能破译出来呢?更何况当时还没有真正的计算机。面对看似不可能的问题,图灵从概率统计入手寻找突破口。他需要一套方法,根据加密信息的字母分布和其他资料来分析和估计实际字母的概率。如果某一个字母的猜测成功的概率较大,就把这个字母代回分析过程中,寻找下一个字母,再进行概率分析。这是一个不断迭代、反复检测分析的过程,而它的基本原理早就有人提出来了,那就是贝叶斯。

我们在中篇里介绍过,贝叶斯概率分析需要先假定一个前置概率(Prior)。在过去,人们一般先假定所有不同的可能性是均匀分布的,也就是所谓的"等值前置概率"(Equal Prior)。这个假定在处理具有天文数字的可能性的问题中毫无用处。前置概率必须小心选择,才能以最快速度破解密码。图灵搜集尽可能多的信息来建立前置概率。寻找前置概率的方法之一是在加密信息里寻找德文的常用语。如果能破译或猜到几个简单的德文词,就有了突破口。一位蹲过德国监狱的战俘告诉破译人员,德国海军喜欢把数字逐字拼写出来。于是eins(数字1的德文)应该经常出现。确实,后来的统计发现,90%的密码信息里都含有eins这个词。工作人员曾经把所有破译的eins加密方式编录成册,一共搜集了一万七千多种。天气对航海的影响很重要,所以U型潜艇的密码里经常出现有关天气(德文:wetter)的信息。纳粹又必须向希特勒致敬,"希特勒万岁"也经常出现。英国破译人员把类似的词语称为"小摇篮"(cribs),大概是因为可以从这些"婴儿"般的词语中长出整个加密的信息吧。"小摇篮"实际上就是贝叶斯概率里的前置概率，通过这些"小摇篮"与加密信息的关系，可以帮助排除许许多多可能的加密方式的绝大部分。

在保存下来的两篇手稿中，图灵详细地解释了如何利用贝叶斯原理来处理加密信息。读者也许还记得，贝叶斯原理不同于古典概率，不需要事先穷举所有可能事件的发生频率。这两篇手稿，《概率理论在密码学中的应用》（The Applications of Probability to Cryptography）和《论重复的统计》（Paper on Statistics of Repetitions），对于破译密码是如此重要，以至于英国政府一直压住不准解密，直到2012年才公布于众。从文章的行文口气来看，很可能是图灵给参加破译人员上课的手稿。

波兰密码破译专家已经知道，迷离机的加密从设立转子的初始位置开始。图灵上任没几个月，就猜出德国人把转子初始位置的信息按照使用日期编排成表格，发给各部队的密码员。密码员在发报之前再进一步把转子初始位置信息加密成为超秘的双字母或三字母密码传给收报员。图灵急需得到这样一本密码表。

1940年4月26日，一艘德国巡逻艇在丹麦海岸被俘，一张德国海军密码单还有一些明码文字和其他材料被送到军情六处。从这些信息出发，图灵花了一个多月的时间，在6月中旬破解了德国海军在4月22到27日之间使用的超加密指示符，成功破解了迷离机的转子初始位置。通过破译这些"过期"的加密信息，图灵得到了一些对未来破译有重要作用的"小摇篮"。更重要的是，他对超加密指示符的设立方法有了深入的了解。从这些零零碎碎的信息出发，图灵设计了一套令人叹为观止的解密方法。

图灵让附近小城班布里（Banbury）的印刷公司打印了许多宽一英尺（约0.25米）、长七八英尺以上的纸带。在宽度方向按照德文字母表顺序从A到Z打印字母表，然后再把同样的字母表沿纸带的长度方向重复打印，直到打满纸带为止。这种纸带在八号小屋被称为班布里带。图灵让工作人员把当天收到的每一份德军密码信息都按照字母顺序记录到一条班布里带上。如果第一个字母是B，就在纸带第一列字母表的字母B上打个洞（图36.3）。这个方法其实就是后来在计算机发展初期的字母输入方式。德国的密码信息一般不超过250个字母，一条班布里带对付一条密码信息绰绰有余。对于同一天收到的所有密码信息都这么做，得到一大堆班布里带。图灵让工作人员把任意两条班布里带重叠在一起，放到装有许多电灯泡的照明柜前，记录发出灯光的孔，也就是重叠的字母。把第一条纸带相对于第二条按照字母表逐列慢慢地移动，每移动

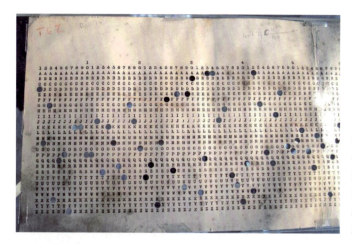

图36.3　2014年在修复布莱切利园第八号小屋时发现的班布里带。这条纸带的每一列字母里都有一个字母被打成孔。这些打成孔的字母构成德军密码的一条信息。

一列,就记录下两条密码信息之间重叠的字母。为什么要这么做呢?他要根据猜测的三字母指标符来寻找当天迷离机加密后的字母重复规律。附录二给出了他的统计分析的具体步骤,有兴趣的读者可以仔细看看,想一想。

　　这是一个辛苦漫长的迭代过程,但图灵和他的同事们把这项工作看成是猜谜游戏,猜得津津有味、废寝忘食。每增加一个破解的字母,贝叶斯概率分析的可靠性就增加一大截。后来的统计结果显示,如果每日截获大约200条密码信息,通过图灵的"班布里分析法"(Banburismus)和贝叶斯概率分析基本就可以破译当天的密码。

　　图灵还考虑了其他一些分析方法来提高破译速度,比如德军可能在两个不同日期里使用相同的加密方法,或者后来的加密方式仅仅是以前一个加密方式的简单倒置。如果两份信息采用的是相同的加密方式,那么通过肯迪式的统计分析(见第十三章),它们的字母出现频率就应该相同。所以在进行长时间的分析之前,只要先做一个简单的频率分析,找到以前破译过的密码,直接就可以破译了。

　　以上只是图灵设计的一系列分析手段的一小部分,绝大部分由于英国情报机关保密,我们至今无法了解其中许多关键性的细节。

　　1940年,第一组图灵"炸弹"建成运行。它重约一吨,可以同时模拟30台运行的迷离机。在这种新式破译机和图灵分析理论方法的联合支持下,英国情报机关的破译能力获得极大的提高。1941年,先后有两艘德国海军舰艇被俘获,其中包括迷离机和密码手册,这使得图灵的破译小组连续两年不断破译德军的联系信息,截获的密码一般在一小时之内即可破解。U型潜艇狼群战术的破坏能力从平均每个月摧毁28万吨英国运输货物骤降到6万吨左右。1941年6月，英国货运船舰竟然连续23天没有遭到任何攻击。

但德国军方最高指挥机构开始采用新的加密技术。他们不再使用迷离机，而是更高级的洛伦兹机（Lorenz machine），用来发送极为重要的超秘信息，比如希特勒发给战场上各位元帅的指令。英国数学家和破译人员开始设计新的机器来对付洛伦兹机。图灵忙于破译U型潜艇的密码，没有直接参与新机"巨无霸"（Colossus）的工作，但他的概率分析理念是"巨无霸"设计的基础。

1944年6月1日，第一台"巨无霸"抵达布莱切利园。它利用光学原理在长条纸带上读取电报原文，通过1 500个真空管电路进行计算，把解密结果输出到电传打字机上。这是世界上第一台计算机（图36.4）。"巨无霸"每天可以破译德军近3 000条绝密信息，赢得了数十场关键的战役。而德国人出于对自己加密技术的极度信任，竟然没想到他们的密码系统已经被人家破译了。

盟军在诺曼底登陆，局外人以为这种在欧洲开辟第二战场的做法是一场豪赌。几万盟军士兵从天上和海上强行登陆到诺曼底毫无遮掩的海滩，很可能伤亡惨重。但其实这是一场有把握的胜仗："巨无霸"已经查过德军的情报，确认当时德国的军力铺展得过于开阔，调动困难，而诺曼底是"大西洋城墙"相对薄弱的环节。1945年6月6日，"巨无霸"破解了德军的最后一条电报，内容竟然是："天哪，怎么来了这么多伞兵！"

后人估计，图灵的密码破译工作使二战提前大约两年结束，使至少1 400万人免于一死。

图36.4 "巨无霸"密码破译机Mark II（1944年版）。右侧一卷卷是打孔的纸带，其功能跟班布里带是一样的。

由于图灵在二战中的杰出贡献，他于1946年获得大英帝国军官勋章。可是，除了这枚勋章，战后的图灵得到的却是更多的屈辱和虐待。1952年，图灵以同性恋行为被法庭判以"严重猥亵罪"。法庭只给他两个选择，要么入狱，要么实施化学阉割刑罚。图灵选择了后者。被迫定期注射雌性激素使他的胸部下垂，声音变细，以至阳痿。他本是一流的马拉松长跑健将，最后连一千米都跑不下来了。1954年6月7日早上，女佣发现图灵死在床上，床头有一个被咬了几口的涂有氰化钾的苹果。那一天，距离图灵的42岁生日还剩下两个星期，正是盟军在诺曼底胜利登陆十周年纪念日。

一代奇才，计算机科学与人工智能之父、数学家、逻辑学家、密码分析学家和理论生物学家就这样结束了短暂的一生。他究竟带走了多少尚未完成的宏伟计划和神奇思想，我们永远也不可能知道了。

2009年，当时的英国首相布朗（James Gordon Brown, 1951—）代表政府正式声明向图灵道歉。图灵去世近60年后的2013年圣诞夜，女王伊丽莎白二世（Her Majesty Queen Elizabeth II, 1926—）签署赦免令，赦免图灵的"严重猥亵罪"。2016年，歧视和迫害图灵的英国三大情报机构之一的政府通信总部的主管表态，为该情报机构的前身军情六处在上世纪50年代对图灵的处分表示道歉。2017年1月31日，《图灵法案》生效，大约49 000位在历史不同时期因为同性恋被定罪的人物被赦免。2019年，英格兰银行宣布，艾伦·图灵的头像将出现在新版50英镑的钞票上（图36.5），以表达对这位天才科学家迟来的敬意。

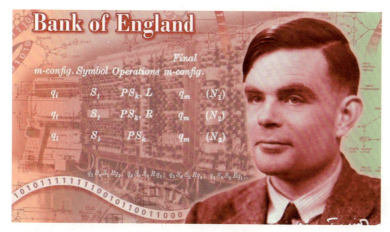

图36.5　即将出现的英国银行50英镑新钞。钞票上图灵头像约摄于1940年代。

本章主要参考文献

http://www.eugenicsarchive.org/(纽约州冷泉港优生学记录馆档案——Cold Spring Harbor Eugenics Records Office Archive).

Lombardo, P. A. "The American Breed": Nazi Eugenics and the Pioneer Fund. Albany Law Review, 2001, 65: 743–830.

McGrayne, S. B. The Theory that Would not Die. New Haven: Yale University Press, 2011: 320.

https://www.turing.org.uk/(Alan Turing: The Enigma — a website maintained by biographer Andrew Hodges).

http://stoneship.org.uk/～steve/banburismus.html (All You Ever Wanted to Know About Banburismus but were Afraid to Ask — a website maintained by Steve Hosgood).

第三十七章　帮助我们窥探未知的稀有事件

　　1941年5月27日，也就是德国无敌战舰俾斯麦号沉没的那天，一个瘦弱的年轻人摇摇晃晃走进布莱彻利园，到图灵手下的八号小屋报到。每遇见一位新同事，他就伸出手来："我很棒。"(I'm good.)这种自我介绍方式最初很让大家疑惑，后来才意识到，他是说，"我的名字叫古德。"(I'm Good.)

　　古德(图37.1)的父母是从波兰移民到伦敦的犹太人，祖姓古达克(Gudak)，古德出生时取名叫伊萨多尔(Isadore Jacob Gudak)。他父亲开了一家钟表店，业余时间用意第绪语写作，颇有些读者。伊萨多尔从小就有超常的数学天赋。他后来回忆说，4岁的时候，他琢磨出1 000乘以1 000的结果，站在小床上大叫："妈妈！你知道1 000乘以1 000是多少吗？"母亲没有受过什么教育，回答说："我不知道。你知道吗，乖乖？""一百万！"伊萨多尔骄傲地回答。10岁左右的时候，他患了白喉，连续好几个星期卧床不起。为了打发时间，他开始心算2的平方根。计算方法是不久前从姐姐那里学来的。计算每前进一步，他就把结果再平方，看是否能回到2，但总是差一点，老是1.9几。当他算到小数点后面第12位以后，把结果平方，得到1.999 999 999…。他意识到，这个结果可能不能用分数来表达。他是对的，因为2的平方根是无理数。他又计算了3、5和7的平方根，发现它们也都是无理数。不但如此，他还发现，有不少互相接近的平方根为无理数的整数对x和y，它们之间还满足一个有趣的规律：$x^2 - my^2 = \pm 1$。

图37.1　少年时代的古德和他的父亲。

这就是数论里面有名的派尔方程（Pell equation），这个名字来自17世纪英国数学家派尔（John Pell, 1611—1685）。10岁的伊萨多尔发现的规律相当于$m=2$。

但这个伦敦出生的孩子长大以后，不愿以犹太人的姓名出现，自作主张改名换姓，成了杰克·古德（Irving Jack Good, 1916—2009）。古德在剑桥大学的耶稣学院就读，1938年毕业后，追从著名数学家哈代（G.H. Hardy, 1877—1947）和贝希科维奇（Abram Besicovitch, 1891—1970）攻读数学。刚刚拿到数学博士，他便来到布莱切利园，参加破译德国海军密码的工作。

第一次加夜班，古德在工作时间打瞌睡，被图灵发现了。图灵以为他不舒服，而古德则理直气壮地说，"累了，需要打个盹儿。"这给图灵留下极坏的印象，从那以后很多天，图灵避免和古德见面。图灵与同事交谈，只要看到古德进来，就马上离开。但这个我行我素的年轻人似乎毫无察觉。

后来又有一次夜班，在完成了所有工作之后，古德突然产生一个想法。德军在使用迷离机的三字母加密密码时，为了迷惑破译人员，常在其中临时加上一个没有意义的字母，也就是虚码。古德想看看这些虚码的选择是否有规律。在研究了一系列被破译的加密信息以后，他发现，虚码的选择确实并非任意，有一些字母被选上的概率比其他字母要高很多。这个发现对加速破译太重要了。当他把自己的发现告诉图灵时，图灵一下子对他另眼相待。图灵自己曾经也做过这方面的研究，但没有发现任何规律。这个发现很快成为班布里破译流程里很重要的一部分。

古德的"累了不干活"的态度在另一个故事里得到有力支持。那天，他花了一整夜的功夫企图破译一条信息，但毫无进展。这条信息经过两次加密，显然非常重要。通常这样的德军军官之间的加密信息是先经过军官们采用专用迷离机密码加密，然后再由通讯人员使用一般迷离机密码加密。古德决定放弃，回到宿舍倒头便睡。睡梦中，他看到加密的方式被人颠倒了。醒来后，他采用颠倒的方式进行破译，竟然成功了。从此，古德"梦中破译"的故事在八号小屋成为传奇。

图灵拿到英国情报部门得到的德军迷离机密码簿以后，深感有必要知道德军指挥官在发送加密信息选择密码时，有没有一定的规律。如果有，那么找到这个规律，就有希望从大量的密码之中尽快地猜出迷离机使用的密码。破译工作的主要瓶颈就在于猜测迷离机的加密密码。一旦找到了三字母密码，破译加密信息就很容易了（见附录二）。在古德找到虚码的规律之前，著名的女破译员琼·克拉克（Joan Clarke,

1917—1996）已经发现，德国通讯人员在密码簿里选择密码时，多数倾向于在密码纸页的上部或底部挑选，而忽视中间。怎样才能相对准确地估计密码被发报人员挑选出来的规律呢？

那时最常用的方法是对每一页中的密码逐一进行频率分析，然后估计每个密码被挑上的概率。但这个方法给出的结果很粗糙。古德想出一个神奇的办法来。这个办法给出一个途径，可以从有限的观察到的密码，通过统计分析的方法来估计从数目极大的密码中被人选出来的那些密码的出现频率。

1953年，古德发表了《种群数量的出现频率以及估算种群数量的参数》(The population frequencies of species and the estimation of population parameters）。在文章中，古德开诚布公地宣称，这个想法最初来自于图灵。因此这个方法现在叫做古德–图灵频率估计(Good–Turing frequency estimation）。由于破译密码的工作仍然属于绝密，古德在文章中不能涉及任何同密码有关的内容，所以他选择了动物界的物种问题作为切入点。

设想在某个世界里存在无数头动物，其中被观察到的动物一共有 N 头（这是我们的样本）；它们属于很多不同的物种，其中第 n_r 个物种的种群数量为 r，也就是说该物种里面共有 r 头动物。这个 r 的变化范围不详，但我们知道，所有已知的动物都算进来一共是 N 头，所以 N、r 和 n_r 之间有一个确定的关系

$$\sum_{r=1}^{\infty} rn_r = N. \tag{37.1}$$

古德的目的是要通过全部已知的动物（所有截获的加密信息）的数目和物种（使用相同密码的加密信息）来做出如下估计：

1. 每一个物种的种群数目，也就是同一个密码，重复出现的频率 p_r。

2. 样本中所有物种的总种群频率，也就是已知密码在所有密码里所占的比例。

3. 表达物种（密码）多样性的通用参数。所谓通用参数，是指不含任何特殊假定而选择的参数。

按照传统的概率定义，一头属于 n_r 物种的动物在我们所考虑的动物世界里出现的概率是 $\dfrac{r}{N}$。但这样的概率对于 N 非常大的情况基本上是零。换句话说，这样的概率给不出关于这头动物出现或存在的任何有用的信息。我们在第三十章中讨论过类似的出现概率很小的事件，也就是稀有事件。古德所感兴趣的稀有事件有个特征：它们重复出现的机会极小，但在巨大数量的事件中，如果把每一类事件按照发生的总数除

以平均发生的次数，你会发现，这些稀有事件的比例要比常见事件的比例高很多。这种稀有事件的数量有个貌似前后矛盾的名称，Large number of rare events（稀有事件的巨大数量；简称LNRE）。这类事件的发生常常是人们最为关心的问题。比如罕见的自然灾害（地震、洪水、暴风雪等等），在种种防护措施之下恐怖活动的出现，罕见的机器故障（飞机失事、核电站事故等），公司的破产，股票交易市场上无法预见的价格震荡等等。有人认为，2007—2008年的金融危机在一定程度上是由于当时使用的交易软件忽略了LNRE的影响。这些交易软件依赖于风险价值（Value at Risk，简称VaR）模型。每天下午关盘以后，各大交易公司的操盘手在16：15纷纷根据自己可以接受的最大风险（比如损失1 500万美元）设立第二天一早股市出现巨大波动情况下是否甩卖的股值。VaR模型按照大波动出现的概率在1%以下来进行风险分析。99%以上的成功概率，应该够高的吧？但是在房地产泡沫破裂的大环境下，概率小于1%的危机开始出现，股市交易剧烈震荡。在这种情况下，VaR动不动就大肆抛售，以至于道琼斯指数从2007年10月1日（13930点）到2009年3月1日（7069点）跌跌不休，直到被腰斩。总而言之，研究LNRE的规律具有重大意义。

利用类似于帕斯卡二项分布的多项分布（因为变量的数目远远大于2），图灵已经知道，$p_r = r^*/N$，其中

$$r^* \approx (r+1)\,\frac{n_{r+1}}{n_r}。 \tag{37.2}$$

但在分析密码出现的频率时，他发现多项分布估计出来的结果不够精确。古德建议，先对观察到的密码的出现频率在数学上进行平滑处理。他找到了一些合理的平滑函数，经过处理后的估计精度大大提高。

古德首先想到的平滑函数就是泊松分布，也就是式（30.3）。用r来代替其中的k，泊松分布的形式如下：

$$\frac{\lambda^r}{r!}e^{-\lambda}。$$

如果LNRE服从泊松分布，那么式（37.2）就变成了常数λ，也就是满足泊松分布的事件的总期待值。

从式（37.2）我们可以推论，对于所有含有r（$\geqslant 1$）头动物的物种来说，它们在样本

中的期待概率的近似值为

$$(r + 1) \frac{n_{r+1}}{N}. \tag{37.3}$$

进一步,对于含有 r 和多于 r 头动物的所有物种来说,它们通过样本得到的期待概率的近似值为

$$\{(r + 1)n_{r+1} + (r + 2)n_{r+2} + \cdots\} \frac{1}{N}. \tag{37.4}$$

再进一步,样本所代表的所有物种的预期总概率大约等于用式(37.3)从 $r=1$ 开始算起的总和,也就是

$$\frac{2n_2 + 3n_3 + \cdots}{N} = 1 - \frac{n_1}{N}. \tag{37.5}$$

由此我们发现,样本所代表的动物数目的比例约为 $1 - \dfrac{n_1}{N}$,而下一个采样的动物属于一个新物种的概率大约是

$$\frac{n_1}{N}. \tag{37.6}$$

通过这个理论,古德一下子把已知世界到未知世界的距离缩短了一大截。

先看一个貌似无聊的例子:莎士比亚脑袋里面的英文词汇量有多少?

莎士比亚是全世界最为卓越的文学家之一,一生创作了38部戏剧、154首十四行诗以及其他诗歌。他的文字被认为是当时英语的最佳范例。有人专门数过,莎翁的全部作品一共使用了884 647个单词,其中互不相同的单词有31 534个。在这些单词中,有14 376个仅仅出现过一次,4 343个出现过两次,2 292个出现过三次,等等。当然还有一些单词(846个)出现了一百次以上。那些经常出现的词,例如a、of、the等等,不能对我们估计莎翁的词汇量有多少帮助,反而出现次数越少的单词越能反映出他的词汇能力,对不对? 这正说明了稀有事件的重要性。

图37.2给出莎士比亚使用单词的频率。这张图跟图30.2里面 $\lambda=0.7$ 那条曲线是不是有点相似? 唯一的区别是图37.2的曲线更为靠近频率 $r=1$ (在图30.2中是 k),这是因为这里的 λ 值远远小于0.7。不过后来人们又发现了许多不同的平滑函数,然后采

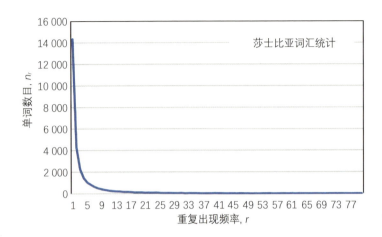

图 37.2　莎士比亚词汇量统计图。

用跟古德类似的方法，利用贝叶斯原理对未知进行估计，得到的结论是：莎士比亚所知道的单词比使用的要多10%左右，也就是大约35 000个。

你或许要问，研究这个问题的实际意义在哪里？举几个例子吧。一个非常复杂的软件包含数万行程序指令，由很多程序员在不同的时间里陆续完成。要想找出所有的程序错误是很难的。假如我们已经找出了一些错误，类似的分析可以帮助我们估计可能还有多少程序错误，这样我们对这个软件的可靠性就有了一种定量的估计。下一次地震、飓风、暴风雨等出现的概率也可以用类似的方法来估计。我们对过去事件知道得越清楚，对未来未知事件的估计也就越准确。"温故而知新"，古人的话在这里有新的含义。

再看一个例子。据统计，除去陨星带来的空间物质和类似工业合成物的矿物，目前国际矿物学会认可的地球矿物共有4 831种。有些矿物在很多地点被发现过，但有很多矿物只在一个地点有报告。如果我们把各种矿物按照它们被发现的地点的数目来分门别类，就得到一张类似于莎士比亚词汇量的图（图37.3）。在这张图里，横轴（矿物出现地点的数目）相当于r，纵轴（矿物种类的数目）相当于n_r。曲线的趋势也是图30.2的样子，左边非常高，右边迅速降低，大致遵从泊松分布。我们看到仅仅出现在一两个地点的矿物数目最多。这就提出了一个问题：有多少矿物的出现是由地球演进过程中的某些偶然因素决定的？假如我们能把地球的演化过程重复一次，是不是会有其他不同的矿物出现？那么，地球上究竟可能有多少种矿物？我们通过对所知道的矿物种类的了解（如图37.3），能不能对这个问题有个近似的回答呢？

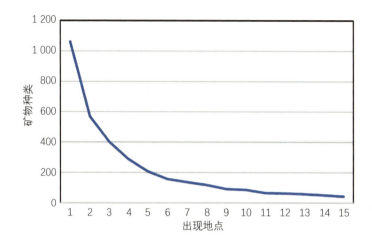

图37.3　地球上矿物种类与出现地点的分布。

答案是肯定的。

我们的样本是4 831种地球矿物，它们分布在许许多多不同的地点。如果把每一种矿物同它被发现的地点做成一个数据对，根据国际矿物学会的数据，目前一共有652 856个确定的数据对。通过选择LNRE数据分布的模型（比如泊松分布），LNRE的统计分析理论可以得出矿物－地点数据对随矿物种类变化的理论曲线，如图37.4。

从这张图我们看到，随着矿物－地点数据对数目的增加，矿物的种类也增加。图37.4中的竖直虚线对应着已知的652 856个矿物－地点数据对。与竖直虚线相交的水平虚线对应的是已知的4 831种矿物。曲线超过两条虚线的交点继续增加，不过增加的幅度越来越小，最后趋于常数，这个常数约等于6 400。也就是说，大约还有25%新

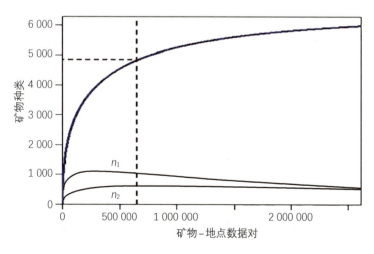

图37.4　地球上还有多少种矿物没有被发现？粗曲线是所有可能矿物数目的预计总数，图下侧两条细曲线是只在一个地点（n_1）和两个地点（n_2）出现的矿物的数目。

矿物等待人们去发现。

但是，这是根据目前发现的矿物来分析的。而我们知道，地球的演化经过了许多不同的时期，每个时期地球表面的环境都很不同。早期的地球很可能经过深度的熔融，后来冷却，地表温度慢慢降低，逐渐形成了现在的样子。在演进的过程中，会不会有很多矿物像恐龙一样被"消灭"了，或者深深地沉入地球内部了呢？如果我们能把地球的演化像放电影一样，从头开始放映出来，那么，在整个地球的历史中，会有多少种矿物呢？另外，对于类似于地球但具有不同演进历史的星球来说，会有多少种可能的矿物呢？

对于这样的问题，我们上面介绍的方法就不适用了。不过还是有办法的，虽然不那么精确。地壳里面有72种形成矿物的化学元素，但它们的含量变化很大。最富含的元素为氧、碳、镁、硅、硫和铁。绝大多数的矿物是由这些元素构成的。从4 831种已知矿物的化学分析，我们得到这样一个大致的估计：每一个元素跟大约1 000种矿物有关系，而所有矿物所包含的元素数目的平均值是4.7。从这个简单的估计，我们发现，一个类似于地球的星球上所有可能的矿物种类数大约是

$$72（元素）\times 1\,000（每个元素所能产生的矿物种类）/4.7 \approx 15\,300（种）. \quad (37.7)$$

换句话说，地球上所发现的矿物大致相当于地球类行星上所有可能矿物种类的30%。

式(37.7)显然不是精密的科学，而只是利用某些统计结果来对事物进行粗略的估计，但它非常有用。它促使我们考虑那些没有被发现的矿物会是什么样的，有没有可能在实验室里合成它们。在考察过程中，人们对式(37.7)做出逐渐深入的评判。如果发现还有其他因素影响矿物的种类，那么式(37.7)就需要做出相应的改进，把缺失的因素补充进去。经过对修正后的式(37.7)进一步仔细考察，如此循环迭代，我们对矿物种类的知识就越来越精确了。

海洋生物学家声称，海里有90%的生物还没有被发现。你有没有想过，既然还没有被发现，海洋生物学家怎么会知道是90%呢？我们还可以问，地球的海洋里和大陆上一共有多少种生物？整个宇宙里可能有多少颗星星？他们所用的方法跟这个估计方法很类似。

作为最后一个例子，让我们考虑一个似乎令人无从下手的问题：在银河系当中，是否存在具有类似于人类的高等智慧生物的星球？其中可能跟人类发生接触的星球

图37.5　德雷克和著名的德雷克公式。

的数目会是多少呢?

有一个人,从8岁起就开始问自己这样的问题。这个人就是法兰克·德雷克(Frank Drake, 1930—)(图37.5)。他从康奈尔大学毕业后,转入哈佛大学研究无线电天文学,后来在1960年首次使用无线电技术试图搜寻外星生命,这就是所谓的奥兹玛计划(Project Ozma)。奥兹玛公主是童话小说系列《绿野仙踪》(*The Wonderful Wizard of Oz*)中的一部《翡翠城》(*The Emerald City of Oz*)里面的主人翁。作者鲍姆(L. Frank, Baum, 1856—1919)在故事里声称,自己通过无线电与神秘国度奥兹(Oz)联系,从而了解了整个故事发生的经过。德雷克利用直径为26米的无线电波望远镜连续观察两颗距离太阳系不远的行星天苑四(Epsilon Eridani)和天仓五(Tau Ceti),觉得它们似乎适于生物居住。经过几年的努力,没有发现任何从外星生命发来的讯息。但德雷克仍然认为,未来与外星生命的接触是不可避免的,而且最大的可能是通过无线电或光学信号。他的努力引起很多非专业人士的注意,促发《星球大战》等关于外星文明的科幻电影和文学作品的发展。

1961年秋天,德雷克计划在西维吉尼亚州奥兹玛计划的运行场地召开第一次搜寻外星文明计划的探讨会。考虑到对这个计划感兴趣的人来自社会的各个不同层面,与会人士想要讨论的内容很可能涉及天文学、经济学、社会学、伦理学、哲学等各个层面,他需要一个主题和议程。经过一番思考,他决定用一个数学方程来总结搜寻外星文明的重要性:

$$N = R_* \times f_p \times n_e \times f_l \times f_i \times f_c \times L. \tag{37.8}$$

这里，N是银河系中可能与地球发生通讯联系的星球数目，它由等式右边的7个参数的乘积来决定，其中

　　R_*——银河系中恒星生成的平均速率；

　　f_p——所有上述恒星中含有行星的部分（0到1）；

　　n_e——每颗星中可能演化出生命的行星的平均数目；

　　f_l——在可能演化出生命的行星中实际上演化出生命的部分（0到1）；

　　f_i——上述行星实际上演化出高智商生命（文明）的部分；

　　f_c——上述行星中文明发展到具有发出通讯信号技术的部分；

　　L——上述高智商文明向空间发出可探测讯号的时间长度。

　　所有这些参数都是未知的，只能靠估计，而估计需要假定。不同的假定会给出相当不同的参数。德雷克后来回忆说，与会者对式（37.8）整整讨论了三天，根据当时的估计，式（37.8）右边的前6个参数之积约等于1。会议结束时，主持人举杯祝酒说："为了L。希望它是一个非常大的数！"后来，不同的研究得出许多不同的N，从1到1 000 000不等。

　　这个公式从出现到今天已经60年了，天文学家还在不断地对等式右边7个参数进行界定，期望对N做出越来越准确的估计。最近的一些研究似乎暗示，N很可能是一个很小的数。

　　LNRE在这个问题上也很有帮助。地球的年龄到目前为止大约是45亿年。在这么长的时间里，人类才进化到目前的智力水平。再过10亿年，太阳辐射的变化很可能使得地球不再适合复杂有机生命体生存。在其他星球上，智力演进所需要的时间很可能会超过地球的年龄。而每个星球本身的生命都是有限的。利用贝叶斯理论分析生物演进过程中物种突变的概率，发现从生物演进的角度来看，有智力的生命在宇宙当中很可能是极为稀有的事件。绝大多数生命很可能还没有演进到人类智商的水平就已经灭亡了。所以在银河系里，N恐怕接近于1，人类可能是很孤独的。

　　最后，让我们以古德的故事来结束本章。

　　古德在二战后得到曼彻斯特大学的教席，但因为不喜欢教书，他转到政府通讯总部（Government Communications Headquarters）专职从事研究。他的工作都属于保密性

质,无法发表研究结果。古德一直对计算机智能(也就是我们后面将要讲到的人工智能)深感兴趣。早在1965年,他就著述讨论机器的超级智能以及人类和机器思维逻辑的问题。他甚至忧虑,机器智能说不定会造成人类的毁灭。后来他得到芝加哥大学教授的聘书,但最终去了弗吉尼亚理工学院(Virginia Polytechnic Institute)。据说那里给了他双倍的工资,比校长的工资还要高。

古德是个富有幽默感的人。他的轿车的牌照是007 IJG,暗喻自己曾经跟詹姆斯·邦德是同行。他曾经发表过一篇双作者的研究文章,合作者名叫K. Caj Doog。这是把他自己的名字Good Jack颠倒顺序得到的。今天,在科研文章中开这样的玩笑已经不可能了。

这个研究稀有事件概率的人,当然非常注意稀有事件。犹太人注重数字7,认为它代表上帝和神圣。古德(图37.6)后来在回忆自己从1967年移民到美国的经历时说:

> "我抵达黑堡(Blackburg,弗吉尼亚理工学院所在地)是在本世纪第七个十年的第七个年头,第七个月的第七天的第七个小时。这一切都是巧合。"

但还有另一个稀有事件,恐怕对古德来说更为重要。

图37.6 1994年的古德。

古德终身未婚。在弗吉尼亚理工学院任教期间,他以完美主义者闻名于校园,三年中换了十位女秘书,她们都受不了古德对文稿和信件的吹毛求疵。第十一位秘书到位后不久,古德如逢知己,很快向她求婚,但遭到拒绝。然而,正是这位小他40岁的来自田纳西的女人后来悉心照料了他30年。她陪着古德去度假,处理他工作和生活中的所有文件和书稿,帮他管理财务,直到退休,后来继续在他健康日益恶化的日子里照顾他。为此,这个年轻的金发女郎听到不少流言蜚语,但她没有反驳。直到在古德的葬礼上,向古德致最后的道别词时,她坦然面向众人,道出自己的内心。她跟古德没有任何爱情,但两个人有深刻的相互理解。她从来不是古德的情人，而是一位30年始终如一的挚友，一个保护古德财产和记忆的坚定的监护人。

本章主要参考文献

Bank, D. L. A conversation with I. J. Good. Statistical Science, 1996,11: 1–19.

Drake, F., D. Sobel. The origin of the Drake equation. Astronomy Beat, 2010,46: 1–4.

Efron, B., R. Thisted. Estimating the number of unseen species: How many words did Shakespeare know? Biometrika, 1976, 63: 435–447.

Good, I. J. The population frequencies and the estimation of population parameters. Biometrika, 1953, 40: 237–264.

Hazen, R. M., E. S. Grew, R. T. Downs, J. Golden, G. Hystad. Mineral ecology: chance and necessity in the mineral diversity of terrestrial planets. The Canadian Mineralogy, 2015, 53: 295–324.

Snyder–Beattie, A. E., A. Sandberg, K. E. Drexler, M. B. Bonsall. The timing of evolutionary transitions suggests intelligent life is rare. Astrobiology, 2021, 21: 1–14.

第三十八章　对人类智慧的挑战

　　二战结束的第二年，图灵提出了一种包含程序储存功能的计算机设计原理，并把它命名为自动计算引擎（Automatic Calculating Engine，ACE）。有过"巨无霸"的经历，图灵有十分的把握，这个设计会成功。可是由于英国官方对"巨无霸"严加保密，图灵不能把这个事实讲出来，图灵觉得自己的想法没有得到足够的支持，于是离开了英国国家物理实验室（National Physics Laboratory）。有人怀疑图灵后来遭到迫害是政府有意为之，因为担心他会把二战中的绝密信息泄露出去。有些事恐怕我们永远也搞不清。

　　在美国，计算机的研发则进展迅速。1945年，一台电子数值积分计算机（Electronic Numerical Integrator and Computer，简称ENIAC，埃尼阿克）在阿伯丁射击试验场的弹道研究所（Ballistic Research Laboratory）安装启动，主要目的在于协助设计核武器。埃尼阿克是以十进位制进行计算的机器，利用大量的真空管和复杂的线路来完成计算。1951年，离散变量自动电子计算机（Electronic Discrete Variable Automatic Computer，简称EDVAC，埃德瓦克）在弹道研究所正式启动。埃德瓦克是第一台使用二进制的计算机。这台计算机是否参与了上篇第八章里鲍德温等人计算黑杰克概率的工作呢？也许他们的真正任务是测试这台计算机的计算功能？我们不得而知。

　　研发埃德瓦克的主要参加者之一是冯·诺依曼（John von Neumann，1903—1957），这是一位传奇式的人物。他出生于奥匈帝国陪都布达佩斯的一个犹太家庭，自幼就显示出非同常人的智力。6岁时，他便可以跟父亲用古希腊语交谈，并心算八位数除法。8岁时，他已经读得懂微积分。15岁时，他找到布达佩斯最著名的分析学家攻读微积分。19岁上大学之前，他已经发表了两篇数学论文，并获得匈牙利国家数学奖。他喜欢数学，想继续深造，但父亲觉得数学不赚钱，于是两人达成妥协，年轻人先后到柏林大学和苏黎世联邦工业大学攻读化学工程，可是他同时又在布达佩斯大学（现在叫罗兰大学）注册了数学。虽然他在布达佩斯大学没有上过一天学，但在1926年，他却同时获得苏黎世联邦工业大学的化学工程毕业证书和布达佩斯大学博士学位。诺依曼恐怕是第一位远程大学的博士。他的记忆力惊人，可以把电话簿里的电话号码、人名、地址准确无误地背诵出来。

　　1930年诺依曼来到美国，把名字从诺依曼·亚诺什（匈牙利语：Neumann Janos；匈牙利人名跟中国类似，姓在前，名在后；亚诺什是典型的犹太名字）改成了德国风格的约翰·冯·诺依曼。中间的"冯"是因为在他10岁的时候，父亲被匈牙利政府授予世袭贵族头衔。三年后，他成为普林斯顿大学的终身教授。30岁的教授在校园里常常被人误认为是研究生。诺依曼比图灵大9岁。1936年，在图灵探讨计算机的可能性的时候，诺依曼正以普林斯顿数学教授的身份在剑桥大学访问。第二年，图灵到美国普林斯顿大学读博士，诺依曼也回到那里教书，两人对计算机的前景有过深刻的交流。

　　诺依曼（图38.1）工作极有效率，影响力甚广。除了大量数学领域的贡献，他还是量子逻辑的发明人、博弈论和数学统计学的前驱、数学经济学的开创者、"曼哈顿计划"核武器研发的主要参与者。在遗传学里，他在发现遗传基因之前就建立了细胞自我复制的数学模型，他的细胞自动机（Cellular automaton）理论在1970年代以后才得到遗传学界的重视。而在电子计算机的发明史中，他更占有非常重要的地位。如果说图灵是计算机之父，诺依曼不算之母至少也该算是接生婆。在计算机算法和硬件的研发方面，他是公认的奠基人。

　　但他绝不是一个死板的书呆子。他不喜欢安安静静地工作，不是用留声机大声播放德国军乐，就是把电视机的声音开得大大的，这很让他的同事如爱因斯坦和邻居们都非常反感。他总是穿着最讲究的西装，酷爱派对，喜欢吃吃喝喝。他妻子讽刺说，诺依曼什么都算得对，就是对卡路里怎么也算不清。在普林斯顿，诺依曼开车技术之

图38.1　约翰·冯·诺依曼和他的计算机。他曾这样说："如果说人们认识不到数学的简单，那是因为他们不知道生命有多么复杂。"

烂是出了名的。他一边开车一边读书，所以连出车祸。据说，在IBM做访问教授期间，邀请他访问的主人常常私下里把他的罚单付掉。

1928年，也就是25岁的时候，诺依曼发表过一篇有关博弈论的文章，讨论"零和游戏"（Zero sum games）的策略和概率问题。这是他概率统计研究的开端，其意义远远超出牌类、棋类等游戏，直接影响到后来经济学、心理学、社会学、人工智能以及政治军事战略的研究。

所谓"零和游戏"，简单地说是指两个人玩的游戏，其中一个人的损失正好等于另一个人的获益，二人的总和加起来永远为零。诺依曼的理论证明，在这种游戏里，两个人总能找到对自己最适合的策略。换句话说，这种游戏没意思，不好玩。为什么呢？

诺依曼首先建立所谓的得分方阵（Pay-off matrix）。比如，你和我玩一个零和游戏，根据游戏规则，我们建立如下的得分方阵（表38.1）：

表38.1　一种具有鞍点的假想的零和游戏的得分方阵

	你的行动a	你的行动b	你的行动c
我的行动1	3	–5	–2
我的行动2	6	9	8
我的行动3	–1	6	–3

你可以选择三种行动（a, b, c）中的任意一种，我可以选择三种行动（1, 2, 3）中的任意一种。表38.1中对应的数值是我赢（＋）或输（–）的点数。比如，如果我选行动2，你选行动c，对应着"我的行动2"和"你的行动c"那一格里的8，意味着我赢8个点，也就是说，你输8个点（因为这是一个零和游戏）。同样，"我的行动1"和"你的行动b"意味着你赢5个点，我输5个点。

怎样使用这个方阵来选择游戏策略呢？它的基本思路是，在最差的情况下争取最高的得分。也就是说，在对手做出他最高得分的行动时想办法使自己的得分最高。具体来看，如果我选择行动1，最坏的结果是–5；如果我选择行动2，最坏的结果是＋6；行动3对我来说，最坏的结果是–3；我避免风险的策略是，把我的可能的最小得分尽量最大化。所以我选择行动2。

那你应该怎么办呢？你也要把你的可能的最小得分尽量最大化。表38.1是按照我的得分制作的。我的得是你的失，我的正分是你的负分。所以，按照表中给出的数值，你需要把这些最大的点数最小化。在"你的行动 a"那一列，我得 +6 分对你来说是最坏的结果。在行动 b 那一列，我得 +9 分是你的最坏结果。同理，你的行动 c 那一列，我得 +8 分是你的最坏结果。所以对你来说，把最坏的结果最小化，意味着你选择行动 a。这对应着我选择的行动 2。我赢 6 分，你输 6 分。

你和我根据各自利益选择的这个组合（我的行动 2 和你的行动 a），称为游戏的平衡点，原因是在这样的点上，游戏的双方都能保证损失最小，所以双方都没有理由离开这个平衡点。在更复杂的情况下，这样的点叫做鞍点（Saddle point）。这是因为，如果我的行动对应着变量 x，你的行动对应着 y，而我们共同的得分 z 是 x 和 y 的函数，z 可以考虑成一个曲面。我想得到曲面上最高的"峰"，而你要达到曲面上最低的"谷"，一个典型的这样的曲面如同马鞍（图 38.2），鞍点也称为最小最大化点（Minimax point）。在表 38.1 的例子里，我们的鞍点是 6，也称为这个游戏的值。总而言之，如果游戏存在鞍点，每个玩游戏的人就都能找到最佳策略，并且即便向对手透露自己的策略也不会影响得分。

真正的游戏都不存在这样的鞍点，不然根本玩不下去。在分析了复杂的真正的游戏以后，诺依曼引入概率并使用混合策略。所谓混合策略，是说游戏参与者的每一行动都是按照某种概率来进行的。一个典型的例子是锤子、剪刀、布（表 38.2）。

锤子砸剪刀，剪刀剪布，布包锤子。这个方阵不存在鞍点，因为我的行里的最低点（−1）不对应你的列的最高点（ +1）。没有鞍点的最明显特点是，假如我事先告诉你

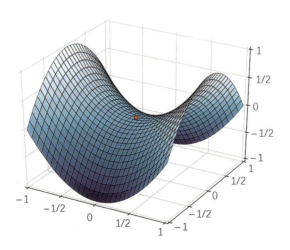

图 38.2　马鞍面（蓝色曲面）上的马鞍点（红点）。两个横坐标是 x 和 y，纵坐标是 z。

表38.2　锤子、剪刀、布游戏的得分方阵（无鞍点）

		你的选择		
		锤子	布	剪刀
	锤子	0	–1	1
我的选择	布	1	0	–1
	剪刀	–1	1	0

我下一步的选择，你一定能找到一个选择来击败我。这样的游戏不存在必赢的策略。

诺依曼说，对这样的游戏，应该使用混合策略。比如，我用1/3的概率来分别选择锤子、剪刀、布，然后计算利用这样的概率可以期望什么样的得分。当然，这需要在重复游戏很多次以后才能得到得分数的概率统计。他证明，任何一种二人玩的零和游戏都存在一种混合策略，使二人期望的得分数值相等。由于是零和，两个人从概率上来说不能得到比这种期望值更高的得分。而且即使你把你的策略明确告诉我，我也占不到任何便宜。这就是所谓的最小最大值定理（Minimax Theorem）。这个定理说，每个游戏的参与者都可以选择一种策略，使自己的最大损失极小化。

诺依曼后来说：在我看来，没有这个定理很可能就没有博弈论。我觉得在最小最大值定理被证明之前，不值得发表任何文章。

1944年，诺依曼与经济学家摩根斯特恩（Oskar Morgenstern, 1902—1977）合作，出版了一本书《博弈论与经济行为》（*Theory of Games and Economic Behavior*）。这本书同时开创了博弈学和经济学的新领域。

计算机加上博弈论，使概率统计发挥越来越广泛的作用，迎接越来越多的挑战。

英国数学家乔治·布尔（George Boole, 1815—1864）最先看到，数学可以用到逻辑思维分析当中去。他试图把逻辑法则归纳成为简单的代数形式，构建了著名的布尔代数。他的《思维的法则》（*The Laws of Thought*），成为研究人类大脑逻辑和概率思维功能的开端。图灵、诺依曼和香农等人在研发电子计算机的过程中，把人类的思维变成了计算。于是，一个自然的问题就出现了：计算机能够最终取代人脑吗？用什么方法可以使计算机挑战人类的智慧？

从第一台计算机问世起，许多计算机科学家一直在考虑这个问题。最早提出利用国际象棋来比较计算机和人脑功能的是香农。他利用布尔代数的逻辑设计了电子线路,用来进行计算。他跟朋友到赌场去赌黑杰克(上篇第八章的故事)恐怕同研究计算机程序的思维能力不无关系。在人工智能(artificial intelligence,简称AI)的研发过程中,计算机国际象棋成为最广泛使用的实验技术测试对象,被称为"AI研究的果蝇"(孟德尔的豌豆实验被人们注意以后,遗传实验大多使用果蝇作为研究对象)。起初人们只是利用业余时间写写象棋程序,到了1970年,美国计算机学会(Association for Computer Machinery, ACM)开始举办全国计算机象棋年赛。这是计算机对计算机的比赛,因为当时计算机的能力还不能够跟人直接对抗。

国际象棋跟中国象棋有不少类似之处。棋盘由8行8列格子组成,共有64个位置。双方各有16枚棋子,国王(King)和王后(Queen)各1枚,主教(Bishop,相当于中国象棋的象)2枚,骑士(Knight,相当于中国象棋的马)2枚,城堡(Rook,相当于中国象棋的车)2枚,另外有阵前兵(Pawn)8枚。比赛时是持白者先走,64个棋盘位置的标号以白方为参考,标记如图38.3所示。

开盘时,白方的第一步有20种不同走法,黑棋有同样多的走法相对应,所以双方的第一步共有400种组合。第二步之后,双方棋子所有可能的位置的组合数陡然增加到71 852种,第三步以后的可能组合数为9 132 484种。随着棋局的深入,情况越来越复杂。有数学家说,把双方棋子位置所有的组合数都加起来,可能有$10^{10^{50}}$种。这个写法很多人可能看不懂,它相当于10^n,而这个n在1后面有50个0。我们把它展开写在下面:

图38.3　国际象棋的棋盘和棋子。每个格子标有横向的字母和纵向的数字。比如开盘之前白棋王后的位置是d1,黑棋王后的位置d8。

$$10^{100,000,000,000,000,000,000,000,000,000,000,000,000,000,000,000}.$$

你会发现,它实在是很难读。这个大得近于荒唐的数字,按照一般人的经验,很难感受它的大小。有人认为,整个宇宙的原子数的总和恐怕也没有这么多。在这种近于无穷大的情况下穷举法毫无希望,只能求助于概率加上诺依曼的最小最大化法则和混合策略。

我们先看一个简单的例子,井字棋(图38.4)。由于情况非常简单,我们可以使用穷举法,把所有可能的步骤都列出来。这就是所谓的决策树(在上篇第二章中分析八卦占卜时,我们曾经采用类似的图来计算蓍草占卜时的各种可能性)。在图38.4中,最上面的一行是在游戏过程中间我的对手(MIN)出子后的棋局(他出的棋子用 × 表示)。在MIN后面(第二行),我(MAX)有3个选择,也就是图38.4中的2)到4)。对于我的每一个选择,MIN有两个选择,共6种选择,即图中的5)到10),其中棋子位置7)和9)将把他的三枚棋子连成一行,因而获胜。所以,按照最小最大化法则,我必须选择2),这样无论MIN如何最小化他的损失,最终结果都是我胜,见图中11)和12)。

在国际象棋的计算中,也使用类似的决策树来分析每一步后面的可能性,但我们无法穷举所有的可能性。对于下一步到后面几步以至十几步会发生什么样的情况,只能作概率上的预测。实际上象棋大师们在下棋过程中也是在做预测,只不过他们的预测跟数学物理模型有所不同,含有许多直觉的因素。怎样在每一步之后根据具体情况

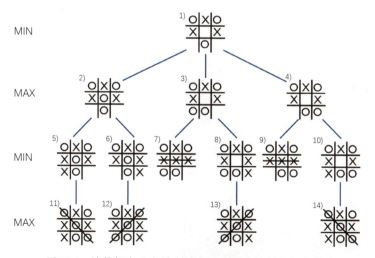

图38.4 计算机在井字棋中对应对手的决策树分析方法。

酌情改变预测，从而改变战略和战术呢？答案是：使用贝叶斯概率。

1985年，刚刚进入卡耐基－梅隆大学计算机科学系博士站的华裔学生许峰雄（Feng-hsiung Hsu）和其他几个学生鼓捣起一台下国际象棋的计算机，取名为"芯测"（Chip Test）。象棋大师本杰明（Joel Benjamin, 1964—）也参与其中。"芯测"经过改进变成了"深思"（Deep Thought）。1988年，"深思"打败了丹麦象棋大师拉尔森（Bent Larson, 1935—2010），这是历史上第一次计算机在真实博弈中战胜大师级棋手。

许峰雄在1989年得到博士学位后，同他的队友一起进入IBM，目标直指当时的国际棋王、俄国人加里·卡斯帕罗夫（英文：Garry Kasparov, 1963—）。卡斯帕罗夫是个传奇人物，他在1985年至2006年间23次在世界国际象棋界排名第一。许峰雄等人把"深思"改名为"深蓝"，改进芯片，加快计算速度，扩充大师棋局的数据库，特别是卡斯帕罗夫的棋局，并改进决策图的搜索功能。这些数据库帮助"深蓝"预测后面棋局的走向。

经过6年多的努力，"深蓝"与卡斯帕罗夫于1996年2月按照世界国际象棋比赛的规则正式交锋（图38.5）。卡斯帕罗夫确信自己可以打败机器。有人下了50万美元的赌注，胜者拿60%，败者拿40%。卡斯帕罗夫大声嘲笑下注者：他要赢得全部赌注。

第一局，"深蓝"持白，赢了卡斯帕罗夫，第二局卡斯帕罗夫持白，赢了"深蓝"，第三、四局双方同意为平局。第五局，在第23步时卡斯帕罗夫建议平局，但最终战胜"深蓝"。最后一局，他再一次战胜"深蓝"。

赛后，卡斯帕罗夫对"深蓝"表现出来的"人性"表示惊讶。在最后一局里，"深蓝"做了一个非常奇怪的决定，它似乎毫无目的地移动了一枚城堡。这个浪费的举动让卡斯帕罗夫非常不解。更奇怪的是，两步棋之后，"深蓝"认输了。

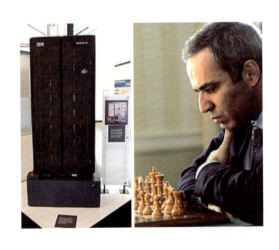

图38.5　1996年2月10日，"深蓝"（左）与卡斯帕罗夫（右）在费城首次交锋。

　　"那是一招奇妙的、极富人性的棋，"卡斯帕罗夫事后说，"我跟许多计算机打过交道，但我从来没有这种感觉。我能感觉到，我能闻出来，桌子对面是一种新的智能。""深蓝"的举动让他感到震撼。

　　但事后卡斯帕罗夫在复盘的时候，惊讶地发现，实际上，"深蓝"已经算出来，在那一招"臭"棋后面第15步，城堡的位置变得非常重要。可惜的是，"深蓝"的数据库在接近棋局末尾的时候陷入一个"黑洞"——它没有现成的棋谱可以依靠了。它看得够深够远，但不够宽。象棋大师卡斯帕罗夫临时的举措使"深蓝"束手无策，只好认输。

　　虽然输了这盘棋，电脑专家们反而更有信心了。"深蓝"可以看到棋局20步甚至更远的前景，大师如卡斯帕罗夫，一生只在一局当中看到过后面第15步。

　　第二年，经过改进的"深蓝"同卡斯帕罗夫再次对垒。这一次，"深蓝"以二胜一负三平的成绩战胜对手。打那以后，卡斯帕罗夫再也没有战胜"深蓝"的机会了。不久，IBM拆掉了"深蓝"，许峰雄则加入了微软的北京亚洲学院，在那里研发计算机围棋和日本将棋。

　　"深蓝"还是有明显的"硬算"的特征。它根据大师的棋局数据库，依靠庞大的计算能力尽可能地计算每一步后面对手可能的招数。但它所采用的最小最大化法则、决策树搜索、贝叶斯概率等概念，现在被用来设计人工智能和机器学习（Machine learning）。2015年，一个名叫Matthew Lai的华裔加拿大籍学生从伦敦帝国学院（Imperial College London）毕业。他的硕士论文是利用机器学习理论建立一台自学国际象棋的计算机。这台名叫"长颈鹿"（Giraffe）的机器在72小时之内，就可以通过自学达到国际象棋大师级的水平。

　　"长颈鹿"的背后，是所谓"人工神经网络"（Artificial neural network，简称ANN）技术。它模仿大脑的神经网络结构和功能，建立的数学模型或计算模型用于对函数进行估计或近似。"长颈鹿"的学习功能使它可以依靠象棋大师们过去的棋局来自我训练，逐步完善对象棋的理解。这种技术已大量用在图像识别、语音识别、机器翻译、社会网络的过滤、数码游戏、医学诊断，甚至绘画等领域。看起来，在未来的世界里，所有的机器皆含智能，而所有的算法都离不开概率和统计。

　　那位赖同学后来加入谷歌下面的人工智能公司"深心"（DeepMind）。这个公司创造了一个以人的思维方式学习电子游戏的人工神经网络，而且这个网络可以接入一个外部存储器，就像一个传统的图灵机一样，使得一台电脑可以模拟人类的短期记忆。

2014年，他们研发出围棋计算机软件AlphaGo。

围棋远比象棋要复杂得多。在棋盘的361个交叉点上，第一个子可以下到任何一处。相比之下，象棋的第一步只有20种可能性。随着棋局的开展，围棋可能的下法比象棋多得太多了。更重要的是，象棋是毁灭性游戏，开局时，所有的棋子都在棋盘上，随着游戏的进展，棋子被对方吃掉，数目不断减少，游戏变得越来越简单。相反，围棋是建设性游戏，开局时棋盘空空，随着棋局的进展，棋子越来越多，每一子都可能影响全盘。

2015年，AlphaGo首次击败法国华裔二段围棋手樊麾，2016年又战胜世界冠军、韩国专业围棋九段李世石。在与李世石对局的第二局，AlphaGo在第37步下出一手所有职业棋手无法想象的棋，令观棋者大惊，继而望洋兴叹。可是第四局第78步，李世石也下出一手神棋。AlphaGo大惑不解，不得不重新"思考"战略，搜索所有的决策树，结果连续误算，终于输了一局。AlphaGo当时的状态和"深蓝"在与卡斯帕罗夫对弈时陷入的状态很相像。不过，从此之后AlphaGo棋艺更加精进。2017年5月，世界冠军柯洁同改进后的AlphaGo交手，连输三局。据说，在最后一局中盘的时候，AlphaGo下出一步棋，19岁的柯洁浑身寒冷颤抖，忍不住冲出对局室，无力地说："我赢不了，我做不到！"

伴随着柯洁的啜泣声，AI把围棋带入一个崭新的时代。人们恍然发觉，三千年的皓首穷经呕心沥血，对于围棋奥妙的理解却仍然仅仅限于皮毛。柯洁的哭声或许也隐含着希望。后来他说，人类与人工智能联手，将会开创一个新纪元，共同发现围棋的真谛。当然，棋手的喜怒哀乐，如醉如痴，那种体验到美和奥秘的惊喜，人工智能至少在短期内还是体会不到的。

2017年，"深心"推出AlphaGo Zero。这是一个全靠自学，不采用任何人类数据的版本，它比以前的版本都要强大。通过跟自己对局，AlphaGo Zero经过3天的学习，以100比0的完美战绩超越AlphaGo Lee，21天后达到AlphaGo Master的水平，40天内超过所有之前的版本。

2018年底，AlphaZero出场。它在AlphaGo Zero的基础上，把算法延伸到日本将棋和国际象棋。

概率使人工智能在代表人类智慧的棋类博弈中具备了压倒性优势，人类独尊棋类的时代成为过去。

又过了两年（2020年），阿尔法折叠（AlphaFold）问世。这一次，人工智能直接跃入科学研究领域。研究蛋白质结构，对可能的结构进行预测，这在生物学和医学领域占有非常重要的地位。人类身体里存在几千种不同的蛋白质；如果全世界的生物都考虑进来，共有超过两亿种蛋白质。而利用晶体结构理论，经过全世界科学家60年的努力，目前破解出的蛋白质结构只有17万种左右。

蛋白质的结构非常复杂，每一种蛋白质包含数十到数百种氨基酸分子，这些氨基酸的排列顺序决定了无数种氨基酸分子之间压缩和拉伸的方式，导致蛋白质复杂的三维形状，而这些蛋白质形状又决定了它们的不同功能。对这些形状的了解，可以帮助研究人员设计能够插入蛋白质内部缝隙的药物分子，达到消灭病毒、医治疾病的目的。但了解它们的结构一直是生物界和医药界的一大难题。这个难题消耗了许多研究人员的毕生之力，严重影响了对蛋白质功能以及药物对蛋白质影响的研究，而后者是研发新药、治疗疾病的重要环节。

阿尔法折叠是专门用来分析、预测蛋白质折叠的人工智能网络。所谓蛋白质折叠，是蛋白质获得它的功能性结构和构象的物理过程。通过这个物理过程，蛋白质卷曲折叠，构成具有特定功能的不同的三维结构。阿尔法折叠拥有一个包括所有17万种已知蛋白质结构和卷曲折叠方式的数据库。通过深度学习（Deep learning）技术，阿尔法折叠利用贝叶斯原理，像AlphaZero自学下棋那样，通过数据库学习发现复杂的蛋白质结构。2020年11月，在第14届蛋白质结构预测技术关键测试（Critical Assessment of Protein Structure Prediction, CASP）比赛中，阿尔法折叠在对蛋白质折叠结构分析的过程中战胜了100个科学团队，以中位分数为92.4的成绩名列前茅。比赛满分为100分，90分以上被认为预测方法可与实验方法相媲美。阿尔法折叠预测最具挑战性的蛋白质的平均得分是87，比第二名的得分高出25分。它甚至可以预测嵌入细胞膜的蛋白质结构。细胞膜是许多人类疾病的核心，但很难用X射线晶体学研究。有专家对此评论说："游戏规则从此彻底改变。"

本章主要参考文献

Shannon, C. Programming a computer for playing chess. Philosophical Magazine, 1950, 41: 256–275.
Silver, N. The Signal and the Noise: Why so Many Predictions Fail, but Some Don't. New York: The Penguin Press, 2012: 445.

第三十九章　学以致用：中心极限原理与回归分析无所不在，但使用时请看好脚下！

达特茅斯学院（Dartmouth College）教授惠伦（Charles Wheelan, 1966—　）在他的著作《赤裸裸的统计学》（*Naked Statistics*）中编造了一个听起来可笑但给人启发的故事，我在这里借用他的故事，以稍微不同的方式简述一下。

设想你住在一个既没有手机也没有全球定位的城市，市政府组织了一次世界性的马拉松比赛。参赛那天早上，从外国来的参赛者乘坐组织者安排的大巴到指定地点去注册。不幸的是，一辆大巴在路上走失，车上没有一个人会讲中文。市领导责成你去寻找这辆大巴。

你匆忙准备离家出门，正好看见不远处有一辆大巴抛锚在路边，上面坐着全是不懂中文的老外，一个个愁眉苦脸，唠唠叨叨。这肯定是全市都在寻找的那辆大巴了！你庆幸自己的运气，还没开始寻找，大巴却自己送上门了！你打算找司机谈谈，给他马拉松比赛注册的地址和方向。可是，这些乘客看上去似乎不太像马拉松运动员。为什么呢？因为……因为他们一个个体重起码都在100公斤以上，任何一组马拉松运动员都不应该这么胖。你用电话告诉搜寻总部："我觉得这不是我们要找的大巴，接着找吧。"

这时候英文翻译赶到了，她告诉你说，这辆抛锚的大巴是前来参加国际香肠狂欢节的。不知道为什么，市政府把香肠狂欢节和马拉松比赛安排在了同一周。

了不起，你通过这些人的体重成功地推断出他们不是参加马拉松比赛的。可是你也许不知道吧，你在推断过程中所使用的基本理论就是中心极限原理。

通俗地讲，中心极限原理的核心是说，一组采集适当、足够大的数据组应该跟产生这组数据的原始来源很相像。在上面的故事里，有两个原始来源，一个是参赛的所有马拉松选手，一个是参加香肠狂欢节的所有食客。虽然采样会有各种各样的变化，比如，去注册马拉松赛的大巴上的选手都是不同的国家和种族的混合，但是每辆车上的选手的体重分布跟全部选手的体重分布的差别应该不会很大，这是你做出判断的依据。确实有一些体重100公斤左右的马拉松选手，但绝大多数选手的体重都没有那么高。一辆大巴里装的全是体重100公斤以上的马拉松选手的概率肯定非常非常之低。

中心极限原理不仅帮助我们做出这种定性的判断，还可以给出定量的判断。假如有一万名选手参加你们城市的比赛，他们的平均体重是70公斤，再假定这些人体重分布的一个标准偏差是5公斤，那么60名平均体重100公斤左右的马拉松选手乘坐同一辆大巴的可能性远远不到1%。

顺便提一句，所有参赛选手体重的分布不可能服从正态分布。体重分布一般来讲不会关于平均值左右对称，这是因为选手们的身体都非常健康，所以体重不大可能会低于某个临界值，比如40公斤。事实上，很多原始数据都不满足正态分布，比如全国人民年收入的分布也不会关于平均值左右对称。根据2019年国家统计局的数据，中国人均可支配收入的中位数是26 523元，高收入那边可以拉得很远很远，到几十亿上百亿元，但只有屈指可数的马云、马化腾等人；而在低收入的端头，比如1万元，则可能以数千万人计。由于马云和马化腾等人的收入特别高，全国人均年收入的平均值会比中位数高一些。但即使按照平均数来看，收入的分布也不可能是左右对称的。

但是，如果从全部选手中"采样"，比如看看那辆迷路大巴上随机坐着的60个人，他们的体重分布从概率上讲应该相对于参加香肠狂欢节全体人群的体重平均值上下基本对称，也就是说大致满足正态分布。同理，如果在全国不同地区（包括大城市和农村）随机选出两千个人来，他们的收入分布很可能以平均数为中心大致呈正态分布，收入高于平均值和低于平均值的人数大致相当。

现在假定我们测量了60名随机挑选的马拉松选手和60名香肠"发烧友"的体重，发现马拉松选手的平均值（μ）是70公斤，标准偏差（σ）是5公斤；香肠发烧友的体重平均值是105公斤，标准偏差是8公斤。图39.1给出这两组数据的正态分布曲线。从第二十八章（图28.2）的知识我们知道，有68.26%的马拉松选手体重在65到75公斤之间（正负一个标准偏差）；体重在60到80公斤之间的选手占所有选手总数的95.44%（正负两个标准偏差）；体重在55到85公斤之间的则占了99.73%（正负三个标准偏差）。所以，当你看到一辆大巴上坐了60名100公斤左右的人，你马上就否决了这辆车是马拉松赛失踪的大巴这个假定。你很有理由这么做。图39.1的曲线告诉我们，你这个推理出错的可能性在百分之一以下。

你注意到没有？这个推理过程实际上就是第三十四章介绍的评估假定的过程。你根据直觉，判断这一车的人不是马拉松选手。你首先设立零假定：这一车人是马拉松选手。零假定总是跟你的判断相反；你希望通过中心极限原理分析，推翻零假定；

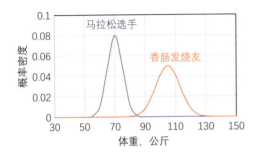

图39.1　马拉松选手（蓝色）和香肠发烧友（橙色）的体重分布曲线。在这个故事里，马拉松选手的平均体重是70公斤，标准偏差为5公斤。香肠发烧友的平均体重为105公斤，标准偏差为8公斤。

这样，你就证明了替代假定，也就是你的判断。这个分析跟第三十四章里验证卡文迪许地球密度的方法是一样的。不同之处是现在你的采样数目比较大（100名体重100公斤左右的大汉），所以你不需要去查阅t–分布表，直接使用正态分布就可以了。这使问题变得非常简单。另外，在卡文迪许数据的分析中，我们关心的是分布曲线左边的"尾巴"，而现在我们关心的是马拉松选手正态分布右边的"尾巴"和香肠发烧友正态分布左边的"尾巴"。在同时考虑两个"尾巴"的分布时，我们知道，95.44%的香肠发烧友的体重在89到121公斤之间；99.73%的马拉松选手的体重在55到85公斤之间。在考虑一个"尾巴"时，我们关心的是有多少选手的体重低于85公斤。显然，体重低于55公斤的选手也满足低于85公斤这个条件，所以在考虑单"尾巴"分布时，选手体重低于85公斤的概率值应该比99.73%还会更高一些。也就是说，这一车体重100公斤左右的乘客可能是马拉松选手的概率远远不到1%。

　　总结上面的例子，从一个集合群里（比如所有马拉松选手）取样，在取样数目足够大的时候（比如60或100），可以得到一个有意义的平均数。从这个集合里反复取样，每一组样品都有一个平均数，这些平均数的平均给出取样平均数。多数取样平均数应该跟这个集合群的平均数很接近。中心极限定理告诉我们，取样平均数应该以集合平均值为中心，近似地呈正态分布。不管集合本身的分布是否是正态的，以上这些论断基本是正确的。

　　可是请记住，我们这里所做的一切都是在概率理论的指导下进行的，所以结论也只能是概率的。概率给了我们推测的方法，但依靠概率的推测不是实证。福尔摩斯探案有一句名言："一旦你排除了所有的不可能性，剩下的无论多么不可思议，一定是真相。"（Once you eliminate the impossible, whatever remains, no matter how improbable, must be the truth.）这是从逻辑推理角度来讲的。可是，没有一个故事在福尔摩斯做出判断后马上就结束。故事的高潮总是后来实证出现，或者犯人认罪，证明了福尔摩斯的判断。为什么？因为，从概率上说，任何小概率的事件仍然有发生的可能，概率不能代替实证。一个有犯罪动机的人，即使有99%作案的可能性，总不能在作案之前就判他有罪吧？汤姆·克鲁斯（Tom Cruise）主演过一部科幻惊悚片《少数派报告》（*Minority Report*），故事的主题就是这种错误判断造成的严重后果。麦多法则的致命错误（第十一章）也就在这里。

马拉松和香肠狂欢节的故事是超简化的，只需要考虑体重。在真实世界里，各种因素之间存在着千丝万缕的联系。在分析问题时，评价不同因素的影响非常重要。定量分析时，一个重要方法是线性回归。

1967年，英国启动了一项著名的研究计划，考察职位对健康的影响。这个研究的起因是人们通过统计发现，普通劳动者患心血管疾病的比例要高于高层工作人员。是哪些因素造成这个区别的呢？除了饮食习惯、吸烟历史、坚持锻炼、工作环境等这些"影响因子"之外，工作的性质和地位是否也有影响呢？伦敦有一条大街，名叫怀特霍尔（Whitehall），直接翻译成中文就是白色大厅。这里是英联邦政府的工作中心，遍地都是政府工作人员。这项研究考察了17 530名20到64岁的男性政府职员的健康状况，以地区命名，叫作白厅研究（The Whitehall Studies）。1978年，研究人员发表了他们7年半研究的结果。表39.1是基础数据的总结，它给出若干个因子对不同职位"级别"的男性罹患心血管疾病的影响。这些因子包括血压、胆固醇、吸烟历史、身高体重指数（BMI）、运动锻炼习惯等。通常的研究是把所有研究对象都放在一起，研究不同危险因子对全体研究对象心血管疾病的影响。表39.1一共考察了7种因子，同时又把研究对象按照职位级别分成4类。从高层主管到专业主管再到一般职员，工作人员的级别逐渐降低。在"其他"那一项里是最底层的服务人员。

这组数据量虽然极为巨大，但具有明显的采样偏差。偏差出在哪里？那就是采样完全出自政府工作人员。这不是一个从全国人口中随机采样得到的数据，它不能代表来自不同阶层、不同背景的英国人处在不同工作地位的健康状况。即便把重点集中在政府工作人员身上，这组数据的采样也不是随机的，因为研究人员不可能把不同的人员随机地安排在随机的职位上。研究人员需要采用纵向研究（Longitudinal study）的方法，考察人们在一个职位上工作若干年以后的健康状况，特别是缺乏自主决定的工作对心血管疾病的发病率的影响。

表 39.1　1978 年英国白厅研究报告总结的关于职位级别对男性职员
心血管疾病影响的主要基本数据

变　　量		职　位　级　别			
		高层管理	专业主管	一般职员	其他
血压高压	平均值	133.7 ± 0.67	136.0 ± 0.19	136.8 ± 0.42	137.9 ± 0.64
	高于 160 的百分比	10.7	12.2	13.8	16.5
胆固醇	平均值	201.0 ± 1.72	198.7 ± 0.44	196.6 ± 1.00	192.0 ± 1.47
	高于 260 mg/dL 的百分比	12.6	10.2	10.5	7.8
吸烟	吸烟者百分比	28.8	37.3	53.0	60.9
	从未吸烟者百分比	33.0	23.2	17.0	14.8
	已戒烟者百分比	9.9	39.6	29.9	24.3
体重/身高（BMI）	平均值	24.5 ± 0.09	24.8 ± 0.03	24.6 ± 0.07	25.0 ± 0.10
	超过 28 的百分比	9.9	11.8	13.8	17.4
血糖	平均值	75.1 ± 0.47	75.3 ± 0.16	76.7 ± 0.40	77.5 ± 0.82
	超过 90 mg/dL 的百分比	10.1	9.7	12.1	13.1
	糖尿病百分比	1.3	0.7	1.4	1.1
运动	不运动者百分比	26.3	29.5	43.0	56.0
	中等运动者百分比	36.8	45.3	36.3	30.0
	经常运动者百分比	36.8	25.2	20.7	14.3
身高	平均值	178.5 ± 0.20	176.3 ± 0.05	174.0 ± 0.13	173.2 ± 0.23
	高于 183 厘米的百分比	21.1	12.8	7.6	8.7

　　在考察这样的数据时，相关性和回归分析就变得很重要。仔细考察这张表，你会发现所有的因子都跟职位级别有某种相关性。比如血压高于 160 的百分比与职位级别呈负相关，越是底层的人员高血压的越多。吸烟的百分比和超重的百分比与级别也呈负相关。经常运动者的百分比则与级别呈正相关，职位越低的人越不运动。有趣的是，身高似乎也与职位呈正相关，职位低的人平均身高也低。

　　光看表格里的数字可能不大容易看出相关性来。图 39.2 把这些变量超过某个阈值的百分比（异常百分比）按照不同的职位级别画出来，看上去更直观一些。这里，我

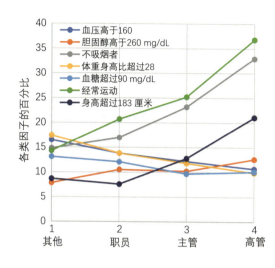

图 39.2　六种健康因子与身高在不同职位等级中所占的百分比。

们设定高层管理人员的级别值为4，其余依次递减。我们看到，不吸烟的和经常运动的百分比从低级职员到高级职员呈显著地增加，换句话说，这些变量跟职位级别的相关性非常高。读者有兴趣的话，不妨按照第三十二章介绍的内容分析一下这些危险因子同职位级别之间的相关性，找出它们的相关系数来。

从图 39.2 可以看出，有益于健康的因子的百分比明显偏向于高职位的政府工作人员。对这些数据可以有各种各样的解释。比如，高管们经常锻炼身体、不大抽烟，这可能与他们的教育水准有关。他们经常阅读关于健康的报告，所以刻意抽出时间锻炼身体，并努力戒烟。也可能跟家庭背景有关。高级职员之所以有较高的教育背景，甚至较高的身高，都可能是因为他们出生于富裕家庭。比如，他们衣食不愁，营养足够，所以身体高大，并且从小就可以进入教育质量高的学校。因此，单看表 39.1 的数据不能确定健康数据的差别主要是决定于职位级别。要想真正找到工作地位的影响，必须先把其他可能的因素排除。为此，研究人员必须依靠其他统计数据对不同因子的影响进行修正，然后对所有危险因子同时进行多变量相关分析。

在各种修正和分析之后，研究人员发现，在不同职位级别的工作人员之间仍然存在大约60%的心血管疾病死亡率的差别。从这些分析，心血管疾病同工作职位确实存在显著的相关性。

但我们也谈过，相关性并不代表因果关系。比如一个健康的人喜欢健身，究竟是健身使他健康，还是因为他身体健康，所以能够经常做健身运动呢？反过来，对患有心脏病的人来说，运动是困难甚至危险的，不能说他的心脏病是由于不锻炼。那么，怎样进一步帮助判别因果关系呢？

时间是一个很重要的变量。如果很多职员本来是健康的，可是在不同职位上工作一段时间后，他们的健康状况发生了不同的变化，那么在其他因子影响都类似的情况下，我们就有理由推测，是职位的高低影响了他们的健康。

长话短说，这项研究计算了不同职位工作人员罹患心血管疾病的概率，并对概率进行了年龄的统计学修正之后得到如图39.3所示的趋势。我们看到，随着工作时间的增加，所有人患心血管疾病的概率都增加，这显然是跟年龄的增长有关，但是不同职位的人的增长速率有很大差别。高级主管患心血管疾病死亡的概率最低，其次是专业主管和一般职员，而最底层的工作人员死亡的概率最高。特别是7年以后，底层工作人员因心血管疾病死亡的概率差不多是高级主管的10倍！

按说高管们的工作压力更大，工作时间更长，可为什么他们反而更健康？研究人员猜测，压力有各种各样，被动工作的压力对身心健康的影响最为负面，而主动工作的压力反而对健康有利。所以，从健康角度出发，最好不做"螺丝钉"，而是当"螺丝刀"。

这项工作（现称一号白厅研究）得到全世界各国的重视。后来许多国家进行了相关的研究，得到类似的结论。在英国，二号白厅研究的第一期从1985年进行到1988年，考察了10 308名政府职员，后面跟着是第二期（1989—1990年），第三期（1991—

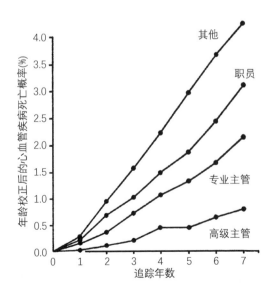

图39.3 经过年龄校正后的心血管疾病死亡概率同追踪年数的关系。

1993年），第四期（1995—1996年），等等，到第十二期（2015—2016年）。第十三期从2019年2月开始，目前还在进行中。这些后期研究基本肯定了一号白厅研究的结论，后期研究的主要目的在于建立一个因果关系的模型，以帮助专业人士找到舒缓低层工作人员身体和心理上压力的途径，更加健康地工作和生活。

这个成功的故事说明了相关性回归分析在统计学中的重要作用。但是，相关分析的使用需要十分的小心，应用不当有可能造成严重的后果。

也就是白厅一期研究报告问世的时候，哈佛大学医学院启动了一项"护士健康研究"（Nurses' Health Study）。这是一项巨大的纵向研究，它追踪了在美国注册的121 700名女护士的健康状况，特别是营养、荷尔蒙、环境、工作–生活关系等各方面的长期影响。这也是一项名声赫赫、对妇女健康影响巨大、一直持续到今天的长期研究，但其中有一项结果产生了巨大的争议。

妇女停经以后，体内雌性荷尔蒙水平大大降低。"护士健康研究"在1985年发表论文，指出停经妇女按时服用雌性激素不仅有助于减少绝经的不适反应，而且还降低患心脏病的机会。于是，在1990年代美国广泛推行激素替代疗法（Hormone replacement therapy）。到了2001年，已经有大约1 500万妇女接受了这种疗法。这时，医学界开始对雌性激素进行对照实验（Controlled experiment）。"护士健康研究"关于雌性激素的数据是非可控的，完全依赖于统计相关性回归分析。而对照实验一组志愿者服用雌性激素，另一组志愿者服用安慰剂。对照实验的结果发现，服用雌性激素的志愿者的心脏病、中风、血管阻塞、乳腺癌等一系列疾病的风险比服用安慰剂的志愿者实际上还要高。于是激素替代疗法逐渐淡出，但至今无法估计究竟有多少妇女由于接受激素替代疗法而丧失了生命。所以，假如使用不当，统计分析方法也会害人的！

2005年，《美国医学会杂志》（Journal of American Medical Association）刊出一篇文章，震动了整个医学界。文章的作者，一位希腊医生考察了49篇被广泛引用的临床研究论文（文章的总引用率从1 000次到6 000次不等），其中45篇宣称他们采用的医疗方法有显著效果。在这45篇里，7篇（16%）被后来的研究所否定，7篇（16%）被后来的研究证明效果没有那么显著，20篇（44%）被后来的研究所验证，还有11篇（24%）没人提出疑问。从数据的性质上看，这些研究可分为两类。第一类数据不是随机采样得到的，研究人员处理了他们的病人数据以后，就报告了结果。这类论文的问题最大，80%以上的结论最后被证明是错误的。第二类数据是靠随机采样并通过对照治疗得到的，但即使是这样的数据，仍然有23%被证明是错误的。为什么？采样偏差是一个很重要的原因。影响疾病的因素太多，人体也过于复杂，这就需要大量的采样来把一些极端情况给平均掉。但多大量才是足够的呢？我们不清楚。另一个原因是对p-值的滥用，这一点我们前面已经讲过了。其他还有很多可能的原因，目前尚在研究之中。总而言之，很多医学、经济学、社会学问题牵扯到的因素极多，把从自然科学发展而来的概率统计学理论应用到这些问题上面需要更加小心和慎重。

　　无论如何，了解概率统计的知识，对我们的生活会有很大的帮助。懂得了统计分析的方法和过程，你会对报纸和网络上耸人听闻的标题采取健康的怀疑态度，而不会赶紧跑去买一种据说喝了以后让你考试时思若泉涌的糖浆，或者顿顿大吃号称包治百病的营养食品。

本章主要参考文献

Marmot, M.G., Rose, G., Shipley, M., Hamilton, P. J. S. Employment grade and coronary heart disease in British civil servants. Journal of Epidemiology and Community Health, 1978, 32: 244–249.

Ioannidis, J. P. A. Contradicted and initially stronger effects in highly cited clinical research. Journal of American Medical Association, 2005, 294: 218–228.

结束语 —————————————————————————

　　有关概率和统计的故事永远也讲不完，因为人们每天都在使用它们，不断有新的发现、新的惊奇。可书总是要结尾的。在结束本书之前，请读者想一想，概率统计跟数学的其他科目比起来，是不是感觉有点不一样？什么地方不一样呢？

　　首先，概率统计是一门极为明确的以实用为目的的学科，它从诞生的那一刻起就是为了解决实际问题。不过更重要的是，概率统计强调，必须以"不确定"的视角来看世界，并对这种不确定性进行量化。有了定量的不确定性，便可以对未来事件进行预测，并且进一步量化预测的不确定性。

　　我们的日常生活中充满了不确定性，这些不确定性使这门学科跟你的生活产生了无法分割的密切关系，不管你愿意不愿意。

　　早上起来，看看天气预报，你被告知，今天本地区的降雨概率是10%。你出门需要带雨伞吗？

　　预报还说，今年第 n 号台风预计下周登陆，登陆的地点目前尚不确定，但估计你所在地区受到影响的概率在50%左右。你需要给家里准备一些水和食品吗？

　　邮箱里塞了一大堆广告，大多数跟彩色打印机有关。你这几天一直在琢磨该再买一台打印机了，可那些销售公司是怎么知道你想买打印机的呢？

　　你邻居的信箱里也塞满了广告。当那个刚搬来的新婚的小伙子来查取信件时，你注意到，他手里的广告大多是婴儿用品。显然，销售公司也知道他们家里发生的事情：小伙子快当爸爸了。

　　你看好了一款打印机，上网付款，网站跳出一个信息，建议你多付10%作为打印机的保险费，这样，打印机如果出了问题，公司会无偿解决。你觉得值得付这笔保险费吗？

　　你的体检结果出来了，医生告诉你，你的大部分指标在正常范围内。不过他警告你，血糖指标快要超出正常范围了。这些所谓的正常范围是怎么定出来的？医生告诉你，根据世界卫生组织的数据，在过去的40年里，全世界18岁以上成年人患糖尿病的人数翻了一番。你想，是不是该少喝可乐了？医生还建议你增加锻炼。

　　你是选择爆发性的力量锻炼呢，还是有氧耐力运动？在不同的年龄段里，哪种锻炼更有益于健康？当你选中一种锻炼方式以后，怎样锻炼才能避免损伤，快速提高成绩？锻炼期间，怎样决定适当的营养摄入？

你出门打的，你可能看到过新闻，使用不同款的手机应用程序打的，有可能要付不同的价钱。实际上，即使是网上购物，比如你刚买的打印机，从不同的居住区订货也可能要付不同的价钱。显然，一些精明的商家在利用消费统计数据从顾客身上揩油。有些商家的应用平台甚至"聪明"到可以搜索到你手机里是否安装了与其竞争的商家的平台。对于这样的商家，如果你安装两个不同的平台，会不会迫使他在加价时有所收敛呢？

你驾车出游，虽然打印机的保险可有可无，但汽车保险却绝对必要。为什么？另外，你和你的邻居拥有同一款汽车，为什么你们付的保险费不一样呢？

开车出远门，需要使用导航系统，这个系统依据什么原理？它的准确性、实时性和可靠性又是靠什么来决定的呢？

假如你已经有一份稳定的工作，是该把每月结余下来的钱买一种你最看好的股票呢，还是放到共同基金里？或者干脆拿去买彩票，发一笔大财？

这些只是随手举出的例子，还有许许多多其他的日常生活的问题，其答案都来自概率统计。然而概率统计的原理极为有用，也很容易被人滥用。现在有越来越多的好为人师者，发出各种各样似是而非的信息，这些网红大咖的信息不一定正确。有了扎实的概率统计基础知识，你可以自主判断，而不是人云亦云。

对于一个社会来说，概率统计更是不可或缺。

比如公共交通设施，以航空为例，起飞降落的飞机数量在不同时间不断地变化，空中同一航线上的飞机数量也起伏不定，如何预测涩滞、避免故障、减少延迟？更重要的是，如何预测飞机故障发生的可能性，避免重大事故？机场如何准备应对突发的气候变化或者紧急状况，尽量减少航班的延误和旅客的滞留？

再比如金融市场，所有的金融产品，如股票、期货、债券，它们的价格不断地变化，大多时候是随机的。投资方案的决定在很大程度上取决于金融随机分析。

企业的经营越来越多地依赖于商业智能（Business intelligence）。对生产厂家来说，保证产品质量，减少原材料消耗是一个重要问题。供应链的管理也是一大难题，既要确保有足够的原材料来制造产品，又不能把经费过多地花费在原材料上，影响其他方面的投资。人员的配置也是如此。

　　商品的营销也依赖于商业智能。商品的质量、受欢迎的程度、顾客的消费心理、不同地区的消费特点等各种因素，都要定量考虑，靠数据和统计分析来决定经营方向和经营策略。前边提到台风，就再举一个有关台风的例子。沃尔玛公司通过消费者数据的统计分析发现，每当台风警报来临，美国佛罗里达州的居民就喜欢囤积一种草莓味的甜饼（Strawberry pop-tart），所以沃尔玛也开始注意台风预警。每次台风到来之前，沃尔玛必把大量的草莓甜饼运往佛罗里达，供那里的人们在台风期间消费。这种平时不大受欢迎的食品几天之内就一卖而空。而在台风到来之前的那几天里，最畅销的是啤酒。

　　所有的科学研究都必须依靠统计分析来对数据进行评估。不久前，二百多名来自七个国家的物理学家在伊利诺伊州的费米实验室里，通过研究一种叫作缪子（muon；也称 μ 子、渺子）的基本粒子在磁场中的行为，暗示着理论物理界可能有一个重大发现。缪子在外部磁场的作用下产生量子自旋，所有自然力的作用对缪子自旋角动量的影响可以用一个常数来表示，称为 g 常数。这个常数非常接近于2，所以一般用 $g-2$（也就是 g 减2）来表示常数偏离2的大小。根据粒子物理标准模型计算出的 $g-2$ 是0.002 331 836 20（86），括号里面的数值代表 $g-2$ 最后两位数值的误差范围。与之对应的缪子的磁矩异常是这个数值的一半，也就是0.001 165 918 10（43）。而物理学家们在最近实验中测量到的磁矩异常是0.001 165 920 61（41）。如果二者之间的差别确实存在，那么就意味着标准模型可能忽略了自然界的另一种迄今为止人们一无所知的作用力，即所谓"第五种力"。可是，这个差别太小了，仅仅相当于 g 常数的一亿分之一点二。如此微小的差别，怎样才能确定它的存在呢？只能依靠统计分析。目前实验数据的分析显示，神秘的第五种力存在的置信度在4.1个 σ（也就是标准偏差）以内。还记得 σ 和 $p-$ 值吗（见第三十二章）？这相当于结论出错，也就是零假定成立的可能性大约只是四万分之一。可以举杯庆祝了吧？不行。因为粒子物理学界的要求是，置信度必须在5个标准偏差之内才称得上为成功发现。5个标准偏差对应的 $p-$ 值等于 3×10^{-7}，也就是说，结论出错的可能性必须在三百五十万分之一以下。所以物理学家们还需要不断地重复测量，以期尽快达到5个 σ。你也许会问，为什么标准模型的 $g-2$ 理论值也会有标准偏差呢？这是因为标准模型有19个参数必须靠实验来确定，实验结果都有某种不确定性，而模型的复杂性又使得数值计算不可能无限的精确。随着这些实验参数和计算方法的改进，$g-2$ 的理论数值也可能发生微小但重要的变动。这种变动也将直接影响到缪子实验标准偏差所对应的 $p-$ 值。所以目前还不能确定所谓第五种力的存在，科学家们需要随时准备着，一旦新的结果出现，马上进行更加仔细更加严格的统计分析。

至于统计分析在医学界和医药界的应用，新冠肺炎疫情期间我们几乎每天都能听到关于疫情发展和治疗手段研发的各种各样的数据。基本再生数对疫情扩散的影响，病毒对不同年龄组、不同健康状况者的影响概率，给病患者可能留下的后遗症，后遗症持续的时间，防护用品（口罩、防护镜）的保护效果，消毒液的有效性，疫苗的可靠性等等，依靠的都是统计分析。

现在无论走到哪儿，到处都是二维码。人类正在把整个世界数字化。大数据是信息社会发展的趋势。2020年，全球产生的数据量高达50个泽字节（ZettaByte，简写为ZB；1 ZB = 2^{70} byte）。比较我们熟悉的数据单位GB，1 ZB = 10^{12} GB。预计到2025年，产生的数据量要翻三倍以上，达到175 ZB。除了在数据收集、储存和提取方面的挑战，数据分析处理的问题更是严峻。面对如此海量的数据，数不清的参数和变量，如何从中提取最大量的正确信息，同时避免由于变量和参数过多而可能造成的伪信息呢？

网络空间变得越来越浩瀚，也越来越繁复杂乱，于是出现了网络计量学。它利用信息计量学的统计和数学手段研究网络空间的种种现象，比如互联网的结构和使用规律，资源的分类，信息的可靠性，各种搜索引擎中信息的提取和分类，超链接的种类和数目，等等。

恐怕没有其他任何一种学科可以媲美概率统计的应用范围之广泛。如果你上网搜索一下"统计学"，就会发现，它几乎无所不在。

统计热力学、统计物理学、工程统计学、化学计量学、生物统计学、统计遗传学、种群生态学、环境统计学、医学统计学……统计在科学、工程技术和医药领域中的应用早已相当成熟，而且已经从地球进入太空，比如天文统计学。另外，人工智能、机器学习、深度学习，也都离不开概率统计。

空间统计学最早是从地图制图学和测量学中发展起来的，后来主要应用在分析地理数据，但其方法越来越多地应用到各个领域，比如遥感、生物学中各地的植物分布、生物地理学、生态学中的物种种群的空间分布、流行病学中通过地理考察分析传染病源，等等。

科学技术的研发结果对社会会有多大影响呢？这又可以通过科学计量学来评估。

在更复杂的社会、经济、金融、军事、法律等领域中，统计学变得越来越不可或缺。

比如，运筹学通过统计学、数学模型和信息科学等方法去寻求复杂问题中的最佳或近似最佳的解决方案。社会统计学侧重于研究社会环境中的人类行为，利用随机抽样的方法取得样本资料来推断主体，通过统计分析发现规律，帮助个人、团体、企业和政府来分析现状，推测未来，以期做出最佳决策。经济统计学侧重于对经济数据的采集和分析，现代各国政府都设有专门的部门从事这类活动，为经济决策提供理论和数据根据；统计分析的对象包括微观经济、宏观经济、商业行为、金融、数据质量、政策评估等各个方面。人口学利用统计学方法研究人类的出生、死亡、迁移，这些因素造成的人口增长或缩减的现象，进一步推测人口增减的原因以及对社会结构和经济环境的影响。计量法学通过法学理论和法学统计资料，利用统计和数学手段建立数学模型，来研究具有数量关系的法律现象；它对研究立法的科学性、评价法律的实施效果以及对社会发展的影响有重要作用。

计量心理学、心理统计学用来分析理解人类的心理活动和心理健康。卫生统计学或健康统计学从事疾病统计、生长发育统计，满足卫生服务的需求、卫生资源的优化、医疗保险体制的完善等等。体育统计学研究体育运动中随机现象的统计规律性，以概率论为基础，为定量研究提供实验设计、调查设计，以及收集、整理和分析体育数据资料。甚至还有艺术统计学，它研究艺术品的光线和光泽、空间分布频率、颜色，以及点、线、面的布局等等，可以帮助指导艺术家的创作。

读者朋友，请不要忽视概率统计——这门学科会让你受益终身的！

最后，让我们用一位统计学家的话来结束本书：

在最终的分析里，所有的知识皆归为历史。

在抽象的意义下，所有的科学均纳入数学。

在理性的思考中，所有的判断都基于统计。

——C. R. 劳（印度裔美国数学家和统计学家）

All knowledge is, in final analysis, history.

All sciences are, in the abstract, mathematics.

All judgements are, in their rationale, statistics.

—*C. R. Rao* (1920–) *American mathematician and statistician*

附

录

附录一　戈赛特的 *t*- 分布表

根据式（34.4）, *t*- 分布的概率密度函数

$$f(t) = K(\nu) \left(1 + \frac{t^2}{\nu}\right)^{-\frac{\nu+1}{2}}$$

是左右对称的, 也就是说, $f(t_{1-\alpha,\nu}) = f(t_{\alpha,\nu})$, 而且 $t_{1-\alpha,\nu} = -t_{\alpha,\nu}$。所以, 这个概率分布可以在给定显著性水平（Significance level）α 的情况下进行单端（低端或高端）和双端检测的评估。作为例子, 附图1.1给出在给定自由度 ν 的情况下, 两端的显著性水平各等于0.025（也就是2.5%）的概率分布（棕色区域）。对双端分布来说, 这相当于 $\alpha/2 = 0.025$, 也就是曲线所涵盖的面积从0到0.025那一部分（左侧棕色区域）和 $1-\alpha/2$ 从0.975到1那一部分（右侧棕色区域）的和, $\alpha = 0.05$。对应于这些面积的 *t*- 值被称为 *t*- 分布的临界值。对于单端分布来说, 我们只看一端。比如第三十四章里卡文迪许的重力数据的例子, 我们就只考虑左边的棕色区域, 这在附图1.1中对应的是 $\alpha = 0.05$。有时候需要只考虑右边的棕色区域, 其对应的显著性水平也是 $\alpha = 0.05$。所以, 在制作 *t*- 分布表格时, 只需要给出左右任何一侧单端的显著性水平所对应的临界 *t* 值就可以了, 另一端可以根据 $t_{1-\alpha,\nu} = -t_{\alpha,\nu}$ 得出, 这就是附表1.1。这张表只给出 $t_{\alpha,\nu}$ 的绝对值, 其中左边第一列（*df*）是自由度, 最上面第一行是选择的几个临界值 t_α, $\alpha = 0.1$, 0.05, 0.025, 0.01, 0.005。在每个 t_α 下面的一列数值是给出在一定自由度下的对应的临界值 t_α。在检测假设时, 这个表的使用方法如下:

1. 如果是双端测试, 对于给定的 ν 和 α, 找到表中对应的 $\alpha/2$ 处的概率值。如果零假设的概率值大于 $t_{1-\alpha/2}$ 的临界值, 那么就说明零假设不能通过 *t*- 检测; 于是应该接受替代假设。

2. 对于右端的单端（高端）测试, 对于给定的 ν 和 α, 找到表中对应的 α 处的概率值。如果零假设的概率值大于 t_α 的临界值, 那么就说明零假设不能通过 *t*- 检测; 于是应该接受替代假设。

3. 对于左端的单端（低端）测试, 对于给定的 ν 和 α, 找到表中对应的 α 处的概率

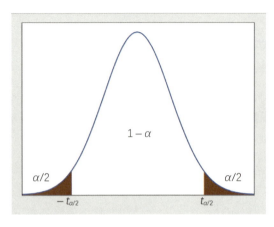

附图 1.1　t–分布概率曲线。横轴的变量是 t，曲线关于 $t=0$ 左右对称。曲线下的总面积为 1，棕色区域的总面积为 α。在进行假设检测时，我们需要考察一个假设的概率是否处在 $(1-\alpha)$ 的概率范围之内。如果答案是肯定的，那么这个假设就算是通过检测了，否则它应该被抛弃。

值。如果零假设的概率值小于 t_a 的临界值的负值，那么就说明零假设不能通过 t–检测；于是应该接受替代假设。这我们在第三十四章里已经讨论过了。

　　类似的检测方法也可以用在其他概率分布。正态分布相当于 t–分布的自由度无穷大（附表 1.1 的最后一行）。但曲线形状不同的分布如泊松分布，临界值的计算方法需要酌情处理。

附表 1.1　不同自由度 df 情况下的 t–分布的临界值 t_a（$a=0.005,\ 0.010,\ 0.025,\ 0.050,\ 0.100$）

df	$t_{.100}$	$t_{.050}$	$t_{.025}$	$t_{.010}$	$t_{.005}$
1	3.078	6.314	12.706	31.821	63.657
2	1.886	2.920	4.303	6.965	9.925
3	1.638	2.353	3.182	4.541	5.841
4	1.533	2.132	2.776	3.747	4.604
5	1.476	2.015	2.571	3.365	4.032
6	1.440	1.943	2.447	3.143	3.707
7	1.415	1.895	2.365	2.998	3.499
8	1.397	1.860	2.306	2.896	3.355
9	1.383	1.833	2.262	2.821	3.250
10	1.372	1.812	2.228	2.764	3.169
11	1.363	1.796	2.201	2.718	3.106
12	1.356	1.782	2.179	2.681	3.055

（续表）

df	$t_{.100}$	$t_{.050}$	$t_{.025}$	$t_{.010}$	$t_{.005}$
13	1.350	1.771	2.160	2.650	3.012
14	1.345	1.761	2.145	2.624	2.977
15	1.341	1.753	2.131	2.602	2.947
16	1.337	1.746	2.120	2.583	2.921
17	1.333	1.740	2.110	2.567	2.898
18	1.330	1.734	2.101	2.552	2.878
19	1.328	1.729	2.093	2.539	2.861
20	1.325	1.725	2.086	2.528	2.845
21	1.323	1.721	2.080	2.518	2.831
22	1.321	1.717	2.074	2.508	2.819
23	1.319	1.714	2.069	2.500	2.807
24	1.318	1.711	2.064	2.492	2.797
25	1.316	1.708	2.060	2.485	2.787
26	1.315	1.706	2.056	2.479	2.779
27	1.314	1.703	2.052	2.473	2.771
28	1.313	1.701	2.048	2.467	2.763
29	1.311	1.699	2.045	2.462	2.756
30	1.310	1.697	2.042	2.457	2.750
32	1.309	1.694	2.037	2.449	2.738
34	1.307	1.691	2.032	2.441	2.728
36	1.306	1.688	2.028	2.434	2.719
38	1.304	1.686	2.024	2.429	2.712
∞	1.282	1.645	1.960	2.326	2.576

附录二　图灵利用班布里带破译密码的例子

图灵利用班布里带破译德军密码，想出一个极为聪明的办法。为了方便举例，我们用英文信息作为例子。字母表含有26个字母。假设有两条密码，加密前的信息是这样的：

HereisthefirstmessageofapairNothingspecialjustordinaryEnglishtext　（1）

BelowitanotherAgainyoucanseethatitismerelyarandomexamplemessage　　（2）

这里，按照发送密码的惯例，单词之间不存在空位。在这两条信息里，红色的字母出现在相同的位置上，我们把它们叫做"重叠"字母。上面的例子里，在63个上下覆盖的字母当中，一共出现9个重叠，重叠出现的概率是9/63，也就是1比7。如果这两行字母不是文字信息，而是完全随机的字母的堆积，那么按照统计概率，每26个字母中才会出现一个重叠，也就是1比26。每一次发密码，迷离机的设置是固定的，那么加密的方式也是固定的（因为一切都是按照迷离机的机械设计完成的），加密后的信息一定具有同样的重复规律。下面两行文字是（1）和（2）经过转子初始位置VFG加密后的样子：

GXCYBGDSLVWBDJLKWIPEHVYGQZWDTHRQXIKEESQSSPZXARIXEABQIRUCKHGWUEBPF　（1′）

UXOLKADJZLMWVBTSPSBHXIZGWJAUNOHDXPXEWSHMZWULSAJZFNEQGCWRLZFWLCB　　（2′）

虽然明码的字母e加密后变成x、s、b等不同的字母，但是两条加密信息必然依旧保持了与明码相同的重叠。假定（2）经过另外一套转子初始位置，比如VFX的加密，得到的加密码是：

YNSCFCCPVIPEMSGIZWFLHESCIYSPVRXMCFQAXVXDVUQILBJUABNLKMKDJMENUNQ　　（2″）

这两种加密相对于明码有什么规律呢？这就必须用统计的方法来分析了。

按照图灵的指示，破译人员把加密信息（1′）和（2″）在班布里带上打孔，然后前后重叠起来，放到照明柜前，一个字母一个字母地错动，寻找"重叠"。在（2″）向右移动

九个位置（+9）之后，得到

GXCYBGDSLVWBDJLKWIPEHVYGQZWDTHRQXIKEESQSSPZXARIXEABQIRUCKHGWUEBPF

YNSCFCCPVIPEMSGIZWFLHESCIYSPVRXMCFQAXVXDVUQILBJUABNLKMKDJMENUNQ

在这个位置上，不但两条密码仍有九个重叠，而且在两处还出现两个连续字母的重叠（ZW 和QI）。在56个相互覆盖的字母中出现9个重叠的概率增加到差不多1比6（9/56）。整个分析过程中，（2″）需要相对于（1′）从 –25到 +25一步一步移动，并对每一步的重叠数目进行概率统计。为什么是25步呢？那是因为英文字母表有26个字母。25步加上字母最初本身的位置一共是26个。读者可以自己验证，在上面的例子里，+9步的9/56是这两条密码之间概率最高的重叠。这个位置被记录为VFG+9=VFX，或者简化为 G+9=X（因为 VF 两个字母是重复的）。

如何定量地评估这些重叠呢？图灵冥思苦想，发明了一个测量单位，叫做"班"（ban）。"班"是班布里的简称，给他们印刷纸带的地方。这是一个跟概率值有关的单位，不仅考虑上下覆盖的字母的数目（如上例的56）和重叠的数目（9），还考虑连续双字母、三字母，甚至四字母、五字母重叠的数目。显然连续重叠的字母越多越长，破译的概率越大。一般来讲，连续四字母的重叠很可能对应一个明码的德文词。

利用上述方法，在对一系列加密信息进行两两分析之后，找到"班"值最高的组合，得到一系列诸如 G+9=X 之类的关系，如 X=Q–2, H=X–4, B=G+3, 等等。图灵把这些关系按照相对于 G 的位置排列起来，得到一套不完整的系列，比如

G--B-H---X-Q   (3)

这个关系是上述所有字母关系的总和。它表示，X 在 G 后面9位，B 在 G 后面三位，H 在 X 前面四位，X 在 Q 前面两位。至于这些字母对应的明码字母是什么，我们还是不知道。但可以通过这些字母的关系来大致判定迷离机转子的加密方式。如果把这个顺序（3）放到字母表上方，从 A 到 Z 一步步进行类似的班布里分析，就得到下面26个对应关系：

G--B-H---X-Q   (a)
ABCDEFGHIJKLMNOPQRSTUVWXYZ

```
    G--B-H---X-Q                                        (b)
ABCDEFGHIJKLMNOPQRSTUVWXYZ

     G--B-H---X-Q                                       (c)
ABCDEFGHIJKLMNOPQRSTUVWXYZ

      G--B-H---X-Q                                      (d)
ABCDEFGHIJKLMNOPQRSTUVWXYZ

       G--B-H---X-Q                                     (e)
ABCDEFGHIJKLMNOPQRSTUVWXYZ

        G--B-H---X-Q                                    (f)
ABCDEFGHIJKLMNOPQRSTUVWXYZ
.........

                        G--B-H---X-Q                    (z)
ABCDEFGHIJKLMNOPQRSTUVWXYZ
```

图灵指出，迷离机有两大特点，也是致命的弱点：（1）一个字母绝不会被加密成该字母本身；（2）加密字母与明码字母互为倒置。考虑这两大特点，在上面列出的（a）到（f）这6个关系里面，只有（a）和（f）是可能的。关系（b）不可能，因为它先把G加密成B，然后再把B解密成E，而迷离机的工作原理要求B必须回到G。利用类似的推理可以证明（c）、（d）、（e）也不可能。参照上述分析对26个位置逐个分析就会发现，只有9个是可能的。

对另外一些加密信息进行类似的分析，得到类似于（3）的字母关系，比如

```
F----A--D---O                                           (4)
NUP                                                     (5)
```

再把（4）和（5）放到26个字母上方进行类似于（a）—（z）的分析，考虑到（3）—（5）所限制的加密字母之间的关系，最后得到它们之间的综合关系，比如

```
          NUP
F----A--D---O
--X-Q                    G--B-H->
ABCDEFGHIJKLMNOPQRSTUVWXYZ
```

这些关系意味着

```
F-X-QA--DNUPO      G--B-H- >
ABCDEFGHIJKLMNOPQRSTUVWXYZ
```

　　进行到这里,破译组对密码已经得到了一种可能的明码字母表的一半。当然,这只是一种可能性,还不一定正确,但这比在无数可能性中漫无头绪地寻找不知要有效多少倍。破译人员需要不断地重复上面讲述的分析,直到找到完整的加密后的字母表为止。

　　以上是以英文字母表为例。在破译德文密码时的实际情况有所不同。二次大战时期,德文的打字机有29个字母(如附图2.1),而军用打字机还专门增加了一个代表党卫军符号(SS)的键,所以复杂性又高了一些。但破译密码的基本原理是一样的。

附图2.1　二次大战时期的德文打字机。德文里有三个特殊字母(右上角那三个带有两个点的字母),一共29个字母。党卫军符号是最上一排右数第三个键(红圈内状似双闪电的键)。

人名索引